기출이
답이다

소방설비기사 [기계편] 필기
최빈출 기출 1000제

KB200181

시대에듀

Always with you

사람이 길에서 우연하게 만나거나 함께 살아가는 것만이 인연은 아니라고 생각합니다.
책을 펴내는 출판사와 그 책을 읽는 독자의 만남도 소중한 인연입니다.
시대에듀는 항상 독자의 마음을 헤아리기 위해 노력하고 있습니다.
늘 독자와 함께하겠습니다.

머리말

현대 문명의 발전은 물질적인 풍요와 안락한 삶을 추구하게 하는 반면, 급속한 변화를 보이는 현실 때문에 어느 때보다도 소방안전의 필요성을 더 절실히 느끼게 합니다.

발전하는 산업구조와 복잡해지는 도시의 생활 속에서 화재로 인한 재해는 대형화될 수밖에 없으므로 소방설비의 자체점검강화, 홍보의 다양화, 소방인력의 고급화로 화재를 사전에 예방하여 재해를 최소화해야 하는 것이 무엇보다 중요합니다.

그래서 저자는 소방설비기사 · 산업기사의 수험생 및 소방설비업계에 종사하는 실무자를 위한 소방 관련 서적의 필요성을 절실히 느끼고 본 도서를 집필하게 되었습니다. 또한, 국내외의 소방 관련 자료를 입수하여 정리하였고, 다년간 쌓아온 저자의 소방 학원의 강의 경험과 실무 경험을 토대로 도서를 편찬하였습니다.

이 책의 특징

❶ 강의 시 수험생이 가장 어려워하는 소방유체역학을 이해하기 쉽게 해설하였으며, 구조 및 원리를 개정된 화재 안전성능기준 · 화재안전기술기준에 맞게 수정하였습니다.

❷ 소방 관련 법령 문제 및 해설은 모두 현행법에 맞게 수정하였으므로, 출제 당시 문제의 조건과 다소 상이할 수 있습니다.

부족한 점에 대해서는 계속 보완하여 좋은 수험서가 되도록 노력하겠습니다.
이 한 권의 책이 수험생 여러분의 합격에 작은 발판이 될 수 있기를 기원합니다.

편저자 씀

시험안내

개요

건물이 점차 대형화, 고층화, 밀집화되어 감에 따라 화재 발생 시 진화보다는 화재의 예방과 초기 진압에 중점을 둠으로써 국민의 생명, 신체 및 재산을 보호하는 방법이 더 효과적인 방법이다. 이에 따라 소방설비에 대한 전문인력을 양성하기 위하여 자격제도를 제정하게 되었다.

진로 및 전망

❶ 소방공사, 대한주택공사, 전기공사 등 정부투자기관, 각종 건설회사, 소방전문업체 및 학계, 연구소 등으로 진출할 수 있다.

❷ 산업구조의 대형화 및 다양화로 소방대상물(건축물 · 시설물)이 고층 · 심층화되고, 고압가스나 위험물을 이용한 에너지 소비량의 증가 등으로 재해 발생 위험 요소가 많아지면서 소방 관련 인력 수요가 늘고 있다. 소방설비 관련 주요 업무 중 하나인 화재 관련 건수와 그로 인한 재산피해액도 당연히 증가할 수밖에 없어 소방 관련 인력에 대한 수요는 증가할 것으로 전망된다.

시험일정

구분	필기원서접수	필기시험	필기합격 (예정자)발표	실기원서접수	실기시험	최종 합격자 발표일
제1회	1.13~1.16	2.7~3.4	3.12	3.24~3.27	4.19~5.9	6.13
제2회	4.14~4.17	5.10~5.30	6.11	6.23~6.26	7.19~8.6	9.12
제3회	7.21~7.24	8.9~9.1	9.10	9.22~9.25	11.1~11.21	12.24

※ 상기 시험일정은 시행처의 사정에 따라 변경될 수 있으니, www.q-net.or.kr에서 확인하시기 바랍니다.

시험요강

❶ 시행처 : 한국산업인력공단

❷ 관련 학과 : 대학 및 전문대학의 소방학, 건축설비공학, 기계설비학, 가스냉동학, 공조냉동학 관련 학과

❸ 시험과목
  ㉠ 필기 : 소방원론, 소방유체역학, 소방관계법규, 소방기계시설의 구조 및 원리
  ㉡ 실기 : 소방기계시설 설계 및 시공 실무

❹ 검정방법
  ㉠ 필기 : 객관식 4지 택일형, 과목당 20문항(2시간)
  ㉡ 실기 : 필답형(3시간)

❺ 합격기준
  ㉠ 필기 : 100점을 만점으로 하여 과목당 40점 이상, 전 과목 평균 60점 이상
  ㉡ 실기 : 100점을 만점으로 하여 60점 이상

검정현황

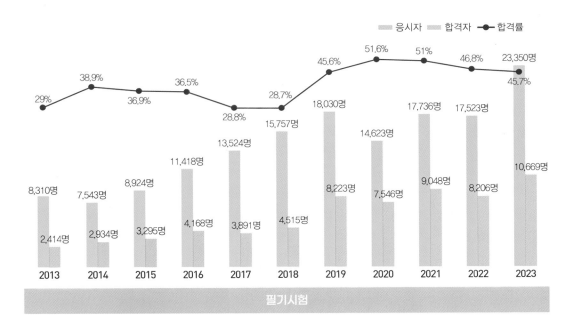

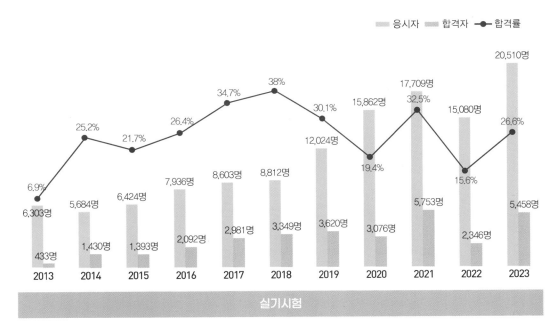

출제기준(필기)

필기과목명	주요항목	세부항목	세세항목	
소방원론	연소이론	연소 및 연소현상	• 연소의 원리와 성상 • 열 및 연기의 유동의 특성 • 연소물질의 성상	• 연소생성물과 특성 • 열에너지원과 특성 • LPG, LNG의 성상과 특성
	화재현상	화재 및 화재현상	• 화재의 정의, 화재의 원인과 영향 • 화재 진행의 제요소와 과정	• 화재의 종류, 유형 및 특성
		건축물의 화재현상	• 건축물의 종류 및 화재현상 • 건축구조와 건축내장재의 연소 특성 • 피난공간 및 동선계획	• 건축물의 내화성상 • 방화구획 • 연기확산과 대책
	위험물	위험물안전관리	• 위험물의 종류 및 성상 • 위험물의 방호계획	• 위험물의 연소특성
	소방안전	소방안전관리	• 가연물 · 위험물의 안전관리 • 소방시설물의 관리유지 • 소방시설물 관리	• 화재 시 소방 및 피난계획 • 소방안전관리계획
		소화론	• 소화원리 및 방식 • 소화설비의 작동원리 및 점검	• 소화부산물의 특성과 영향
		소화약제	• 소화약제이론 • 약제유지관리	• 소화약제 종류와 특성 및 적응성
소방유체 역학	소방유체역학	유체의 기본적 성질	• 유체의 정의 및 성질 • 밀도, 비중, 비중량, 음속, 압축률 • 유체의 점성 및 점성측정	• 차원 및 단위 • 체적탄성계수, 표면장력, 모세관현상 등
		유체정역학	• 정지 및 강체유동(등가속도), 유체의 압력 변화, 부력 • 마노미터(액주계), 압력측정 • 평면 및 곡면에 작용하는 유체력	
		유체유동의 해석	• 유체운동학의 기초, 연속방정식과 응용 • 베르누이 방정식의 기초 및 기본응용 • 에너지 방정식과 응용 • 수력기울기선, 에너지선 • 유량측정(속도계수, 유량계수, 수축계수), 피토관, 속도 및 압력측정 • 운동량 이론과 응용	
		관 내의 유동	• 유체의 유동 형태(층류, 난류), 완전발달유동 • 관 내 유동에서의 마찰손실	• 무차원수, 레이놀즈수, 관 내 유량측정 • 부차적 손실, 등가길이, 비원형관손실
		펌프 및 송풍기의 성능 특성	• 기본개념, 상사법칙, 비속도, 펌프의 동작(직렬, 병렬) 및 특성곡선, 펌프 및 송풍기 종류 • 펌프 및 송풍기의 동력 계산 • 수격, 서징, 캐비테이션, NPSH, 방수압과 방수량	
	소방 관련 열역학	열역학 기초 및 열역학 법칙	• 기본개념(비열, 일, 열, 온도, 에너지, 엔트로피 등) • 물질의 상태량(수증기 포함) • 열역학 제1법칙(밀폐계, 교축과정 및 노즐) • 열역학 제2법칙	
		상태변화	• 상태 변화(폴리트로픽 과정 등)에 따른 일, 열, 에너지 등 상태량의 변화량	
		이상기체 및 카르노사이클	• 이상기체의 상태방정식 • 가역사이클 효율	• 카르노사이클 • 혼합가스의 성분
		열전달 기초	• 전도, 대류, 복사의 기초	

필기과목명	주요항목	세부항목	세세항목	
소방관계 법규	소방기본법	소방기본법, 시행령, 시행규칙	• 소방기본법 • 소방기본법 시행규칙	• 소방기본법 시행령
	화재의 예방 및 안전관리에 관한 법	화재의 예방 및 안전관리에 관한 법, 시행령, 시행규칙	• 화재의 예방 및 안전관리에 관한 법률 • 화재의 예방 및 안전관리에 관한 시행령 • 화재의 예방 및 안전관리에 관한 시행규칙	
	소방시설 설치 및 관리에 관한 법	소방시설 설치 및 관리에 관한 법, 시행령, 시행규칙	• 소방시설 설치 및 관리에 관한 법률 • 소방시설 설치 및 관리에 관한 시행령 • 소방시설 설치 및 관리에 관한 시행규칙	
	소방시설공사업법	소방시설공사업법, 시행령, 시행규칙	• 소방시설공사업법 • 소방시설공사업법 시행규칙	• 소방시설공사업법 시행령
	위험물안전관리법	위험물안전관리법, 시행령, 시행규칙	• 위험물안전관리법 • 위험물안전관리법 시행규칙	• 위험물안전관리법 시행령
소방기계 시설의 구조 및 원리	소방기계시설 및 화재안전성능기준· 화재안전기술기준	소화기구	• 소화기구의 화재안전성능기준·화재안전기술기준 • 설치대상과 기준, 종류, 특징, 동작원리 및 기타 관련 사항	
		옥내·외 소화전설비	• 옥내소화전설비의 화재안전성능기준·화재안전기술기준 및 기타 관련 사항 • 옥외소화전설비의 화재안전성능기준·화재안전기술기준 및 기타 관련 사항 • 설치대상과 기준, 종류, 특징, 동작원리 및 기타 관련 사항	
		스프링클러설비	• 스프링클러설비의 화재안전성능기준·화재안전기술기준 및 기타 관련 사항 • 간이스프링클러소화설비의 화재안전성능기준·화재안전기술기준 및 기타 관련 사항 • 화재조기진압용 스프링클러설비의 화재안전성능기준·화재안전기술기준 기타 관련 사항 • 설치대상과 기준, 종류, 특징, 동작원리 및 기타 관련 사항	
		포소화설비	• 포소화설비의 화재안전성능기준·화재안전기술기준 • 설치대상과 기준, 종류, 특징, 동작원리 및 기타 관련 사항	
		이산화탄소, 할론, 할로겐화합물 및 불활성기체 소화설비	• 이산화탄소소화설비의 화재안전성능기준·화재안전기술기준 및 기타 관련 사항 • 할론소화설비의 화재안전성능기준·화재안전기술기준 기타 관련 사항 • 할로겐화합물 및 불활성기체소화설비의 화재안전성능기준·화재안전기술기준 기타 관련 사항 • 불활성기체소화설비의 화재안전성능기준·화재안전기술기준 기타 관련 사항 • 설치대상과 기준, 종류, 특징, 동작원리 및 기타 관련 사항	
		분말소화설비	• 분말소화설비의 화재안전성능기준·화재안전기술기준 • 설치대상과 기준, 종류, 특징, 동작원리 및 기타 관련 사항	
		물분무 및 미분무소화설비	• 물분무 및 미분무소화설비의 화재안전성능기준·화재안전기술기준 • 설치대상과 기준, 종류, 특징, 동작원리 및 기타 관련 사항	
		피난구조설비	• 피난기구의 화재안전성능기준·화재안전기술기준 • 인명구조기구의 화재안전성능기준·화재안전기술기준 및 기타 관련 사항	
		소화용수설비	• 상수도소화용수설비 • 소화수조 및 저수조의 화재안전성능기준·화재안전기술기준 및 기타 관련 사항	
		소화활동설비	• 제연설비의 화재안전성능기준·화재안전기술기준 및 기타 관련 사항 • 특별피난계단 및 비상용승강기 승강장제연설비 • 연결송수관설비의 화재안전성능기준·화재안전기술기준 • 연결살수설비의 화재안전성능기준·화재안전기술기준 및 기타 관련 사항 • 연소방지설비의 화재안전성능기준·화재안전기술기준	
		기타 소방기계설비	기타 소방기계설비의 화재안전성능기준·화재안전기술기준	

목 차

PART 01

핵심이론

소방설비기사 [기계편] 필기

———

www.sdedu.co.kr

01 소방원론

■ 화재의 종류

급수 구분	A급	B급	C급	D급	K급
화재의 종류	일반화재	유류화재	전기화재	금속화재	주방화재
표시색	백색	황색	청색	무색	–

■ 가연성 가스의 폭발범위

- 하한계가 낮을수록 위험하다.
- 상한계가 높을수록 위험하다.
- 연소범위가 넓을수록 위험하다.
- 온도(압력)가 상승할수록 위험하다(압력이 상승하면 하한계는 불변, 상한계는 증가. 단, 일산화탄소는 압력 상승 시 연소범위가 감소).

■ 가스의 종류

- 조연성 가스 : 산소, 공기, 오존, 염소, 플루오린(불소)
- 불연성 가스 : 질소, 수증기, 이산화탄소
- 가연성 가스면서 독성가스 : 황화수소
- 불활성 가스 : 헬륨, 네온, 아르곤, 크립톤, 제논, 라돈

■ 공기 중의 폭발범위(연소범위)

가스 종류	하한계[%]	상한계[%]	가스 종류	하한계[%]	상한계[%]
아세틸렌(C_2H_2)	2.5	81.0	이황화탄소(CS_2)	1.0	50.0
수소(H_2)	4.0	75.0	다이에틸에터($C_2H_5OC_2H_5$)	1.7	48.0
일산화탄소(CO)	12.5	74.0	에틸렌(C_2H_4)	2.7	36.0

■ **혼합가스의 폭발한계값**

$$L_m = \frac{100}{\dfrac{V_1}{L_1} + \dfrac{V_2}{L_2} + \dfrac{V_3}{L_3} + \cdots + \dfrac{V_n}{L_n}}$$

여기서, L_m : 혼합가스의 폭발한계(하한값, 상한값의 [vol%])

V_1, V_2, V_3, $\cdots$, V_n : 가연성 가스의 용량[vol%]

L_1, L_2, L_3, $\cdots$, L_n : 가연성 가스의 하한값 또는 상한값[vol%]

■ **위험도(Degree of Hazards, H)**

$$H = \frac{U - L}{L}$$

여기서, U : 폭발상한계[vol%]

L : 폭발하한계[vol%]

■ **폭굉유도거리가 짧아지는 요인**

- 압력이 높을수록
- 관경이 작을수록
- 관 속에 장애물이 있는 경우
- 점화원의 에너지가 강할수록
- 정상연소속도가 큰 혼합물일수록

■ **폭발의 분류**

분류	폭발하는 물질
분해폭발	아세틸렌, 산화에틸렌, 하이드라진
중합폭발	사이안화수소
분진폭발	알루미늄, 마그네슘, 아연분말, 플라스틱, 석탄, 황, 밀가루 등

■ **분진폭발을 하지 않는 물질**

소석회, 생석회, 시멘트분, 팽창질석, 팽창진주암 등

■ **연소의 정의**

가연물이 공기 중에서 산소와 반응하여 열과 빛을 동반하는 급격한 산화 현상

■ 연소의 색과 온도

색상	담암적색	암적색	적색	휘적색	황적색	백색	휘백색
온도[℃]	520	700	850	950	1,100	1,300	1,500 이상

■ 연소의 3요소

- 가연물
- 산소공급원
- 점화원
- 순조로운 연쇄반응(연소의 4요소)

※ 질소가 가연물이 아닌 이유 : 산소와 반응은 하나 흡열반응을 하기 때문

■ 가연물의 조건

- 열전도율이 작을 것
- 발열량이 클 것
- 표면적이 넓을 것
- 산소와 친화력이 좋을 것
- 활성화 에너지가 작을 것

■ 가연물이 될 수 없는 물질

- 산소와 더 이상 반응하지 않는 물질 : CO_2, H_2O, Al_2O_3 등
- 질소 또는 질소산화물 : 산소와 반응은 하나 흡열반응을 하기 때문
- 0(18)족 원소(불활성기체) : 헬륨(He), 네온(Ne), 아르곤(Ar), 크립톤(Kr), 제논(Xe), 라돈(Rn)

■ 고체의 연소

종류	정의	물질명
증발연소	고체 가열 → 액체 → 액체 가열 → 기체 → 기체가 연소하는 현상	황, 나프탈렌, 왁스, 파라핀
분해연소	연소 시 열분해에 의해 발생된 가스와 공기가 혼합하여 연소하는 현상	석탄, 종이, 목재, 플라스틱
표면연소	연소 시 열분해에 의해 가연성 가스는 발생하지 않고 그 물질 자체가 연소하는 현상 (작열연소)	목탄, 코크스, 금속분, 숯
내부연소(자기연소)	그 물질이 가연물과 산소를 동시에 가지고 있는 가연물이 연소하는 현상	나이트로셀룰로스, 셀룰로이드

■ 액체의 연소

종류	정의	물질명
증발연소	액체를 가열하면 증기가 되어 증기가 연소하는 현상	아세톤, 휘발유, 등유, 경유

■ 기체의 연소

종류	정의
확산연소	수소, 아세틸렌, 프로페인, 뷰테인 등 화염의 안정 범위가 넓고 조작이 용이하여 역화의 위험이 없는 연소
폭발연소	밀폐된 용기에 공기와 혼합가스가 있을 때 점화되면 연소속도가 증가하여 폭발적으로 연소하는 현상
예혼합연소	가연성 기체와 공기 중의 산소를 미리 혼합하여 연소하는 현상

■ 비열

1[g]의 물체를 1[℃] 올리는 데 필요한 열량[cal]

■ 물을 소화약제로 사용하는 이유

비열(1[cal/g · ℃])과 증발잠열(539[cal/g])이 크기 때문

■ 잠열

어떤 물질이 온도는 변하지 않고 상태만 변화할 때 발생하는 열($Q = \gamma \cdot m$)

- 증발잠열 : 액체가 기체로 될 때 출입하는 열(물의 증발잠열 : 539[cal/g] = 2,255[kJ/kg])
- 융해잠열 : 고체가 액체로 될 때 출입하는 열(물의 융해잠열 : 80[cal/g])

■ 현열

어떤 물질이 상태는 변화하지 않고 온도만 변화할 때 발생하는 열($Q = m C_p \Delta t$)

- 0[℃]의 물 1[g]이 100[℃]의 수증기로 되는 데 필요한 열량 : 639[cal]

$$Q = m C_p \Delta t + \gamma \cdot m = 1[g] \times 1[cal/g \cdot ℃] \times (100 - 0)[℃] + 539[cal/g] \times 1[g] = 639[cal]$$

- 0[℃]의 얼음 1[g]이 100[℃]의 수증기로 되는 데 필요한 열량 : 719[cal]

$$Q = \gamma_1 \cdot m + m C_p \Delta t + \gamma_2 \cdot m$$
$$= (80[cal/g] \times 1[g]) + (1[g] \times 1[cal/g \cdot ℃] \times (100 - 0)[℃]) + (539[cal/g] \times 1[g]) = 719[cal]$$

■ 인화점

- 휘발성 물질에 불꽃을 접하여 발화될 수 있는 최저의 온도
- 가연성 증기를 발생할 수 있는 최저의 온도

■ 발화점
  • 가연성 물질에 점화원을 접하지 않고도 불이 일어나는 최저의 온도
  • 발화점 500[℃]란 점화원이 없어도 500[℃]가 되면 공기 중에서 스스로 타기 시작하는 것을 의미한다.

■ 자연발화의 형태
  • 산화열에 의한 발화 : 석탄, 건성유, 고무 분말
  • 분해열에 의한 발화 : 나이트로셀룰로스
  • 미생물에 의한 발화 : 퇴비, 먼지
  • 흡착열에 의한 발화 : 목탄, 활성탄
  • 중합열에 의한 발화 : 사이안화수소

■ 자연발화의 조건
  • 주위의 온도가 높을 것
  • 열전도율이 작을 것
  • 발열량이 클 것
  • 표면적이 넓을 것

■ 자연발화의 방지법
  • 습도를 낮게 할 것
  • 주위의 온도를 낮출 것
  • 열전도율을 크게 할 것
  • 통풍을 잘 시킬 것
  • 불활성 가스를 주입하여 공기와 접촉을 피할 것

■ 온도의 순서
  발화점 > 연소점 > 인화점

■ 증기밀도 및 증기비중

• 증기밀도 $= \dfrac{\text{분자량}}{22.4[\text{L}]}$ (0[℃], 1기압일 때)

• 증기비중 $= \dfrac{\text{분자량}}{\text{공기의 평균 분자량}} = \dfrac{\text{분자량}}{29}$

  – 공기의 조성 : 산소(O_2) 21[%], 질소(N_2) 78[%], 아르곤(Ar) 등 1[%]
  – 공기의 평균 분자량 $= (32 \times 0.21) + (28 \times 0.78) + (40 \times 0.01) = 28.96 ≒ 29$

■ 그레이엄의 확산속도

$$\frac{U_B}{U_A} = \sqrt{\frac{M_A}{M_B}} \ , \ \ U_B = U_A \times \sqrt{\frac{M_A}{M_B}}$$

여기서, U_B : B 물질의 확산속도

$\quad\quad\quad U_A$: A 물질의 확산속도

$\quad\quad\quad M_B$: B 물질의 분자량

$\quad\quad\quad M_A$: A 물질의 분자량

※ 확산속도는 분자량의 제곱근에 반비례한다.

■ 열에너지(열원)의 종류

구분	종류
화학열	연소열, 분해열, 용해열, 자연발화
전기열	저항열, 유전열, 유도열, 정전기열, 아크열
기계열	마찰열, 압축열, 마찰스파크열

■ 연소생성물이 인체에 미치는 영향

가스	현상
CH_2CHCHO(아크롤레인)	석유제품이나 유지류가 연소할 때 생성
SO_2(아황산가스)	황을 함유하는 유기화합물이 완전 연소 시에 발생
H_2S(황화수소)	황을 함유하는 유기화합물이 불완전 연소 시에 발생. 달걀 썩는 냄새가 나는 가스
CO_2(이산화탄소)	연소가스 중 가장 많은 양을 차지, 완전 연소 시 생성
CO(일산화탄소)	불완전 연소 시에 다량 발생, 혈액 중의 헤모글로빈(Hb)과 결합하여 혈액 중의 산소운반 저해하여 사망
HCl(염화수소)	PVC와 같이 염소가 함유된 물질의 연소 시 생성

■ 열의 전달
- 전도(Conduction)
- 대류(Convection)
- 복사(Radiation) : 화재 시 열의 이동에 가장 크게 작용하는 열

※ 슈테판 – 볼츠만(Stefan–Boltzmann) 법칙 : 복사열은 절대온도차의 4제곱에 비례하고 열전달 면적에 비례한다.

■ 유류탱크(가스탱크)에서 발생하는 현상

종류	현상
보일 오버	• 탱크 저부의 물이 급격히 증발하여 기름이 탱크 밖으로 화재를 동반하여 방출하는 현상 • 유류탱크 바닥에 물이 비등 또는 팽창하여 기름을 탱크 외부로 분출시켜 화재를 확대시키는 현상
슬롭 오버	물이 연소유의 뜨거운 표면에 들어갈 때 기름 표면에서 화재가 발생하는 현상

■ 플래시 오버(Flash Over)
- 화재가 발생하여 일정 공간 안에 열과 가연성 가스가 축적되고 한 순간에 폭발적으로 화재가 확산하는 현상
- 옥내화재가 서서히 진행되어 열이 축적되었다가 일시에 연소하여 화염이 크게 발생하는 상태
- 발생 시기 : 성장기에서 최성기로 넘어가는 분기점
- 발생 시간 : 화재 발생 후 6~7분경
- 실내의 온도 : 800~900[℃]
- 산소의 농도 : 10[%]
- 최성기시간 : 내화구조는 60분 후(950[℃]), 목조건물은 10분 후(1,100[℃]) 최성기에 도달

■ 플래시 오버에 미치는 영향
- 개구부의 크기(개구율)
- 내장재료
- 화원의 크기
- 가연물의 종류
- 실내의 표면적
- 건축물의 형태

■ 연기의 이동속도

방향	수평방향	수직방향	실내계단
이동속도	0.5~1.0[m/s]	2.0~3.0[m/s]	3.0~5.0[m/s]

■ 연기농도와 가시거리

감광계수[m^{-1}]	가시거리[m]	상황
0.1	20~30	연기감지기가 작동할 때의 정도
10	0.2~0.5	화재 최성기 때의 정도

■ 연기유동에 영향을 미치는 요인

- 연돌(굴뚝)효과 : 건물 내·외부의 온도 차에 따른 공기의 흐름 현상으로 고층 건물에 주로 발생한다.
- 외부에서의 풍력
- 공기유동의 영향
- 건물 내 기류의 강제 이동
- 비중차
- 공조설비

■ 건축물의 화재성상

건축물의 종류	목조건축물	내화건축물
화재성상	고온단기형	저온장기형

■ 목조건축물의 화재 발생 후 경과시간

풍속[m/s] \ 화재진화과정	발화 → 최성기	최성기 → 연소낙하	발화 → 연소낙하
0~3	5~15분	6~19분	13~24분

■ 내화건축물의 화재 진행과정

초기 → 성장기 → 최성기 → 종기

■ 목조건축물의 화재 원인

- 접염 : 화염 또는 열의 접촉에 의하여 불이 옮겨붙는 것
- 복사열 : 복사파에 의하여 열이 고온에서 저온으로 이동하는 것
- 비화 : 화재현장에서 불꽃이 날아가 먼 지역까지 발화하는 현상

■ 화재하중

단위면적당 가연성 수용물의 양으로서 건물화재 시 발열량 및 화재의 위험성을 나타내는 용어이고, 화재의 규모를 결정하는 데 사용된다.

$$Q = \frac{\sum(G_t \times H_t)}{H \times A} = \frac{Q_t}{4,500 \times A} [\text{kg/m}^2]$$

여기서, G_t : 가연물의 질량

H_t : 가연물의 단위발열량[kcal/kg]

H : 목재의 단위발열량(4,500[kcal/kg])

A : 화재실의 바닥면적[m²]

Q_t : 가연물의 전발열량[kcal]

■ 백드래프트(Back Draft)

밀폐된 공간에서 화재 발생 시 산소 부족으로 불꽃을 내지 못하고 가연성 가스만 축적되어 있는 상태에서 갑자기 문을 개방하면, 신선한 공기 유입으로 폭발적인 연소가 시작되는 현상이며 감쇠기에 발생한다.

■ 위험물의 성질 및 소화방법

유별 \ 항목	성질	소화방법
제1류 위험물	산화성 고체	물에 의한 냉각소화(무기과산화물은 건조된 모래에 의한 질식소화)
제2류 위험물	가연성 고체	물에 의한 냉각소화(금속분은 건조된 모래에 의한 질식소화)
제3류 위험물	자연발화성 및 금수성 물질	건조된 모래에 의한 소화
제4류 위험물	인화성 액체	질식소화
제5류 위험물	자기반응성 물질	주수소화
제6류 위험물	산화성 액체	주수소화

■ 건축물의 내화구조(건피방 제3조)

구분	기준
모든 벽	• 철근콘크리트조 또는 철골·철근콘크리트조로서 두께가 10[cm] 이상인 것 • 골구를 철골조로 하고 그 양면을 두께 4[cm] 이상의 철망모르타르로 덮은 것
기둥(작은 지름이 25[cm] 이상인 것)	• 철골을 두께 7[cm] 이상의 콘크리트 블록·벽돌 또는 석재로 덮은 것 • 철골을 두께 5[cm] 이상의 콘크리트로 덮은 것
바닥	철근콘크리트조 또는 철골·철근콘크리트조로서 두께가 10[cm] 이상인 것

※ 건축물의 피난·방화구조 등의 기준에 관한 규칙(약칭 : 건피방)

■ 방화구조(건피방 제4조)

- 철망모르타르로서 바름두께가 2[cm] 이상인 것
- 석고판 위에 시멘트모르타르 또는 회반죽을 바른 것으로서 그 두께의 합계가 2.5[cm] 이상인 것
- 시멘트모르타르 위에 타일을 붙인 것으로서 그 두께의 합계가 2.5[cm] 이상인 것
- 심벽에 흙으로 맞벽치기한 것

■ 방화구획의 기준(건피방 제14조)

건축물의 규모	구획 기준		비고
10층 이하의 층	바닥면적 1,000[m²](3,000[m²] 이내마다 구획)		( ) 안의 면적은 스프링클러 등 자동식 소화설비를 설치한 경우임
기타 층	매 층마다 구획(단, 지하 1층에서 지상으로 직접 연결하는 경사로 부위는 제외한다)		
11층 이상의 층	실내마감이 불연재료의 경우	바닥면적 500[m²](1,500[m²] 이내마다 구획)	
	실내마감이 불연재료가 아닌 경우	바닥면적 200[m²](600[m²] 이내마다 구획)	

■ 건축물의 주요구조부

벽, 기둥, 바닥, 보, 지붕틀, 주계단

※ 주요구조부 제외 : 사잇기둥, 최하층의 바닥, 작은 보, 차양, 옥외계단

■ 피난대책의 일반적인 원칙

- 피난경로는 간단 명료하게 할 것
- 피난구조설비는 고정식 설비를 위주로 할 것
- 피난수단은 원시적 방법에 의한 것을 원칙으로 할 것
- 2 방향 이상의 피난통로를 확보할 것

■ 피난대책의 원칙

- Fool Proof : 비상시 머리가 혼란하여 판단 능력이 저하되는 상태로 누구나 알 수 있도록 문자나 그림 등을 표시하여 직감적으로 작용하는 것
- Fail Safe : 하나의 수단이 고장으로 실패하여도 다른 수단에 의해 구제할 수 있도록 고려하는 것으로 양방향 피난로의 확보와 예비전원을 준비하는 것 등

■ 피난시설의 안전구획

종류	1차 안전구획	2차 안전구획	3차 안전구획
해당 부분	복도	계단부속실(전실)	계단

■ 피난방향 및 경로

구분	구조	특징
T형		피난자에게 피난경로를 확실히 알려주는 형태
X형		양방향으로 피난할 수 있는 확실한 형태
H형		중앙코어방식으로 피난자의 집중으로 패닉현상이 일어날 우려가 있는 형태
Z형		중앙복도형 건축물에서의 피난경로로서 코어식 중 제일 안전한 형태

■ 화재 시 인간의 피난 행동 특성

- 귀소본능 : 평소에 사용하던 출입구나 통로 등 습관적으로 친숙해 있는 경로로 도피하려는 본능
- 지광본능 : 화재 발생 시 연기와 정전 등으로 가시거리가 짧아져 시야가 흐리면 밝은 방향으로 도피하려는 본능
- 추종본능 : 화재 발생 시 최초로 행동을 개시한 사람에 따라 전체가 움직이는 본능
- 퇴피본능 : 연기나 화염에 대한 공포감으로 화원의 반대방향으로 이동하려는 본능
- 좌회본능 : 좌측으로 통행하고 시계의 반대 방향으로 회전하려는 본능

■ 소화효과

소화약제의 종류		소화효과
물 봉상(옥내소화전설비, 옥외소화전설비)		냉각효과
물 적상(스프링클러설비)		냉각효과
물 무상(물분무소화설비)		질식, 냉각, 희석, 유화효과
포		질식, 냉각효과
이산화탄소		질식, 냉각, 피복효과
할론, 분말		질식, 냉각, 부촉매효과
할로겐화합물 및 불활성기체	할로겐화합물	질식, 냉각, 부촉매효과
	불활성기체	질식, 냉각효과

■ 팽창비

$$\text{팽창비} = \frac{\text{방출 후 포의 체적[L]}}{\text{방출 전 포수용액의 체적(포원액 + 물)[L]}} = \frac{\text{방출 후 포의 체적[L]}}{\dfrac{\text{원액의 양[L]}}{\text{농도[%]}}}$$

■ 할론소화약제의 성상

약제	분자식	분자량	적응 화재
할론 1301	CF_3Br	148.9	B, C급
할론 1211	CF_2ClBr	165.4	A, B, C급
할론 1011	CH_2ClBr	129.4	B, C급
할론 2402	$C_2F_4Br_2$	259.8	B, C급

- 할론소화약제의 소화효과 : F < Cl < Br < I
- 할론소화약제의 전기음성도 : F > Cl > Br > I

■ 할론소화약제의 명명법

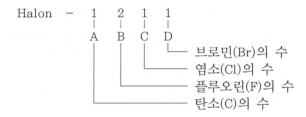

```
Halon  -  1   2   1   1
          |   |   |   |
          A   B   C   D
                  │   └── 브로민(Br)의 수
                  └────── 염소(Cl)의 수
              └────────── 플루오린(F)의 수
          └────────────── 탄소(C)의 수
```

■ 할로겐화합물 및 불활성기체 소화약제

계열	정의	해당 소화약제	화학식
HFC계열 (Hydro Fluoro Carbons)	C(탄소)에 F(플루오린)와 H(수소)가 결합된 것	펜타플루오로에테인(HFC-125)	CHF_2CF_3
		헵타플루오로프로페인(HFC-227ea)	CF_3CHFCF_3
		트라이플루오로메테인(HFC-23)	CHF_3
		헥사플루오로프로페인(HFC-236fa)	$CF_3CH_2CF_3$
HCFC계열 (Hydro Chloro Fluoro Carbons)	C(탄소)에 Cl(염소), F(플루오린), H(수소)가 결합된 것	하이드로클로로플루오로카본혼화제 (HCFC BLEND A)	HCFC-123($CHCl_2CF_3$) : 4.75[%] HCFC-22($CHClF_2$) : 82[%] HCFC-124($CHClFCF_3$) : 9.5[%] $C_{10}H_{16}$: 3.75[%]
		클로로테트라플루오로에테인 (HCFC-124)	$CHClFCF_2$
FIC(Fluoro Iodo Carbons)계열	C(탄소)에 F(플루오린)와 I(아이오딘)가 결합된 것	트라이플루오로이오다이드 (FIC-13 I1)	CF_3I
FC(PerFluoro Carbons)계열	C(탄소)에 F(플루오린)가 결합된 것	퍼플루오로뷰테인(FC-3-1-10)	C_4F_{10}
		도데카플루오로-2-메틸펜테인-3-원 (FK-5-1-12)	$CF_3CF_2C(O)CF(CF_3)_2$
불연성 · 불활성기체 혼합가스		IG-01	Ar
		IG-100	N_2
		IG-541	N_2 : 52[%], Ar : 40[%], CO_2 : 8[%]
		IG-55	N_2 : 50[%], Ar : 50[%]

■ 할로겐화합물 소화약제의 명명법

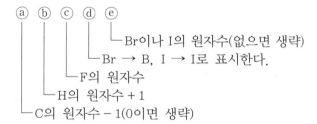

ⓐ ⓑ ⓒ ⓓ ⓔ
           └ Br이나 I의 원자수(없으면 생략)
         └ Br → B, I → I로 표시한다.
     └ F의 원자수
   └ H의 원자수 + 1
 └ C의 원자수 − 1(0이면 생략)

[예시]

• HFC계열(HFC−227, CF_3CHFCF_3)

  ⓐ → C의 원자수(3 − 1 = 2)

  ⓑ → H의 원자수(1 + 1 = 2)

  ⓒ → F의 원자수(7)

• HCFC계열(HCFC−124, $CHClFCF_3$)

  ⓐ → C의 원자수(2 − 1 = 1)

  ⓑ → H의 원자수(1 + 1 = 2)

  ⓒ → F의 원자수(4)

  – 부족한 원소는 Cl로 채운다.

• FIC계열(FIC−13 I1, CF_3I)

  ⓐ → C의 원자수(1 − 1 = 0, 생략)

  ⓑ → H의 원자수(0 + 1 = 1)

  ⓒ → F의 원자수(3)

  ⓓ → I로 표기

  ⓔ → I의 원자수(1)

■ 불활성기체 소화약제의 명명법

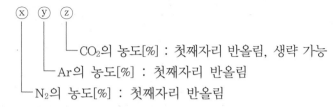

ⓧ ⓨ ⓩ
      └ CO_2의 농도[%] : 첫째자리 반올림, 생략 가능
   └ Ar의 농도[%] : 첫째자리 반올림
 └ N_2의 농도[%] : 첫째자리 반올림

[예시]

- IG-01

  ⓧ → N_2의 농도(0[%] = 0)

  ⓨ → Ar의 농도(100[%] = 1)

  ⓩ → CO_2의 농도(0[%]) : 생략

- IG-100

  ⓧ → N_2의 농도(100[%] = 1)

  ⓨ → Ar의 농도(0[%] = 0)

  ⓩ → CO_2의 농도(0[%] = 0)

- IG-55

  ⓧ → N_2의 농도(50[%] = 5)

  ⓨ → Ar의 농도(50[%] = 5)

  ⓩ → CO_2의 농도(0[%]) : 생략

- IG-541

  ⓧ → N_2의 농도(52[%] = 5)

  ⓨ → Ar의 농도(40[%] = 4)

  ⓩ → CO_2의 농도(8[%] → 10[%] = 1)

■ 할로겐화합물 및 불활성기체의 소화효과

- 할로겐화합물소화약제 : 질식, 냉각, 부촉매효과
- 불활성기체소화약제 : 질식, 냉각효과

■ 분말소화약제의 물성

종류	주성분	착색	적응 화재	열분해 반응식
제1종 분말	탄산수소나트륨($NaHCO_3$)	백색	B, C급	$2NaHCO_3 \rightarrow Na_2CO_3 + CO_2 + H_2O$
제2종 분말	탄산수소칼륨($KHCO_3$)	담회색	B, C급	$2KHCO_3 \rightarrow K_2CO_3 + CO_2 + H_2O$
제3종 분말	제일인산암모늄 (인산암모늄, 인산염) [$NH_4H_2PO_4$]	담홍색	A, B, C급	$NH_4H_2PO_4 \rightarrow HPO_3 + NH_3 + H_2O$
제4종 분말	탄산수소칼륨 + 요소 [$KHCO_3 + (NH_2)_2CO$]	회색	B, C급	$2KHCO_3 + (NH_2)_2CO \rightarrow K_2CO_3 + 2NH_3 + 2CO_2$

02 소방유체역학

■ 용어 정의

- 이상유체 : 점성이 없는 비압축성 유체
- 실제유체 : 점성이 있는 압축성 유체, 유동 시 마찰이 존재하는 유체

■ 단위

- 온도(T)

  $[K] = 273.16 + [℃]$

- 힘(F)

  $1[kg_f] = 9.8[N] = 9.8 \times 10^5[dyne]$

- 일(W)

  $1[J] = 1[N \cdot m] = [kg \cdot m/s^2] \times [m] = [kg \cdot m^2/s^2]$

  $1[erg] = 1[dyne \cdot cm] = [g \cdot cm/s^2] \times [cm] = [g \cdot cm^2/s^2]$

- 부피(V)

  $1[m^3] = 1,000[L]$

  $1[L] = 1,000[cm^3]$

- 압력(P)

  $P = \dfrac{F}{A}$ (여기서, F : 힘, A : 단면적)

  $1[atm] = 760[mmHg]$

  $\qquad = 10.332[mH_2O](mAq) = 1,033.2[cmH_2O] = 10,332[mmH_2O]$

  $\qquad = 1.0332[kg_f/cm^2] = 10,332[kg_f/m^2]$

  $\qquad = 1,013[mbar]$

  $\qquad = 0.101325[MPa] = 101.325[kPa](=[kN/m^2]) = 101,325[Pa](=[N/m^2])$

- 점도(점성계수)

  $1[p](poise) = 1[g/cm \cdot s] = 0.1[kg/m \cdot s] = 1[dyne \cdot s/cm^2] = 100[cp]$

  $1[cp](centi\ poise) = 0.01[g/cm \cdot s] = 0.001[kg/m \cdot s]$

  ※ 물의 점도(25[℃]) = 1[cp](= 0.01[g/cm \cdot s])

- 동점도 $1[stokes] = 1[cm^2/s]$

  ※ 동점도 $\nu = \dfrac{\mu}{\rho}$ (μ : 절대점도, ρ : 밀도)

■ 비중량(γ)

$$\gamma = \frac{1}{\nu} = \frac{P}{RT} = \rho g$$

여기서, γ : 비중량($[N/m^3]$, $[kg_f/m^3]$)

ν : 비체적$[m^3/kg]$

P : 압력($[N/m^2]$, $[kg_f/m^2]$)

R : 기체상수

T : 절대온도$[K]$

ρ : 밀도$[kg/m^3]$

- 물의 비중량(γ) = $1[g_f/cm^3]$ = $1,000[kg_f/m^3]$ = $9,800[N/m^3]$ = $9.8[kN/m^3]$
- 액체의 비중량(γ) = $S \times 9,800[N/m^3]$

• 밀도 : 단위체적당 질량(W/V)

　물의 밀도(ρ) = $1[g/cm^3]$ = $1,000[kg/m^3]$ = $1,000[N \cdot s^2/m^4]$ = $102[kg_f \cdot s^2/m^4]$

• 비체적 : 단위질량당 체적, 즉 밀도의 역수$\left(V_s = \dfrac{1}{\rho} \right)$

• 동력 : 단위시간당 일

$$1[W] = 1[J/s] = 1[N \cdot m/s] = \frac{1 \left[\dfrac{kg \cdot m}{s^2} \times m \right]}{[s]} = 1[kg \cdot m^2/s^3]$$

■ Newton의 점성법칙

• 난류

- 전단응력은 점성계수와 속도구배에 비례한다.
- 전단응력(τ)

$$\tau = \frac{F}{A} = \mu \frac{du}{dy}$$

여기서, τ : 전단응력$[dyne/cm^2]$

F : 힘$[dyne]$

A : 단면적$[cm^2]$

$\dfrac{du}{dy}$: 속도구배(속도기울기)

- 층류
  - 수평 원통형 관 내에 유체가 흐를 때 전단응력은 중심선에서 0이고 반지름에 비례하면서 관 벽까지 직선적으로 증가한다.
  - 전단응력(τ)

$$\tau = \frac{P_A - P_B}{l} \cdot \frac{r}{2}$$

  여기서, τ : 전단응력[dyne/cm^2]
  l : 길이[cm]
  r : 반경[cm]

■ 물체의 무게(W)

$W = \gamma V$

여기서, γ : 비중량([N/m^3], [kg$_f$/m^3])
V : 물체가 잠긴 체적[m^3]

■ 보일-샤를의 법칙

$$\frac{P_1 V_1}{T_1} = \frac{P_2 V_2}{T_2}, \quad V_2 = V_1 \times \frac{P_1}{P_2} \times \frac{T_2}{T_1}$$

※ 기체가 차지하는 부피는 압력에 반비례하고 절대온도에 비례한다.

■ 체적탄성계수(K)

$$K = -\frac{\Delta P}{\Delta V / V} = \frac{\Delta P}{\Delta \rho / \rho}$$

여기서, P : 압력
V : 체적
ρ : 밀도
$\Delta V / V$: 무차원
K : 압력단위

※ 압축률(체적탄성계수의 역수) : $\beta = \frac{1}{K}$

■ 표면장력(σ)

$$\sigma = \frac{\Delta P \cdot d}{4}$$

여기서, σ : 표면장력([dyne/cm], [N/m])

　　　　ΔP : 압력차

　　　　d : 내경

■ 엔트로피(ΔS)

$$\Delta S = \frac{dQ}{T} [\text{cal/g} \cdot \text{K}]$$

여기서, dQ : 변화한 열량[cal/g]

　　　　T : 절대온도[K]

• 가역 과정에서 엔트로피는 0이다($\Delta S = 0$).
• 비가역 과정에서 엔트로피는 증가한다($\Delta S > 0$).
• 등엔트로피 과정은 단열 가역 과정이다.

■ 유체의 흐름

• 정상류 : 임의의 한 점에서 속도, 온도, 압력, 밀도 등의 평균값이 시간에 따라 변하지 않는 흐름
• 비정상류 : 임의의 한 점에서 속도, 온도, 압력, 밀도 등이 시간에 따라 변하는 흐름

■ 연속방정식

• 질량유량 등

종류	질량유량	중량유량	체적유량
공식	$\overline{m} = A_1 u_1 \rho_1 = A_2 u_2 \rho_2$	$G = A_1 u_1 \gamma_1 = A_2 u_2 \gamma_2$	$Q = A_1 u_1 = A_2 u_2$
용어 설명	$\overline{m}$: 질량유량[kg/s] A : 단면적[m²] u : 유속[m/s] ρ : 밀도[kg/m³]	G : 중량유량([N/s], [kg$_f$/s]) A : 단면적[m²] u : 유속[m/s] γ : 비중량([N/m³], [kg$_f$/m³])	Q : 체적유량[m³/s] A : 단면적[m²] u : 유속[m/s]

• 비압축성 유체

$$\frac{u_2}{u_1} = \frac{A_1}{A_2} = \left(\frac{D_1}{D_2}\right)^2, \ u_2 = u_1 \times \left(\frac{D_1}{D_2}\right)^2$$

여기서, u : 유속[m/s]

　　　　A : 단면적[m²]

　　　　D : 내경[m]

■ **유체의 압력**

- 절대압 = 대기압 + 게이지압
- 절대압 = 대기압 − 진공

■ **물속의 압력**

$$P = P_o + \gamma H$$

여기서, P : 탱크나 해저 밑에서 받는 압력

P_o : 대기압

γ : 물의 비중량(9,800[N/m³], 1,000[kg$_f$/m³])

H : 수두[m]

■ **이상기체 상태방정식**

$$PV = nRT = \frac{W}{M} RT, \ \rho = \frac{PM}{RT}$$

여기서, P : 압력[atm]

V : 부피[L, m³]

n : 몰수$\left(\dfrac{\text{무게}}{\text{분자량}} = \dfrac{W}{M} \right)$

W : 무게[g, kg]

M : 분자량

R : 기체상수

T : 절대온도(273 + [℃])

ρ : 밀도[kg/m³]

※ 기체상수(R)의 값

- 0.08205[L · atm/g-mol · K]
- 0.08205[m³ · atm/kg-mol · K]

■ 완전기체(Perfect Gas)

$PV_s = RT$ 또는 $\dfrac{P}{\rho} = RT$를 만족시키는 기체

- $\dfrac{P}{\rho} = RT \rightarrow \rho = \dfrac{P}{RT}$

- $\dfrac{P}{\dfrac{W}{V}} = RT \rightarrow V = \dfrac{WRT}{P}$

여기서, P : 압력

V : 부피

W : 무게

R : 기체상수

T : 절대온도

※ 기체상수(R)와 분자량(M)과의 관계 : $R = \dfrac{848}{M}[\text{kg}_\text{f} \cdot \text{m/kg} \cdot \text{K}] = \dfrac{8,312}{M}[\text{N} \cdot \text{m/kg} \cdot \text{K}]$

※ 공기의 기체상수 : $R = 29.27[\text{kg}_\text{f} \cdot \text{m/kg} \cdot \text{K}] = 286.8[\text{N} \cdot \text{m/kg} \cdot \text{K}] = 286.8[\text{J/kg} \cdot \text{K}]$

■ 경사면에 작용하는 힘(F)

$F = \gamma y A \sin\theta$

여기서, γ : 비중량

y : 면적의 도심

A : 면적

θ : 경사진 각도

■ 베르누이 방정식(Bernoulli's Equation)

$\dfrac{u_1^2}{2g} + \dfrac{P_1}{\gamma} + Z_1 = \dfrac{u_2^2}{2g} + \dfrac{P_2}{\gamma} + Z_2 = \text{Const}$

여기서, u : 유속[m/s]

P : 압력[N/m^2, $\text{kg}_\text{f}/\text{m}^2$]

Z : 높이[m]

g : 중력가속도($9.8[\text{m/s}^2]$)

$\dfrac{u^2}{2g}$: 속도수두

$\dfrac{P}{\gamma}$: 압력수두

Z : 위치수두

■ 힘(F)

$$F = Q \rho u$$

여기서, F : 힘[N, kg_f]

　　　　Q : 유량[m³/s]

　　　　ρ : 밀도(물 : 1,000[N·s²/m⁴] = 102[kg_f·s²/m⁴])

　　　　u : 유속[m/s]

■ 유체의 마찰손실

다르시-바이스바하(Darcy-Weisbach) 식 : 곧고 긴 배관에서의 손실수두계산에 적용

$$H = \frac{\Delta P}{\gamma} = \frac{flu^2}{2gD}$$

여기서, H : 마찰손실[m]

　　　　ΔP : 압력 차([N/m²], [kg_f/m²])

　　　　γ : 비중량(물의 비중량 = 9,800[N/m³], 1,000[kg_f/m³])

　　　　f : 관 마찰계수

　　　　l : 관의 길이[m]

　　　　u : 유속[m/s]

　　　　g : 중력가속도(9.8[m/s²])

　　　　D : 내경[m]

■ 레이놀즈수(R_e)

$$R_e = \frac{Du\rho}{\mu} = \frac{Du}{\nu}$$

여기서, R_e : 레이놀즈수[무차원]

　　　　D : 내경[cm]

　　　　u : 유속[cm/s]

　　　　ρ : 밀도[g/cm³]

　　　　μ : 점도[g/cm·s]

　　　　ν : 동점도$\left(\dfrac{\mu}{\rho} [\text{cm}^2/\text{s}] \right)$

※ 임계레이놀즈수

　• 상임계레이놀즈수 : 층류에서 난류로 변할 때의 레이놀즈수($R_e = 4,000$)

　• 하임계레이놀즈수 : 난류에서 층류로 변할 때의 레이놀즈수($R_e = 2,100$)

※ 자주 출제되는 문제 유형
- 물의 점도와 밀도가 주어지지 않고 "유체가 물이다"로 주어지는 문제
  - 물의 점도 : $1[\text{cp}] = 0.01[\text{g/cm} \cdot \text{s}]$
  - 물의 밀도 : $1[\text{g/cm}^3]$을 대입한다.
- 동점도가 주어지고 레이놀즈수를 구하는 문제
- 레이놀즈수를 구하여 흐름의 종류(층류, 난류)를 구분하는 문제
- 층류일 때 관 마찰계수를 구하는 문제

■ 유체 흐름의 종류
- 유체의 흐름 구분
  - 층류 : $R_e < 2,100$
  - 임계영역 : $2,100 < R_e < 4,000$
  - 난류 : $R_e > 4,000$
- 임계레이놀즈수

$$2,100 = \frac{Du\rho}{\mu} = \frac{Du}{\nu}$$

$\therefore$ 임계유속 $u = \dfrac{2,100\mu}{D\rho} = \dfrac{2,100\nu}{D}$

[층류와 난류의 비교]

구분	층류	난류
R_e	2,100 이하	4,000 이상
흐름	정상류	비정상류
전단응력	$\tau = -\dfrac{dp}{dl} \cdot \dfrac{r}{2}$ $= \dfrac{P_A - P_B}{l} \cdot \dfrac{r}{2}$	$\tau = \dfrac{F}{A} = \mu \dfrac{du}{dy}$
평균속도	$u = \dfrac{1}{2}u_{\max}$	$u = 0.8u_{\max}$
손실수두	Hagen–Poiseuille's Law $H = \dfrac{\Delta P}{\gamma} = \dfrac{128\mu l Q}{\gamma \pi D^4}$	Fanning's Law $H = \dfrac{\Delta P}{\gamma} = \dfrac{2flu^2}{gD}$
속도 분포식	$u = u_{\max}\left[1 - \left(\dfrac{r}{r_o}\right)^2\right]$	–
관 마찰계수	$f = \dfrac{64}{R_e}$	$f = 0.3164Re^{-\frac{1}{4}}$

■ 속도 분포식

$$u = u_{\max}\left[1 - \left(\frac{r}{r_o}\right)^2\right]$$

여기서, $u_{\max}$: 중심유속

　　　　r : 중심에서의 거리

　　　　r_o : 중심에서 벽까지의 거리

■ 직관에서의 마찰손실

• 층류(Laminar Flow) : 매끈하고 수평관 내를 층류로 흐를 때는 Hagen-Poiseulle 법칙이 적용

$$H = \frac{\Delta P}{\gamma} = \frac{128\mu l Q}{\gamma \pi D^4}[\text{m}]$$

여기서, ΔP : 압력차($[\text{N/m}^2]$, $[\text{kg}_\text{f}/\text{m}^2]$)

　　　　γ : 비중량(물의 비중량 = 9,800$[\text{N/m}^3]$, 1,000$[\text{kg}_\text{f}/\text{m}^3]$)

　　　　μ : 점도$[\text{kg}_\text{f} \cdot \text{s/m}^2]$

　　　　l : 관의 길이[m]

　　　　Q : 유량$[\text{m}^3/\text{s}]$

　　　　D : 관의 내경[m]

• 난류(Turbulent Flow) : 불규칙적인 유체는 Fanning 법칙이 적용

$$H = \frac{\Delta P}{\gamma} = \frac{2f l u^2}{g_c D}[\text{m}]$$

여기서, ΔP : 압력차($[\text{N/m}^2]$, $[\text{kg}_\text{f}/\text{m}^2]$)

　　　　γ : 비중량(물의 비중량 = 9,800$[\text{N/m}^3]$, 1,000$[\text{kg}_\text{f}/\text{m}^3]$)

　　　　f : 관 마찰계수

　　　　l : 관의 길이[m]

　　　　u : 유속[m/s]

　　　　g_c : 중력가속도(9.8$[\text{m/s}^2]$)

　　　　D : 관의 내경[m]

■ 관 마찰계수

• 층류 : 상대조도와 무관하며 레이놀즈수만의 함수이다.

• 임계영역 : 상대조도와 레이놀즈수의 함수이다.

• 난류 : 상대조도와 무관하다.

■ 무차원수

명칭	무차원식	물리적인 의미
Reynold수	$R_e = \dfrac{Du\rho}{\mu}$	관성력/점성력
Eluer수	$E_u = \dfrac{\Delta P}{\rho u^2}$	압축력/관성력
Weber수	$W_e = \rho\,\dfrac{Lu^2}{\sigma}$	관성력/표면장력
Cauch수	$C_a = \dfrac{\rho u^2}{K}$	관성력/탄성력
Froude수	$F_r = \dfrac{u}{\sqrt{gL}}$	관성력/중력

■ 유체의 압력 측정

U자관 Manometer의 압력 차

$$\Delta P = \frac{g}{g_c}R(\gamma_A - \gamma_B)$$

여기서, R : Manometer 읽음

γ_A : 유체의 비중량

γ_B : 물의 비중량(9,800[N/m³], 1,000[kg_f/m³])

■ 유속 측정

• 피토관(Pitot Tube) : 유체의 국부속도를 측정하는 장치

$$u = k\sqrt{2gH}$$

여기서, u : 유속[m/s]

k : 속도정수

g : 중력가속도(9.8[m/s²])

H : 수두[m]

• 피토-정압관(Pitot-static Tube) : 동압을 이용하여 유속을 측정하는 장치

■ 수력반경(R_h)

$$R_h = \frac{A}{l}$$

여기서, A : 단면적

l : 길이

• 원 관일 때 : $R_h = \frac{\pi d^2/4}{\pi d} = \frac{d}{4}$ 혹은 $d = 4R_h$

• 사각형 수로 : $R_h = \frac{A}{l} = \frac{가로 \times 세로}{(가로 \times 2) + (세로 \times 2)}$

■ 시차액주계

• 두 개의 탱크의 지점 간의 압력을 측정하는 장치이다.

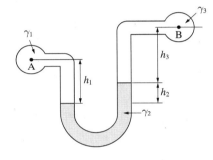

• $P_A + \gamma_1 h_1 = P_B + \gamma_2 h_2 + \gamma_3 h_3$

 − A점의 압력(P_A) : $P_A = P_B + \gamma_2 h_2 + \gamma_3 h_3 - \gamma_1 h_1$

 − B지점의 압력(P_B) : $P_B = P_A + \gamma_1 h_1 - \gamma_2 h_2 - \gamma_3 h_3$

 − 압력차(ΔP) : $\Delta P(P_A - P_B) = \gamma_2 h_2 + \gamma_3 h_3 - \gamma_1 h_1$

■ 점도계

• 맥마이클(MacMichael) 점도계, 스토머(Stomer) 점도계 : 뉴턴의 점성법칙

• 오스트발트(Ostwald) 점도계, 세이볼트(Saybolt) 점도계 : 하겐-포아젤법칙

• 낙구식 점도계 : 스토크스법칙

■ 관 마찰손실

• 주손실 : 관로마찰에 의한 손실

• 부차적손실 : 급격한 확대, 축소, 관부속품에 의한 손실

• 축소관일 때 손실수두

$$H = k\frac{u_2^2}{2g}[\text{m}]$$

여기서, k : 축소손실계수

g : 중력가속도($9.8[\text{m/s}^2]$)

• 확대관일 때 손실수두

$$H = k\frac{(u_1 - u_2)^2}{2g} = k'\frac{u_1^2}{2g}$$

여기서, k' : 확대손실계수

■ **공동현상(Cavitation)**

펌프의 흡입 측 배관 내의 수온 상승으로 물이 수증기로 변화하여 물이 펌프로 흡입되지 않는 현상

• 발생원인

– 펌프의 마찰손실, 흡입 측 수두(양정), 회전수(임펠러 속도)가 클 때

– 펌프의 흡입관경이 작을 때

– 펌프의 설치위치가 수원보다 높을 때

– 펌프의 흡입압력이 유체의 증기압보다 낮을 때

– 관 내의 유체가 고온일 때

• 방지대책

– 펌프의 마찰손실, 흡입 측 수두(양정), 회전수(임펠러 속도)를 작게 할 것

– 펌프의 흡입관경이 크게 할 것

– 펌프의 설치위치를 수원보다 낮게 할 것

– 펌프의 흡입압력을 유체의 증기압보다 높게 할 것

– 양흡입 펌프를 사용할 것

■ **수격현상(Water Hammering)**

밸브를 차단할 때 유체가 감속되어 운동에너지가 압력에너지로 변하여 유체 내의 고압이 발생하여 압력변화를 가져와 벽면을 타격하는 현상

• 발생원인
 − 펌프를 갑자기 정지시킬 때
 − 정상 운전일 때 액체의 압력 변동이 생길 때
 − 밸브를 급히 개폐할 때

• 방지대책
 − 관로 내의 관경을 크게 한다.
 − 관로 내의 유속을 낮게 한다.
 − 압력강하의 경우 Fly Wheel을 설치한다.
 − 수격방지기(Water Hammering Cushion)를 설치하여 적정압력을 유지한다.
 − Air Chamber를 설치한다.

■ **맥동현상(Surging)**

펌프 입구 측의 진공계 및 연성계와 토출 측의 압력계가 심하게 흔들려 유체가 일정하지 않은 현상

• 발생원인
 − 펌프의 양정곡선($Q-H$)이 산 모양의 곡선으로 상승부에서 운전하는 경우
 − 유량조절밸브가 수조의 후방에 위치할 때
 − 배관 중에 외부와 접촉할 수 있는 공기탱크나 물탱크가 있을 때
 − 흐르는 배관의 개폐밸브가 잠겨 있을 때
 − 운전 중인 펌프를 정지시킬 때

• 방지대책
 − 펌프 내의 양수량을 증가한다.
 − 임펠러의 회전수를 변화시킨다.
 − 배관 내의 잔류 공기를 제거한다.
 − 관로의 유속을 조절한다.

■ 펌프의 성능

펌프 2대 연결 방법		직렬 연결	병렬 연결
성능	유량(Q)	Q	$2Q$
	양정(H)	$2H$	H

■ 펌프의 동력

항목 \ 종류	수동력	축동력	전동력
공식	$P[\text{kW}] = \gamma QH$	$P[\text{kW}] = \dfrac{\gamma QH}{\eta}$	$P[\text{kW}] = \dfrac{\gamma QH}{\eta} \times K$
기호 설명	γ : 물의 비중량(9.8[kN/m³]) Q : 유량[m³/s] H : 양정[m]	γ : 물의 비중량(9.8[kN/m³]) Q : 유량[m³/s] H : 양정[m] η : 펌프의 효율	γ : 물의 비중량(9.8[kN/m³]) Q : 유량[m³/s] H : 양정[m] η : 펌프의 효율 K : 여유율(전달계수)

■ 내연기관의 용량

$$P[\text{HP}] = \frac{\gamma \times Q \times H}{76 \times \eta} \times K$$

여기서, γ : 물의 비중량(1,000[kg$_\text{f}$/m³])

Q : 유량[m³/s]

H : 전양정[m]

η : 펌프의 효율(만약 모터의 효율이 주어지면 나누어준다)

K : 전동기 전달계수

■ 펌프 관련 공식

• 펌프의 상사법칙

– 유량 $Q_2 = Q_1 \times \dfrac{N_2}{N_1} \times \left(\dfrac{D_2}{D_1}\right)^3$

– 양정 $H_2 = H_1 \times \left(\dfrac{N_2}{N_1}\right)^2 \times \left(\dfrac{D_2}{D_1}\right)^2$

– 동력 $P_2 = P_1 \times \left(\dfrac{N_2}{N_1}\right)^3 \times \left(\dfrac{D_2}{D_1}\right)^5$

여기서, N : 회전수[rpm]

D : 내경[mm]

- 압축비(r)

$$r = \sqrt[\varepsilon]{\frac{P_2}{P_1}}$$

여기서, ε : 단수

P_1 : 최초의 압력

P_2 : 최종의 압력

- 비교 회전도(N_s)

$$N_s = \frac{N \cdot Q^{1/2}}{\left(\dfrac{H}{n}\right)^{3/4}}$$

여기서, N : 회전수[rpm]

Q : 유량[m^3/min]

H : 양정[m]

n : 단수

■ **유효흡입양정($NPSH_{av}$: Available Net Positive Suction Head)**

- 흡입 $NPSH$(부압수조방식, 수면이 펌프 중심보다 낮을 경우)

유효 $NPSH = H_a - H_p - H_s - H_L$

여기서, H_a : 대기압두[m]

H_p : 포화수증기압두[m]

H_s : 흡입실양정[m]

H_L : 흡입 측 배관 내의 마찰손실수두[m]

- 압입 $NPSH$(정압수조방식, 수면이 펌프 중심보다 높을 경우)

유효 $NPSH = H_a - H_p + H_s - H_L$

- $NPSH_{av}$와 $NPSH_{re}$ 관계식

  - 설계조건 : $NPSH_{av} \geq NPSH_{re} \times 1.3$

  - 공동현상이 발생하는 조건 : $NPSH_{av} < NPSH_{re}$

  - 공동현상이 발생되지 않는 조건 : $NPSH_{av} > NPSH_{re}$

※ 필요흡입양정($NPSH_{re}$: Required Net Positive Suction Head)

■ 헤이즌-윌리엄스(Hagen-Williams) 방정식

$$\Delta P_m = 6.053 \times 10^4 \times \frac{Q^{1.85}}{C^{1.85} \times D^{4.87}}$$

여기서, ΔP_m : 배관 1[m]당 압력손실[MPa/m]

D : 관의 내경[mm]

Q : 관의 유량[L/min]

C : 조도(Roughness)

03 소방관계법규

01 | 소방기본법, 영, 규칙

■ 용어 정의(법 제1조)

• 소방대상물 : 건축물, 차량, 선박(항구 안에 매어둔 선박만 해당), 선박 건조 구조물, 산림, 그 밖의 인공 구조물 또는 물건

※ 항해 중인 선박과 항공기는 소방대상물이 아니다.

• 관계지역 : 소방대상물이 있는 장소 및 그 이웃지역으로서 화재의 예방·경계·진압, 구조·구급 등의 활동에 필요한 지역

• 관계인 : 소방대상물의 소유자, 관리자, 점유자

• 소방본부장 : 특별시·광역시·특별자치시·도 또는 특별자치도(시·도)에서 화재의 예방·경계·진압·조사 및 구조·구급 등의 업무를 담당하는 부서의 장

• 소방대(消防隊) : 화재를 진압하고 화재, 재난·재해, 그 밖의 위급한 상황에서의 구조·구급활동 등을 하기 위하여 구성된 조직체로서 소방공무원, 의무소방원, 의용소방대원을 말한다.

■ 소방기관의 설치(법 제3조)

• 소방업무 : 시·도의 화재 예방·경계·진압 및 조사, 소방안전교육·홍보와 화재, 재난·재해, 그 밖의 위급한 상황에서의 구조·구급 등의 업무

• 소방업무를 수행하는 소방본부장 또는 소방서장의 지휘·감독권자 : 시·도지사

■ 119종합상황실(법 제4조, 규칙 제3조)

• 119종합상황실 설치·운영권자 : 소방청장, 소방본부장, 소방서장

• 119종합상황실의 설치와 운영에 필요한 사항 : 행정안전부령

• 보고라인

소방서의 종합상황실 → 소방본부의 종합상황실 → 소방청의 종합상황실에 각각 보고

– 사망자 5인 이상, 사상자 10인 이상 발생한 화재

– 이재민이 100인 이상 발생한 화재

– 재산피해액이 50억원 이상 발생한 화재

– 관공서, 학교, 정부미도정공장, 문화재(국가유산), 지하철, 지하구의 화재

- 관광호텔, 층수가 11층 이상인 건축물, 지하상가, 시장, 백화점, 지정수량의 3,000배 이상의 위험물제조소 등(제조소·저장소·취급소), 층수가 5층 이상이거나 객실 30실 이상인 숙박시설, 층수가 5층 이상이거나 병상이 30개 이상인 종합병원, 정신병원·한방병원·요양소, 연면적이 15,000[m^2] 이상인 공장, 화재예방 강화지구에서 발생한 화재
- 철도차량, 항구에 매어둔 총톤수가 1,000[t] 이상인 선박, 항공기, 발전소 또는 변전소에서 발생한 화재
- 가스 및 화약류의 폭발에 의한 화재
- 다중이용업소의 화재
- 통제단장의 현장지휘가 필요한 재난상황
- 언론에 보도된 재난상황

■ 소방박물관 등(법 제5조)

항목 구분	설립·운영권자	설립 및 운영에 관한 사항
소방박물관	소방청장	행정안전부령
소방체험관	시·도지사	시·도의 조례

■ 소방력의 기준(제8조)
- 소방기관이 소방업무를 수행하는 데 필요한 인력과 장비 등(소방력)에 관한 기준 : 행정안전부령
- 관할 구역의 소방력을 확충하기 위하여 필요한 계획의 수립·시행권자 : 시·도지사

■ 소방장비 등에 대한 국고보조(법 제9조, 영 제2조)
- 국가는 소방장비의 구입 등 시·도의 소방업무에 필요한 경비의 일부를 보조한다.
- 국고보조의 대상사업의 범위와 기준 보조율 : 대통령령
- 소방활동장비 및 설비의 종류 및 규격 : 행정안전부령

■ 국고보조 대상(영 제2조)
- 소방활동장비와 설비의 구입 및 절차
  - 소방자동차
  - 소방헬리콥터 및 소방정
  - 소방전용통신설비 및 전산설비
  - 그 밖에 방화복 등 소방활동에 필요한 소방장비
- 소방관서용 청사의 건축(건축물을 신축·증축·개축·재축(再築)하거나 건축물을 이전하는 것)

■ 소방용수시설의 설치 및 관리(법 제10조, 규칙 제6조)

- 소화용수시설 및 비상소화장치의 설치, 유지·관리 : 시·도지사
- 소방용수시설 : 소화전, 급수탑, 저수조
- 수도법에 따라 소화전을 설치하는 일반수도사업자는 소화전을 유지·관리해야 한다.
- 소방용수시설과 비상소화장치의 설치기준 : 행정안전부령

■ 소방대상물과의 수평거리(규칙 별표 3)

- 주거지역, 상업지역, 공업지역 : 100[m] 이하
- 그 밖의 지역 : 140[m] 이하

■ 소방용수시설별 설치기준(규칙 별표 3)

- 소화전의 설치기준 : 상수도와 연결하여 지하식 또는 지상식의 구조로 하고, 소방용호스와 연결하는 소화전의 연결금속구의 구경은 65[mm]로 할 것
- 급수탑의 설치기준
  - 급수배관의 구경 : 100[mm] 이상
  - 개폐밸브의 설치 : 지상에서 1.5[m] 이상 1.7[m] 이하

■ 저수조의 설치기준(규칙 별표 3)

- 지면으로부터의 낙차가 4.5[m] 이하일 것
- 흡수 부분의 수심이 0.5[m] 이상일 것
- 소방펌프 자동차가 쉽게 접근할 수 있도록 할 것
- 흡수에 지장이 없도록 토사 및 쓰레기 등을 제거할 수 있는 설비를 갖출 것
- 흡수관의 투입구가 사각형의 경우에는 한 변의 길이가 60[cm] 이상, 원형의 경우에는 지름이 60[cm] 이상일 것
- 저수조에 물을 공급하는 방법은 상수도에 연결하여 자동으로 급수되는 구조일 것

■ 소방용수시설 및 지리조사(규칙 제7조)

- 조사권자 : 소방본부장 또는 소방서장
- 조사횟수 : 월 1회 이상
- 조사내용
  - 소방용수시설에 대한 조사
  - 소방대상물에 인접한 도로의 폭, 교통상황, 도로주변의 토지의 고저, 건축물의 개황, 그 밖의 소방 활동에 필요한 지리에 대한 조사
- 조사결과 보관 : 2년간

■ **소방업무의 상호응원 협정사항(규칙 제8조)**

- 소방활동에 관한 사항
  - 화재의 경계 · 진압 활동
  - 구조 · 구급 업무의 지원
  - 화재조사활동
- 응원출동 대상지역 및 규모
- 소요경비의 부담에 관한 사항
  - 출동대원의 수당 · 식사 및 의복의 수선
  - 소방장비 및 기구의 정비와 연료의 보급
  - 그 밖의 경비
- 응원출동의 요청방법
- 응원출동훈련 및 평가

■ **소방안전교육사(영 별표 2의3)**

- 실시권자 : 소방청장
- 소방안전교육사 배치기준

배치대상	배치기준(단위 : 명)
소방청	2 이상
소방본부	2 이상
소방서	1 이상
한국소방안전원	본회 : 2 이상, 시 · 도지부 : 1 이상
한국소방산업기술원	2 이상

■ **소방신호의 종류와 방법(규칙 별표 4)**

신호종류	발령 시기	타종신호	사이렌 신호
경계신호	화재예방상 필요하다고 인정되거나 화재위험 경보 시 발령	1타와 연 2타를 반복	5초 간격을 두고 30초씩 3회
발화신호	화재가 발생한 때 발령	난타	5초 간격을 두고 5초씩 3회
해제신호	소화활동이 필요 없다고 인정할 때 발령	상당한 간격을 두고 1타씩 반복	1분간 1회
훈련신호	훈련상 필요하다고 인정할 때 발령	연 3타 반복	10초 간격을 두고 1분씩 3회

■ **소방자동차 전용구역 설치대상(영 제7조의12)**

- 아파트 중 세대수가 100세대 이상인 아파트
- 기숙사 중 3층 이상의 기숙사

■ 소방활동(영 제8조)

- 종사 명령권자 : 소방본부장·소방서장, 소방대장
- 소방활동구역의 출입자
  - 소방활동구역 안에 있는 소방대상물의 소유자, 관리자, 점유자
  - 전기, 가스, 수도, 통신, 교통의 업무에 종사하는 자로서 원활한 소방활동을 위하여 필요한 사람
  - 의사·간호사, 그 밖의 구조·구급 업무에 종사하는 사람
  - 취재 인력 등 보도 업무에 종사하는 사람
  - 수사업무에 종사하는 사람
  - 그 밖에 소방대장이 소방 활동을 위하여 출입을 허가한 사람

■ 소방안전원의 업무(법 제41조)

- 소방기술과 안전관리에 관한 교육 및 조사·연구
- 소방기술과 안전관리에 관한 각종 간행물 발간
- 화재예방과 안전관리의식의 고취를 위한 대국민 홍보
- 소방업무에 관하여 행정기관이 위탁하는 업무
- 소방안전에 관한 국제협력
- 그 밖에 회원에 대한 기술지원 등 정관으로 정하는 사항

■ 벌칙(법 제50조~제57조)

- 5년 이하의 징역 또는 5천만원 이하의 벌금
  - 소방대가 화재진압·인명구조 또는 구급활동을 방해하는 행위를 한 사람
  - 소방자동차의 출동을 방해한 사람
  - 사람을 구출하는 일 또는 불을 끄거나 불이 번지지 않도록 하는 일을 방해한 사람
  - 정당한 사유 없이 소방용수시설 또는 비상소화장치를 사용하거나 소방용수시설 또는 비상소화장치의 효용을 해하거나 그 정당한 사용을 방해한 사람
- 3년 이하의 징역 또는 3천만원 이하의 벌금 : 강제처분(사용제한) 규정에 따른 처분을 방해한 자 또는 정당한 사유 없이 그 처분에 따르지 않은 자
- 300만원 이하의 벌금 : 강제처분(토지처분, 차량 또는 물건 이동, 제거)의 규정에 따른 처분을 방해한 사람 또는 정당한 사유 없이 그 처분에 따르지 않은 자

- 100만원 이하의 벌금
  - 정당한 사유 없이 소방대의 생활안전활동을 방해한 자
  - 정당한 사유 없이 소방대가 현장에 도착할 때까지 사람을 구출하는 조치 또는 불을 끄거나 불이 번지지 않도록 하는 조치를 하지 않은 사람
- 500만원 이하의 과태료 : 화재 또는 구조·구급이 필요한 상황을 거짓으로 알린 사람
- 20만원 이하의 과태료 : 다음 지역 또는 장소에서 화재로 오인할 만한 우려가 있는 불을 피우거나, 연막소독을 실시하는 사람이 소방본부장이나 소방서장에게 신고하지 아니하여 소방자동차를 출동하게 한 사람
  - 시장지역
  - 공장·창고가 밀집한 지역
  - 목조건물이 밀집한 지역
  - 위험물의 저장 및 처리시설이 밀집한 지역
  - 석유화학제품을 생산하는 공장이 있는 지역

■ 과태료의 부과기준(영 별표 3)

위반 행위	근거 법조문	과태료 금액(만원)		
		1회	2회	3회 이상
법 제17조의6 제5항을 위반하여 한국119청소년단 또는 이와 유사한 명칭을 사용한 경우	법 제56조 제2항 제2호의 2	100	150	200
법 제19조 제1항을 위반하여 화재 또는 구조·구급이 필요한 상황을 거짓으로 알린 경우	법 제56조 제1항 제1호	200	400	500
정당한 사유 없이 법 제20조 제2항을 위반하여 화재, 재난·재해, 그 밖의 위급한 상황을 소방본부, 소방서 또는 관계 행정기관에 알리지 않은 경우	법 제56조 제1항 제2호	500		
법 제21조 제3항을 위반하여 소방자동차의 출동에 지장을 준 경우	법 제56조 제2항 제3호의2	100		
법 제21조의2 제2항을 위반하여 전용구역에 차를 주차하거나 전용구역의 진입을 가로막는 등의 방해행위를 한 경우	법 제56조 제3항	50	100	100
법 제23조 제1항을 위반하여 소방활동구역을 출입한 경우	법 제56조 제2항 제4호	100		
법 제44조의3을 위반하여 한국소방안전원 또는 이와 유사한 명칭을 사용한 경우	법 제56조 제2항 제6호	200		

02 | 화재의 예방 및 안전관리에 관한 법률(화재예방법), 영, 규칙

■ **용어 정의(법 제1조)**
- 소방관서장 : 소방청장, 소방본부장, 소방서장
- 화재예방강화지구 : 특별시장·광역시장·특별자치시장·도지사 또는 특별자치도지사(시·도지사)가 화재 발생 우려가 크거나 화재가 발생할 경우 피해가 클 것으로 예상되는 지역에 대하여 화재의 예방 및 안전관리를 강화하기 위해 지정·관리하는 지역

■ **화재의 예방 및 안전관리 기본계획(법 제4조)**
- 화재의 예방 및 안전관리의 기본계획의 수립·시행권자 : 소방청장
- 기본계획 수립·시행시기 : 5년마다

■ **화재안전조사(법 제7조, 영 제8조, 규칙 제4조)**
- 화재안전조사 실시권자 : 소방관서장(소방청장, 소방본부장, 소방서장)
- 개인의 주거(실제 주거용도로 사용되는 경우에 한정한다)에 대한 화재안전조사는 관계인의 승낙이 있거나 화재발생의 우려가 뚜렷하여 긴급한 필요가 있는 때에 한정한다.
- 화재안전조사 대상
  - 자체점검이 불성실하거나 불완전하다고 인정되는 경우
  - 화재예방강화지구 등 법령에서 화재안전조사를 하도록 규정되어 있는 경우
  - 화재예방안전진단이 불성실하거나 불완전하다고 인정되는 경우
  - 국가적 행사 등 주요 행사가 개최되는 장소 및 그 주변의 관계 지역에 대하여 소방안전관리 실태를 조사할 필요가 있는 경우
  - 화재가 자주 발생하였거나 발생할 우려가 뚜렷한 곳에 대한 조사가 필요한 경우
  - 재난예측정보, 기상예보 등을 분석한 결과 소방대상물에 화재의 발생 위험이 크다고 판단되는 경우
- 화재안전조사의 항목
  - 화재의 예방조치 등에 관한 사항
  - 소방안전관리 업무 수행에 관한 사항
  - 피난계획의 수립 및 시행에 관한 사항
  - 소화·통보·피난 등의 훈련 및 소방안전관리에 필요한 교육에 관한 사항
  - 소방자동차 전용구역의 설치에 관한 사항
  - 시공, 감리 및 감리원의 배치에 관한 사항
  - 소방시설의 설치 및 관리에 관한 사항

- 건설현장 임시소방시설의 설치 및 관리에 관한 사항
  - 피난시설, 방화구획 및 방화시설의 관리에 관한 사항
  - 방염에 관한 사항
  - 소방시설 등의 자체점검에 관한 사항
- 조사방법
  - 조사권자 : 소방관서장(소방청장, 소방본부장 또는 소방서장)
  - 조사내용 : 조사대상, 조사기간, 조사사유
  - 조사계획 공개기간 : 7일 이상
- 화재안전조사 연기신청
  - 연기신청시기 : 화재안전조사 시작 3일 전까지
  - 제출처 : 소방관서장(소방청장, 소방본부장, 소방서장)
  - 승인여부 결정 : 제출받은 소방관서장은 3일 이내 승인여부 결정 통보
- 화재안전조사 조치명령에 따른 손실보상권자 : 소방청장, 시·도지사(법 제15조)

■ 화재안전조사단 편성·운영(법 제9조, 영 제10조)
- 중앙화재안전조사단 : 소방청
- 지방화재안전조사단 : 소방본부 및 소방서
- 조사단원의 자격
  - 소방공무원
  - 소방업무와 관련된 단체 또는 연구기관 등의 임직원
  - 소방 관련 분야에서 전문적인 지식이나 경험이 풍부한 사람

■ 화재안전조사위원회(법 제10조, 영 제11조)
- 구성
  - 위원 : 위원장 1명을 포함 7명 이내의 위원
  - 위원장 : 소방관서장
- 위원의 자격
  - 과장급 직위 이상의 소방공무원
  - 소방기술사
  - 소방시설관리사
  - 소방 관련 분야의 석사 이상 학위를 취득한 사람
  - 소방 관련 법인 또는 단체에서 소방 관련 업무에 5년 이상 종사한 사람
  - 소방공무원 교육훈련기관, 학교 또는 연구소에서 소방과 관련한 교육 또는 연구에 5년 이상 종사한 사람

■ 화재안전조사 결과에 따른 조치명령(법 제14조, 영 제14조)
- 조치명령권자 : 소방관서장(소방청장, 소방본부장, 소방서장)
- 조치시기 : 소방대상물의 위치·구조·설비 또는 관리의 상황이 화재예방을 위하여 보완될 필요가 있거나 화재가 발생하면 인명 또는 재산의 피해가 클 것으로 예상되는 때
- 조치내용 : 소방대상물의 개수(改修)·이전·제거, 사용의 금지 또는 제한, 사용폐쇄, 공사의 정지 또는 중지

■ 화재안전조사 결과 공개(법 제16조, 영 제15조)
- 공개내용
  - 소방대상물의 위치, 연면적, 용도 등 현황
  - 소방시설 등의 설치 및 관리 현황
  - 피난시설, 방화구획 및 방화시설의 설치 및 관리 현황
  - 그 밖에 대통령령으로 정하는 사항(제조소 등 설치 현황, 소방안전관리자 선임 현황, 화재예방안전진단 실시 결과)
- 화재안전조사 결과를 공개하는 경우 공개 절차, 공개 기간 및 공개 방법 등에 필요한 사항 : 대통령령
- 화재안전조사 결과 공개
  - 공개권자 : 소방관서장
  - 공개장소 : 해당 소방관서 인터넷 홈페이지, 전산 시스템
  - 공개기간 : 30일 이상
  - 이의신청 : 관계인은 공개 내용 등을 통보받은 날부터 10일 이내
  - 신청인에게 통보 : 소방관서장은 이의신청을 받은 날부터 10일 이내

■ 화재예방강화지구 및 이에 준하는 대통령령으로 정하는 장소에서의 금지행위(법 제17조, 영 제16조)
- 모닥불, 흡연 등 화기의 취급
- 풍등 등 소형열기구 날리기
- 용접·용단 등 불꽃을 발생시키는 행위
- 그 밖에 대통령령으로 정하는 화재 발생 위험이 있는 행위
  - 제조소 등
  - 고압가스 안전관리법 제3조 제1호에 따른 저장소
  - 액화석유가스의 안전관리 및 사업법 제2조 제1호에 따른 액화석유가스의 저장소·판매소
  - 수소경제 육성 및 수소 안전관리에 관한 법률 제2조 제7호에 따른 수소연료 공급시설 및 수소연료 사용시설
  - 총포·도검·화약류 등의 안전관리에 관한 법률 제2조 제3항에 따른 화약류를 저장하는 장소

■ 화재예방조치의 명령(법 제17조, 영 제17조)

- 명령권자 : 소방관서장
- 명령내용
  - 목재, 플라스틱 등 가연성이 큰 물건의 제거, 이격, 적재 금지 등
  - 소방차량의 통행이나 소화 활동에 지장을 줄 수 있는 물건의 이동
- 옮긴 물건 등을 보관하는 경우 : 그날부터 14일 동안 해당 소방관서의 인터넷 홈페이지에 그 사실을 공고해야 한다.
- 옮긴 물건 등의 보관기간은 공고 기간의 종료일 다음 날부터 7일까지로 한다.

■ 특수가연물의 종류(영 별표 2)

품명		수량
면화류		200[kg] 이상
나무껍질 및 대팻밥		400[kg] 이상
넝마 및 종이부스러기		1,000[kg] 이상
사류(絲類)		1,000[kg] 이상
볏짚류		1,000[kg] 이상
가연성 고체류		3,000[kg] 이상
석탄·목탄류		10,000[kg] 이상
가연성 액체류		2[m³] 이상
목재가공품 및 나무부스러기		10[m³] 이상
고무류·플라스틱류	발포시킨 것	20[m³] 이상
	그 밖의 것	3,000[kg] 이상

■ 특수가연물의 저장기준(영 별표 3)

구분	살수설비를 설치하거나 방사능력 범위에 해당 특수가연물이 포함되도록 대형수동식소화기를 설치하는 경우	그 밖의 경우
높이	15[m] 이하	10[m] 이하
쌓는 부분의 바닥면적	200[m²](석탄·목탄류의 경우에는 300[m²]) 이하	50[m²](석탄·목탄류의 경우에는 200[m²]) 이하

■ 특수가연물의 표지내용(영 별표 3)

- 품명
- 최대저장수량
- 단위부피당 질량 또는 단위체적당 질량
- 관리책임자 성명·직책
- 연락처
- 화기취급의 금지표시

■ 화재예방강화지구(법 제18조)
- 지정권자 : 시·도지사
- 지정지구
  - 시장지역
  - 공장·창고가 밀집한 지역
  - 목조건물이 밀집한 지역
  - 노후·불량건축물이 밀집한 지역
  - 위험물의 저장 및 처리시설이 밀집한 지역
  - 석유화학제품을 생산하는 공장이 있는 지역
  - 산업입지 및 개발에 관한 법률에 따른 산업단지
  - 소방시설·소방용수시설 또는 소방출동로가 없는 지역
  - 물류시설의 개발 및 운영에 관한 법률 제2조 제6호에 따른 물류단지
  - 소방관서장이 화재예방강화지구로 지정할 필요가 있다고 인정하는 지역
- 화재예방강화지구 지정을 시·도지사에게 요청할 수 있는 사람 : 소방청장

■ 화재예방강화지구의 화재안전조사(영 제20조)
- 조사권자 : 소방관서장
- 조사내용 : 소방대상물의 위치·구조 및 설비
- 조사횟수 : 연 1회 이상

■ 화재예방강화지구의 소방훈련 및 교육(영 제20조)
- 실시권자 : 소방관서장
- 실시주기 : 연 1회 이상 실시
- 훈련 및 교육 통보 : 소방관서장은 관계인에게 훈련 또는 교육 10일 전까지 그 사실을 통보

■ 소방안전관리자(소방안전관리보조자) 선임, 해임(법 제26조, 규칙 제14조)
- 선임권자 : 관계인
- 선임신고 : 선임한 날부터 14일 이내에 소방본부장 또는 소방서장에게 신고
- 재선임 : 소방안전관리자 선임신고 기준에서 정하는 날부터 30일 이내
- 소방안전관리자의 선임신고 기준
  - 신축·증축·개축·재축·대수선 또는 용도변경으로 해당 특정소방대상물의 소방안전관리자를 신규로 선임해야 하는 경우 : 해당 특정소방대상물의 사용승인일(건축물의 경우에는 건축물을 사용할 수 있게 된 날)

- 증축 또는 용도변경으로 인하여 특정소방대상물이 소방안전관리대상물로 된 경우 또는 특정소방대상물의 소방안전관리 등급이 변경된 경우 : 증축공사의 사용승인일 또는 용도변경 사실을 건축물관리대장에 기재한 날
- 특정소방대상물을 양수, 경매, 환가, 압류재산의 매각이나 그 밖에 이에 준하는 절차에 의하여 관계인의 권리를 취득한 경우 : 해당 권리를 취득한 날 또는 관할 소방서장으로부터 소방안전관리자 선임 안내를 받은 날(다만, 새로 권리를 취득한 관계인이 종전의 특정소방대상물의 관계인이 선임신고한 소방안전관리자를 해임하지 않는 경우는 제외)
- 관리의 권원이 분리된 특정소방대상물의 경우 : 관리의 권원이 분리되거나 소방본부장 또는 소방서장이 관리의 권원을 조정한 날
- 소방안전관리자의 해임, 퇴직 등으로 소방안전관리자의 업무가 종료된 경우 : 소방안전관리자가 해임된 날, 퇴직한 날 등 근무를 종료한 날
- 소방안전관리업무를 대행하는 자를 감독할 수 있는 사람을 소방안전관리자로 선임한 경우로서 그 업무대행 계약이 해지 또는 종료된 경우 : 소방안전관리업무 대행이 끝난 날
- 소방안전관리자 자격이 정지 또는 최소된 경우 : 소방안전관리자 자격이 정지 또는 취소된 날

■ 선임된 소방안전관리자 정보(현황표)의 게시(규칙 제15조)
- 소방안전관리대상물의 명칭 및 등급
- 소방안전관리자의 성명 및 선임일자
- 소방안전관리자의 연락처
- 소방안전관리자의 근무위치(화재 수신기 또는 종합방재실을 말한다)

■ 소방안전관리자의 선임대상물, 선임자격 등(영 별표 4)

구분	항목	기준
특급 소방 안전 관리 대상물	선임 대상물	• 50층 이상(지하층은 제외)이거나 지상으로부터 높이가 200[m] 이상인 아파트 • 30층 이상(지하층을 포함)이거나 지상으로부터 높이가 120[m] 이상인 특정소방대상물(아파트는 제외) • 연면적이 10만[m²] 이상인 특정소방대상물(아파트는 제외)
	선임자격	다음 어느 하나에 해당하는 사람으로서 특급 소방안전관리자 자격증을 발급받은 사람 • 소방기술사 또는 소방시설관리사의 자격이 있는 사람 • 소방설비기사의 자격을 취득한 후 5년 이상 1급 소방안전관리대상물의 소방안전관리자로 근무한 실무경력(업무대행 시 소방안전관리자로 선임되어 근무한 경력은 제외)이 있는 사람 • 소방설비산업기사의 자격을 취득한 후 7년 이상 1급 소방안전관리대상물의 소방안전관리자로 근무한 실무경력이 있는 사람 • 소방공무원으로 20년 이상 근무한 경력이 있는 사람 • 소방청장이 실시하는 특급 소방안전관리대상물의 소방안전관리에 관한 시험에 합격한 사람
	선임인원	1명 이상

구분	항목	기준
1급 소방 안전 관리 대상물	선임 대상물	• 30층 이상(지하층은 제외)이거나 지상으로부터 높이가 120[m] 이상인 아파트 • 연면적 15,000[m²] 이상인 특정소방대상물(아파트 및 연립주택은 제외) • 지상층의 층수가 11층 이상인 특정소방대상물(아파트는 제외한다) • 가연성 가스를 1,000[t] 이상 저장·취급하는 시설
	선임자격	다음 어느 하나에 해당하는 사람으로서 1급 소방안전관리자 자격증을 발급받은 사람 또는 특급 소방안전관리자 자격증을 발급받은 사람 • 소방설비기사 또는 소방설비산업기사의 자격이 있는 사람 • 소방공무원으로 7년 이상 근무한 경력이 있는 사람 • 소방청장이 실시하는 1급 소방안전관리대상물의 소방안전관리에 관한 시험에 합격한 사람
	선임인원	1명 이상
2급 소방 안전 관리 대상물	선임 대상물	• 옥내소화전설비, 스프링클러설비, 물분무 등 소화설비(호스릴 방식은 제외)를 설치해야 하는 특정소방대상물 • 가스 제조설비를 갖추고 도시가스사업의 허가를 받아야 하는 시설 또는 가연성 가스를 100[t] 이상 1,000[t] 미만 저장·취급하는 시설 • 지하구 • 공동주택(옥내소화전설비, 스프링클러설비가 설치된 공동주택으로 한정한다) • 보물 또는 국보로 지정된 목조건축물
	선임자격	다음 어느 하나에 해당하는 사람으로서 2급 소방안전관리자 자격증을 받은 사람 • 위험물기능장·위험물산업기사 또는 위험물기능사 자격이 있는 사람 • 소방공무원으로 3년 이상 근무한 경력이 있는 사람 • 소방청장이 실시하는 2급 소방안전관리대상물의 소방안전관리에 관한 시험에 합격한 사람 • 특급 또는 1급 소방안전관리대상물의 소방안전관리자 자격증을 발급받은 사람
	선임인원	1명 이상
3급 소방 안전 관리 대상물	선임 대상물	• 간이스프링클러설비(주택 전용 간이스프링클러설비는 제외)를 설치해야 하는 특정소방대상물 • 자동화재탐지설비를 설치해야 하는 특정소방대상물
	선임자격	다음 어느 하나에 해당하는 사람으로서 3급 소방안전관리자 자격증을 받은 사람 • 소방공무원으로 1년 이상 근무한 경력이 있는 사람 • 소방청장이 실시하는 3급 소방안전관리대상물의 소방안전관리에 관한 시험에 합격한 사람 • 특급 소방안전관리대상물, 1급 소방안전관리대상물 또는 2급 소방안전관리대상물의 소방안전관리자 자격증을 발급받은 사람
	선임인원	1명 이상

■ 소방안전관리보조자의 선임대상물, 선임자격 등(영 별표 5)

항목	기준	선임인원
선임 대상물	300세대 이상인 아파트	1명. 300세대마다 1명 이상 추가로 선임
	연면적이 15,000[m²] 이상인 특정소방대상물(아파트 및 연립주택은 제외)	1명. 15,000[m²]마다 1명 이상 추가로 선임
	다음의 어느 하나에 해당하는 특정소방대상물 • 공동주택 중 기숙사 • 의료시설 • 노유자시설 • 수련시설 • 숙박시설(숙박시설로 사용되는 바닥면적의 합계가 1,500[m²] 미만이고 관계인이 24시간 상시 근무하고 있는 숙박시설은 제외)	1명. 해당 특정소방대상물이 소재하는 지역을 관할하는 소방서장이 야간이나 휴일에 해당 특정소방대상물이 이용되지 않는다는 것을 확인한 경우에는 소방안전관리보조자를 선임하지 않을 수 있음

항목	기준
선임 자격	• 특급 소방안전관리대상물, 1급 소방안전관리대상물, 2급 소방안전관리대상물 또는 3급 소방안전관리대상물의 소방안전관리자 자격이 있는 사람 • 국가기술자격법 국가기술자격의 직무분야 중 건축, 기계제작, 기계장비설비·설치, 화공, 위험물, 전기, 전자 및 안전관리에 해당하는 국가기술자격이 있는 사람 • 공공기관의 소방안전관리에 관한 규정에 따른 강습교육을 수료한 사람 • 특급 소방안전관리대상물, 1급 소방안전관리대상물, 2급 소방안전관리대상물 또는 3급 소방안전관리대상물의 소방안전관리에 대한 강습교육을 수료한 사람 • 소방안전관리대상물에서 소방안전 관련 업무에 2년 이상 근무한 경력이 있는 사람

■ 소방안전관리업무의 전담 대상물(영 제26조)

• 특급 소방안전관리대상물

• 1급 소방안전관리대상물

※ 특급과 1급 소방안전관리대상물에 선임된 소방안전관리자는 전기·가스·위험물 등의 안전관리업무에 종사할 수 없다(법 제24조).

■ 특정소방대상물의 관계인과 소방안전관리대상물의 소방안전관리자 업무(법 제24조, 영 제29조)

업무 내용	소방안전관리 대상물	특정소방 대상물의 관계인	업무 대행 기관의 업무
1. 피난계획에 관한 사항과 대통령령으로 정하는 사항이 포함된 소방계획서의 작성 및 시행	○	–	–
2. 자위소방대 및 초기대응 체계의 구성, 운영 및 교육	○	–	–
3. 소방시설 설치 및 관리에 관한 법률 제16조에 따른 피난시설, 방화구획 및 방화시설의 관리	○	○	○
4. 소방시설이나 그 밖의 소방 관련 시설의 관리	○	○	○
5. 소방훈련 및 교육	○	–	–
6. 화기취급의 감독	○	○	–
7. 행정안전부령으로 정하는 바에 따른 소방안전관리에 관한 업무수행에 관한 기록·유지 (제3호·제4호 및 제6호의 업무를 말한다)	○	–	–
8. 화재발생 시 초기대응	○	○	–
9. 그 밖에 소방안전관리에 필요한 업무	○	○	–

■ 소방안전관리자 자격의 정지 및 취소 기준(규칙 별표 3)

위반사항	근거 법령	행정처분기준		
		1차 위반	2차 위반	3차 이상 위반
거짓이나 그 밖의 부정한 방법으로 소방안전관리자 자격증을 발급받은 경우	법 제31조 제1항 제1호	자격취소		
법 제24조 제5항에 따른 소방안전관리업무를 게을리한 경우	법 제31조 제1항 제2호	경고 (시정명령)	자격정지 (3개월)	자격정지 (6개월)
법 제30조 제4항을 위반하여 소방안전관리자 자격증을 다른 사람에게 빌려준 경우	법 제31조 제1항 제3호	자격취소		
제34조에 따른 실무교육을 받지 않은 경우	법 제31조 제1항 제4호	경고 (시정명령)	자격정지 (3개월)	자격정지 (6개월)

■ 소방안전관리 업무대행의 대상 및 범위(영 제28조)

- 소방안전관리 업무대행 대상
  - 지상층의 층수가 11층 이상인 1급 소방안전관리대상물(연면적 15,000[m²] 이상인 특정소방대상물과 아파트는 제외)
  - 2급 소방안전관리대상물
  - 3급 소방안전관리대상물
- 소방안전관리 업무대행의 범위
  - 피난시설, 방화구획 및 방화시설의 관리
  - 소방시설이나 그 밖의 소방 관련 시설의 관리

■ 소방안전관리 업무대행 인력의 배치기준(규칙 별표 1)

소방안전관리대상물의 등급	설치된 소방시설의 종류	대행 인력의 기술 등급
1, 2급	스프링클러설비, 물분무 등 소화설비, 제연설비	중급점검자 이상 1명 이상
	옥내소화전설비, 옥외소화전설비	초급점검자 이상 1명 이상
3급	자동화재탐지설비, 간이스프링클러설비	초급점검자 이상 1명 이상

[비고]
1. 대행 인력의 기술등급 : 소방시설공사업법 시행규칙 별표 4의2 참고
2. 연면적 5,000[m²] 미만으로서 스프링클러설비가 설치된 1급 또는 2급 소방안전관리대상물의 경우에는 초급점검자를 배치할 수 있다. 다만, 스프링클러설비 외의 제연설비 또는 물분무 등 소화설비가 설치된 경우에는 그렇지 않다.
3. 스프링클러설비에는 화재조기진압용 스프링클러설비는 포함하고, 물분무 등 소화설비에는 호스릴 방식은 제외한다.

■ 소방시설 자체점검자의 기술등급(소방시설공사업법 규칙 별표 4의2)

구분	기술자격	학력·경력자	경력자
특급 점검자	• 소방시설관리사, 소방기술사 • 소방설비기사 자격을 취득한 후 8년 이상 소방 관련 업무를 수행한 사람 • 소방설비산업기사 자격을 취득한 후 소방시설관리업체에서 10년 이상 점검업무를 수행한 사람	–	–
고급 점검자	• 소방설비기사 자격을 취득한 후 5년 이상 소방 관련 업무를 수행한 사람 • 소방설비산업기사 자격을 취득한 후 8년 이상 소방 관련 업무를 수행한 사람 • 건축설비기사, 건축기사, 공조냉동기계기사, 일반기계기사, 위험물기능장 자격을 취득한 후 15년 이상 소방 관련 업무를 수행한 사람	• 학사 이상 학위 + 9년 이상 소방 관련 업무 • 전문 학사학위 + 12년 이상 소방 관련 업무	• 학사 이상 학위 + 12년 이상 소방 관련 업무 • 전문 학사학위 + 15년 이상 소방 관련 업무 • 22년 이상 소방 관련 업무

구분	기술자격	학력·경력자	경력자
중급 점검자	• 소방설비기사 자격을 취득한 사람 • 소방설비산업기사 자격을 취득한 후 3년 이상 소방 관련 업무를 수행한 사람 • 건축설비기사, 건축기사, 공조냉동기계기사, 일반기계기사, 위험물기능장, 전기기사, 전기공사기사, 전파전자통신기사, 정보통신기사 자격을 취득한 후 10년 이상 소방 관련 업무를 수행한 사람	• 학사 이상 학위 + 6년 이상 소방 관련 업무 • 전문 학사학위 + 9년 이상 소방 관련 업무 • 고등학교 졸업 + 12년 이상 소방 관련 업무	• 학사 이상 학위 + 9년 이상 소방 관련 업무 • 전문 학사학위 + 12년 이상 소방 관련 업무 • 고등학교 졸업 + 15년 이상 소방 관련 업무 • 18년 이상 소방 관련 업무
초급 점검자	• 소방설비산업기사 자격을 취득한 사람 • 가스기능장, 전기기능장, 위험물기능장 자격을 취득한 사람 • 건축기사, 건축설비기사, 건설기계설비기사, 일반기계기사, 공조냉동기계기사, 화공기사, 가스기사, 전기기사, 전기공사기사, 산업안전기사, 위험물산업기사 자격을 취득한 사람 • 건축산업기사, 건축설비산업기사, 건설기계설비산업기사, 공조냉동기계산업기사, 화공산업기사, 가스산업기사, 전기산업기사, 전기공사산업기사, 산업안전산업기사, 위험물기능사 자격을 취득한 사람	고등교육법 제2조 제1호부터 제6호까지에 해당하는 학교에서 제1호 나목에 해당하는 학과 또는 고등학교 소방학과를 졸업한 사람	• 4년제 대학 + 1년 이상 소방 관련 업무 • 전문 대학 + 3년 이상 소방 관련 업무 • 5년 이상 소방 관련 업무 • 3년 이상 소방공무원 경력

■ **건설현장 소방안전관리대상물(영 제29조)**

• 신축·증축·개축·재축·이전·용도변경 또는 대수선을 하려는 부분의 연면적의 합계가 15,000[m²] 이상인 것

• 신축·증축·개축·재축·이전·용도변경 또는 대수선을 하려는 부분의 연면적이 5,000[m²] 이상인 것으로서 다음에 해당하는 것

  – 지하층의 층수가 2개 층 이상인 것

  – 지상층의 층수가 11층 이상인 것

  – 냉동창고, 냉장창고 또는 냉동·냉장창고

■ **관리의 권원이 분리된 특정소방대상물의 관리의 권원별 소방안전관리자 선임 대상(법 제35조)**

• 복합건축물(지하층을 제외한 층수가 11층 이상 또는 연면적 30,000[m²] 이상인 건축물)

• 지하가(지하의 인공 구조물 안에 설치된 상점 및 사무실, 그 밖에 이와 비슷한 시설이 연속하여 지하도에 접하여 설치된 것과 그 지하도를 합한 것을 말한다)

• 그 밖에 대통령령으로 정하는 특정소방대상물(판매시설 중 도매시장, 소매시장, 전통시장)

■ **소방안전관리대상물의 소방훈련과 교육(법 제37조, 영 제39조, 규칙 제36조)**

• 훈련 및 교육 실시권자 : 관계인

• 실시횟수 : 연 1회 이상

- 소방훈련 및 교육 실시결과 제출 대상
  - 대상 : 특급과 1급 소방안전관리대상물
  - 제출 : 소방훈련 및 교육을 한 날부터 30일 이내에 소방본부장 또는 소방서장에게 제출
- 불시 소방훈련과 교육 대상 : 의료시설, 교육연구시설, 노유자시설
- 소방훈련과 교육결과 보관기간 : 실시한 날부터 2년간 보관

■ 소방안전 특별관리시설물의 종류(법 제40조)

- 공항시설
- 철도시설
- 도시철도시설
- 항만시설
- 초고층 건축물 및 지하연계 복합건축물
- 수용인원 1,000명 이상인 영화상영관
- 전력용 및 통신용 지하구
- 전통시장으로서 대통령령으로 정하는 전통시장(점포가 500개 이상인 전통시장)
  - 발전사업자가 가동 중인 발전소
  - 물류창고로서 연면적 10만[m^2] 이상인 것
  - 가스공급시설

■ 화재예방안전진단의 대상(영 제43조)

- 여객터미널의 연면적이 1,000[m^2] 이상인 공항시설
- 철도시설 중 역 시설의 연면적이 5,000[m^2] 이상인 철도시설
- 도시철도시설 중 역사 및 역 시설의 연면적이 5,000[m^2] 이상인 도시철도시설
- 여객이용시설 및 지원시설의 연면적이 5,000[m^2] 이상인 항만시설
- 전력용 및 통신용 지하구 중 공동구
- 연면적이 5,000[m^2] 이상인 발전소

■ 벌칙(법 제50조)

- 3년 이하의 징역 또는 3천만원 이하의 벌금
  - 화재안전조사 결과에 따른 조치명령을 정당한 사유 없이 위반한 자
  - 소방안전관리자(소방안전관리보조자)의 선임명령을 정당한 사유 없이 위반한 자
  - 거짓이나 그 밖의 부정한 방법으로 진단기관으로 지정을 받은 자

- 1년 이하의 징역 또는 1천만원 이하의 벌금
  - 관계인의 정당한 업무를 방해하거나, 조사업무를 수행하면서 취득한 자료나 알게 된 비밀을 다른 사람 또는 기관에게 제공 또는 누설하거나 목적 외의 용도로 사용한 자
  - 소방안전관리자 자격증을 다른 사람에게 빌려 주거나 빌리거나 이를 알선한 자
  - 화재예방 진단기관으로부터 화재예방안전진단을 받지 않은 자
- 300만원 이하의 벌금
  - 화재안전조사를 정당한 사유 없이 거부·방해 또는 기피한 자
  - 화재예방 조치명령을 정당한 사유 없이 따르지 않거나 방해한 자
  - 소방안전관리자, 총괄소방안전관리자 또는 소방안전관리보조자를 선임하지 않은 자
  - 소방시설·피난시설·방화시설 및 방화구획 등이 법령에 위반된 것을 발견하였음에도 필요한 조치를 할 것을 요구하지 않은 소방안전관리자
  - 소방안전관리자에게 불이익한 처우를 한 관계인

■ 과태료(법 제52조)
- 300만원 이하의 과태료
  - 소방안전관리자를 겸한 자(특급, 1급 소방안전관리대상물에 전기, 가스, 위험물의 안전관리자를 겸직한 경우)
  - 소방안전관리업무를 하지 않는 특정소방대상물의 관계인 또는 소방안전관리대상물의 소방안전관리자
  - 소방안전관리업무의 지도·감독을 하지 않은 자
  - 건설현장 소방안전관리대상물의 소방안전관리자의 업무를 하지 않은 소방안전관리자
  - 피난유도 안내정보를 제공하지 않은 자
  - 소방훈련 및 교육을 하지 않은 자
- 200만원 이하의 과태료
  - 불을 사용할 때 지켜야 하는 사항 및 특수가연물의 저장 및 취급 기준을 위반한 자
  - 소방설비 등의 설치 명령을 정당한 사유 없이 따르지 않은 자
  - 소방안전관리자를 기간 내에 선임신고를 하지 않거나 소방안전관리자의 성명 등을 게시하지 않은 자
  - 건설현장 소방안전관리자를 기간 내에 선임신고를 하지 않은 자
  - 소방훈련 및 교육 결과를 제출하지 않은 자(30일 이내)
- 100만원 이하의 과태료 : 실무교육을 받지 않은 소방안전관리자 및 소방안전관리보조자

■ **용어 정의(영 제2조)**

- 무창층 : 지상층 중 다음 요건을 갖춘 개구부(건축물에서 채광·환기·통풍 또는 출입 등을 위하여 만든 창·출입구, 그 밖에 이와 비슷한 것)의 면적의 합계가 해당 층의 바닥면적의 1/30 이하가 되는 층
  - 크기는 지름 50[cm] 이상의 원이 통과할 수 있을 것
  - 해당 층의 바닥면으로부터 개구부 밑부분까지의 높이가 1.2[m] 이내일 것
  - 도로 또는 차량이 진입할 수 있는 빈터를 향할 것
  - 화재 시 건축물로부터 쉽게 피난할 수 있도록 창살이나 그 밖의 장애물이 설치되지 않을 것
  - 내부 또는 외부에서 쉽게 부수거나 열 수 있을 것
- 피난층 : 곧바로 지상으로 갈 수 있는 출입구가 있는 층

■ **물분무 등 소화설비[9종류](영 별표 1)**

- 물분무소화설비
- 미분무소화설비
- 포소화설비
- 이산화탄소소화설비
- 할론소화설비
- 할로겐화합물 및 불활성기체(다른 원소와 화학반응을 일으키기 어려운 기체)소화설비
- 분말소화설비
- 강화액소화설비
- 고체에어로졸소화설비

■ **소화활동설비(영 별표 1)**

- 제연설비
- 연결송수관설비
- 연결살수설비
- 비상콘센트설비
- 무선통신보조설비
- 연소방지설비

■ **특정소방대상물의 구분(영 별표 2)**

- 근린생활시설
  - 슈퍼마켓과 일용품 등의 소매점으로 바닥면적의 합계가 1,000[m²] 미만인 것
  - 휴게음식점, 제과점, 일반음식점, 기원, 노래연습장 및 단란주점(바닥면적의 합계가 150[m²] 미만인 것에 한함)
  - 의원, 치과의원, 한의원, 침술원, 접골원, 조산원, 산후조리원, 안마원(안마시술소 포함)
- 문화 및 집회시설
  - 집회장 : 예식장, 공회당, 회의장, 마권 장외 발매소, 마권 전화투표소로서 근린생활시설에 해당되지 않는 것
  - 관람장 : 경마장, 경륜장, 경정장, 자동차 경기장, 체육관 및 운동장으로 관람석의 바닥면적의 합계가 1,000[m²] 이상인 것
  - 전시장 : 박물관, 미술관, 과학관, 문화관, 체험관, 기념관, 산업전시장, 박람회장, 견본주택
- 의료시설
  - 병원 : 종합병원, 병원, 치과병원, 한방병원, 요양병원
  - 격리병원 : 전염병원, 마약진료소
  - 정신의료기관
  - 장애인 의료재활시설
- 노유자시설
  - 노인 관련 시설 : 노인주거복지시설, 노인의료복지시설, 노인여가복지시설, 재가노인복지시설(재가장기요양기관을 포함), 노인보호전문기관, 노인일자리지원기관, 학대피해노인 전용쉼터
  - 아동 관련 시설 : 아동복지시설, 어린이집, 유치원(병설유치원은 포함)
- 업무시설
  - 공공업무시설 : 국가 또는 지방자치단체의 청사와 외국공관의 건축물로서 근린생활시설에 해당하지 않는 것
  - 일반업무시설 : 금융업소, 사무소, 신문사, 오피스텔로서 근린생활시설에 해당하지 않는 것
  - 주민자치센터(동사무소), 경찰서, 지구대, 파출소, 소방서, 119안전센터, 우체국, 보건소, 공공도서관, 국민건강보험공단

■ **건축허가 등의 동의(영 제7조, 규칙 제3조)**

- 건축허가 등의 동의권자 : 시공지 또는 소재지 관할 소방본부장 또는 소방서장
- 건축허가 등의 동의대상물의 범위
  - 연면적이 400[m²] 이상인 건축물이나 시설
    ⓐ 학교시설 : 100[m²] 이상

ⓑ 노유자시설 및 수련시설 : 200[m²] 이상

ⓒ 정신의료기관(입원실이 없는 정신건강의학과 의원은 제외) : 300[m²] 이상

ⓓ 장애인 의료재활시설 : 300[m²] 이상

- 지하층 또는 무창층이 있는 건축물로서 바닥면적이 150[m²](공연장의 경우에는 100[m²]) 이상인 층이 있는 것

- 차고·주차장으로 사용되는 바닥면적이 200[m²] 이상인 층이 있는 건축물이나 주차시설

- 승강기 등 기계장치에 의한 주차시설로서 자동차 20대 이상을 주차할 수 있는 시설

- 층수가 6층 이상인 건축물

- 항공기 격납고, 관망탑, 항공관제탑, 방송용 송수신탑

- 공동주택, 의원(입원실 또는 인공신장실이 있는 것으로 한정한다)·조산원·산후조리원, 숙박시설, 전기저장시설, 지하구

- 노유자시설

- 요양병원(의료재활시설은 제외)

• 건축허가 등의 동의 여부에 대한 회신

- 접수한 날로부터 : 5일 이내

- 특급 소방안전관리대상물 : 10일 이내

- 동의요구서 및 첨부서류 보완기간 : 4일 이내

■ 내진설계의 소방시설(영 제8조)

• 옥내소화전설비

• 스프링클러설비

• 물분무 등 소화설비

■ 성능위주설계를 해야 하는 특정소방대상물의 범위(영 제9조)

• 연면적 20만[m²] 이상인 특정소방대상물(아파트 등은 제외)

• 50층 이상(지하층은 제외)이거나 지상으로부터 높이가 200[m] 이상인 아파트 등

• 30층 이상(지하층을 포함)이거나 지상으로부터 높이가 120[m] 이상인 특정소방대상물(아파트 등은 제외)

• 연면적 3만[m²] 이상인 철도 및 도시철도시설, 공항시설

• 창고시설 중 연면적 10만[m²] 이상인 것 또는 지하층의 층수가 2개 층 이상이고 지하층의 바닥면적의 합계가 3만[m²] 이상인 것

• 하나의 건축물에 영화상영관이 10개 이상인 특정소방대상물

• 터널 중 수저터널 또는 길이가 5,000[m] 이상인 것

■ **주택용 소방시설(법 제10조, 영 제10조)**

- 설치대상
  - 단독주택
  - 공동주택(아파트 및 기숙사는 제외)
- 소방시설 : 소화기, 단독경보형감지기

■ **소화기구 및 자동소화장치(영 별표 4)**

- 소화기구 : 연면적 33[m²] 이상, 가스시설, 전기저장시설, 국가유산, 터널, 지하구
- 주거용 주방자동소화장치 : 아파트 등 및 오피스텔의 모든 층

■ **옥내소화전설비(영 별표 4)**

- 연면적이 3,000[m²] 이상(터널은 제외), 지하층·무창층(축사 제외) 또는 층수가 4층 이상인 것 중 바닥면적이 600[m²] 이상
- 터널의 경우 길이가 1,000[m] 이상

■ **스프링클러설비(영 별표 4)**

- 층수가 6층 이상인 경우는 모든 층
- 지하상가로서 연면적이 1,000[m²] 이상
- 조산원, 산후조리원, 정신의료기관, 종합병원, 병원, 치과병원, 한방병원 및 요양병원, 노유자시설, 숙박이 가능한 수련시설, 숙박시설로 바닥면적의 합계가 600[m²] 이상인 모든 층
- 지하층·무창층(축사는 제외) 또는 층수가 4층 이상인 층으로서 바닥면적이 1,000[m²] 이상인 층이 있는 경우에는 해당 층

■ **간이스프링클러설비(영 별표 4)**

- 공동주택 중 연립주택 및 다세대주택
- 근린생활시설
  - 근린생활시설로 사용하는 바닥면적의 합계가 1,000[m²] 이상인 것은 모든 층
  - 의원, 치과의원 및 한의원으로서 입원실 또는 인공신장실이 있는 시설
  - 조산원 및 산후조리원으로서 연면적 600[m²] 미만인 시설
- 종합병원, 병원, 치과병원, 한방병원 및 요양병원(의료재활시설은 제외)으로 사용되는 바닥면적의 합계가 600[m²] 미만인 시설
- 교육연구시설 내에 있는 합숙소로서 연면적이 100[m²] 이상인 경우에는 모든 층
- 숙박시설로서 바닥면적의 합계가 300[m²] 이상 600[m²] 이상인 것

■ **물분무 등 소화설비(영 별표 4)**

- 항공기 및 항공기 격납고
- 차고, 주차용 건축물 또는 철골 조립식 주차시설로서 연면적 800[m²] 이상인 것
- 전기실, 발전실, 변전실, 축전지실, 통신기기실, 전산실로서 바닥면적이 300[m²] 이상

■ **옥외소화전설비(영 별표 4)**

- 지상 1층 및 2층의 바닥면적의 합계가 9,000[m²] 이상인 것
- 보물 또는 국보로 지정된 목조건축물

■ **단독경보형감지기(영 별표 4)**

- 교육연구시설 또는 수련시설 내에 있는 기숙사 또는 합숙소로서 연면적 2,000[m²] 미만인 것
- 연면적 400[m²] 미만의 유치원
- 공동주택 중 연립주택 및 다세대주택

■ **비상경보설비(영 별표 4)**

- 연면적이 400[m²] 이상인 것은 모든 층
- 지하층 또는 무창층의 바닥면적이 150[m²] 이상(공연장은 100[m²])인 것은 모든 층
- 터널로서 길이가 500[m] 이상인 것

■ **자동화재탐지설비(영 별표 4)**

- 공동주택 중 아파트 등·기숙사 및 숙박시설의 경우에는 모든 층
- 층수가 6층 이상인 건축물의 경우에는 모든 층
- 근린생활시설(목욕장은 제외), 의료시설(정신의료기관 또는 요양병원은 제외), 위락시설, 장례시설 및 복합건축물로서 연면적 600[m²] 이상인 경우에는 모든 층
- 노유자 생활시설의 경우에는 모든 층
- 판매시설 중 전통시장
- 길이 1,000[m] 이상인 터널
- 지하구
- 근린생활시설 중 조산원 및 산후조리원

■ **화재알림설비(영 별표 4)**

판매시설 중 전통시장

■ **비상방송설비(영 별표 4)**

- 연면적 3,500[m²] 이상인 것은 모든 층
- 층수가 11층 이상인 것은 모든 층
- 지하층의 층수가 3층 이상인 것은 모든 층

■ **자동화재속보설비(영 별표 4)**

방재실 등 화재 수신기가 설치된 장소에 24시간 화재를 감시할 수 있는 사람이 근무하고 있는 경우에는 자동화재속보설비를 설치하지 않을 수 있다.

- 노유자 생활시설
- 노유자시설로서 바닥면적이 500[m²] 이상인 층이 있는 것
- 수련시설(숙박시설이 있는 것만 해당)로서 바닥면적이 500[m²] 이상인 층이 있는 것
- 보물 또는 국보로 지정된 목조건축물
- 근린생활시설 중 의원, 치과의원 및 한의원으로서 입원실이 있는 시설, 조산원 및 산후조리원
- 의료시설
  - 종합병원, 병원, 치과병원, 한방병원 및 요양병원(의료재활시설은 제외)
  - 정신병원 및 의료재활시설로 사용되는 바닥면적의 합계가 500[m²] 이상인 층이 있는 것
- 판매시설 중 전통시장

■ **피난구조설비(영 제11조, 별표 4)**

- 피난기구 : 피난층, 지상 1층, 지상 2층(노유자시설 중 피난층이 아닌 지상 1층과 지상 2층은 제외), 층수가 11층 이상인 층과 가스시설, 터널, 지하구를 제외한 특정소방대상물의 모든 층
- 인명구조기구를 설치해야 하는 특정소방대상물
  - 방열복 또는 방화복(안전모, 보호장갑 및 안전화 포함), 인공소생기, 공기호흡기의 설치대상물 : 지하층을 포함한 층수가 7층 이상인 것 중 관광호텔 용도로 사용하는 층
  - 방열복 또는 방화복(안전모, 보호장갑 및 안전화 포함), 공기호흡기의 설치대상물 : 지하층을 포함하는 층수가 5층 이상인 것 중 병원 용도로 사용하는 층
- 공기호흡기의 설치대상
  - 수용인원 100명 이상의 문화 및 집회시설 중 영화상영관
  - 판매시설 중 대규모점포
  - 운수시설 중 지하역사
  - 지하상가
  - 이산화탄소소화설비를 설치해야 하는 특정소방대상물

- 비상조명등
  - 층수가 5층(지하층 포함) 이상인 건축물로서 연면적 3,000[m^2] 이상인 경우에는 모든 층
  - 지하층 또는 무창층의 바닥면적이 450[m^2] 이상인 경우에는 해당 층
  - 터널로서 그 길이가 500[m] 이상
- 휴대용 비상조명등
  - 숙박시설
  - 수용인원 100명 이상의 영화상영관, 대규모 점포, 지하역사, 지하상가

■ 소화활동설비(영 별표 4)

- 제연설비
  - 문화 및 집회시설, 종교시설, 운동시설 중 무대부의 바닥면적이 200[m^2] 이상인 경우에는 해당 무대부
  - 지하상가로서 연면적이 1,000[m^2] 이상인 것
- 연결송수관설비
  - 층수가 5층 이상으로서 연면적 6,000[m^2] 이상인 경우에는 모든 층
  - 지하층을 포함한 층수가 7층 이상인 경우에는 모든 층
  - 터널의 길이가 1,000[m] 이상인 것
- 연결살수설비
  - 판매시설, 운수시설, 창고시설 중 물류터미널로서 바닥면적의 합계가 1,000[m^2] 이상인 경우에는 해당 시설
  - 지하층으로서 바닥면적의 합계가 150[m^2] 이상[국민주택 규모 이하의 아파트(대피시설 사용하는 것만 해당)]의 지하층과 학교의 지하층은 700[m^2] 이상인 것
- 비상콘센트설비
  - 층수가 11층 이상인 특정소방대상물의 경우에는 11층 이상의 층
  - 지하층의 층수가 3층 이상이고 지하층의 바닥면적의 합계가 1,000[m^2] 이상인 것은 지하층의 모든 층
  - 터널의 길이가 500[m] 이상인 것
- 무선통신보조설비
  - 지하상가로서 연면적 1,000[m^2] 이상인 것
  - 지하층의 바닥면적의 합계가 3,000[m^2] 이상인 것
  - 지하층의 층수가 3층 이상이고 지하층의 바닥면적의 합계가 1,000[m^2] 이상인 것은 지하층의 모든 층
  - 터널로서 그 길이가 500[m] 이상인 것
  - 공동구
  - 층수가 30층 이상인 것으로서 16층 이상 부분의 모든 층

■ 강화된 소방시설 적용대상[소급 적용대상](법 제13조, 영 제13조)

- 다음 소방시설 중 대통령령 또는 화재안전기준으로 정하는 것
  - 소화기구
  - 비상경보설비
  - 자동화재탐지설비
  - 자동화재속보설비
  - 피난구조설비
- 다음 소방시설 중 대통령령 또는 화재안전기준으로 정하는 것
  - 공동구 : 소화기, 자동소화장치, 자동화재탐지설비, 통합감시시설, 유도등 및 연소방지설비
  - 전력 또는 통신사업용 지하구 : 소화기, 자동소화장치, 자동화재탐지설비, 통합감시시설, 유도등 및 연소방지설비
  - 노유자시설 : 간이스프링클러설비, 자동화재탐지설비, 단독경보형감지기
  - 의료시설 : 스프링클러설비, 간이스프링클러설비, 자동화재탐지설비, 자동화재속보설비

■ 소방시설의 면제(영 제14조, 별표 5)

설치가 면제되는 소방시설	설치가 면제되는 기준
자동소화장치 (주거용 및 상업용 주방자동소화장치는 제외)	물분무 등 소화설비
스프링클러설비	스프링클러설비를 설치해야 하는 특정소방대상물에 자동소화장치 또는 물분무 등 소화설비를 화재안전기준에 적합하게 설치한 경우에는 그 설비의 유효범위에서 설치가 면제된다.
간이스프링클러설비	스프링클러설비, 물분무소화설비, 미분무소화설비
물분무 등 소화설비	스프링클러설비(차고, 주차장)
옥외소화전설비	상수도 소화용수설비(문화유산인 목조건축물)
비상경보설비	단독경보형감지기를 2개 이상 연동하여 설치
비상경보설비, 단독경보형감지기	자동화재탐지설비, 화재알림설비
자동화재탐지설비	화재알림설비, 스프링클러설비, 물분무 등 소화설비
비상방송설비	자동화재탐지설비, 비상경보설비
비상조명등	피난구유도등, 통로유도등
연결송수관설비	옥외에 연결송수구 및 옥내에 방수구가 부설된 옥내소화전설비, 스프링클러설비, 간이스프링클러설비, 연결살수설비
연결살수설비	송수구를 부설한 스프링클러설비, 간이스프링클러설비, 물분무소화설비, 미분무소화설비

■ 소방시설을 설치하지 않을 수 있는 특정소방대상물 및 소방시설의 범위(영 제16조, 별표 6)

구분	특정소방대상물	설치하지 않을 수 있는 소방시설
화재 위험도가 낮은 특정소방대상물	석재, 불연성금속, 불연성 건축재료 등의 가공공장·기계조립공장 또는 불연성 물품을 저장하는 창고	옥외소화전 및 연결살수설비
화재안전기준을 적용하기 어려운 특정소방대상물	펄프공장의 작업장, 음료수 공장의 세정 또는 충전을 하는 작업장, 그 밖에 이와 비슷한 용도로 사용하는 것	스프링클러설비, 상수도 소화용수설비 및 연결살수설비
	정수장, 수영장, 목욕장, 농예·축산·어류양식용 시설, 그 밖에 이와 비슷한 용도로 사용되는 것	자동화재탐지설비, 상수도 소화용수설비 및 연결살수설비
화재안전기준을 달리 적용해야 하는 특수한 용도 또는 구조를 가진 특정소방대상물	원자력발전소, 중·저준위 방사성폐기물의 저장시설	연결송수관설비 및 연결살수설비
위험물안전관리법 제19조에 따른 자체소방대가 설치된 특정소방대상물	자체소방대가 설치된 제조소 등에 부속된 사무실	옥내소화전설비, 소화용수설비, 연결살수설비 및 연결송수관설비

■ 숙박시설의 수용인원 산정방법(영 별표 7)

구분	산정방법
침대가 있는 숙박시설	종사자수 + 침대의 수(2인용 침대는 2인으로 산정)
침대가 없는 숙박시설	종사자수 + (숙박시설 바닥면적의 합계 ÷ 3[m²])
강의실·교무실·상담실·실습실·휴게실 용도로 쓰이는 특정소방대상물	바닥면적의 합계 ÷ 1.9[m²]
강당, 문화 및 집회시설, 운동시설, 종교시설	바닥면적의 합계 ÷ 4.6[m²](관람석이 있는 경우 고정식 의자를 설치한 부분은 해당 부분의 의자 수로 하고, 긴 의자의 경우에는 의자의 정면 너비를 0.45[m]로 나누어 얻은 수)
그 밖의 소방대상물	바닥면적의 합계 ÷ 3[m²]

※ 바닥면적 산정 시 제외 : 복도, 계단, 화장실의 바닥면적

■ 임시소방시설(건설현장)을 설치해야 하는 공사의 종류와 규모(영 별표 8)

• 소화기 : 건축허가 등을 할 때 소방본부장 또는 소방서장의 동의를 받아야 하는 특정소방대상물의 신축·증축·개축·재축·이전·용도변경 또는 대수선을 위한 공사 중 화재위험작업의 현장에 설치한다.

• 간이소화장치 : 다음의 어느 하나에 해당하는 공사의 화재위험작업현장에 설치한다.

 – 연면적 3,000[m²] 이상

 – 지하층, 무창층 및 4층 이상의 층. 이 경우 해당 층의 바닥면적이 600[m²] 이상인 경우만 해당한다.

• 비상경보장치 : 다음의 어느 하나에 해당하는 공사의 화재위험작업현장에 설치한다.

 – 연면적 400[m²] 이상

 – 지하층 또는 무창층. 이 경우 해당 층의 바닥면적이 150[m²] 이상인 경우만 해당한다.

• 가스누설경보기, 간이피난유도선, 비상조명등 : 바닥면적이 150[m²] 이상인 지하층 또는 무창층의 화재위험작업현장에 설치한다.

■ 중앙소방기술심의위원회 심의사항(법 제18조)

- 소속 : 소방청
- 심의사항
  - 화재안전기준에 관한 사항
  - 소방시설의 구조 및 원리 등에서 공법이 특수한 설계 및 시공에 관한 사항
  - 소방시설의 설계 및 공사감리의 방법에 관한 사항
  - 소방시설공사의 하자를 판단하는 기준에 관한 사항
  - 신기술·신공법 등 검토·평가에 고도의 기술이 필요한 경우로서 중앙위원회에 심의를 요청한 사항
  - 그 밖에 소방기술 등에 관하여 대통령령으로 정하는 사항

■ 지방소방기술심의위원회 심의사항(법 제18조, 영 제20조)

- 소속 : 시·도(특별시·광역시·특별자치시·도 및 특별자치도)
- 심의사항
  - 소방시설에 하자가 있는지의 판단에 관한 사항
  - 그 밖에 소방기술 등에 관하여 대통령령으로 정하는 사항
    ⓐ 연면적 10만[m²] 미만의 특정소방대상물에 설치된 소방시설의 설계·시공·감리의 하자 유무에 관한 사항
    ⓑ 소방본부장 또는 소방서장이 제조소 등의 시설기준 또는 화재안전기준의 적용에 관하여 기술검토를 요청하는 사항
    ⓒ 그 밖에 소방기술과 관련하여 시·도지사가 소방기술심의위원회의 심의에 부치는 사항

■ 방염성능기준 이상의 실내장식물 등을 설치해야 하는 특정소방대상물(영 제30조)

- 근린생활시설 중 의원, 치과의원, 한의원, 조산원, 산후조리원, 체력단련장, 공연장 및 종교집회장
- 건축물의 옥내에 있는 시설로서 다음의 시설
  - 문화 및 집회시설
  - 종교시설
  - 운동시설(수영장은 제외)
- 의료시설, 교육연구시설 중 합숙소, 노유자시설, 숙박이 가능한 수련시설, 숙박시설, 방송국 및 촬영소, 다중이용업소
- 층수가 11층 이상인 것(아파트 등은 제외)

■ 방염대상물품(영 제31조)

제조 또는 가공 공정에서 방염처리를 한 물품

- 창문에 설치하는 커튼류(블라인드 포함)
- 카펫
- 벽지류(두께가 2[mm] 미만인 종이벽지는 제외)
- 전시용 합판·목재 또는 섬유판, 무대용 합판·목재 또는 섬유판
- 암막·무대막(영화상영관에 설치하는 스크린과 가상체험체육시설장업에 설치하는 스크린 포함)
- 섬유류 또는 합성수지류 등을 원료로 하여 제작된 소파·의자(단란주점영업, 유흥주점영업 및 노래연습장업의 영업장에 설치하는 것으로 한정)

■ 방염성능기준(영 제31조)

- 버너의 불꽃을 제거한 때부터 불꽃을 올리며 연소하는 상태가 그칠 때까지 시간 : 20초 이내(잔염시간)
- 버너의 불꽃을 제거한 때부터 불꽃을 올리지 않고 연소하는 상태가 그칠 때까지 시간 : 30초 이내(잔신시간)
- 탄화면적 : 50[cm^2] 이내, 탄화길이 : 20[cm] 이내
- 불꽃에 의하여 완전히 녹을 때까지 불꽃의 접촉 횟수 : 3회 이상
- 발연량을 측정하는 경우 최대연기밀도 : 400 이하

■ 방염권장물품(영 제31조)

- 방염처리물품사용 권장권자 : 소방본부장, 소방서장
- 방염처리물품사용 권장대상
  - 다중이용업소, 의료시설, 노유자시설, 숙박시설 또는 장례식장에 사용하는 침구류, 소파 및 의자
  - 건축물 내부의 천장 또는 벽에 부착하거나 설치하는 가구류

■ 자체점검 결과보고서 제출과정(규칙 제20조, 제23조)

- 관리업자는 자체점검이 끝난 날부터 5일 이내 평가기관에 점검대상과 점검인력에 배치상황을 통보해야 한다.
- 관리업자는 점검이 끝난 날부터 10일 이내에 자체점검 실시 결과보고서와 소방시설 등 점검표를 첨부하여 관계인에게 제출해야 한다.
- 자체점검 실시 결과보고서를 제출받거나 스스로 자체점검을 실시한 관계인은 자체점검이 끝난 날부터 15일 이내에 자체점검 실시결과 보고서(전자문서로 된 보고서를 포함)에 다음의 서류를 첨부하여 소방본부장 또는 소방서장에게 보고한다.
  - 점검인력 배치확인서(관리업자가 점검한 경우)
  - 소방시설 등의 자체점검 결과 이행계획서

■ 자체점검 중대위반사항(영 제34조)

- 소화펌프(가압송수장치를 포함), 동력・감시 제어반 또는 소방시설용 전원(비상전원을 포함)의 고장으로 소방시설이 작동되지 않는 경우
- 화재 수신기의 고장으로 화재경보음이 자동으로 울리지 않거나 화재 수신기와 연동된 소방시설의 작동이 불가능한 경우
- 소화배관 등이 폐쇄・차단되어 소화수 또는 소화약제가 자동 방출되지 않는 경우
- 방화문 또는 자동방화셔터가 훼손되거나 철거되어 본래의 기능을 못하는 경우

■ 자체점검의 구분(규칙 별표 3)

- 작동점검 : 소방시설 등을 인위적으로 조작하여 소방시설이 정상적으로 작동하는지를 소방청장이 정하여 고시하는 소방시설 등 작동점검표에 따라 점검하는 것
- 종합점검 : 소방시설 등의 작동점검을 포함하여 소방시설 등의 설비별 주요 구성 부품의 구조기준이 화재안전기준과 건축법 등 관련 법령에서 정하는 기준에 적합한지 여부를 소방청장이 정하여 고시하는 소방시설 등 종합점검표에 따라 점검하는 것
  - 최초점검 : 소방시설이 신설된 경우 건축법 제22조에 따라 건축물을 사용할 수 있게 된 날부터 60일 이내 점검하는 것을 말한다.
  - 그 밖의 종합점검 : 최초점검을 제외한 종합점검을 말한다.

■ 작동점검(규칙 별표 3)

구분	내용
대상	영 제5조에 따른 특정소방대상물을 대상으로 한다. 다만, 다음에 해당하는 특정소방대상물은 제외한다. • 소방안전관리자를 선임하지 않는 대상 • 제조소 등 • 특급 소방안전관리대상물
기술인력	• 간이스프링클러설비(주택전용 간이스프링클러설비는 제외) 또는 자동화재탐지설비가 설치된 특정소방대상물 - 관계인 - 관리업에 등록된 기술인력 중 소방시설관리사 - 소방시설공사업법 시행규칙 별표 4의2에 따른 특급점검자 - 소방안전관리자로 선임된 소방시설관리사 및 소방기술사 • 위에 해당하지 않는 특정소방대상물 - 관리업에 등록된 소방시설관리사 - 소방안전관리자로 선임된 소방시설관리사 및 소방기술사
점검횟수	연 1회 이상 실시
점검시기	• 종합점검 대상은 종합점검(최초점검은 제외)을 받은 달부터 6개월이 되는 달에 실시한다. • 특정소방대상물은 특정소방대상물의 사용승인일이 속하는 달의 말일까지 실시한다. - 건축물의 경우 : 건축물관리대장 또는 건물 등기사항증명서에 기재되어 있는 날 - 시설물의 경우 : 시설물통합정보관리체계에 저장・관리되고 있는 날 - 건축물관리대장, 건물 등기사항증명서 및 시설물통합정보관리체계를 통해 확인되지 않은 경우에는 소방시설완공검사증명서에 기재된 날을 말한다.

■ 종합점검(규칙 별표 3)

구분	내용
대상	• 특정소방대상물의 소방시설 등이 신설된 경우(최초점검) • 스프링클러설비가 설치된 특정소방대상물 • 물분무 등 소화설비(호스릴 방식의 물분무 등 소화설비만을 설치한 경우는 제외)가 설치된 연면적 5,000[m²] 이상인 특정소방대상물(위험물제조소 등을 제외) • 단란주점영업과 유흥주점영업, 영화상영관, 비디오물감상실업, 복합영상물제공업(비디오물소극장업은 제외), 노래연습장업, 산후조리원업, 고시원업, 안마시술소의 다중이용업의 영업장이 설치된 특정소방대상물로서 연면적이 2,000[m²] 이상인 것 • 제연설비가 설치된 터널 • 공공기관의 소방안전관리에 관한 규정 제2조에 따른 공공기관 중 연면적(터널·지하구의 경우 그 길이와 평균폭을 곱하여 계산된 값을 말한다)이 1,000[m²] 이상인 것으로서 옥내소화전설비 또는 자동화재탐지설비가 설치된 것(다만, 소방기본법에 따른 소방대가 근무하는 공공기관은 제외)
기술인력	• 관리업에 등록된 소방시설관리사 • 소방안전관리자로 선임된 소방시설관리사 및 소방기술사
점검횟수	• 연 1회 이상(특급 소방안전관리대상물은 반기에 1회 이상) 실시한다. • 위의 사항에도 불구하고 소방본부장 또는 소방서장은 소방청장이 소방안전관리가 우수하다고 인정한 특정소방대상물에 대해서는 3년의 범위에서 소방청장이 고시하거나 정한 기간동안 종합점검을 면제할 수 있다(다만, 면제기간 중 화재가 발생한 경우는 제외).
점검시기	• 건축물을 사용할 수 있게 된 날부터 60일 이내에 실시한다. • 위의 사항을 제외한 특정소방대상물은 건축물의 사용승인일이 속하는 달에 실시한다. 다만, 학교의 경우에는 해당 건축물의 사용승인일이 1월에서 6월 사이에 있는 경우에는 6월 30일까지 실시할 수 있다. • 건축물 사용승인 이후 가)목 4)에 따라 종합점검 대상에 해당하게 된 경우에는 그 다음 해부터 실시한다. • 하나의 대지경계선 안에 2개 이상의 자체점검 대상 건축물 등이 있는 경우에는 그 건축물 중 사용승인일이 가장 빠른 연도의 건축물의 사용승인일을 기준으로 점검할 수 있다.

※ 가)목 4) : 다중이용업소의 대상물

■ 소방시설 등의 자체점검 1단위의 점검기준(규칙 별표 4)

종류	일반건축물		아파트	
	기본 면적	보조점검인력 1명 추가 시	기본 세대수	보조점검인력 1명 추가 시
작동점검	10,000[m²]	2,500[m²]	250세대	60세대
종합점검	8,000[m²]	2,000[m²]	250세대	60세대

※ 점검 1단위 : 소방시설관리사 + 보조점검인력 2명

■ 관리업자가 자체점검 하는 경우 인력배치기준(규칙 별표 4)

구분	주된 점검인력	보조 점검인력
50층 이상 또는 성능위주설계를 한 특정소방대상물	소방시설관리사 경력 5년 이상인 특급점검자 1명 이상	고급점검자 이상의 기술인력 1명 이상 및 중급점검자 이상의 기술인력 1명 이상
특급 소방안전관리대상물	소방시설관리사 경력 3년 이상인 특급점검자 1명 이상	고급점검자 이상의 기술인력 1명 이상 및 초급점검자 이상의 기술인력 1명 이상
1급 또는 2급 소방안전관리대상물	소방시설관리사 경력 1년 이상인 특급점검자 1명 이상	중급점검자 이상의 기술인력 1명 이상 및 초급점검자 이상의 기술인력 1명 이상
3급 소방안전관리대상물	특급점검자 1명 이상	초급점검자 이상의 기술인력 2명 이상

■ 기술자격에 따른 자체점검 기술등급(소방시설공사업법 규칙 별표 4의2)

구분	기술자격
특급 점검자	• 소방시설관리사, 소방기술사 • 소방설비기사 자격을 취득한 후 8년 이상 소방 관련 업무를 수행한 사람 • 소방설비산업기사 자격을 취득한 후 소방시설관리업체에서 10년 이상 점검업무를 수행한 사람
고급 점검자	• 소방설비기사 자격을 취득한 후 5년 이상 소방 관련 업무를 수행한 사람 • 소방설비산업기사 자격을 취득한 후 8년 이상 소방 관련 업무를 수행한 사람 • 건축설비기사, 건축기사, 공조냉동기계기사, 일반기계기사, 위험물기능장 자격을 취득한 후 15년 이상 소방 관련 업무를 수행한 사람
중급 점검자	• 소방설비기사 자격을 취득한 사람 • 소방설비산업기사 자격을 취득한 후 3년 이상 소방 관련 업무를 수행한 사람 • 건축설비기사, 건축기사, 공조냉동기계기사, 일반기계기사, 위험물기능장, 전기기사, 전기공사기사, 전파전자통신기사, 정보통신기사 자격을 취득한 후 10년 이상 소방 관련 업무를 수행한 사람
초급 점검자	• 소방설비산업기사 자격을 취득한 사람 • 가스기능장, 전기기능장, 위험물기능장 자격을 취득한 사람 • 건축기사, 건축설비기사, 건설기계설비기사, 일반기계기사, 공조냉동기계기사, 화공기사, 가스기사, 전기기사, 전기공사기사, 산업안전기사, 위험물산업기사 자격을 취득한 사람 • 건축산업기사, 건축설비산업기사, 건설기계설비산업기사, 공조냉동기계산업기사, 화공산업기사, 가스산업기사, 전기산업기사, 전기공사산업기사, 산업안전산업기사, 위험물기능사 자격을 취득한 사람

■ 소방시설관리사(법 제25조, 제27조, 제28조)

• 시험 실시권자 : 소방청장

• 소방시설관리사의 결격사유

  – 피성년후견인

  – 소방시설 설치 및 관리에 관한 법률, 소방기본법, 화재의 예방 및 안전관리에 관한 법률, 소방시설공사업법 또는 위험물안전관리법을 위반하여 금고 이상의 실형을 선고받고 그 집행이 끝나거나(집행이 끝난 것으로 보는 경우를 포함한다) 집행이 면제된 날부터 2년이 지나지 않은 사람

  – 소방시설 설치 및 관리에 관한 법률, 소방기본법, 화재의 예방 및 안전관리에 관한 법률, 소방시설공사업법 또는 위험물안전관리법을 위반하여 금고 이상의 형의 집행유예를 선고받고 그 유예기간 중에 있는 사람

  – 자격이 취소된 날부터 2년이 지나지 않은 사람

• 소방시설관리사의 자격취소 및 1년 이내의 정지

  – 거짓이나 그 밖의 부정한 방법으로 시험에 합격한 경우(자격취소)

  – 화재의 예방 및 안전관리에 관한 법률에 따른 대행인력의 배치기준·자격·방법 등 준수사항을 지키지 않은 경우

  – 자체점검을 하지 않거나 거짓으로 한 경우

  – 소방시설관리사증을 다른 사람에게 빌려준 경우(자격취소)

  – 동시에 둘 이상의 업체에 취업한 경우(자격취소)

  – 성실하게 자체점검 업무를 수행하지 않은 경우

  – 결격사유에 해당하게 된 경우(자격취소)

■ 소방시설관리업의 인력기준(영 별표 9)

업종별 \ 기술인력 등	기술인력	영업범위

전문 소방시설관리업	가. 주된 기술인력
	   1) 소방시설관리사 자격을 취득한 후 소방 관련 실무경력이 5년 이상인 사람 1명 이상
	   2) 소방시설관리사 자격을 취득한 후 소방 관련 실무경력이 3년 이상인 사람 1명 이상
	 나. 보조 기술인력
	   1) 고급점검자 이상의 기술인력 : 2명 이상
	   2) 중급점검자 이상의 기술인력 : 2명 이상
	   3) 초급점검자 이상의 기술인력 : 2명 이상
		모든 특정소방대상물

일반 소방시설관리업	가. 주된 기술인력 : 소방시설관리사 자격을 취득한 후 소방 관련 실무경력이 1년 이상인 사람 1명 이상
	 나. 보조 기술인력
	   1) 중급점검자 이상의 기술인력 : 1명 이상
	   2) 초급점검자 이상의 기술인력 : 1명 이상
		1급, 2급, 3급
		소방안전관리대상물

■ 소방시설관리업의 변경(규칙 제34조)

- 소방시설관리업의 등록 : 시·도지사
- 등록사항의 변경신고 : 변경일로부터 30일 이내에 시·도지사에게 제출
- 등록사항의 변경신고 시 첨부서류
  - 명칭·상호 또는 영업소 소재지가 변경된 경우 : 소방시설관리업 등록증 및 등록수첩
  - 대표자가 변경된 경우 : 소방시설관리업 등록증 및 등록수첩
  - 기술인력이 변경된 경우 : 소방시설관리업 등록수첩, 변경된 기술인력의 기술자격증(경력수첩 포함), 소방기술인력대장
- 관리업의 지위승계 : 그 지위를 승계한 날부터 30일 이내에 시·도지사에게 제출
- 관리업의 과징금(법 제36조)
  - 부과권자 : 시·도지사
  - 과징금 금액 : 3,000만원 이하

■ 소방용품의 형식승인(영 별표 3)

- 소화설비를 구성하는 제품 또는 기기
  - 소화기구(소화약제 외의 것을 이용한 간이소화용구는 제외)
  - 자동소화장치
  - 소화설비를 구성하는 소화전, 관창, 소방호스, 스프링클러헤드, 기동용 수압개폐장치, 유수제어밸브 및 가스관선택밸브

- 경보설비를 구성하는 제품 또는 기기
  - 누전경보기 및 가스누설경보기
  - 경보설비를 구성하는 발신기, 수신기, 중계기, 감지기 및 음향장치(경종만 해당)
- 피난구조설비를 구성하는 제품 또는 기기
  - 피난사다리, 구조대, 완강기(지지대 포함), 간이완강기(지지대 포함)
  - 공기호흡기(충전기를 포함)
  - 피난구유도등, 통로유도등, 객석유도등 및 예비전원이 내장된 비상조명등
- 소화용으로 사용하는 제품 또는 기기
  - 소화약제 : 상업용 주방자동소화장치, 캐비닛형 자동소화장치, 포소화설비, 이산화탄소소화설비, 할론소화설비, 할로겐화합물 및 불활성기체소화설비, 분말소화설비, 강화액소화설비, 고체에어로졸소화설비
  - 방염제(방염액·방염도료 및 방염성 물질)

■ 소방용품의 내용연수(영 제19조)

- 내용연수를 설정해야 하는 소방용품 : 분말 형태의 소화약제를 사용하는 소화기
- 내용연수 : 10년

■ 벌칙(법 제56조~제61조)

- 5년 이하의 징역 또는 5,000만원 이하의 벌금 : 소방시설에 폐쇄·차단 등의 행위를 한 자
- 7년 이하의 징역 또는 7,000만원 이하의 벌금 : 소방시설을 폐쇄·차단하여 사람을 상해에 이르게 한 때
- 10년 이하의 징역 또는 1억원 이하의 벌금 : 소방시설을 폐쇄·차단하여 사람을 사망에 이르게 한 때
- 3년 이하의 징역 또는 3,000만원 이하의 벌금
  - 관리업의 등록을 하지 않고 영업을 한 자
  - 소방용품의 형식승인을 받지 않고 소방용품을 제조하거나 수입한 자
  - 제품검사를 받지 않은 자 또는 거짓이나 그 밖의 부정한 방법으로 제품검사를 받은 자
  - 규정을 위반하여 소방용품을 판매·진열하거나 소방시설공사에 사용한 자
  - 제품검사를 받지 않거나 합격표시를 하지 않은 소방용품을 판매·진열하거나 소방시설공사에 사용한 자
- 1년 이하의 징역 또는 1,000만원 이하의 벌금
  - 소방시설 등에 대하여 스스로 점검을 하지 않거나 관리업자 등으로 하여금 정기적으로 점검하게 하지 않은 자
  - 소방시설관리사증을 다른 사람에게 빌려주거나 빌리거나 이를 알선한 자
  - 동시에 둘 이상의 업체에 취업한 자
  - 관리업의 등록증이나 등록수첩을 다른 자에게 빌려주거나 빌리거나 이를 알선한 자
  - 영업정지처분을 받고 그 영업정지기간 중에 관리업의 업무를 한 자

- 300만원 이하의 벌금
  - 업무를 수행하면서 알게 된 비밀을 이 법에서 정한 목적 외의 용도로 사용하거나 다른 사람 또는 기관에 제공하거나 누설한 자
  - 방염성능검사에 합격하지 않은 물품에 합격표시를 하거나 합격표시를 위조하거나 변조하여 사용한 자
  - 방염성능검사를 할 때 거짓 시료를 제출한 자
  - 자체점검 시 중대위반사항을 위반하여 조치를 하지 않은 관계인 또는 관계인에게 중대위반사항을 알리지 않은 관리업자 등
- 300만원 이하의 과태료
  - 방염대상물품을 방염성능기준 이상으로 설치하지 않은 자
  - 관계인에게 점검 결과를 제출하지 않은 관리업자 등
  - 점검 결과를 보고하지 않거나 거짓으로 보고한 자
  - 점검기록표를 기록하지 않거나 특정소방대상물의 출입자가 쉽게 볼 수 있는 장소에 게시하지 않은 관계인

04 ┃ 소방시설공사업법, 영, 규칙

■ **용어 정의(법 제2조)**
- 소방시설업 : 소방시설설계업, 소방시설공사업, 소방공사감리업, 방염처리업
- 소방시설설계업 : 소방시설공사에 기본이 되는 공사계획, 설계도면, 설계 설명서, 기술계산서 및 이와 관련된 서류를 작성(설계)하는 영업

■ **소방시설업(법 제4조, 규칙 제2조의2)**
- 소방시설업의 등록 : 시·도지사(특별시장, 광역시장, 특별자치시장, 도지사 또는 특별자치도지사)
  ※ 등록요건 : 자본금(개인인 경우에는 자산평가액), 기술인력
- 소방시설업의 등록신청 첨부서류의 내용이 명확하지 않은 경우 서류 보완기간 : 10일 이내

■ **등록사항의 변경신고 등(법 제6조, 규칙 제5조~제7조)**
- 등록사항의 변경신고 : 중요사항을 변경할 때에는 30일 이내에 시·도지사에게 신고
- 등록사항의 변경신고 사항
  - 상호(명칭) 또는 영업소 소재지
  - 대표자
  - 기술인력
- 지위승계 시 : 상속일, 양수일 또는 합병일로부터 30일 이내에 시·도지사에게 신고

■ **소방시설업자가 관계인에게 지체없이 알려야 하는 사실(법 제8조)**

• 소방시설업자의 지위를 승계한 경우

• 소방시설업의 등록취소 처분 또는 영업정지 처분을 받은 경우

• 휴업하거나 폐업한 경우

■ **등록취소 및 영업정지(법 제9조)**

• 등록취소 및 영업정지 처분 : 시·도지사

• 등록의 취소와 시정이나 6개월 이내의 영업정지

 − 거짓이나 그 밖의 부정한 방법으로 등록한 경우(등록취소)

 − 등록기준에 미달하게 된 후 30일이 경과한 경우

 − 등록 결격사유에 해당하게 된 경우(등록취소)

 − 등록을 한 후 정당한 사유 없이 1년이 지날 때까지 영업을 시작하지 않거나 계속하여 1년 이상 휴업한 때

 − 영업정지 기간 중에 소방시설공사 등을 한 경우(등록취소)

 − 소속 감리원을 공사현장에 배치하지 않거나 거짓으로 한 경우

 − 동일인이 시공과 감리를 함께 한 경우

■ **과징금 처분(법 제10조)**

• 과징금 처분권자 : 시·도지사

• 영업정지가 그 이용자에게 심한 불편을 주거나 그 밖에 공익을 해칠 우려가 있는 때에는 영업정지 처분에 갈음하여 부과되는 과징금 : 2억원 이하

■ **소방시설설계업(영 별표 1)**

업종별 \ 항목		기술인력	영업범위
전문 소방시설 설계업		• 주된 기술인력 : 소방기술사 1명 이상 • 보조기술인력 : 1명 이상	모든 특정소방대상물에 설치되는 소방시설의 설계
일반 소방시설 설계업	기계 분야	• 주된 기술인력 : 소방기술사 또는 기계분야 소방설비기사 1명 이상 • 보조기술인력 : 1명 이상	• 아파트에 설치되는 기계분야 소방시설(제연설비는 제외)의 설계 • 연면적 3만[m²](공장의 경우에는 1만[m²]) 미만의 특정소방대상물(제연설비가 설치되는 특정소방대상물을 제외)에 설치되는 기계분야 소방시설의 설계 • 위험물제조소 등에 설치되는 기계분야 소방시설의 설계
	전기 분야	• 주된 기술인력 : 소방기술사 또는 전기분야 소방설비기사 1명 이상 • 보조기술인력 : 1명 이상	• 아파트에 설치되는 전기분야 소방시설의 설계 • 연면적 3만[m²](공장의 경우에는 1만[m²]) 미만의 특정소방대상물에 설치되는 전기분야 소방시설의 설계 • 위험물제조소 등에 설치되는 전기분야 소방시설의 설계

■ 소방시설공사업(영 별표 1)

항목 업종별		기술인력	자본금(자산평가액)	영업범위
전문 소방시설 공사업		• 주된 기술인력 : 소방기술사 또는 기계분 야와 전기분야의 소방설비기사 각 1명 (기계·전기분야의 자격을 함께 취득한 사람 1명) 이상 • 보조기술인력 : 2명 이상	• 법인 : 자본금 1억원 이상 • 개인 : 자산평가액 1억원 이상	특정소방대상물에 설치되는 기계분야 및 전기분 야의 소방시설의 공사·개설·이전 및 정비
일반 소방시설 공사업	기계 분야	• 주된 기술인력 : 소방기술사 또는 기계분 야 소방설비기사 1명 이상 • 보조기술인력 : 1명 이상	• 법인 : 자본금 1억원 이상 • 개인 : 자산평가액 1억원 이상	• 연면적 10,000[m^2] 미만의 특정소방대상물에 설치되는 기계분야 소방시설의 공사·개설· 이전 및 정비 • 위험물제조소 등에 설치되는 기계분야 소방시 설의 공사·개설·이전 및 정비
	전기 분야	• 주된 기술인력 : 소방기술사 또는 전기분 야 소방설비기사 1명 이상 • 보조기술인력 : 1명 이상	• 법인 : 자본금 1억원 이상 • 개인 : 자산평가액 1억원 이상	• 연면적 10,000[m^2] 미만의 특정소방대상물에 설치되는 전기분야 소방시설의 공사·개설· 이전 및 정비 • 위험물제조소 등에 설치되는 전기분야 소방시 설의 공사·개설·이전 및 정비

■ 소방시설의 착공신고(법 제13조)

• 착공신고 : 소방본부장이나 소방서장

• 착공신고 또는 변경신고를 받은 경우 : 2일 이내 처리결과를 신고인에게 통보

■ 관계인이 소방본부장 또는 소방서장에게 사실을 알릴 수 있는 경우(법 제15조)

• 3일 이내에 하자보수를 이행하지 않은 경우

• 보수 일정을 기록한 하자보수계획을 서면으로 알리지 않은 경우

• 하자보수계획이 불합리하다고 인정되는 경우

■ 소방시설공사의 착공신고 대상(영 제4조)

• 특정소방대상물에 다음 어느 하나에 해당하는 설비를 신설하는 공사

 – 옥내소화전설비(호스릴 옥내소화전설비 포함), 옥외소화전설비, 스프링클러설비, 간이스프링클러설비(캐
 비닛형 간이스프링클러설비 포함), 화재조기진압용 스프링클러설비, 물분무 등 소화설비, 연결송수관설
 비, 연결살수설비, 제연설비, 소화용수설비 또는 연소방지설비

 – 자동화재탐지설비, 비상경보설비, 비상방송설비, 비상콘센트설비, 무선통신보조설비

- 특정소방대상물에 다음 어느 하나에 해당하는 설비 또는 구역 등을 증설하는 공사
  - 옥내·옥외소화전설비
  - 스프링클러설비, 간이스프링클러설비 또는 물분무 등 소화설비의 방호구역, 자동화재탐지설비의 경계구역, 제연설비의 제연구역, 연결살수설비의 살수구역, 연결송수관설비의 송수구역·비상콘센트설비의 전용회로, 연소방지설비의 살수구역
- 소방시설 등의 전부 또는 일부를 개설, 이전 또는 정비하는 공사(긴급교체 또는 보수 시에는 제외)
  - 수신반
  - 소화펌프
  - 동력(감시)제어반

■ 완공검사를 위한 현장확인 대상 특정소방대상물(영 제5조)
- 문화 및 집회시설, 종교시설, 판매시설, 노유자시설, 수련시설, 운동시설, 숙박시설, 창고시설, 지하상가, 다중이용업소
- 다음의 어느 하나에 해당하는 설비가 설치되는 특정소방대상물
  - 스프링클러설비 등
  - 물분무 등 소화설비(호스릴 방식의 소화설비는 제외)
- 연면적 10,000[m^2] 이상이거나 11층 이상인 특정소방대상물(아파트는 제외)
- 가연성 가스를 제조·저장 또는 취급하는 시설 중 지상에 노출된 가연성 가스탱크의 저장용량의 합계가 1,000[t] 이상인 시설

■ 공사의 하자보수(영 제6조)

보증기간	해당 설비
2년	피난기구, 유도등, 유도표지, 비상경보설비, 비상조명등, 비상방송설비 및 무선통신보조설비
3년	자동소화장치, 옥내소화전설비, 스프링클러설비, 간이스프링클러설비, 물분무 등 소화설비, 옥외소화전설비, 자동화재탐지설비, 상수도 소화용수설비 및 소화활동설비(무선통신보조설비는 제외)

■ 소방공사감리의 종류 및 대상(영 별표 3)
- 상주공사감리
  - 연면적 30,000[m^2] 이상의 특정소방대상물(아파트는 제외)에 대한 소방시설의 공사
  - 지하층을 포함한 층수가 16층 이상으로서 500세대 이상인 아파트에 대한 소방시설의 공사
- 일반공사감리 : 상주공사감리에 해당하지 않은 소방시설의 공사

■ 소방공사감리원의 배치기준(영 별표 4)

감리원의 배치기준		소방시설공사 현장의 기준
책임감리원	보조감리원	
행정안전부령으로 정하는 특급감리원 중 소방기술사	행정안전부령으로 정하는 초급감리원 이상의 소방공사감리원(기계분야 및 전기분야)	• 연면적 20만[m²] 이상인 특정소방대상물의 공사 현장 • 지하층을 포함한 층수가 40층 이상인 특정소방대상물의 공사 현장
행정안전부령으로 정하는 특급감리원 이상의 소방공사감리원(기계분야 및 전기분야)	행정안전부령으로 정하는 초급감리원 이상의 소방공사감리원(기계분야 및 전기분야)	• 연면적 3만[m²] 이상 20만[m²] 미만인 특정소방대상물(아파트는 제외)의 공사 현장 • 지하층을 포함한 층수가 16층 이상 40층 미만인 특정소방대상물의 공사 현장
행정안전부령으로 정하는 고급감리원 이상의 소방공사감리원(기계분야 및 전기분야)	행정안전부령으로 정하는 초급감리원 이상의 소방공사감리원(기계분야 및 전기분야)	• 물분무 등 소화설비(호스릴 방식의 소화설비는 제외) 또는 제연설비가 설치되는 특정소방대상물의 공사 현장 • 연면적 3만[m²] 이상 20만[m²] 미만인 아파트의 공사 현장
행정안전부령으로 정하는 중급감리원 이상의 소방공사감리원(기계분야 및 전기분야)		연면적 5천[m²] 이상 3만[m²] 미만인 특정소방대상물의 공사 현장
행정안전부령으로 정하는 초급감리원 이상의 소방공사감리원(기계분야 및 전기분야)		• 연면적 5천[m²] 미만인 특정소방대상물의 공사 현장 • 지하구의 공사 현장

■ 도급계약의 해지 사유(법 제23조)

• 소방시설업이 등록취소되거나 영업정지된 경우

• 소방시설업을 휴업하거나 폐업한 경우

• 정당한 사유 없이 30일 이상 소방시설공사를 계속하지 않은 경우

• 하도급의 통지를 받은 경우 그 하수급인이 적당하지 않다고 인정되어 하수급인의 변경을 요구하였으나 정당한 사유 없이 따르지 않은 경우

■ 시공능력평가의 평가방법(규칙 별표 4)

• 시공능력평가액 = 실적평가액 + 자본금평가액 + 기술력평가액 + 경력평가액 ± 신인도평가액

• 실적평가액 = 연평균공사 실적액

• 자본금평가액 = (실질자본금 × 실질자본금의 평점 + 소방청장이 지정한 금융회사 또는 소방산업공제조합에 출자·예치·담보금액) × 70/100

• 기술력평가액 = 전년도 공사업계의 기술자 1인당 평균생산액 × 보유기술인력 가중치합계 × 30/100 + 전년도 기술개발투자액

• 경력평가액 = 실적평가액 × 공사업 경영기간 평점 × 20/100

■ 소방기술자의 배치기준(영 별표 2)

소방기술자의 배치기준	소방시설공사 현장의 기준
행정안전부령으로 정하는 특급기술자인 소방기술자(기계분야 및 전기분야)	• 연면적 20만[m²] 이상인 특정소방대상물의 공사 현장 • 지하층을 포함한 층수가 40층 이상인 특정소방대상물의 공사 현장
행정안전부령으로 정하는 고급기술자 이상의 소방기술자(기계분야 및 전기분야)	• 연면적 3만[m²] 이상 20만[m²] 미만인 특정소방대상물(아파트는 제외한다)의 공사 현장 • 지하층을 포함한 층수가 16층 이상 40층 미만인 특정소방대상물의 공사 현장
행정안전부령으로 정하는 중급기술자 이상의 소방기술자(기계분야 및 전기분야)	• 물분무 등 소화설비(호스릴 방식의 소화설비는 제외한다) 또는 제연설비가 설치되는 특정소방대상물의 공사 현장 • 연면적 5,000[m²] 이상 3만[m²] 미만인 특정소방대상물(아파트는 제외한다)의 공사 현장 • 연면적 1만[m²] 이상 20만[m²] 미만인 아파트의 공사 현장
행정안전부령으로 정하는 초급기술자 이상의 소방기술자(기계분야 및 전기분야)	• 연면적 1,000[m²] 이상 5,000[m²] 미만인 특정소방대상물(아파트는 제외한다)의 공사 현장 • 연면적 1,000[m²] 이상 1만[m²] 미만인 아파트의 공사 현장 • 지하구(地下溝)의 공사 현장
법 제28조 제2항에 따라 자격수첩을 발급받은 소방기술자	연면적 1,000[m²] 미만인 특정소방대상물의 공사 현장

■ 벌칙(법 제35조~제37조)

- 3년 이하의 징역 또는 3,000만원 이하의 벌금
  - 소방시설업의 등록을 하지 않고 영업을 한 자
  - 부정한 청탁을 받고 재물 또는 재산상의 이익을 취득하거나 부정한 청탁을 하면서 재물 또는 재산상의 이익을 제공한 자
- 1년 이하의 징역 또는 1,000만원 이하의 벌금
  - 영업정지 처분을 받고 그 영업정지 기간에 영업을 한 자
  - 감리업자의 업무규정을 위반하여 감리를 하거나 거짓으로 감리한 자
  - 감리업자가 공사감리자를 지정하지 않은 자
  - 공사감리 결과의 통보 또는 공사감리 결과보고서의 제출을 거짓으로 한 자
  - 도급받은 소방시설의 설계, 시공, 감리를 하도급한 자
  - 하도급받은 소방시설공사를 다시 하도급한 자
- 300만원 이하의 벌금
  - 다른 자에게 자기의 성명이나 상호를 사용하여 소방시설공사 등을 수급 또는 시공하게 하거나 소방시설업의 등록증이나 등록수첩을 빌려준 자
  - 소방시설공사 현장에 감리원을 배치하지 않은 자
  - 소방시설공사를 다른 업종의 공사와 분리하여 도급하지 않은 자
  - 자격수첩 또는 경력수첩을 빌려준 사람
  - 소방기술자가 동시에 둘 이상의 업체에 취업한 사람

■ 용어 정의(법 제2조, 영 별표 3)
- 위험물 : 인화성 또는 발화성 등의 성질을 가지는 것으로서 대통령령이 정하는 물품
- 제조소 등 : 제조소, 저장소, 취급소(일반취급소, 판매취급소, 이송취급소, 주유취급소)
- 판매취급소 : 점포에서 위험물을 용기에 담아 판매하기 위하여 지정수량의 40배 이하의 위험물을 취급하는 장소

■ 저장소의 종류(영 별표 2)
- 옥내저장소
- 옥내탱크저장소
- 옥외저장소
- 옥외탱크저장소
- 지하탱크저장소
- 간이탱크저장소
- 이동탱크저장소
- 암반탱크저장소

■ 위험물 및 지정수량(영 별표 1)

위험물			위험등급	지정수량
유별	성질	품명		
제1류	산화성 고체	아염소산염류, 염소산염류, 과염소산염류, 무기과산화물	I	50[kg]
		브로민산염류, 질산염류, 아이오딘산염류	II	300[kg]
		과망가니즈산염류, 다이크로뮴산염류	III	1,000[kg]
제2류	가연성 고체	황화인, 적린, 황(순도 60[wt%] 이상)	II	100[kg]
		철분(53[μm]의 표준체통과 50[wt%] 미만은 제외), 금속분, 마그네슘	III	500[kg]
		인화성 고체(고형알코올)	III	1,000[kg]
제3류	자연발화성 물질 및 금수성 물질	칼륨, 나트륨, 알킬알루미늄, 알킬리튬	I	10[kg]
		황린	I	20[kg]
		알칼리금속 및 알칼리토금속, 유기금속화합물	II	50[kg]
		금속의 수소화물, 금속의 인화물, 칼슘 또는 알루미늄의 탄화물	III	300[kg]

유별	성질	품명		위험등급	지정수량
		위험물		위험등급	지정수량
제4류	인화성 액체	특수인화물		I	50[L]
		제1석유류(아세톤, 휘발유 등)	비수용성 액체	II	200[L]
			수용성 액체	II	400[L]
		알코올류(탄소원자의 수가 1~3개로서 농도가 60[%] 이상)		II	400[L]
		제2석유류(등유, 경유 등)	비수용성 액체	III	1,000[L]
			수용성 액체	III	2,000[L]
		제3석유류(중유, 크레오소트유 등)	비수용성 액체	III	2,000[L]
			수용성 액체	III	4,000[L]
		제4석유류(기어유, 실린더유 등)		III	6,000[L]
		동식물유류		III	10,000[L]
제5류	자기반응성 물질	질산에스터류(제1종), 나이트로화합물(제1종)		I	10[kg]
		셀룰로이드, 유기과산화물(제2종), 하이드록실아민, 하이드록실아민염류, 하이드라진유도체		II	100[kg]
제6류	산화성 액체	과염소산, 질산(비중 1.49 이상), 과산화수소(농도 36[wt%] 이상)		I	300[kg]

※ 제5류 위험물의 지정수량

제1종 : 10[kg], 제2종 : 100[kg]

■ **위험물의 기준(법 제3조~제5조)**

• 위험물안전관리법의 적용 제외 : 항공기, 선박(항해 중인 선박), 철도 및 궤도

• 지정수량 미만인 위험물의 저장·취급의 기준 : 특별시·광역시·특별자치시·도 및 특별자치도(시·도)의 조례

• 지정수량의 배수 = $\dfrac{\text{저장(취급)량}}{\text{지정수량}} + \dfrac{\text{저장(취급)량}}{\text{지정수량}} + \cdots$

■ **위험물시설의 설치 및 변경 등(법 제6조)**

• 제조소 등을 설치·변경 시 허가권자 : 시·도지사

• 위험물의 품명·수량 또는 지정수량의 배수 변경 시 : 변경하고자 하는 날의 1일 전까지 시·도지사에게 신고

• 허가를 받지 않고 신고를 하지 않고 제조소 등을 설치 또는 변경할 수 있는 경우

  - 주택의 난방시설(공동주택의 중앙난방시설을 제외)을 위한 저장소 또는 취급소

  - 농예용·축산용 또는 수산용으로 필요한 난방시설 또는 건조시설을 위한 지정수량 20배 이하의 저장소

- **완공검사(법 제9조, 규칙 제20조)**
  - 완공검사권자 : 시·도지사(소방본부장 또는 소방서장에게 위임)
  - 제조소 등의 완공검사 신청시기
    - 지하탱크가 있는 제조소 등의 경우 : 해당 지하탱크를 매설하기 전
    - 이동탱크저장소의 경우 : 이동저장탱크를 완공하고 상시설치장소(이하 "상치장소")를 확보한 후
    - 이송취급소의 경우 : 이송배관 공사의 전체 또는 일부를 완료한 후
    - 전체 공사가 완료된 후에는 완공검사를 실시하기 곤란한 경우
      ⓐ 위험물설비 또는 배관의 설치가 완료되어 기밀시험 또는 내압시험을 실시하는 시기
      ⓑ 배관을 지하에 설치하는 경우에는 시·도지사, 소방서장 또는 기술원이 지정하는 부분을 매몰하기 직전
      ⓒ 기술원이 지정하는 부분의 비파괴시험을 실시하는 시기
    - 제조소 등의 경우 : 제조소 등의 공사를 완료한 후

- **제조소 등 설치자의 지위승계, 용도폐지 신고(법 제10조~제13조)**
  - 지위승계 : 제조소 등의 설치자의 지위를 승계한 자는 승계한 날부터 30일 이내에 시·도지사에게 신고
  - 용도폐지 : 제조소 등의 용도를 폐지한 때에는 용도를 폐지한 날부터 14일 이내에 시·도지사에게 신고
  - 제조소 등의 과징금 처분
    - 과징금 처분권자 : 시·도지사
    - 과징금 부과금액 : 2억원 이하

- **위험물안전관리자(법 제14조~제15조)**
  - 안전관리자 선임 : 관계인
  - 안전관리자 해임, 퇴직 시 : 해임하거나 퇴직한 날부터 30일 이내에 안전관리자 재선임
  - 안전관리자 선임 시 : 14일 이내에 소방본부장, 소방서장에게 신고
  - 안전관리자 직무 미시행·미선임 시 업무 : 위험물의 취급에 관한 자격취득자 또는 대리자
  - 대리자의 직무기간 : 30일 이내

- **1인의 위험물안전관리자가 중복하여 선임할 수 있는 저장소 등(규칙 제56조)**
  - 10개 이하의 옥내저장소
  - 10개 이하의 옥외저장소
  - 10개 이하의 암반탱크저장소
  - 30개 이하의 옥외탱크저장소

- 옥내탱크저장소
- 지하탱크저장소
- 간이탱크저장소

■ 탱크안전성능시험자(법 제8조)
- 등록 : 시·도지사
- 갖추어야 할 사항 : 기술능력, 시설, 장비

■ 예방규정을 정해야 할 제조소 등(영 제15조)
- 지정수량의 10배 이상의 위험물을 취급하는 제조소
- 지정수량의 100배 이상의 위험물을 저장하는 옥외저장소
- 지정수량의 150배 이상의 위험물을 저장하는 옥내저장소
- 지정수량의 200배 이상의 위험물을 저장하는 옥외탱크저장소
- 암반탱크저장소
- 이송취급소
- 지정수량의 10배 이상의 위험물을 취급하는 일반취급소

■ 정기점검 대상인 제조소 등(영 제16조)
- 예방규정을 정해야 하는 제조소 등
- 지하탱크저장소
- 이동탱크저장소
- 위험물을 취급하는 탱크로서 지하에 매설된 탱크가 있는 제조소, 주유취급소, 일반취급소

■ 자체소방대의 설치 대상(영 제18조)
- 제4류 위험물의 최대수량의 합이 지정수량의 3,000배 이상을 취급하는 제조소 또는 일반취급소(다만, 보일러로 위험물을 소비하는 일반취급소는 제외)
- 제4류 위험물의 최대수량이 지정수량의 50만배 이상을 저장하는 옥외탱크저장소

■ 자체소방대를 두는 화학소방자동차 및 인원(영 별표 8)

사업소의 구분	화학소방자동차	자체소방대원의 수
제조소 또는 일반취급소에서 취급하는 제4류 위험물의 최대수량의 합이 지정수량의 3,000배 이상 12만배 미만인 사업소	1대	5인
제조소 또는 일반취급소에서 취급하는 제4류 위험물의 최대수량의 합이 지정수량의 12만배 이상 24만배 미만인 사업소	2대	10인
제조소 또는 일반취급소에서 취급하는 제4류 위험물의 최대수량의 합이 지정수량의 24만배 이상 48만배 미만인 사업소	3대	15인
제조소 또는 일반취급소에서 취급하는 제4류 위험물의 최대수량의 합이 지정수량의 48만배 이상인 사업소	4대	20인
옥외탱크저장소에 저장하는 제4류 위험물의 최대수량이 지정수량의 50만배 이상인 사업소	2대	10인

■ 화학소방자동차에 갖추어야 하는 소화능력 및 설비의 기준(규칙 별표 23)

화학소방자동차의 구분	소화능력 및 설비의 기준
포수용액 방사차	포수용액의 방사능력이 매분 2,000[L] 이상일 것
	소화약액탱크 및 소화약액혼합장치를 비치할 것
	10만[L] 이상의 포수용액을 방사할 수 있는 양의 소화약제를 비치할 것
분말 방사차	분말의 방사능력이 매초 35[kg] 이상일 것
	분말탱크 및 가압용 가스설비를 비치할 것
	1,400[kg] 이상의 분말을 비치할 것
할로젠화합물 방사차	할로젠화합물의 방사능력이 매초 40[kg] 이상일 것
	할로젠화합물탱크 및 가압용 가스설비를 비치할 것
	1,000[kg] 이상의 할로젠화합물을 비치할 것
이산화탄소 방사차	이산화탄소의 방사능력이 매초 40[kg] 이상일 것
	이산화탄소 저장용기를 비치할 것
	3,000[kg] 이상의 이산화탄소를 비치할 것
제독차	가성소다 및 규조토를 각각 50[kg] 이상 비치할 것

■ 운송책임자의 감독 · 지원을 받아 운송해야 하는 위험물(영 제19조)

- 알킬알루미늄
- 알킬리튬
- 알킬알루미늄 또는 알킬리튬의 물질을 함유하는 위험물

■ 벌칙(법 제33조~제39조)

- 1년 이상 10년 이하의 징역 : 제조소 등 또는 허가를 받지 않고 지정수량 이상의 위험물을 저장 또는 취급하는 장소에서 위험물을 유출·방출 또는 확산시켜 사람의 생명·신체 또는 재산에 대하여 위험을 발생시킨 자
- 7년 이하의 금고 또는 7,000만원 이하의 벌금 : 업무상 과실로 제조소 등 또는 허가를 받지 않고 지정수량 이상의 위험물을 저장 또는 취급하는 장소에서 위험물을 유출·방출 또는 확산시켜 사람의 생명·신체 또는 재산에 대하여 위험을 발생시킨 자
- 3년 이하의 징역 또는 3,000만원 이하의 벌금 : 저장소 또는 제조소 등이 아닌 장소에서 지정수량 이상의 위험물을 저장 또는 취급한 자
- 1,500만원 이하의 벌금
  - 위험물의 저장 또는 취급에 관한 중요기준에 따르지 않은 자
  - 변경허가를 받지 않고 제조소 등을 변경한 자
  - 제조소 등의 완공검사를 받지 않고 위험물을 저장·취급한 자
  - 안전관리자를 선임하지 않은 관계인으로서 허가를 받은 자
- 1,000만원 이하의 벌금
  - 위험물의 취급에 관한 안전관리와 감독을 하지 않은 자
  - 안전관리자 또는 그 대리자가 참여하지 않은 상태에서 위험물을 취급한 자
  - 변경한 예방규정을 제출하지 않은 관계인으로서 허가를 받은 자
  - 위험물의 운반에 관한 중요기준에 따르지 않은 자
  - 요건을 갖추지 않은 위험물운반자
  - 규정을 위반한 위험물운송자
  - 관계인의 정당한 업무를 방해하거나 출입·검사 등을 수행하면서 알게 된 비밀을 누설한 자
- 500만원 이하의 과태료
  - 품명 등의 변경신고를 기간 이내에 하지 않거나 허위로 한 자
  - 지위승계신고를 기간 이내에 하지 않거나 허위로 한 자
  - 제조소 등의 폐지신고 또는 안전관리자의 선임신고를 기간 이내에 하지 않거나 허위로 한 자
  - 예방규정을 준수하지 않은 자
  - 제조소 등에서 지정된 장소가 아닌 곳에서 흡연을 한 자
  - 위험물의 운송에 관한 기준을 따르지 않은 자

■ 위험물제조소의 안전거리(규칙 별표 4)

안전거리	해당 대상물
50[m] 이상	지정문화유산 및 천연기념물 등
30[m] 이상	• 학교 • 병원급 의료기관(종합병원, 병원, 치과병원, 한방병원, 요양병원) • 극장, 공연장, 영화상영관, 유사한 시설로서 300명 이상의 인원을 수용할 수 있는 것 • 복지시설, 어린이집, 정신건강증진시설, 20명 이상의 인원을 수용할 수 있는 것
20[m] 이상	고압가스, 액화석유가스, 도시가스를 저장 또는 취급하는 시설
10[m] 이상	주거 용도에 사용되는 것
5[m] 이상	사용전압 35,000[V]를 초과하는 특고압가공전선
3[m] 이상	사용전압 7,000[V] 초과 35,000[V] 이하의 특고압가공전선

■ 위험물제조소의 보유공지(규칙 별표 4)

취급하는 위험물의 최대수량	공지의 너비
지정수량의 10배 이하	3[m] 이상
지정수량의 10배 초과	5[m] 이상

■ 위험물제조소의 표지 및 게시판(규칙 별표 4)

• 표지 및 게시판

구분	설치 및 표시
표지	• 표지 : 한 변의 길이 0.3[m] 이상, 다른 한 변의 길이 0.6[m] 이상인 직사각형 • 표지바탕 : 바탕은 백색, 문자는 흑색
게시판	• 게시판 : 한 변의 길이 0.3[m] 이상, 다른 한 변의 길이 0.6[m] 이상인 직사각형 • 게시판 바탕 : 바탕은 백색, 문자는 흑색 • 게시판 기재 : 유별, 품명, 저장최대수량, 취급최대수량, 지정수량의 배수 및 안전관리자의 성명 또는 직명, 주의사항

• 주의사항

품명	주의사항	게시판 표시
제2류 위험물(인화성 고체) 제3류 위험물(자연발화성 물질) 제4류 위험물 제5류 위험물	화기엄금	적색바탕에 백색문자
제1류 위험물(알칼리금속의 과산화물) 제3류 위험물(금수성 물질)	물기엄금	청색바탕에 백색문자
제2류 위험물(인화성고체는 제외)	화기주의	적색바탕에 백색문자

■ 환기설비(규칙 별표 4)

• 환기 : 자연배기방식

• 급기구의 설치 및 크기

구분	기준
급기구의 설치	바닥면적 150[m^2]마다 1개 이상
급기구의 크기	800[cm^2] 이상

■ 피뢰설비(규칙 별표 4)

지정수량의 10배 이상(제6류 위험물은 제외)

■ 정전기 제거설비(규칙 별표 4)

• 접지에 의한 방법

• 공기 중의 상대습도를 70[%] 이상으로 하는 방법

• 공기를 이온화하는 방법

■ 위험물 취급탱크(규칙 별표 4)

• 위험물제조소의 옥외에 있는 위험물 취급탱크

 − 하나의 취급탱크 주위에 설치하는 방유제의 용량 : 탱크용량 × 0.5(50[%])

 − 2 이상의 취급탱크 주위에 하나의 방유제를 설치하는 경우 방유제의 용량 : (최대 탱크용량 × 0.5) + (나머지 탱크용량 합계 × 0.1)

• 위험물제조소의 옥내에 있는 위험물 취급탱크

 − 하나의 취급탱크의 주위에 설치하는 방유턱의 용량 : 해당 탱크용량 이상

 − 2 이상의 취급탱크 주위에 설치하는 방유턱의 용량 : 최대 탱크용량 이상

■ 배관의 내압시험(규칙 별표 4)

• 불연성 액체를 이용하는 경우 : 최대상용압력의 1.5배 이상

• 불연성 기체를 이용하는 경우 : 최대상용압력의 1.1배 이상

■ 옥내저장소(규칙 별표 5)

• 옥내저장소의 안전거리 제외 대상

 − 지정수량의 20배 미만의 제4석유류, 동식물유류를 저장·취급하는 옥내저장소

 − 제6류 위험물을 저장·취급하는 옥내저장소

- 옥내저장소의 구조 및 설비
  - 저장창고는 위험물 저장을 전용으로 하는 독립된 건축물로 해야 한다.
  - 저장창고는 지면에서 처마까지의 높이가 6[m] 미만인 단층건물로 하고 그 바닥을 지반면보다 높게 해야 한다.
  - 저장창고의 벽·기둥 및 바닥은 내화구조로 하고, 보와 서까래는 불연재료로 해야 한다.
  - 저장창고의 출입구에는 60분+방화문 또는 60분 방화문을 설치하되, 연소의 우려가 있는 외벽에 있는 출입구에는 수시로 열 수 있는 자동폐쇄식의 60분+방화문 또는 60분 방화문을 설치해야 한다.
  - 지정수량의 10배 이상의 저장창고(제6류 위험물은 제외)에는 피뢰침을 설치할 것
- 옥내저장소 하나의 저장창고의 바닥면적 1,000[m²] 이하로 해야 하는 위험물

유별	해당하는 품명
제1류 위험물	아염소산염류, 염소산염류, 과염소산염류, 무기과산화물, 그 밖에 지정수량이 50[kg]인 위험물
제3류 위험물	칼륨, 나트륨, 알킬알루미늄, 알킬리튬, 그 밖에 지정수량이 10[kg]인 위험물 및 황린
제4류 위험물	특수인화물, 제1석유류, 알코올류
제5류 위험물	지정수량이 10[kg]인 위험물
제6류 위험물	전부

- 옥내저장소의 저장창고에 물의 침투를 막는 구조로 해야 하는 위험물
  - 제1류 위험물 중 알칼리금속의 과산화물
  - 제2류 위험물 중 철분, 금속분, 마그네슘
  - 제3류 위험물 중 금수성 물질
  - 제4류 위험물

■ 옥외탱크저장소(규칙 별표 6)

- 옥외탱크저장소의 안전거리 : 위험물제조소의 안전거리와 동일함
- 옥외탱크저장소의 보유공지

저장 또는 취급하는 위험물의 최대 수량	공지의 너비
지정수량의 500배 이하	3[m] 이상
지정수량의 500배 초과 1,000배 이하	5[m] 이상
지정수량의 1,000배 초과 2,000배 이하	9[m] 이상
지정수량의 2,000배 초과 3,000배 이하	12[m] 이상
지정수량의 3,000배 초과 4,000배 이하	15[m] 이상
지정수량의 4,000배 초과	해당 탱크의 수평단면의 최대 지름과 높이 중 큰 것과 같은 거리 이상(30[m] 초과는 30[m], 15[m] 미만은 15[m])

■ 옥외저장탱크(규칙 별표 6)

- 특정옥외저장탱크 및 준특정옥외저장탱크 외의 두께 : 3.2[mm] 이상의 강철판
- 시험방법
  - 압력탱크 : 최대상용압력의 1.5배의 압력으로 10분간 실시하는 수압시험에서 이상이 없을 것
  - 압력탱크 외의 탱크 : 충수시험
- 옥외저장탱크의 피뢰침 설치 : 지정수량의 10배 이상(단, 제6류 위험물은 제외)

■ 옥외탱크저장소의 방유제(규칙 별표 6)

- 용량 : 방유제 안에 탱크가 하나인 때에는 그 탱크용량의 110[%] 이상, 2기 이상인 때에는 그 탱크 중 용량이 최대인 것의 110[%] 이상으로 할 것
- 높이 : 0.5[m] 이상 3[m] 이하, 두께 : 0.2[m] 이상, 지하매설깊이 : 1[m] 이상
- 방유제 내의 면적 : 80,000[m²] 이하
- 방유제 내에 최대설치 개수 : 10기 이하(인화점이 200[℃] 이상은 예외)

■ 옥내탱크저장소(규칙 별표 7)

옥내저장탱크와 탱크전용실의 벽과의 사이 및 옥내저장탱크의 상호 간에는 0.5[m] 이상의 간격을 유지할 것

■ 지하탱크저장소(규칙 별표 8)

- 지하저장탱크와 탱크전용실의 안쪽과의 사이는 0.1[m] 이상의 간격을 유지해야 한다.
- 지하저장탱크의 윗부분은 지면으로부터 0.6[m] 이상 아래에 있어야 한다.
- 지하저장탱크를 2 이상 인접해 설치하는 경우에는 그 상호 간에 1[m](해당 2 이상의 지하저장탱크의 용량의 합계가 지정수량의 100배 이하인 때에는 0.5[m]) 이상의 간격을 유지해야 한다.
- 지하저장탱크에는 탱크용량의 90[%]가 찰 때 경보음을 울려야 한다.
- 수압시험
  - 압력탱크(최대상용압력이 46.7[kPa] 이상인 탱크) 외의 탱크 : 70[kPa]의 압력으로 10분간 실시
  - 압력탱크 : 최대상용압력의 1.5배의 압력으로 10분간 실시

■ 이동탱크저장소(규칙 별표 10)

- 탱크의 두께 : 3.2[mm] 이상의 강철판
- 수압시험
  - 압력탱크(최대상용압력이 46.7[kPa] 이상인 탱크) 외의 탱크 : 70[kPa]의 압력으로 10분간 실시
  - 압력탱크 : 최대상용압력의 1.5배의 압력으로 10분간 실시
- 이동저장탱크는 그 내부에 4,000[L] 이하마다 3.2[mm] 이상의 강철판 또는 이와 동등 이상의 강도

- 안전장치의 작동압력
  - 상용압력이 20[kPa] 이하인 탱크 : 20[kPa] 이상 24[kPa] 이하의 압력
  - 상용압력이 20[kPa]을 초과 : 상용압력의 1.1배 이하의 압력
- 부속장치

장치종류	두께	용도
방호틀	2.3[mm] 이상	탱크 전복 시 부속장치 보호
측면틀	3.2[mm] 이상	탱크 전복 시 본체 파손 방지
방파판	1.6[mm] 이상	운송 중 내부 위험물의 출렁임 방지
칸막이	3.2[mm] 이상	일부 파손 시 전량 유출 방지

- 색상 및 문자 : 흑색바탕에 황색의 반사도료 "위험물"이라 표기할 것

■ 옥외저장소(규칙 별표 11)
- 옥외저장소의 선반 기준
  - 선반 : 불연재료
  - 선반의 높이 : 6[m]를 초과하지 말 것
- 옥외저장소에 저장할 수 있는 위험물(영 별표 2)
  - 제2류 위험물 중 황, 인화성 고체(인화점이 0[℃] 이상인 것에 한함)
  - 제4류 위험물 중 제1석유류(인화점이 0[℃] 이상인 것에 한함), 제2석유류, 제3석유류, 제4석유류, 알코올류, 동식물유류
  - 제6류 위험물

■ 주유취급소(규칙 별표 13)
- 주유취급소의 주유공지 : 주유취급소에는 고정주유설비의 주위에는 주유를 받으려는 자동차 등이 출입할 수 있도록 너비 15[m] 이상, 길이 6[m] 이상의 콘크리트 등으로 포장한 공지를 보유할 것
- 주유취급소의 표지 및 게시판
  - 주유 중 엔진정지 : 황색바탕에 흑색문자
  - 화기엄금 : 적색바탕에 백색문자
- 주유취급소의 저장 또는 취급 가능한 탱크
  - 자동차 등에 주유하기 위한 고정주유설비에 직접 접속하는 전용탱크로서 50,000[L] 이하의 것
  - 고정급유설비에 직접 접속하는 전용탱크로서 50,000[L] 이하의 것
  - 보일러 등에 직접 접속하는 전용탱크로서 10,000[L] 이하의 것

– 자동차 등을 점검·정비하는 작업장 등(주유취급소 안에 설치된 것에 한한다)에서 사용하는 폐유·윤활유 등의 위험물을 저장하는 탱크로서 용량(2 이상 설치하는 경우에는 각 용량의 합계)이 2,000[L] 이하인 탱크(폐유탱크 등)

– 고정주유설비 또는 고정급유설비에 직접 접속하는 3기 이하의 간이탱크

■ 소요단위 기준(규칙 별표 17)

구분	구조	연면적
제조소 또는 취급소	외벽이 내화구조일 경우	100[m²]
	외벽이 내화구조가 아닌 경우	50[m²]
저장소	외벽이 내화구조일 경우	150[m²]
	외벽이 내화구조가 아닌 경우	75[m²]
위험물	지정수량의 10배	1소요단위

■ 제조소 등에 경보설비의 설치기준(규칙 별표 17)

지정수량의 10배 이상을 저장 또는 취급하는 것 : 자동화재탐지설비, 비상경보설비, 확성장치 또는 비상방송설비 중 1종 이상

■ 운반용기의 외부 표시사항(규칙 별표 19)

• 위험물의 품명, 위험등급, 화학명 및 수용성(제4류 위험물의 수용성인 것에 한함), 위험물의 수량, 주의사항
• 주의사항

종류	품명	주의사항
제1류 위험물	알칼리금속의 과산화물	화기·충격주의, 물기엄금, 가연물접촉주의
	그 밖의 것	화기·충격주의, 가연물접촉주의
제2류 위험물	철분·금속분·마그네슘	화기주의, 물기엄금
	인화성 고체	화기엄금
	그 밖의 것	화기주의
제3류 위험물	자연발화성 물질	화기엄금, 공기접촉엄금
	금수성 물질	물기엄금
제4류 위험물	전체	화기엄금
제5류 위험물	전체	화기엄금, 충격주의
제6류 위험물	전체	가연물접촉주의

04 소방기계시설의 구조 및 원리

01 | 소화기구 및 자동소화장치(NFTC 101)

■ 소화기의 분류

- 소형소화기 : 능력단위 1단위 이상
- 대형소화기 : 능력단위가 A급 : 10단위 이상, B급 : 20단위 이상, 아래 표에 기재한 충전량 이상

종별	충전량	종별	충전량
포소화기	20[L] 이상	분말소화기	20[kg] 이상
강화액소화기	60[L] 이상	할론소화기	30[kg] 이상
물소화기	80[L] 이상	이산화탄소소화기	50[kg] 이상

※ 축압식 분말소화기의 정상 압력 범위 : 0.7~0.98[MPa]

■ 소화기 배치

- 소형소화기 : 보행거리가 20[m] 이내
- 대형소화기 : 보행거리가 30[m] 이내가 되도록 배치할 것

■ 호스를 부착하지 않을 수 있는 소화기

- 소화약제의 중량이 2[kg] 이하의 분말 소화기
- 소화약제의 중량이 3[kg] 이하인 이산화탄소 소화기
- 소화약제의 중량이 4[kg] 이하인 할론 소화기
- 소화약제의 중량이 3[L] 이하의 액체계 소화약제 소화기

■ 간이소화용구의 능력단위

간이소화용구		능력단위
마른모래	삽을 상비한 50[L] 이상의 것 1포	0.5단위
팽창질석 또는 팽창진주암	삽을 상비한 80[L] 이상의 것 1포	

■ 특정소방대상물별 소화기구의 능력단위기준

특정소방대상물	소화기구의 능력단위
위락시설	해당 용도의 바닥면적 30[m²]마다 능력단위 1단위 이상
공연장·집회장·관람장·문화재(국가유산)·장례식장 및 의료시설	해당 용도의 바닥면적 50[m²]마다 능력단위 1단위 이상
근린생활시설·판매시설·운수시설·숙박시설·노유자시설·전시장·공동주택·업무시설·방송통신시설·공장·창고시설·항공기 및 자동차 관련 시설 및 관광휴게시설	해당 용도의 바닥면적 100[m²]마다 능력단위 1단위 이상
그 밖의 것	해당 용도의 바닥면적 200[m²]마다 능력단위 1단위 이상

[비고] 소화기구의 능력단위를 산출함에 있어서 건축물의 주요구조부가 내화구조이고, 벽 및 반자의 실내에 면하는 부분이 불연재료·준불연재료 또는 난연재료로 된 특정소방대상물에 있어서는 위 표의 바닥면적의 2배를 해당 특정소방대상물의 기준면적으로 한다.

■ 자동차용 소화기

강화액소화기(안개모양으로 방사), 포소화기, 이산화탄소소화기, 할론소화기, 분말소화기

■ 소화기의 사용온도

종류	강화액소화기	분말소화기	그 밖의 소화기
사용온도	−20~40[℃]	−20~40[℃]	0~40[℃]

02 | 옥내소화전설비(NFTC 102)

■ 옥내소화전설비의 토출량, 수원

층수	토출량	수원의 용량
29층 이하	N(최대 2개) × 130[L/min]	N(최대 2개) × 2.6[m³](130[L/min] × 20[min] = 2,600[L] = 2.6[m³])
30층 이상 49층 이하	N(최대 5개) × 130[L/min]	N(최대 5개) × 5.2[m³](130[L/min] × 40[min] = 5,200[L] = 5.2[m³])
50층 이상	N(최대 5개) × 130[L/min]	N(최대 5개) × 7.8[m³](130[L/min] × 60[min] = 7,800[L] = 7.8[m³])

■ 옥내소화전설비의 옥상수조 제외대상

• 학교·공장·창고시설(옥상수조를 설치한 대상은 제외한다)로서 동결의 우려가 있는 장소에 있어서는 기동스위치에 보호판을 부착하여 옥내소화전함 내에 설치한 경우(ON−OFF방식)

• 주펌프와 동등 이상의 성능이 있는 별도의 펌프로서 내연기관의 기동과 연동하여 작동되거나 비상전원을 연결하여 설치한 경우

• 지하층만 있는 건축물

• 고가수조를 가압송수장치로 설치한 경우

• 수원이 건축물의 최상층에 설치된 방수구보다 높은 위치에 설치된 경우

• 건축물의 높이가 지표면으로부터 10[m] 이하인 경우

• 가압수조를 가압송수장치로 설치한 경우

■ **가압송수장치**

  • 지하수조(펌프)방식

    – 옥내소화전설비의 규정 방수량 : 130[L/min] 이상, 방수압력 : 0.17[MPa] 이상

    – 펌프의 양정

    $H = h_1 + h_2 + h_3 + 17$(호스릴 옥내소화전설비를 포함)

    여기서, H : 전양정[m]

    　　　h_1 : 낙차(실양정, 펌프의 흡입양정 + 토출양정)[m]

    　　　h_2 : 배관의 마찰손실수두[m]

    　　　h_3 : 호스의 마찰손실수두[m]

    　　　17 : 노즐 선단(끝부분)의 방수압력 환산수두

  • 물올림장치(호수조, 물마중장치, Priming Tank) : 수원의 수위가 펌프보다 낮은 위치에 있을 때 설치한다.

    – 물올림수조의 유효수량 : 100[L] 이상(100[L], 200[L]의 2종류)

    – 설치장소 : 수원이 펌프보다 낮게 설치되어 있을 때

    – 설치이유 : 펌프케이싱과 흡입 측 배관에 항상 물을 충만하여 공기고임현상을 방지하기 위하여

  • 순환배관 : 펌프 내의 체절운전 시 공회전에 의한 수온 상승을 방지하기 위하여 설치하는 배관

    – 순환배관의 구경 : 20[mm] 이상

    – 분기점 : 체크밸브와 펌프 사이에 분기

    – 설치이유 : 체절운전 시 수온 상승 방지

■ **성능시험배관**

  • 분기점 : 펌프의 토출 측 개폐밸브 이전에 분기

  • 설치이유 : 정격부하 운전 시 펌프의 성능을 시험하기 위하여

  • 펌프의 성능 : 체절운전 시 정격토출압력의 140[%]를 초과하지 않고 정격토출량의 150[%]로 운전 시에 정격토출압력의 65[%] 이상이어야 한다.

  • 압력챔버(기동용 수압개폐장치)

    – 압력챔버의 용량 : 100[L] 이상

    – 설치이유 : 충압펌프와 주펌프의 기동과 규격방수압력 유지

    – Range : 펌프의 정지점

    – Diff : Range에 설정된 압력에서 Diff에 설정된 만큼 떨어졌을 때 펌프가 작동하는 압력의 차이

■ 고가수조방식

건축물의 옥상에 물탱크를 설치하여 낙차의 압력을 이용하는 방식

$H = h_1 + h_2 + 17$(호스릴 옥내소화전설비를 포함)

여기서, H : 필요한 낙차[m]

h_1 : 호스의 마찰손실수두[m]

h_2 : 배관의 마찰손실수두[m]

■ 배관

• 성능시험배관

  - 기능 : 정격부하 운전 시 펌프의 성능을 시험하기 위하여

  - 분기점 : 펌프의 토출 측에 설치된 개폐밸브 이전에서 분기하여 직선으로 설치하고 유량측정장치를 기준으로 전단 직관부에는 개폐밸브를 후단 직관부에는 유량조절밸브를 설치할 것

  - 유량측정장치는 펌프의 정격토출량의 175[%] 이상까지 측정할 수 있는 성능이 있을 것

• 릴리프밸브 : 가압송수장치의 체절운전 시 수온의 상승을 방지하기 위하여 체크밸브와 펌프 사이에서 분기한 구경 20[mm] 이상의 배관에 체절압력 미만에서 개방되는 릴리프밸브를 설치할 것

• 배관 내 사용압력

  - 배관 내 사용압력이 1.2[MPa] 미만일 경우

    ⓐ 배관용 탄소 강관(KS D 3507)

    ⓑ 이음매 없는 구리 및 구리합금관(KS D 5301). 다만, 습식의 배관에 한한다.

    ⓒ 배관용 스테인리스 강관(KS D 3576) 또는 일반배관용 스테인리스 강관(KS D 3595)

    ⓓ 덕타일 주철관(KS D 4311)

  - 배관 내 사용압력이 1.2[MPa] 이상일 경우

    ⓐ 압력배관용 탄소 강관(KS D 3562)

    ⓑ 배관용 아크용접 탄소강 강관(KS D 3583)

• 펌프의 토출 측 주배관의 구경 : 4[m/s] 이하

• 배관의 구경

  - 옥내소화전 방수구와 연결되는 가지배관 : 40[mm](호스릴 : 25[mm]) 이상

  - 주배관 중 수직배관 : 50[mm](호스릴 : 32[mm] 이상)

  - 연결송수관설비의 배관과 겸용 시

    ⓐ 주배관 : 100[mm] 이상

    ⓑ 방수구로 연결되는 배관 : 65[mm] 이상

■ 옥내소화전설비의 송수구
- 설치 : 지면으로부터 높이가 0.5[m] 이상 1[m] 이하
- 송수구 : 구경 65[mm]의 쌍구형 또는 단구형

■ 옥내소화전함 등
- 옥내소화전함의 구조
  - 위치표시등 : 부착면과 15° 이하의 각도로 10[m] 이상의 거리에서 식별 가능, 평상시 적색등 점등
  - 기동표시등 : 평상시에는 소등, 주펌프 기동 시에만 적색등 점등
- 옥내소화전 방수구의 설치기준
  - 방수구(개폐밸브)는 특정소방대상물의 층마다 설치하되, 해당 특정소방대상물의 각 부분으로부터 방수구까지의 수평거리는 25[m](호스릴 옥내소화전설비를 포함) 이하가 되도록 할 것(복층형 공동주택은 세대의 출입구가 설치된 층에만 설치할 수 있음)
  - 바닥으로부터 1.5[m] 이하가 되도록 할 것

■ 전동기 용량

$$P[\text{kW}] = \frac{\gamma \times Q \times H}{\eta} \times K$$

여기서, γ : 물의 비중량(9.8[kN/m^3])
   Q : 방수량[m^3/s]
   H : 펌프의 양정[m]
   η : 펌프의 효율
   K : 전달계수(여유율)

■ 비상전원
- 비상전원의 설치대상
  - 7층 이상으로서 연면적이 2,000[m^2] 이상인 것
  - 지하층의 바닥면적 합계가 3,000[m^2] 이상인 것
- 비상전원의 종류
  - 자가발전설비
  - 축전지설비(내연기관에 따른 펌프를 사용하는 경우에는 내연기관의 기동 및 제어용 축전지)
  - 전기저장장치(외부 전기에너지를 저장해두었다가 필요할 때 전기를 공급하는 장치)

■ 방수량 및 방수압력 측정

• 옥내소화전의 수가 2개 이상일 때는 2개를 동시에 개방하여 노즐 선단(끝부분)에서 $D/2(D$: 내경)만큼 떨어진 지점에서 방수압력과 방수량(토출량)을 측정한다.

• $Q = 0.6597CD^2\sqrt{10P}$

여기서, Q : 토출량[L/min]

C : 유량계수

D : 내경[mm]

P : 방수압력[MPa]

■ 펌프의 성능시험

• 무부하시험(체절운전시험) : 펌프 토출 측의 주밸브와 성능시험배관의 유량조절밸브를 잠근 상태에서 운전할 경우에 양정이 정격양정의 140[%] 이하인지 확인하는 시험

• 정격부하시험 : 펌프를 기동한 상태에서 유량조절밸브를 개방하여 유량계의 유량이 정격유량상태(100[%])일 때, 토출압력이 정격압력 이상이 되는지 확인하는 시험

• 피크부하시험(최대운전시험) : 유량조절밸브를 개방하여 정격토출량의 150[%]로 운전 시 정격토출압력의 65[%] 이상이 되는지 확인하는 시험

03 | 옥외소화전설비(NFTC 109)

■ 옥외소화전설비의 토출량, 수원

토출량	수원의 용량
N(최대 2개) × 350[L/min]	N(최대 2개) × 7.0[m³](350[L/min] × 20[min] = 7,000[L] = 7.0[m³])

■ 옥외소화전설비의 지하수조(펌프)방식

토출량	방수압력
350[L/min]	0.25[MPa] 이상

■ 옥외소화전설비 펌프의 양정

$H = h_1 + h_2 + h_3 + 25$

여기서, H : 전양정[m]

h_1 : 호스의 마찰손실수두[m]

h_2 : 배관의 마찰손실수두[m]

h_3 : 낙차(실양정, 펌프의 흡입양정 + 토출양정)[m]

25 : 노즐 선단(끝부분)의 방수압력 환산수두

■ 옥외소화전함

옥외소화전설비에는 옥외소화전으로부터 5[m] 이내에 소화전함을 설치해야 한다.

소화전의 개수	소화전함의 설치기준
옥외소화전이 10개 이하	옥외소화전마다 5[m] 이내에 1개 이상 설치
옥외소화전이 11개 이상 30개 이하	11개 이상의 소화전함을 각각 분산 설치
옥외소화전이 31개 이상	옥외소화전 3개마다 1개 이상 설치

04 | 스프링클러설비(NFTC 103)

■ 스프링클러설비의 종류

구분 \ 종류		습식	건식	부압식	준비작동식	일제살수식
헤드		폐쇄형	폐쇄형	폐쇄형	폐쇄형	개방형
배관	1차 측	가압수	가압수	가압수	가압수	가압수
	2차 측	가압수	압축공기	부압수	대기압	대기압
경보밸브		자동경보밸브 (알람체크밸브)	건식밸브	준비작동밸브	준비작동밸브	일제개방밸브 (델류지밸브)
감지기 유무		없음	없음	단일회로	교차회로	교차회로
시험장치		있음	있음	있음	없음	없음

■ 스프링클러설비의 토출량, 수원

층수	토출량	수원
29층 이하	$N \times 80$[L/min]	$N \times 80$[L/min] $\times 20$[min] $= N \times 1,600$[L/min] $= N \times 1.6$[m^3]
30층 이상 49층 이하	$N \times 80$[L/min]	$N \times 80$[L/min] $\times 40$[min] $= N \times 3,200$[L/min] $= N \times 3.2$[m^3]
50층 이상	$N \times 80$[L/min]	$N \times 80$[L/min] $\times 60$[min] $= N \times 4,800$[L/min] $= N \times 4.8$[m^3]

여기서, N : 헤드 수, 1[m^3] = 1,000[L]

■ 스프링클러설비의 수원

- 폐쇄형 스프링클러설비의 수원
  - 29층 이하 : $N \times 1.6[\text{m}^3](80[\text{L/min}] \times 20[\text{min}] = 1,600[\text{L}] = 1.6[\text{m}^3])$
  - 30층 이상 49층 이하 : $N \times 3.2[\text{m}^3](80[\text{L/min}] \times 40[\text{min}] = 3,200[\text{L}] = 3.2[\text{m}^3])$
  - 50층 이상 : $N \times 4.8[\text{m}^3](80[\text{L/min}] \times 60[\text{min}] = 4,800[\text{L}] = 4.8[\text{m}^3])$

소방대상물		기준개수	수원(29층 이하)
10층 이하인 특정소방대상물 (지하층 제외)	공장, 창고(랙크식 포함)로서 특수가연물 저장, 취급	30	$30 \times 1.6[\text{m}^3] = 48[\text{m}^3]$
	근린생활시설, 판매시설, 운수시설, 복합건축물 (판매시설이 설치된 복합건축물)	30	$30 \times 1.6[\text{m}^3] = 48[\text{m}^3]$
	헤드의 부착높이가 8[m] 이상	20	$20 \times 1.6[\text{m}^3] = 32[\text{m}^3]$
	헤드의 부착높이가 8[m] 미만	10	$10 \times 1.6[\text{m}^3] = 16[\text{m}^3]$
11층 이상인 특정소방대상물(지하층 제외), 지하가, 지하역사		30	$30 \times 1.6[\text{m}^3] = 48[\text{m}^3]$
아파트(공동주택의 화재안전기술기준)	아파트	10	$10 \times 1.6[\text{m}^3] = 16[\text{m}^3]$
	각 동이 주차장으로 서로 연결된 경우의 주차장	30	$30 \times 1.6[\text{m}^3] = 48[\text{m}^3]$
창고시설(랙식 창고를 포함한다. 라지드롭형 스프링클러헤드 사용)		30	$30 \times 1.6[\text{m}^3] = 48[\text{m}^3]$

- 개방형 스프링클러설비의 수원
  - 헤드의 개수가 30개 이하

    수원 = 헤드 수 $\times 1.6[\text{m}^3]$

  - 헤드의 개수가 30개 초과

    수원[L] = 헤드 수 $\times K\sqrt{10P} \times 20[\text{min}]$

    여기서, K : 상수(15[mm] : 80, 20[mm] : 114)

    $\qquad\quad P$: 방수압력[MPa]

■ 스프링클러설비의 가압송수장치

- 가압송수장치의 설치기준

종류	방수량	방수압력
스프링클러 소화설비	80[L/min]	0.1[MPa] 이상 1.2[MPa] 이하

- 가압송수장치의 종류[지하수조(펌프)방식]

  펌프의 양정 $H = h_1 + h_2 + 10$

  여기서, H : 전양정[m]

  $\qquad\quad h_1$: 낙차(실양정, 펌프의 흡입양정 + 토출양정)[m]

  $\qquad\quad h_2$: 배관의 마찰손실수두[m]

■ 스프링클러헤드의 배치

• 헤드의 배치기준

  – 스프링클러는 천장, 반자, 천장과 반자 사이, 덕트, 선반 등에 설치해야 한다. 단, 폭이 9[m] 이하인 실내에 있어서는 측벽에 설치해야 한다.

  – 무대부, 연소할 우려가 있는 개구부 : 개방형 스프링클러헤드를 설치한다.

• 조기반응형 스프링클러헤드 설치대상물

  – 공동주택·노유자시설의 거실

  – 오피스텔·숙박시설의 침실

  – 병원·의원의 입원실

설치장소			설치기준
폭 1.2[m]를 초과하는 천장, 반자, 천장과 반자 사이, 덕트, 선반, 기타 이와 유사한 부분	무대부, 특수가연물을 저장 또는 취급하는 장소		수평거리 1.7[m] 이하
	내화구조		수평거리 2.3[m] 이하
	기타구조		수평거리 2.1[m] 이하
아파트 등의 세대			수평거리 2.6[m] 이하
랙식 창고	라지드롭형 스프링클러헤드 설치	특수가연물을 저장·취급	수평거리 1.7[m] 이하
		내화구조	수평거리 2.3[m] 이하
		기타구조	수평거리 2.1[m] 이하
	라지드롭형 스프링클러헤드(습식, 건식 외의 것)		랙 높이 3[m] 이하마다

• 헤드의 배치형태

  – 정사각형(정방형)

  $$S = 2R\cos 45°$$

  $$S = L$$

  여기서, S : 헤드의 간격

  　　　　R : 수평거리[m]

  　　　　L : 배관 간격

  – 직사각형(장방형)

  $$S = \sqrt{4R^2 - L^2}$$

  $$L = 2R\cos\theta$$

• 헤드의 설치기준

  – 폐쇄형 헤드의 표시온도

설치장소의 최고 주위온도	표시온도	설치장소의 최고 주위온도	표시온도
39[℃] 미만	79[℃] 미만	64[℃] 이상 106[℃] 미만	121[℃] 이상 162[℃] 미만
39[℃] 이상 64[℃] 미만	79[℃] 이상 121[℃] 미만	106[℃] 이상	162[℃] 이상

- 스프링클러헤드의 공간 : 반경 60[cm] 이상의 공간 보유(다만, 벽과 스프링클러헤드 간의 공간은 10[cm] 이상)
- 스프링클러헤드와 부착면과의 거리 : 30[cm] 이하
- 스프링클러헤드의 반사판이 그 부착면과 평행하게 설치
- 배관, 행거, 조명기구 등 살수를 방해하는 것이 있는 경우에는 그 밑으로 30[cm] 이상 거리를 둘 것
- 헤드의 설치 제외 대상물
  - 계단실(특별피난계단의 부속실 포함), 경사로, 승강기의 승강로, 비상용승강기의 승강장, 파이프덕트, 덕트피트(파이프·덕트를 통과시키기 위한 구획된 구멍에 한함), 목욕실, 수영장(관람석 부분은 제외), 화장실, 직접 외기에 개방되어 있는 복도 등 유사한 장소
  - 통신기기실·전자기기실·기타 이와 유사한 장소
  - 발전실, 변전실, 변압기, 기타 이와 유사한 전기설비가 설치되어 있는 장소
  - 병원의 수술실, 응급처치실 등
  - 영하의 냉장창고의 냉장실 또는 냉장창고의 냉동실
  - 가연성 물질이 존재하지 않는 방풍실

■ 유수검지장치 및 방수구역

- 일제개방밸브가 담당하는 방호구역의 바닥면적은 3,000[m²]를 초과하지 않아야 한다.
- 하나의 방호구역은 2개 층에 미치지 않아야 한다.
- 유수검지장치의 설치위치 : 0.8[m] 이상 1.5[m] 이하
- 개방형 스프링클러설비에서 하나의 방수구역을 담당하는 헤드의 수 : 50개 이하

■ 스프링클러설비의 배관

- 가지배관
  - 가지배관의 배열은 토너먼트 방식이 아니어야 한다.
  - 한쪽 가지배관에 설치하는 헤드의 개수 : 8개 이하
- 교차배관
  - 교차배관의 구경 : 40[mm] 이상
  - 습식설비 부압식 스프링클러설비 외의 설비에는 수평주행배관의 기울기 : 1/500 이상
  - 습식설비 부압식 스프링클러설비 외의 설비에는 가지배관의 기울기 : 1/250 이상
  - 청소구 : 교차배관의 말단에 설치

■ 스프링클러설비의 시험장치 설치대상

- 습식 유수검지장치
- 건식 유수검지장치
- 부압식 유수검지장치

■ 스프링클러설비의 송수구

- 송수구의 구경 : 65[mm]의 쌍구형
- 설치위치 : 지면으로부터 높이가 0.5[m] 이상 1[m] 이하

■ 스프링클러설비 표준형 헤드의 감도시험(스프링클러헤드의 형식승인 및 제품검사의 기술기준 제13조)

구분	RTI값
표준반응(Standard Response)	80 초과 350 이하
특수반응(Special Response)	50 초과 80 이하
조기반응(Fast Response)	50 이하

■ 드렌처설비 설치기준

- 드렌처헤드는 개구부 위 측에 2.5[m] 이내마다 1개를 설치해야 한다.
- 제어밸브의 설치 : 바닥으로부터 0.8[m] 이상 1.5[m] 이하
- 수원 = 설치헤드 수 × 1.6[m³]
- 방수량 등

방수량	방수압력	수원
80[L/min]	0.1[MPa] 이상	헤드 수 × 1.6[m³]

05 | 간이스프링클러설비(NFTC 103A)

■ 간이스프링클러설비의 방수량, 방수압력

방수량	방수압력
50[L/min](주차장에 표준반응형 스프링클러헤드를 사용할 경우 : 80[L/min]) 이상	0.1[MPa] 이상

■ 간이스프링클러설비의 수원

- 상수도 직결형 : 수돗물
- 기타 수조("캐비닛형"을 포함)를 사용하고자 하는 경우(1개 이상의 자동급수장치를 갖추어야 한다)
  - 일반대상의 수원[L] : 2개(헤드 수) × 50[L/min] × 10[min]

– 아래 표에 해당되는 대상물의 수원[L] : 5개(헤드 수)×50[L/min]×20[min]

> **[간이스프링클러설비 설치대상물(영 별표 4, 제1호 마목의 대상물)]**
> 2) 가) 근린생활시설로서 사용하는 부분의 바닥면적의 합계가 1,000[m²] 이상인 것은 모든 층
> 6) 숙박시설로서 사용되는 바닥면적의 합계가 300[m²] 이상 600[m²] 미만인 시설
> 8) 복합건축물(영 별표 2, 제30호 나목의 복합건축물만 해당)로서 연면적이 1,000[m²] 이상인 것은 모든 층

■ **간이스프링클러설비의 배관 및 밸브의 설치순서**

- 상수도 직결형일 경우 : 수도용 계량기 → 급수차단장치 → 개폐표시형 밸브 → 체크밸브 → 압력계 → 유수검지장치(압력스위치 등) → 2개의 시험밸브
- 펌프 등의 가압송수장치를 이용하는 경우 : 수원 → 연성계 또는 진공계 → 펌프 또는 압력수조 → 압력계 → 체크밸브 → 성능시험배관 → 개폐표시형 밸브 → 유수검지장치 → 시험밸브
- 캐비닛형 가압송수장치를 이용하는 경우 : 수원 → 연성계 또는 진공계 → 펌프 또는 압력수조 → 압력계 → 체크밸브 → 개폐표시형 밸브 → 2개의 시험밸브

■ **간이스프링클러설비의 송수구 및 비상전원**

- 송수구의 구경 : 65[mm]의 단구형 또는 쌍구형
- 송수배관의 안지름 : 40[mm] 이상
- 송수구의 설치 : 0.5[m] 이상 1[m] 이하
- 송수구의 부근에는 자동배수밸브 및 체크밸브를 설치할 것
- 비상전원 : 10분(영 별표 4, 제1호 마목 2) 가) 또는 6)과 8)에 해당하는 경우 20분)

06 | 화재조기진압용 스프링클러설비(NFTC 103B)

■ **화재조기진압용 스프링클러설비의 기준**

- 설치장소의 구조
  - 층의 높이 : 13.7[m] 이하
  - 천장의 기울기 : 168/1,000을 초과하지 말 것(초과 시 반자를 지면과 수평으로 할 것)
- 수원

$$Q = 12 \times 60 \times k\sqrt{10P}$$

여기서, Q : 수원의 양[L]

k : 상수[L/min · (MPa)$^{1/2}$]

P : 헤드 선단(끝부분)의 압력[MPa]

- 가지배관의 배열
  - 토너먼트 배관 방식이 아닐 것
  - 가지배관 사이의 거리
    - ⓐ 천장의 높이가 9.1[m] 미만 : 2.4[m] 이상 3.7[m] 이하
    - ⓑ 천장의 높이가 9.1[m] 이상 13.7[m] 이하인 경우 : 2.4[m] 이상 3.1[m] 이하
  - 한쪽 가지배관에 설치되는 헤드의 개수는 8개 이하로 할 것
- 헤드
  - 하나의 방호면적 : 6.0[m^2] 이상 9.3[m^2] 이하
  - 가지배관의 헤드 사이의 거리
    - ⓐ 천장의 높이 9.1[m] 미만 : 2.4[m] 이상 3.7[m] 이하
    - ⓑ 천장의 높이 9.1[m] 이상 13.7[m] 이하 : 3.1[m] 이하
  - 헤드의 작동온도 : 74[℃] 이하
- 설치 제외
  - 제4류 위험물
  - 타이어, 두루마리 종이 및 섬유류, 섬유제품 등

07 | 물분무소화설비(NFTC 104)

■ 물분무소화설비 펌프의 토출량 및 수원

특정소방대상물	펌프의 토출량[L/min]	수원[L]
특수가연물	바닥면적(최소 50[m^2])×10[L/min·m^2]	바닥면적(최소 50[m^2])×10[L/min·m^2]×20[min]
차고·주차장	바닥면적(최소 50[m^2])×20[L/min·m^2]	바닥면적(최소 50[m^2])×20[L/min·m^2]×20[min]
절연유봉입변압기	바닥면적을 제외한 표면적 합계×10[L/min·m^2]	바닥 부분 제외한 표면적 합계×10[L/min·m^2]×20[min]
케이블트레이·케이블덕트	바닥면적[m^2]×12[L/min·m^2]	바닥면적[m^2]×12[L/min·m^2]×20[min]

■ 물분무헤드의 설치제외 장소
- 물과 심하게 반응하는 물질 또는 물과 반응하여 위험한 물질을 생성하는 물질을 저장 또는 취급하는 장소
- 고온의 물질 및 증류범위가 넓어 끓어 넘치는 위험이 있는 물질을 저장 또는 취급하는 장소
- 운전 시에 표면의 온도가 260[℃] 이상으로 되는 등 직접 분무를 하는 경우 그 부분에 손상을 입힐 우려가 있는 기계장치 등이 있는 장소

- **정의 및 가압송수장치**
  - 정의 : 물만을 사용하여 소화하는 방식으로 최소설계압력에서 헤드로부터 방출되는 물입자 중 99[%]의 누적체적분포가 400[μm] 이하로 분무되고 A, B, C급 화재에 적응성을 갖는 것
  - 펌프를 이용하는 가압송수장치
    - 펌프의 성능이 체절운전 시 정격토출압력의 140[%]를 초과하지 않을 것
    - 정격토출량의 150[%]로 운전 시 정격토출압력의 65[%] 이상이 되어야 할 것
    - 유량측정장치는 펌프의 정격토출량의 175[%] 이상 측정할 수 있는 성능이 있을 것

- **배관 등**
  - 수직배수배관의 구경 : 50[mm] 이상
  - 배관의 배수를 위한 기울기
    - 수평주행배관의 기울기 : 1/500 이상
    - 가지배관의 기울기 : 1/250 이상
    - 폐쇄형 미분무소화설비의 배관을 수평으로 할 것
  - 호스릴 방식의 방호대상물의 각 부분으로부터 하나의 호스접결구까지 : 수평거리 25[m] 이하

- **특정소방대상물에 따른 포소화설비의 적용**

특정소방대상물	적용설비	수원
특수가연물을 저장·취급하는 공장 또는 창고	• 포워터 스프링클러설비 • 포헤드설비	가장 많이 설치된 층의 포헤드(바닥면적이 200[m²] 초과 시 200[m²] 이내에 설치된 포헤드)에서 동시에 표준방사량으로 10분간 방사할 수 있는 양 이상
	• 고정포방출설비 • 압축공기포소화설비	가장 많이 설치된 방호구역 안의 고정포방출구에서 표준방사량으로 10분간 방사할 수 있는 양 이상
차고·주차장	• 호스릴 포소화설비 • 포소화전설비	방수구(5개 이상은 5개)×6[m³] 이상
	• 포워터 스프링클러설비 • 포헤드설비 • 고정포방출설비 • 압축공기포소화설비	특수가연물의 저장·취급하는 공장 또는 창고와 동일함
항공기 격납고	• 포워터 스프링클러설비 • 포헤드설비 • 고정포방출설비 • 압축공기포소화설비	(가장 많이 설치된 포헤드 또는 고정포방출구에서 동시에 표준방사량으로 10분간 방사할 수 있는 양×6[m³]) + 호스릴을 설치한 경우(호스릴 포소화설비를 함께 설치 시·방수구 수(최대 5개)×6[m³])

특정소방대상물	적용설비	수원	
발전기실, 엔진펌프실, 변압기, 전기케이블실, 유압설비	바닥면적의 합계가 300[m²] 미만의 장소에는 고정식 압축공기포소화설비를 설치할 수 있다.	방수량	압축공기포소화설비를 설치하는 경우 방수량은 설계사양에 따라 방호구역에 최소 10분간 방사할 수 있어야 한다.
		설계방출밀도	압축공기포소화설비의 설계방출밀도[L/min·m²]는 설계사양에 따라 정해야 하며 일반가연물, 탄화수소류는 1.63[L/min·m²] 이상, 특수가연물, 알코올류와 케톤류는 2.3[L/min·m²] 이상으로 해야 한다.

■ 포소화설비의 수원 및 약제량

구분	저장량	수원의 양
고정포방출구	$$Q = A \times Q_1 \times T \times S$$ 여기서, Q : 포소화약제의 양[L] A : 저장탱크의 액표면적[m²] Q_1 : 단위포소화수용액의 양[L/m²·min] T : 방출시간[min] S : 포소화약제의 사용농도[%]	$$Q_w = A \times Q_1 \times T \times (1-S)$$
보조포소화전	$$Q = N \times S \times 8,000[\text{L}]$$ 여기서, Q : 포소화약제의 양[L] N : 호스접결구 개수(3개 이상일 경우 3개) S : 포소화약제의 사용농도[%]	$$Q_w = N \times 8,000[\text{L}] \times (1-S)$$
배관보정	가장 먼 탱크까지의 송액관(내경 75[mm] 이하 제외)에 충전하기 위하여 필요한 양 $$Q = V \times S \times 1,000[\text{L/m}^3] = \frac{\pi}{4}d^2 \times l \times S \times 1,000[\text{L/m}^3]$$ 여기서, Q : 포소화약제의 양[L] V : 송액관 내부의 체적[m³]($\frac{\pi}{4}d^2 \times l$) S : 포소화약제의 사용농도[%]	$$Q_w = V \times 1,000 \times (1-S)$$

※ 고정포방출방식 약제저장량 = 고정포방출구 + 보조포소화전 + 배관보정

■ 포헤드

• 팽창비율에 의한 분류

팽창비	포방출구의 종류
팽창비가 20 이하(저발포)	포헤드, 압축공기포헤드
팽창비가 80 이상 1,000 미만(고발포)	고발포용 고정포방출구

• 포워터 스프링클러헤드 : 바닥면적 8[m²]마다 헤드 1개 이상 설치

• 포헤드 : 바닥면적 9[m²]마다 헤드 1개 이상 설치

• 압축공기포소화설비의 분사헤드는 천장 또는 반자에 설치하되 방호대상물에 따라 측벽에 설치할 수 있으며, 유류탱크 주위에는 바닥면적 13.9[m²]마다 1개 이상, 특수가연물 저장소에는 바닥면적 9.3[m²]마다 1개 이상으로 해당 방호대상물의 화재를 유효하게 소화할 수 있도록 할 것

■ 포혼합장치

- 펌프 프로포셔너방식 : 펌프의 토출관과 흡입관 사이의 배관 도중에 설치한 흡입기에 펌프에서 토출된 물의 일부를 보내고, 농도조정밸브에서 조정된 포소화약제의 필요량을 포소화약제 저장탱크에서 펌프 흡입 측으로 보내어 이를 혼합하는 방식
- 라인 프로포셔너방식 : 펌프와 발포기의 중간에 설치된 벤투리관의 벤투리작용에 따라 포소화약제를 흡입·혼합하는 방식
- 프레셔 프로포셔너방식 : 펌프와 발포기의 중간에 설치된 벤투리관의 벤투리작용과 펌프 가압수의 포소화약제 저장탱크에 대한 압력에 따라 포소화약제를 흡입·혼합하는 방식
- 프레셔 사이드 프로포셔너방식 : 펌프의 토출관에 압입기를 설치하여 포소화약제 압입용 펌프로 포소화약제를 압입시켜 혼합하는 방식
- 압축공기포 믹싱챔버방식 : 물, 포소화약제 및 공기를 믹싱챔버로 강제주입시켜 챔버 내에서 포수용액을 생성한 후 포를 방사하는 방식

■ 포소화설비의 기동장치

- 포소화설비의 수동식 기동장치
  - 기동장치의 조작부 : 0.8[m] 이상 1.5[m] 이하
  - 차고, 주차장 : 방사구역마다 1개 이상 설치
  - 항공기 격납고 : 방사구역마다 2개 이상 설치
- 포소화설비의 자동식 기동장치
  - 폐쇄형 스프링클러헤드는 표시온도가 79[℃] 미만의 것을 사용하고, 1개의 스프링클러헤드의 경계면적은 20[m²] 이하로 할 것
  - 부착면의 높이는 바닥으로부터 5[m] 이하로 할 것

10 | 이산화탄소소화설비(NFTC 106)

■ 이산화탄소소화설비(가스계) 소화약제 방출에 의한 분류

- 전역방출방식 : 소화약제 공급장치에 배관 및 분사헤드 등을 설치하여 밀폐 방호구역 전체에 소화약제를 방출하는 설비
- 국소방출방식 : 소화약제 공급장치에 배관 및 분사헤드 등을 설치하여 직접 화점에 소화약제를 방출하는 설비로 화재 발생 부분(방호대상물)에만 집중적으로 소화약제를 방출하도록 설치하는 방식
- 호스릴방식(이동식) : 소화수 또는 소화약제 저장용기 등에 연결된 호스릴을 이용하여 사람이 직접 화점에 소화수 또는 소화약제를 방출하는 방식

■ 가스계 소화설비의 사용부품

명칭	구조	설치기준
제어반		하나의 특정소방대상물에 1개가 설치된다.
기동용 솔레노이드밸브		각 방호구역당 1개씩 설치한다.
안전밸브		집합관에 1개를 설치한다.
수동조작함		출입문 부근에 설치하되 방호구역당 1개씩 설치한다.
음향경보장치(사이렌)		사이렌은 실내에 설치하여 화재 발생 시 인명을 대피하기 위하여 각 방호구역당 1개씩 설치한다.
기동용기		각 방호구역당 1개씩 설치한다.
방출표시등		출입문 외부 위에 설치하여 약제가 방출되는 것을 알리는 것으로 각 방호구역당 1개씩 설치한다.
선택밸브		방호구역 또는 방호대상물마다 설치한다.
분사헤드		개수는 방호구역에 방사시간이 충족되도록 설치한다.
가스체크밸브		• 저장용기와 집합관 사이 : 용기 수만큼 • 역류방지용 : 용기의 병수에 따라 다름 • 저장용기의 적정 방사용 : 방호구역에 따라 다름

명칭	구조	설치기준
감지기		교차회로방식을 적용하여 각 방호구역당 2개씩 설치해야 한다.
피스톤릴리저		가스방출 시 자동적으로 개구부를 차단시키는 장치로서 각 방호구역당 1개씩 설치한다.
압력스위치		각 방호구역당 1개씩 설치한다.

■ 이산화탄소소화설비 저장용기와 용기밸브

• 저장용기의 충전비

구분	저압식	고압식
충전비	1.1 이상 1.4 이하	1.5 이상 1.9 이하

$$ ※ \; 충전비 = \frac{용기의 \; 내용적[L]}{충전하는 \; 탄산가스의 \; 중량[kg]} \left(1.5 = \frac{68[L]}{45[kg]} \right) $$

• 저압식 저장용기
 - 저압식 저장용기에는 안전밸브와 봉판을 설치할 것
  ⓐ 안전밸브 : 내압시험압력의 0.64배부터 0.8배까지의 압력에서 작동
  ⓑ 봉판 : 내압시험압력의 0.8배부터 내압시험압력에서 작동
 - 저압식 저장용기에는 2.3[MPa] 이상 1.9[MPa] 이하에서 작동하는 압력경보장치를 설치할 것
 - 저압식 저장용기에는 −18[℃] 이하에서 2.1[MPa]의 압력을 유지하는 자동냉동장치를 설치할 것
 - 저장용기는 고압식은 25[MPa] 이상, 저압식은 3.5[MPa] 이상의 내압시험압력에 합격한 것으로 할 것
• 이산화탄소 소화약제 저장용기와 선택밸브 또는 개폐밸브 사이에는 배관의 최소사용설계압력과 최대허용압력 사이의 압력에서 작동하는 안전장치를 설치해야 하며, 안전장치를 통하여 나온 소화가스는 전용의 배관 등을 통하여 건축물 외부로 배출될 수 있도록 해야 한다(할로겐화합물 및 불활성기체소화설비도 같다).
• 저장용기의 설치기준(할론, 분말저장용기와 동일)
 - 방호구역 외의 장소에 설치할 것(다만, 방호구역 내에 설치한 경우에는 피난 및 조작이 용이하도록 피난구 부근에 설치)
 - 온도가 40[℃] 이하이고, 온도 변화가 작은 곳에 설치할 것
 - 직사광선 및 빗물이 침투할 우려가 없는 곳에 설치할 것
 - 방화문으로 구획된 실에 설치할 것

- 용기의 설치장소에는 해당 용기가 설치된 곳임을 표시하는 표지를 할 것
- 용기 간의 간격은 점검에 지장이 없도록 3[cm] 이상의 간격을 유지할 것
- 저장용기와 집합관을 연결하는 연결배관에는 체크밸브를 설치할 것

■ 이산화탄소소화설비의 소화약제량

- 전역방출방식
  - 표면화재 방호대상물(가연성 가스, 가연성 액체)

    ※ 탄산가스 저장량[kg]

    = 방호구역 체적[m^3] × 소요가스양[kg/m^3] × 보정계수 + 개구부 면적[m^2] × 가산량(5[kg/m^2])

방호구역 체적	체적당 소화약제량(소요가스양)[kg/m^3]	소화약제 저장량의 최저 한도량
45[m^3] 미만	1.00	45[kg]
45[m^3] 이상 150[m^3] 미만	0.90	45[kg]
150[m^3] 이상 1,450[m^3] 미만	0.80	135[kg]
1,450[m^3] 이상	0.75	1,125[kg]

    ※ 자동폐쇄장치가 설치되지 않은 경우에는 개구부 면적과 가산량을 계산해야 한다.

  - 심부화재 방호대상물(종이, 목재, 석탄, 섬유류, 합성수지류)

방호대상물	체적당 소화약제량[kg/m^3]	설계농도[%]
유압기기를 제외한 전기설비, 케이블실	1.3	50
체적 55[m^3] 미만의 전기설비	1.6	50
서고, 전자제품창고, 목재가공품창고, 박물관	2.0	65
고무류·면화류 창고, 모피창고, 석탄창고, 집진설비	2.7	75

- 호스릴 이산화탄소의 하나의 노즐에 대하여 소화약제 저장량 : 90[kg] 이상
- 이산화탄소 소요량과 농도

  - 방출된 이산화탄소량[m^3] = $\dfrac{21 - O_2}{O_2} \times V$

  - 이산화탄소 농도[%] = $\dfrac{21 - O_2}{21} \times 100[\%]$

    여기서, O_2 : 연소한계 산소농도[%]

    　　　　V : 방호체적[m^3]

■ 이산화탄소소화설비의 자동식 기동장치

- 7병 이상의 저장용기를 동시에 개방하는 설비에는 2병 이상의 저장용기에 전자개방밸브를 부착할 것
- 수동식 기동장치의 부근에는 소화약제의 방출을 지연시킬 수 있는 방출지연스위치(자동복귀형 스위치로서 수동식 기동장치의 타이머를 순간 정지시키는 기능의 스위치를 말한다)를 설치해야 한다.
- 가스 압력식 기동장치의 설치기준
  - 용기에 사용하는 밸브는 25[MPa] 이상의 압력에 견딜 수 있을 것
  - 안전장치의 작동압력 : 내압시험압력의 0.8배부터 내압시험압력 이하

■ 이산화탄소소화설비의 분사헤드

방출방식	기 준
전역방출방식	방출압력 고압식 : 2.1[MPa], 저압식 : 1.05[MPa]
국소방출방식	30초 이내 약제 전량 방출
호스릴방식	하나의 노즐당 약제 방사량 : 60[kg/min] 이상, 저장량 : 90[kg] 이상

■ 가스계 소화설비의 호스릴 방식 설치기준

기준 : 방호대상물의 각 부분으로부터 하나의 호스접결구까지의 수평거리까지의 거리

종류	이산화탄소소화설비	할론소화설비	분말소화설비
기준	15[m] 이하	20[m] 이하	15[m] 이하

■ 이산화탄소소화설비의 분사헤드 설치제외

- 방재실, 제어실 등 사람이 상시 근무하는 장소
- 나이트로셀룰로스, 셀룰로이드 제품 등 자기연소성 물질을 저장, 취급하는 장소
- 나트륨, 칼륨, 칼슘 등 활성 금속물질을 저장, 취급하는 장소
- 전시장 등의 관람을 위하여 다수인이 출입, 통행하는 통로 및 전시실 등

■ 이산화탄소소화설비의 배관

- 고압식(개폐밸브 또는 선택밸브 이전)
  - 2차 측 배관 부속의 최소사용설계압력 : 4.5[MPa]
  - 1차 측 배관 부속의 최소사용설계압력 : 9.5[MPa]
- 저압식 배관 부속의 최소사용설계압력 : 4.5[MPa]

- 배관 구경의 약제량 방사시간

구분		방사시간
전역방출방식	가연성 액체 또는 가연성 가스 등 표면화재 방호대상물	1분
	종이, 목재, 석탄, 섬유류, 합성수지류 등 심부화재 방호대상물	7분(설계농도가 2분 이내에 30[%] 도달할 것)
국소방출방식		30초

- 소화약제의 저장용기와 선택밸브 사이의 집합배관에는 수동잠금밸브를 설치하되, 선택밸브 직전에 설치할 것. 다만, 선택밸브가 없는 설비의 경우에는 저장용기실 내에 설치하되, 조작 및 점검이 쉬운 위치에 설치해야 한다.

■ 이산화탄소소화설비의 과압배출구(할로겐화합물 및 불활성기체소화설비도 같다)

- 설치이유 : 이산화탄소소화설비의 방호구역에는 소화약제 방출 시 발생하는 과(부)압으로 인한 구조물 등의 손상을 방지하기 위하여
- 과압배출구 설치 시 검토내용
  - 방호구역 누설면적
  - 방호구역의 최대허용압력
  - 소화약제 방출 시 최고압력
  - 소화농도 유지시간

■ 이산화탄소소화설비의 부취발생기 설치방식

- 부취발생기를 소화약제 저장용기실 내의 소화 배관에 설치하여 소화약제의 방출에 따라 부취제가 혼합되도록 하는 방식
  - 소화약제 저장용기실 내의 소화배관에 설치할 것
  - 점검 및 관리가 쉬운 위치에 설치할 것
  - 방호구역별로 선택밸브 직후 2차 측 배관에 설치할 것. 다만, 선택밸브가 없는 경우에는 집합배관에 설치할 수 있다.
- 방호구역 내에 부취발생기를 설치하여 이산화탄소소화설비의 기동에 따라 소화약제 방출 전에 부취제가 방출되도록 하는 방식

■ 할론소화설비의 저장용기

• 축압식 저장용기의 압력

약제	압력	충전가스
할론 1211	1.1[MPa] 또는 2.5[MPa]	질소(N_2)
할론 1301	2.5[MPa] 또는 4.2[MPa]	질소(N_2)

• 저장용기의 충전비

약제	할론 2402	할론 1211	할론 1301
충전비	가압식 : 0.51 이상 0.67 미만	0.7 이상 1.4 이하	0.9 이상 1.6 이하
	축압식 : 0.67 이상 2.75 이하		

• 가압용 가스용기

– 충전가스 : 질소(N_2)

– 충전압력(21[℃]) : 2.5[MPa] 또는 4.2[MPa]

• 가압용 저장용기 : 2[MPa] 이하의 압력으로 조정할 수 있는 압력조정장치를 설치할 것

■ 할론소화설비(전역방출방식)의 소화약제량

• 전역방출방식

할론가스 저장량[kg] = 방호구역 체적[m^3] × 소요가스양[kg/m^3] + 개구부 면적[m^2] × 가산량[kg/m^2]

※ 자동폐쇄장치가 설치되지 않은 경우에는 개구부 면적과 가산량을 계산해야 한다.

소방대상물 또는 그 부분		소화약제의 종류	체적당 소화약제량(소요가스양) [kg/m^3]	가산량(개구부의 면적 1[m^2]당 소화약제의 양)
차고 · 주차장 · 전기실 · 통신기기실 · 전산실 · 기타 이와 유사한 전기설비가 설치되어 있는 부분		할론 1301	0.32 이상 0.64 이하	2.4[kg]
특수가연물을 저장 · 취급하는 소방대상물 또는 그 부분	가연성 고체류 · 가연성 액체류	할론 2402	0.40 이상 1.10 이하	3.0[kg]
		할론 1211	0.36 이상 0.71 이하	2.7[kg]
		할론 1301	0.32 이상 0.64 이하	2.4[kg]
	면화류 · 나무껍질 및 대팻밥 · 넝마 및 종이부스러기 · 사류 · 볏짚류 · 목재 가공품 및 나무부스러기를 저장 · 취급하는 것	할론 1211	0.60 이상 0.71 이하	4.5[kg]
		할론 1301	0.52 이상 0.64 이하	3.9[kg]
	합성수지류를 저장 · 취급하는 것	할론 1211	0.36 이상 0.71 이하	2.7[kg]
		할론 1301	0.32 이상 0.64 이하	2.4[kg]

• 호스릴 방식

종별	호스릴 방식	
	약제저장량	분당 방출량
할론 2402	50[kg]	45[kg]
할론 1211	50[kg]	40[kg]
할론 1301	45[kg]	35[kg]

■ 할론소화설비의 분사헤드의 방출압력

약제	할론 2402	할론 1211	할론 1301
방출압력	0.1[MPa] 이상	0.2[MPa] 이상	0.9[MPa] 이상

■ 할론소화설비의 기동장치
• 수동식 기동장치의 부근에는 소화약제의 방출을 지연시킬 수 있는 방출지연스위치(자동복귀형 스위치로서 수동식 기동장치의 타이머를 순간 정지시키는 기능의 스위치를 말한다)를 설치해야 한다.
• 전기식 기동장치로서 7병 이상의 저장용기를 동시에 개방하는 설비는 2병 이상의 저장용기에 전자개방밸브를 부착할 것
• 호스릴 방식은 방호대상물의 각 부분으로부터 하나의 호스접결구까지의 수평거리가 20[m] 이하가 되도록 할 것

12 │ 할로겐화합물 및 불활성기체소화설비(NFTC 107A)

■ 할로겐화합물 및 불활성기체소화약제의 설치제외 장소
• 사람이 상주하는 곳으로 최대허용설계농도를 초과하는 장소
• 제3류 위험물 및 제5류 위험물을 저장·보관·사용하는 장소(다만, 소화성능이 인정되는 위험물은 제외)

■ 할로겐화합물 및 불활성기체소화약제의 저장용기
• 온도가 55[℃] 이하이고 온도 변화가 작은 곳에 설치할 것
• 재충전 또는 교체 시기 : 약제량 손실이 5[%] 초과 또는 압력손실이 10[%] 초과 시(단, 불활성기체소화약제는 압력손실이 5[%] 초과 시)
• 할로겐화합물 및 불활성기체소화약제 저장용기와 선택밸브 또는 개폐밸브 사이에는 배관의 최소사용설계압력과 최대허용압력 사이의 압력에서 작동하는 안전장치를 설치해야 하며, 안전장치를 통하여 나온 소화가스는 전용의 배관 등을 통하여 건축물 외부로 배출될 수 있도록 해야 한다. 이 경우 안전장치로 용전식을 사용해서는 안 된다.

■ 할로겐화합물 및 불활성기체소화약제량 산정

• 할로겐화합물소화약제

$$W = \frac{V}{S} \times \frac{C}{100 - C}$$

여기서, W : 소화약제의 무게[kg]

V : 방호구역의 체적[m^3]

C : 체적에 따른 소화약제의 설계농도[%]

S : 소화약제별 선형상수($K_1 + K_2 \times t$)[m^3/kg]

※ t : 방호구역의 최소예상온도[℃]

• 불활성기체소화약제

$$X = 2.303 \frac{V_S}{S} \times \log 10 \frac{100}{100 - C}$$

여기서, X : 공간 체적당 더해진 소화약제의 부피[m^3/m^3]

V_s : 20[℃]에서 소화약제의 비체적[m^3/kg]

C : 체적에 따른 소화약제의 설계농도[%]

S : 소화약제별 선형상수($K_1 + K_2 \times t$)[m^3/kg]

※ t : 방호구역의 최소예상온도[℃]

※ 체적에 따른 소화약제의 설계농도[%]는 상온에서 제조업체의 설계기준에 따라 인증받은 소화농도[%]에 아래 표에 따른 안전계수를 곱한 값 이상으로 할 것

설계농도	소화농도	안전계수
A급	A급	1.2
B급	B급	1.3
C급	A급	1.35

■ 할로겐화합물 및 불활성기체소화설비의 기동장치 등

• 50[N] 이하의 힘을 가하여 기동할 수 있는 구조로 설치할 것

• 가스압력식 기동장치의 설치기준

  – 기동용 가스용기 및 해당 용기에 사용하는 밸브는 25[MPa] 이상의 압력에 견딜 수 있는 것으로 할 것

  – 기동용 가스용기에는 내압시험압력의 0.8배부터 내압시험압력 이하에서 작동하는 안전장치를 설치할 것

  – 기동용 가스용기의 체적은 5[L] 이상으로 하고, 해당 용기에 저장하는 질소 등의 비활성기체는 6.0[MPa] 이상(21[℃] 기준)의 압력으로 충전할 것. 다만, 기동용 가스용기의 체적을 1[L] 이상으로 하고, 해당 용기에 저장하는 이산화탄소의 양은 0.6[kg] 이상으로 하며, 충전비는 1.5 이상 1.9 이하의 기동용 가스용기로 할 수 있다.

  – 질소 등의 비활성기체 기동용 가스용기에는 충전 여부를 확인할 수 있는 압력게이지를 설치할 것

■ 할로겐화합물 및 불활성기체소화설비의 분사헤드

• 분사헤드의 설치 높이 : 방호구역의 바닥으로부터 최소 0.2[m] 이상 최대 3.7[m] 이하(천장높이가 3.7[m]를 초과할 경우에는 추가로 다른 열의 분사헤드를 설치할 것)

• 분사헤드의 오리피스의 면적은 분사헤드가 연결되는 배관구경 면적의 70[%] 이하가 되도록 할 것

■ 할로겐화합물 및 불활성기체소화설비의 약제 방출시간

• 할로겐화합물소화약제 : 10초 이내 방출

• 불활성기체소화약제 : A・C급 화재 2분, B급 화재는 1분 이내에 방호구역 각 부분에 최소설계농도의 95[%] 이상 해당하는 약제량이 방출

■ 할로겐화합물 및 불활성기체소화설비의 최대허용설계농도

소화약제	최대허용설계농도[%]
FC-3-1-10	40
HCFC BLEND A	10
HCFC-124	1.0
HFC-125	11.5
HFC-227ea	10.5
HFC-23	30
HFC-236fa	12.5
FIC-13I1	0.3
FK-5-1-12	10
IG-01, IG-100, IG-541, IG-55	43

13 | 분말소화설비(NFTC 108)

■ 분말소화설비의 저장용기

• 저장용기의 충전비

소화약제의 종류	제1종 분말	제2종・제3종 분말	제4종 분말
충전비[L/kg]	0.8	1.0	1.25

• 안전밸브 설치

  - 가압식 : 최고사용압력의 1.8배 이하

  - 축압식 : 내압시험압력의 0.8배 이하

• 저장용기 및 배관에는 잔류 소화약제를 처리할 수 있는 청소장치를 설치할 것

■ 분말소화설비의 가압용 가스용기

• 가압용 가스용기를 3병 이상 설치한 경우에는 2개 이상의 용기에 전자개방밸브를 부착해야 한다.

• 저장용기 및 배관 청소에 필요한 가스는 별도의 용기에 저장한다.

• 분말 용기에 도입되는 압력을 감압시키기 위하여 2.5[MPa] 이하의 압력에서 조정이 가능한 압력조정기를 설치해야 한다.

• 가압용 또는 축압용 가스의 설치기준

종류 가스	질소(N_2)	이산화탄소(CO_2)
가압용	40[L/kg] 이상	소화약제 1[kg]에 대하여 20[g]에 배관 청소에 필요량을 가산한 양 이상
축압용	10[L/kg] 이상	소화약제 1[kg]에 대하여 20[g]에 배관 청소에 필요량을 가산한 양 이상

■ 분말소화설비의 소화약제 저장량

• 전역방출방식

분말 저장량[kg] = 방호구역 체적$[m^3]$ × 소요가스양$[kg/m^3]$ + 개구부 면적$[m^2]$ × 가산량$[kg/m^2]$

소화약제의 종류	소요가스양$[kg/m^3]$	가산량$[kg/m^2]$
제1종 분말	0.60	4.5
제2종 또는 제3종 분말	0.36	2.7
제4종 분말	0.24	1.8

※ 자동폐쇄장치가 설치되지 않은 경우에는 개구부 면적과 가산량을 계산해야 한다.

■ 분말소화설비의 가스압력식 기동장치

• 기동용 가스용기 및 해당 용기에 사용하는 밸브는 25[MPa] 이상의 압력에 견딜 수 있는 것으로 할 것

• 기동용 가스용기에는 내압시험압력의 0.8배부터 내압시험압력 이하에서 작동하는 안전장치를 설치할 것

• 기동용 가스용기

  – 체적 : 5[L] 이상으로 할 것

  – 저장하는 질소 등의 비활성기체의 압력 : 6[MPa] 이상으로 할 것(21[℃] 기준). 다만, 기동용 가스용기의 체적을 1[L] 이상, 이산화탄소의 양은 0.6[kg] 이상, 충전비는 1.5 이상 1.9 이하로 할 수 있다.

■ 분말소화설비의 정압작동장치, 배관
- 정압작동장치의 기능 : 주밸브를 개방하여 분말소화약제를 적절히 내보내기 위하여 설치한다.
- 분말소화설비의 배관
  - 동관 사용 시 : 고정압력 또는 최고사용압력의 1.5배 이상의 압력에 견딜 수 있는 것
  - 저장용기 등으로부터 배관의 굴절부까지의 거리는 배관 내경의 20배 이상으로 할 것
  - 주밸브에서 헤드까지의 배관의 분기는 토너먼트 방식으로 할 것
  ※ 토너먼트 방식으로 하는 이유 : 방사량과 방사압력을 일정하게 하기 위하여

14 | 고체에어로졸소화설비(NFTC 110)

■ 고체에어로졸소화설비의 설치제외 장소
- 나이트로셀룰로스, 화약 등의 산화성 물질
- 리튬, 나트륨, 칼륨, 마그네슘, 티타늄, 지르코늄, 우라늄 및 플루토늄과 같은 자기반응성 금속
- 금속 수소화물
- 유기 과산화수소, 하이드라진 등 자동 열분해를 하는 화학물질
- 가연성 증기 또는 분진 등 폭발성 물질이 대기에 존재할 가능성이 있는 장소

15 | 피난구조설비(NFTC 301, NFTC 302)

■ 피난구조설비의 종류
- 피난기구 : 피난사다리, 완강기, 구조대, 미끄럼대, 피난교, 피난용트랩, 간이완강기, 공기안전매트, 다수인 피난장비, 승강식피난기 등
- 피난유도선, 유도등(피난구유도등, 통로유도등, 객석유도등), 유도표지
- 인명구조기구[방열복 또는 방화복(안전모, 보호장갑, 안전화 포함), 공기호흡기, 인공소생기]
- 비상조명등 및 휴대용 비상조명등

■ 완강기
사용자의 몸무게에 따라 자동적으로 내려올 수 있는 기구 중 사용자가 교대하여 연속적으로 사용할 수 있는 것
- 완강기의 구성 부분 : 속도조절기, 로프, 벨트, 속도조절기의 연결부, 연결금속구
- 최대사용자수 : 완강기의 최대사용하중 ÷ 1,500[N]

■ 피난기구의 개수 설치기준

소방대상물	설치기준(1개 이상)
숙박시설·노유자시설 및 의료시설	바닥면적 500[m²]마다
위락시설·문화 및 집회시설·운동시설·판매시설 및 복합용도의 층	바닥면적 800[m²]마다
계단실형 아파트	각 세대마다
그 밖의 용도의 층	바닥면적 1,000[m²]마다

※ 숙박시설(휴양콘도미니엄은 제외)은 추가로 객실마다 완강기 또는 2 이상의 간이완강기를 설치할 것

■ 피난기구의 적응성

설치장소별 구분 \ 층별	1층	2층	3층	4층 이상 10층 이하
노유자시설	미끄럼대·구조대·피난교·다수인피난장비·승강식피난기	미끄럼대·구조대·피난교·다수인피난장비·승강식피난기	미끄럼대·구조대·피난교·다수인피난장비·승강식피난기	구조대[1])·피난교·다수인피난장비·승강식피난기
의료시설·근린생활시설 중 입원실이 있는 의원·접골원·조산원	–	–	미끄럼대·구조대·피난교·피난용트랩·다수인피난장비·승강식피난기	구조대·피난교·피난용트랩·다수인피난장비·승강식피난기
다중이용업소의 안전관리에 관한 특별법 시행령 제2조에 따른 다중이용업소로서 영업장의 위치가 4층 이하인 다중이용업소	–	미끄럼대·피난사다리·구조대·완강기·다수인피난장비·승강식피난기	미끄럼대·피난사다리·구조대·완강기·다수인피난장비·승강식피난기	미끄럼대·피난사다리·구조대·완강기·다수인피난장비·승강식피난기
그 밖의 것	–	–	미끄럼대·피난사다리·구조대·완강기·피난교·피난용트랩·간이완강기[2])·공기안전매트·다수인피난장비·승강식피난기	피난사다리·구조대·완강기·피난교·간이완강기[2])·공기안전매트·다수인피난장비·승강식피난기

[1]) 구조대의 적응성은 장애인 관련 시설로서 주된 사용자 중 스스로 피난이 불가한 자가 있는 경우에 따라 추가로 설치하는 경우에 한한다.
[2]) 간이완강기의 적응성은 숙박시설의 3층 이상에 있는 객실에 추가로 설치하는 경우에 한한다.

■ 피난기구의 1/2 감소할 수 있는 경우
- 주요구조부가 내화구조로 되어 있을 것
- 직통계단인 피난계단 또는 특별피난계단이 2 이상 설치되어 있을 것

■ 특정소방대상물의 용도 및 장소별로 설치해야 할 인명구조기구

특정소방대상물	인명구조기구	설치수량
지하층을 포함하는 층수가 7층 이상인 관광호텔 및 5층 이상인 병원	방열복 또는 방화복(안전모, 보호장갑 및 안전화 포함), 공기호흡기, 인공소생기	각 2개 이상 비치할 것(다만, 병원의 경우에는 인공소생기를 설치하지 않을 수 있다)
• 문화 및 집회시설 중 수용인원 100명 이상의 영화상영관 • 판매시설 중 대규모 점포 • 운수시설 중 지하역사 • 지하가 중 지하상가	공기호흡기	층마다 2개 이상 비치할 것(다만, 각 층마다 갖추어 두어야 할 공기호흡기 중 일부를 직원이 상주하는 인근 사무실에 갖추어 둘 수 있다)
물분무소화설비 중 이산화탄소소화설비를 설치해야 하는 특정소방대상물	공기호흡기	이산화탄소소화설비가 설치된 장소의 출입구 외부 인근에 1개 이상 비치할 것

16 | 상수도 소화용수설비(NFTC 401)

■ 상수도 소화용수설비의 설치기준

• 호칭지름 75[mm] 이상의 수도배관에 호칭지름 100[mm] 이상의 소화전을 접속할 것

• 소화전은 소방자동차 등의 진입이 쉬운 도로변 또는 공지에 설치할 것

• 소화전은 특정소방대상물의 수평투영면의 각 부분으로부터 140[m] 이하가 되도록 설치할 것

• 지상식 소화전의 호스접결구는 지면으로부터 높이가 0.5[m] 이상 1[m] 이하가 되도록 설치할 것

17 | 소화수조 및 저수조(NFTC 402)

■ 소화수조의 저수량

소방대상물의 구분	기준면적[m²]
1층 및 2층의 바닥면적의 합계가 15,000[m²] 이상인 소방대상물	7,500
그 밖의 소방대상물	12,500

※ 저수량 = 바닥면적[m²] ÷ 기준면적[m²](소수점 이하는 1로 본다) × 20[m³]

■ 소화용수시설의 저수조 설치기준(소방기본법 규칙 별표 3)

• 지면으로부터 낙차가 4.5[m] 이하일 것

• 흡수 부분의 수심이 0.5[m] 이상일 것

• 소방펌프자동차가 쉽게 접근할 수 있도록 할 것

• 흡수에 지장이 없도록 토사 및 쓰레기 등을 제거할 수 있는 설비를 갖출 것

- 흡수관의 투입구가 사각형의 경우에는 한 변의 길이가 60[cm] 이상, 원형의 경우에는 지름이 60[cm] 이상일 것
- 저수조에 물을 공급하는 방법은 상수도에 연결하여 자동으로 급수되는 구조일 것

※ 채수구의 설치위치 : 지면으로부터 높이가 0.5[m] 이상 1.0[m] 이하

■ 소화용수설비의 가압송수장치

소화수조 또는 저수조가 지표면으로부터의 깊이가 4.5[m] 이상인 지하에 있는 경우에는 아래 표에 의하여 가압송수장치를 설치해야 한다.

소요수량	20[m³] 이상 40[m³] 미만	40[m³] 이상 100[m³] 미만	100[m³] 이상
가압송수장치의 1분당 양수량	1,100[L] 이상	2,200[L] 이상	3,300[L] 이상
채수구의 수	1개	2개	3개

18 | 제연설비(NFTC 501)

■ 제연설비의 제연구획

- 하나의 제연구역의 면적을 1,000[m²] 이내로 할 것
- 거실과 통로(복도를 포함)는 각각 제연구획할 것
- 통로상의 제연구역은 보행중심선의 길이가 60[m]를 초과하지 않을 것
- 하나의 제연구역은 직경 60[m] 원 내에 들어갈 수 있을 것
- 하나의 제연구역은 2 이상의 층에 미치지 않도록 할 것

■ 제연설비의 배출구 및 배출풍도

- 예상제연구역의 각 부분으로부터 하나의 배출구까지의 수평거리는 10[m] 이내가 되도록 해야 한다.
- 배출풍도는 아연도금강판 등 내식성·내열성이 있는 것으로 하며, 불연재료의 단열재로 단열처리할 것
- 배출풍도의 강판의 두께는 0.5[mm] 이상으로 할 것
- 배출기의 풍속은 다음과 같다.
  - 배출기의 흡입 측 풍도 안의 풍속 : 15[m/s] 이하
  - 배출 측 풍도 안의 풍속 : 20[m/s] 이하
- 유입풍도 안의 풍속 : 20[m/s] 이하

■ 제연설비의 작동

- 제연설비의 작동은 해당 제연구역에 설치된 화재감지기와 연동되어야 하며, 예상제연구역(또는 인접장소)마다 설치된 수동기동장치 및 제어반에서 수동으로 기동이 가능하도록 해야 한다.
- 제연설비의 작동에 포함되어야 하는 사항
  - 해당 제연구역의 구획을 위한 제연경계벽 및 벽의 작동
  - 해당 제연구역의 공기유입 및 연기배출 관련 댐퍼의 작동
  - 공기유입송풍기 및 배출송풍기의 작동

■ 배출기의 용량

$$P\,[\mathrm{kW}] = \frac{Q[\mathrm{m^3/min}] \times P_r[\mathrm{mmAg}]}{6,120 \times \eta} \times K$$

$$= \frac{Q[\mathrm{m^3/s}] \times P_r[\mathrm{kN/m^2}]}{\eta} \times K$$

여기서, Q : 풍량[$\mathrm{m^3/min}$], [$\mathrm{m^3/s}$]

P_r : 풍압([mmAq], [$\mathrm{kN/m^2}$])

η : 효율[%]

K : 여유율(전달계수)

19 | 특별피난계단의 계단실 및 부속실 제연설비(NFTC 501A)

■ 특별피난계단의 계단실 및 부속실 제연설비(특피제연설비) 차압 등

- 제연구역과 옥내와의 사이에 유지해야 하는 최소 차압은 40[Pa](옥내에 스프링클러설비가 설치된 경우에는 12.5[Pa]) 이상으로 해야 한다.
- 제연설비가 가동되었을 경우 출입문의 개방에 필요한 힘은 110[N] 이하로 해야 한다.
- 출입문이 일시적으로 개방되는 경우 개방되지 않은 제연구역과 옥내와의 차압은 기준에 따른 차압의 70[%] 이상이어야 한다.
- 계단실과 부속실을 동시에 제연하는 경우 부속실의 기압은 계단실과 같게 하거나 계단실의 기압보다 낮게 할 경우에는 부속실과 계단실의 압력 차이는 5[Pa] 이하가 되도록 해야 한다.

■ 특피제연설비의 보충량

급기량의 기준에 따른 보충량은 부속실의 수가 20개 이하는 1개 층 이상, 20개를 초과하는 경우에는 2개 층 이상으로 한다.

■ 특피제연설비의 방연풍속

제연구역		방연풍속
계단실 및 그 부속실을 동시에 제연하는 것 또는 계단실만 단독으로 제연하는 것		0.5[m/s] 이상
부속실만 단독으로 제연하는 것	부속실 또는 승강장이 면하는 옥내가 거실인 경우	0.7[m/s] 이상
	부속실이 면하는 옥내가 복도로서 그 구조가 방화구조(내화시간이 30분 이상인 구조를 포함한다)인 것	0.5[m/s] 이상

20 | 연결송수관설비(NFTC 502)

■ 연결송수관설비의 송수구

• 송수구는 연결송수관의 수직배관마다 1개 이상을 설치할 것

• 송수구 부근의 설치순서

구분	설치순서
습식	송수구 → 자동배수밸브 → 체크밸브
건식	송수구 → 자동배수밸브 → 체크밸브 → 자동배수밸브

• 구경 : 65[mm]의 쌍구형

• 송수구의 설치높이 : 지면으로부터 0.5[m] 이상 1[m] 이하

• 송수구에는 그 가까운 곳의 보기 쉬운 곳에 송수압력범위를 표시한 표지를 할 것

■ 연결송수관설비의 배관 등

• 주배관의 구경은 100[mm] 이상의 것으로 할 것. 다만, 주배관의 구경이 100[mm] 이상인 옥내소화전설비의 배관과는 겸용할 수 있다.

• 지면으로부터 높이 31[m] 이상인 특정소방대상물 또는 지상 11층 이상인 특정소방대상물에 있어서는 습식설비로 할 것

• 성능시험배관은 펌프의 토출 측에 설치된 개폐밸브 이전에서 분기하여 설치하고, 유량측정장치를 기준으로 전단에 개폐밸브를 후단에 유량조절밸브를 설치해야 한다.

• 성능시험배관에 설치하는 유량측정장치는 성능시험배관의 직관부에 설치하되, 펌프 정격토출량의 175[%] 이상 측정할 수 있는 것으로 해야 한다.

■ 연결송수관설비의 방수구

- 방수구는 그 소방대상물의 층마다 설치해야 한다(단, 아파트의 1층, 2층은 제외).
- 11층 이상의 부분에 설치하는 방수구는 쌍구형으로 해야 한다.
  ※ 단구형으로 할 수 있는 경우
    - 아파트의 용도로 사용되는 층
    - 스프링클러설비가 유효하게 설치되어 있고 방수구가 2개소 이상 설치된 층
- 방수구의 설치위치 : 바닥으로부터 높이 0.5[m] 이상 1[m] 이하
- 연결송수관설비의 방수구 구경 : 65[mm]의 것

■ 연결송수관설비의 방수기구함

- 방수기구함은 피난층과 가장 가까운 층을 기준으로 3개 층마다 설치하되, 그 층의 방수구마다 보행거리 5[m] 이내에 설치할 것
- 방수기구함에는 길이 15[m]의 호스와 방사형 관창의 비치기준
  - 호스는 방수구에 연결하였을 때 그 방수구가 담당하는 구역의 각 부분에 유효하게 물이 뿌려질 수 있는 개수 이상을 비치할 것(이 경우 쌍구형 방수구는 단구형 방수구의 2배 이상의 개수 설치)
  - 방사형 관창은 단구형 방수구의 경우에는 1개, 쌍구형 방수구의 경우에는 2개 이상 비치할 것
- 방수기구함에는 "방수기구함"이라고 표시한 축광식 표지를 할 것

■ 연결송수관설비의 가압송수장치

- 최상층 방수구의 높이가 70[m] 이상인 특정소방대상물에 설치한다.
- 수조의 유효수량은 펌프의 정격토출량의 150[%]로 5분 이상 방수할 수 있는 양 이상이 되도록 해야 한다.
- 펌프의 토출량은 2,400[L/min] 이상(계단식 아파트는 1,200[L/min] 이상)으로 할 것
- 펌프의 양정은 최상층에 설치된 노즐 선단(끝부분)의 압력이 0.35[MPa] 이상으로 할 것

21 ┃ 연결살수설비(NFTC 503)

■ 연결살수설비의 송수구 등

- 가연성 가스의 저장·취급시설에 설치하는 연결살수설비의 송수구는 그 방호대상물로부터 20[m] 이상의 거리를 두거나 방호대상물에 면하는 부분이 높이 1.5[m] 이상 폭 2.5[m] 이상의 철근콘크리트벽으로 가려진 장소에 설치해야 한다.
- 송수구는 구경 65[mm]의 쌍구형으로 할 것(단, 살수헤드 수가 10개 이하는 단구형)
- 송수구의 설치위치 : 지면으로부터 높이가 0.5[m] 이상 1[m] 이하

- 폐쇄형 헤드 사용 : 송수구 → 자동배수밸브 → 체크밸브의 순으로 설치
- 개방형 헤드 사용 : 송수구 → 자동배수밸브
※ 개방형 헤드의 하나의 송수구역에 설치하는 살수헤드의 수 : 10개 이하

■ 연결살수설비의 살수헤드 거리
- 연결살수설비 전용헤드 : 3.7[m] 이하
- 스프링클러헤드 : 2.3[m] 이하
- 살수가 방해되지 않도록 스프링클러헤드로부터 반경 60[cm] 이상의 공간을 보유할 것. 다만, 벽과 스프링클러헤드 간의 공간은 10[cm] 이상으로 한다.
- 스프링클러헤드와 그 부착면(상향식 헤드의 경우에는 그 헤드의 직상부의 천장·반자 또는 이와 비슷한 것)과의 거리는 30[cm] 이하로 할 것
- 습식 연결살수설비 외의 설비에 상향식 스프링클러헤드를 설치할 때 예외 규정
  - 드라이펜던트 스프링클러헤드를 사용하는 경우
  - 스프링클러헤드의 설치장소가 동파의 우려가 없는 곳인 경우
  - 개방형 스프링클러헤드를 사용하는 경우
- 헤드의 설치 제외
  - 계단실(특별피난계단의 부속실을 포함한다)·경사로·승강기의 승강로·파이프덕트·목욕실·수영장(관람석 부분을 제외한다)·화장실·직접 외기에 개방되어 있는 복도
  - 냉장창고 영하의 냉장실 또는 냉동창고의 냉동실
  - 고온의 노가 설치된 장소 또는 물과 격렬하게 반응하는 물품의 저장 또는 취급장소

■ 연결살수설비의 배관

하나의 배관에 부착하는 연결살수설비 전용헤드의 개수	1개	2개	3개	4개 또는 5개	6개 이상 10개 이하
배관의 구경	32[mm]	40[mm]	50[mm]	65[mm]	80[mm]

- 한쪽 가지배관의 설치 헤드의 개수 : 8개 이하
- 개방형 헤드 사용 시 수평주행배관은 헤드를 향하여 상향으로 1/100 이상의 기울기로 설치
- 수평주행배관에는 4.5[m] 이내마다 1개 이상 설치할 것

■ 소화기의 설치기준

- 소화기의 능력단위는 A급 화재에 3단위 이상, B급 화재에 5단위 이상 및 C급 화재에 적응성이 있는 것으로 할 것
- 소화기의 총중량은 사용 및 운반의 편리성을 고려하여 7[kg] 이하로 할 것
- 설치기준

터널 구분	소화기 설치기준
편도 1차선 양방향 터널, 3차로 이하의 일방향 터널	우측 측벽에 50[m] 이내의 간격으로 2개 이상 설치
편도 2차선 이상의 양방향 터널, 4차로 이상의 일방향 터널	양쪽 측벽에 각각 50[m] 이내의 간격으로 엇갈리게 2개 이상 설치

■ 옥내소화전설비

- 옥내소화전설비의 기준

방수압력	방수량	토출량	수원
0.35[MPa] 이상	190[L/min] 이상	소화전의 수(2개, 4차로 이상의 터널 : 3개) × 190[L/min]	= 소화전의 수(2개, 4차로 이상의 터널 : 3개) × 190[L/min] × 40[min] = 소화전의 수(2개, 4차로 이상의 터널 : 3개) × 7.6[m³](7,600[L])

- 소화전함과 방수구의 설치기준

터널 구분	소화전함과 방수구의 설치기준
편도 1차선 양방향 터널, 3차로 이하의 일방향 터널	우측 측벽에 50[m] 이내의 간격으로 설치
편도 2차선 이상의 양방향 터널, 4차로 이상의 일방향 터널	양쪽 측벽에 각각 50[m] 이내의 간격으로 엇갈리게 설치

■ 소화기구 및 자동소화장치

- 소화기의 능력단위
  - A급 화재 : 개당 3단위 이상
  - B급 화재 : 개당 5단위 이상
  - C급 화재 : 화재에 적응성이 있는 것으로 할 것
- 소화기 한 대의 총중량은 사용 및 운반의 편리성을 고려하여 7[kg] 이하로 할 것
- 소화기는 사람이 출입할 수 있는 출입구(환기구, 작업구를 포함) 부근에 5개 이상 설치할 것

■ 연소방지설비

• 연소방지설비 전용헤드를 사용하는 경우

하나의 배관에 부착하는 연소방지설비 전용헤드의 개수	1개	2개	3개	4개 또는 5개	6개 이상
배관의 구경	32[mm]	40[mm]	50[mm]	65[mm]	80[mm]

• 배관의 설치기준
  - 교차배관 : 가지배관 밑에 수평으로 설치 또는 가지배관 밑에 설치
  - 교차배관의 구경 : 40[mm] 이상
  - 수평주행배관 : 4.5[m] 이내마다 1개 이상의 행거 설치

■ 헤드

• 헤드 간의 수평거리

헤드의 종류	연소방지설비 전용헤드	개방형 스프링클러헤드
수평거리	2[m] 이하	1.5[m] 이하

• 소방대원의 출입이 가능한 환기구·작업구마다 지하구의 양쪽방향으로 살수헤드를 설정하되, 한쪽방향의 살수구역의 길이는 3[m] 이상으로 할 것

■ 송수구

• 구경 : 65[mm]의 쌍구형
• 송수구로부터 1[m] 이내에 살수구역 안내표지를 설치할 것
• 설치위치 : 지면으로부터 0.5[m] 이상 1[m] 이하
• 송수구의 가까운 부분에 자동배수밸브(또는 직경 5[mm]의 배수공)를 설치할 것

24 | 창고시설(NFTC 609)

■ 소화기구 및 자동소화장치

창고시설 내 배전반 및 분전반마다 가스자동소화장치·분말자동소화장치·고체에어로졸자동소화장치 또는 소공간용 소화용구를 설치해야 한다.

■ 옥내소화전설비의 수원

• 수원 = 소화전수(최대 2개) × 130[L/min] × 40[min]
      = 소화전수(최대 2개) × 5,200[L] = 소화전수(최대 2개) × 5.2[m^3]
• 비상전원(자가발전설비, 축전지설비, 전기저장장치)의 작동 : 40분 이상

■ 스프링클러설비
  • 창고시설에 설치하는 스프링클러설비는 라지드롭형 스프링클러헤드를 습식으로 설치할 것
  • 건식 스프링클러설비로 설치할 수 있는 경우
    - 냉동창고 또는 영하의 온도로 저장하는 냉장창고
    - 창고시설 내에 상시 근무자가 없어 난방을 하지 않는 창고시설
  • 랙식 창고의 경우에는 위에 따라 설치하는 것 외에 라지드롭형 스프링클러헤드를 랙 높이 3[m] 이하마다 설치할 것
  • 수원

구분 \ 항목	방수량	방수압력	비상전원	수원
일반 창고	160[L/min] 이상	0.1[MPa] 이상	20분 이상	N(헤드 수, 최대 30개) $\times$ 160[L/min] $\times$ 20[min] = N(헤드 수, 최대 30개) $\times$ 3,200[L] = N(헤드 수, 최대 30개) $\times$ 3.2[m^3]
랙식 창고	160[L/min] 이상	0.1[MPa] 이상	60분 이상	N(헤드 수, 최대 30개) $\times$ 160[L/min] $\times$ 60[min] = N(헤드 수, 최대 30개) $\times$ 9,600[L] = N(헤드 수, 최대 30개) $\times$ 9.6[m^3]

  • 헤드의 설치기준 : 라지드롭형 스프링클러헤드를 설치하는 천장·반자·천장과 반자 사이·덕트·선반 등의 각 부분으로부터 하나의 스프링클러헤드까지의 수평거리

설치대상물	설치기준
특수가연물을 저장 또는 취급하는 창고	수평거리 1.7[m] 이하
내화구조로 된 창고	수평거리 2.3[m] 이하
내화구조가 아닌 창고	수평거리 2.1[m] 이하

  • 비상전원
    - 종류 : 자가발전설비, 축전지설비, 전기저장장치
    - 작동시간

구분	일반 창고	랙식 창고
작동시간	20분 이상	60분 이상

교육은 우리 자신의 무지를 점차 발견해 가는 과정이다.

— 윌 듀란트 —

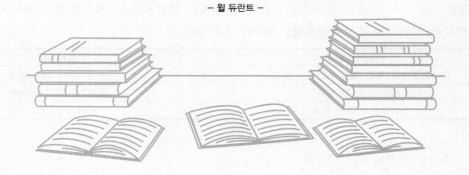

(PART 02

최빈출 기출 1000제

소방설비기사 [기계편] 필기

———

www.sdedu.co.kr

01 소방원론

001

화재의 위험에 대한 설명으로 옳지 않은 것은?

① 인화점 및 착화점이 낮을수록 위험하다.
② 착화에너지가 작을수록 위험하다.
③ 비점 및 융점이 높을수록 위험하다.
④ 연소범위는 넓을수록 위험하다.

해설

화재 위험성

• 인화점 및 착화점이 낮을수록 위험하다.
• 착화에너지가 작을수록 위험하다.
• 비점 및 융점이 낮을수록 위험하다.
• 하한값이 낮고 연소범위가 넓을수록 위험하다.

002

물질의 연소범위와 화재 위험도에 대한 설명으로 틀린 것은?

① 연소범위의 폭이 클수록 화재 위험이 높다.
② 연소범위의 하한계가 낮을수록 화재 위험이 높다.
③ 연소범위의 상한계가 높을수록 화재 위험이 높다.
④ 연소범위의 하한계가 높을수록 화재 위험이 높다.

해설

연소범위

• 연소범위가 넓을수록 위험하다.
• 하한값이 낮을수록 위험하다.
• 온도와 압력을 증가하면 하한값은 불변, 상한값은 증가하므로 위험하다.

003

밀폐된 내화건축물의 실내에 화재가 발생했을 때 그 실내의 환경변화에 대한 설명 중 틀린 것은?

① 기압이 강하한다.
② 산소가 감소된다.
③ 일산화탄소가 증가한다.
④ 이산화탄소가 증가한다.

해설

실내에 화재가 발생하면 기압은 증가하고 산소는 감소한다.

004

전기화재의 원인으로 거리가 먼 것은?

① 단락
② 과전류
③ 누전
④ 절연과다

해설

전기화재의 발생원인 : 단락, 과전류, 누전, 스파크, 배선불량, 전열기구의 과열

005

화재의 일반적인 특성으로 틀린 것은?

① 확대성
② 정형성
③ 우발성
④ 불안전성

해설

화재의 일반적인 특성 : 확대성, 우발성, 불안정성

006

화재의 종류에 따른 분류가 틀린 것은?

① A급 : 일반화재 ② B급 : 유류화재
③ C급 : 가스화재 ④ D급 : 금속화재

화재의 분류

등급	A급	B급	C급	D급
화재의 종류	일반화재	유류화재	전기화재	금속화재
표시색상	백색	황색	청색	무색

007

가연물의 종류에 따라 분류하면 섬유류 화재는 무슨 화재인가?

① A급 화재 ② B급 화재
③ C급 화재 ④ D급 화재

A급 화재 : 종이, 목재, 섬유류, 플라스틱 등

008

화재의 분류방법 중 유류화재를 나타낸 것은?

① A급 화재 ② B급 화재
③ C급 화재 ④ D급 화재

유류화재 : B급 화재

009

산불화재의 형태로 틀린 것은?

① 지중화 형태 ② 수평화 형태
③ 지표화 형태 ④ 수간화 형태

산불화재
• 지표화 : 바닥의 낙엽이 연소하는 형태
• 수관화 : 나뭇가지부터 연소하는 형태
• 수간화 : 나무기둥부터 연소하는 형태
• 지중화 : 바닥의 썩은 나무에서 발생하는 유기물이 연소하는 형태

010

화재에 관한 설명으로 옳은 것은?

① PVC 저장창고에서 발생한 화재는 D급 화재이다.
② PVC 저장창고에서 발생한 화재는 B급 화재이다.
③ 연소의 색상과 온도와의 관계를 고려할 때 일반적으로 암적색보다는 휘적색의 온도가 높다.
④ 연소의 색상과 온도와의 관계를 고려할 때 일반적으로 휘백색보다는 휘적색의 온도가 높다.

화재와 연소온도
• PVC 저장창고에서 발생한 화재 A급 화재이다.
• 연소의 색과 온도

색상	담암적색	암적색	적색	휘적색	황적색	백적색	휘백색
온도 [℃]	520	700	850	950	1,100	1,300	1,500 이상

011

LNG와 LPG에 대한 설명으로 틀린 것은?

① LNG는 증기비중은 1보다 크기 때문에 유출되면 바닥에 가라앉는다.

② LNG의 주성분은 메테인이고 LPG의 주성분은 프로페인이다.

③ LPG는 원래 냄새는 없으나 누설 시 쉽게 알 수 있도록 부취제를 넣는다.

④ LNG는 Liquefied Natural Gas의 약자이다.

해설

LNG와 LPG의 비교

구분 \ 종류	LNG	LPG
원명	Liquefied Natural Gas (액화천연가스)	Liquefied Petroleum Gas (액화석유가스)
주성분	메테인(CH_4)	프로페인(C_3H_8), 뷰테인(C_4H_{10})
증기비중	16/29 = 0.55	44/29 = 1.52, 58/29 = 2.0
누설 시	천장으로 상승함	바닥에 가라앉음

012

가연성 가스이면서도 독성가스인 것은?

① 질소　　　　　　② 수소

③ 염소　　　　　　④ 황화수소

해설

황화수소(H_2S), 벤젠(C_6H_6)은 가연성 가스이자 독성가스이다.

013

다음 중 가연성 가스가 아닌 것은?

① 일산화탄소　　　　② 프로페인

③ 아르곤　　　　　　④ 수소

해설

가연성 가스 : 연소하는 가스(일산화탄소, 수소, 메테인, 에테인, 프로페인, 뷰테인)

※ 아르곤 : 불활성 가스

014

다음 중 조연성 가스에 해당하는 것은?

① 천연가스　　　　② 산소

③ 수소　　　　　　④ 뷰테인

해설

조연성 가스 : 자신은 연소하지 않고 연소를 도와주는 가스로서 산소, 공기, 오존, 염소, 플루오린 등이 있다.

015

조연성 가스로만 나열되어 있는 것은?

① 질소, 플루오린, 수증기

② 산소, 플루오린, 염소

③ 산소, 이산화탄소, 오존

④ 질소, 이산화탄소, 염소

해설

가스의 분류

종류	구분
질소, 수증기, 이산화탄소	불연성 가스
산소, 플루오린, 염소, 오존	조연성 가스

016

다음 중 불활성 가스에 해당하는 것은?

① 수증기　　　　② 일산화탄소
③ 아르곤　　　　④ 아세틸렌

해설

불활성 가스 : 네온(Ne), 아르곤(Ar) 등

017

다음 물질 중 공기 중에서 연소범위가 가장 넓은 것은?

① 뷰테인　　　　② 프로페인
③ 메테인　　　　④ 수소

해설

연소(폭발)범위

종류	뷰테인	프로페인	메테인	수소
연소 범위	1.8~8.4[%]	2.1~9.5[%]	5.0~15[%]	4.0~75[%]

018

공기 중에서 연소범위가 가장 넓은 것은?

① 수소　　　　② 이황화탄소
③ 아세틸렌　　④ 에터

해설

연소범위

종류	수소	이황화탄소	아세틸렌	에터
연소 범위	4.0~75[%]	1.0~50[%]	2.5~81[%]	1.7~48[%]

019

공기 중에서 수소의 연소범위로 옳은 것은?

① 0.4 ~ 4[%]

② 1 ~ 12.5[%]

③ 4 ~ 75[%]

④ 67 ~ 92[%]

해설

수소의 연소범위 : 4.0 ~ 75[%]

020

프로페인 50[vol%], 뷰테인 40[vol%], 프로필렌 10[vol%]로 된 혼합가스의 폭발하한계는 약 몇 [vol%]인가?(단, 각 가스의 폭발하한계는 프로페인은 2.2[vol%], 뷰테인은 1.9[vol%], 프로필렌은 2.4[vol%]이다)

① 0.83[vol%]　　　② 2.09[vol%]
③ 5.05[vol%]　　　④ 9.44[vol%]

해설

혼합가스의 하한계(L_m)

$$L_m = \frac{100}{\dfrac{V_1}{L_1} + \dfrac{V_2}{L_2} + \dfrac{V_3}{L_3}}$$

여기서, L_1, L_2, L_3 : 가연성 가스의 폭발한계[vol%]
　　　　V_1, V_2, V_3 : 가연성 가스의 용량[vol%]
　　　　L_m : 혼합가스의 폭발한계[vol%]

$$\therefore L_m = \frac{100}{\dfrac{50}{2.2} + \dfrac{40}{1.9} + \dfrac{10}{2.4}} = 2.09[vol\%]$$

021

가스 A가 40[vol%], 가스 B가 60[vol%]로 혼합된 가스의 연소하한계는 몇 [%]인가?(단, 가스 A의 연소하한계는 4.9[vol%]이며, 가스 B의 연소하한계는 4.15[vol%]이다)

① 1.82[%] ② 2.02[%]
③ 3.22[%] ④ 4.42[%]

해설

혼합가스의 하한값(L_m)

$$\therefore L_m = \frac{100}{\frac{V_1}{L_1} + \frac{V_2}{L_2} + \frac{V_3}{L_3}}$$

$$= \frac{100}{\frac{40}{4.9} + \frac{60}{4.15}} = 4.42[\%]$$

022

다음 물질 중 연소범위를 통해 산출한 위험도 값이 가장 높은 것은?

① 수소 ② 에틸렌
③ 아세틸렌 ④ 이황화탄소

해설

• 연소범위

종류	수소	에틸렌	아세틸렌	이황화탄소
연소범위 [%]	4.0~75	2.7~36	2.5~81	1.0~50

• 위험도(H) = $\dfrac{\text{상한값} - \text{하한값}}{\text{하한값}}$

– 수소 $H = \dfrac{75 - 4.0}{4.0} = 17.75$

– 에틸렌 $H = \dfrac{36 - 2.7}{2.7} = 12.33$

– 아세틸렌 $H = \dfrac{81 - 2.5}{2.5} = 31.4$

– 이황화탄소 $H = \dfrac{50 - 1.0}{1.0} = 49.0$

023

다음 중 공기에서의 연소범위를 기준으로 했을 때 위험도 (H) 값이 가장 큰 것은?

① 다이에틸에터
② 수소
③ 에틸렌
④ 뷰테인

해설

• 연소범위

종류	하한계[%]	상한계[%]
다이에틸에터($C_2H_5OC_2H_5$)	1.7	48.0
수소(H_2)	4.0	75.0
에틸렌(C_2H_4)	2.7	36.0
뷰테인(C_4H_{10})	1.8	8.4

• 위험도(H) = $\dfrac{U - L}{L}$

$= \dfrac{\text{폭발상한계} - \text{폭발하한계}}{\text{폭발하한계}}$

– 다이에틸에터 $H = \dfrac{48.0 - 1.7}{1.7} = 27.24$

– 수소 $H = \dfrac{75.0 - 4.0}{4.0} = 17.75$

– 에틸렌 $H = \dfrac{36.0 - 2.7}{2.7} = 12.33$

– 뷰테인 $H = \dfrac{8.4 - 1.8}{1.8} = 3.67$

024

황린과 적린이 서로 동소체라는 것을 증명하는 데 가장 효과적인 실험은?

① 비중을 비교한다.
② 착화점을 비교한다.
③ 유기용제에 대한 용해도를 비교한다.
④ 연소생성물을 확인한다.

해설

동소체 : 같은 원소로 되어 있으나 성질과 모양이 다른 것으로 연소생성물을 확인한다.

원소	동소체	연소생성물
탄소(C)	다이아몬드, 흑연	이산화탄소(CO_2)
황(S)	사방황, 단사황, 고무상황	이산화황(SO_2)
인(P)	적린, 황린	오산화인(P_2O_5)
산소(O)	산소, 오존	–

025

95[°F]를 캘빈(Kelvin) 온도로 나타내면 약 몇 [K]인가?

① 368[K]
② 308[K]
③ 252[K]
④ 178[K]

해설

• [°F] = 1.8[℃] + 32

$$[℃] = \frac{[°F] - 32}{1.8} = \frac{95 - 32}{1.8} = 35[℃]$$

• [K] = 273 + [℃] = 273 + 35 = 308[K]

026

폭굉(Detonation)에 관한 설명으로 틀린 것은?

① 연소속도가 음속보다 느릴 때 나타난다.
② 온도의 상승은 충격파의 압력에 기인한다.
③ 압력상승은 폭연의 경우보다 크다.
④ 폭굉의 유도거리는 배관의 지름과 관계가 있다.

해설

폭굉은 음속보다 빠를 때 나타난다.

027

다음 중 물리적 폭발에 해당하는 것은?

① 분해 폭발
② 분진 폭발
③ 증기운 폭발
④ 수증기 폭발

해설

물리적 폭발 : 수증기 폭발

028

폭발의 형태 중 화학적 폭발이 아닌 것은?

① 분해 폭발
② 가스 폭발
③ 수증기 폭발
④ 분진 폭발

해설

화학적 폭발 : 분해 폭발, 산화 폭발(분진 폭발, 가스 폭발), 중합 폭발

029

다음 중 분진 폭발의 위험성이 가장 낮은 것은?

① 소석회　　　　　② 알루미늄분
③ 석탄분말　　　　④ 밀가루

해설

분진 폭발 : 황, 알루미늄분, 석탄분말, 마그네슘분, 밀가루 등
※ 분진 폭발하지 않는 물질 : 소석회[Ca(OH)$_2$], 생석회(CaO), 시멘트분

030

분진 폭발의 위험성이 가장 낮은 것은?

① 알루미늄분　　　② 황
③ 팽창질석　　　　④ 소맥분

해설

팽창질석, 팽창진주암 : 소화약제

031

전기불꽃, 아크 등이 발생하는 부분을 기름 속에 넣어 폭발을 방지하는 방폭구조는?

① 내압방폭구조　　② 유입방폭구조
③ 안전증방폭구조　④ 특수방폭구조

해설

유입방폭구조 : 전기불꽃, 아크 등이 발생하는 부분을 기름 속에 넣어 폭발을 방지하는 방폭구조

032

연소에 대한 설명으로 옳은 것은?

① 환원반응이 이루어진다.
② 산소를 발생한다.
③ 빛과 열을 수반한다.
④ 연소생성물은 액체이다.

해설

연소 : 가연물이 산소와 반응하여 빛과 열을 동반하는 급격한 산화현상

033

다음 중 연소와 가장 관련 있는 화학반응은?

① 중화반응　　　　② 치환반응
③ 환원반응　　　　④ 산화반응

해설

연소 : 가연물이 공기 중에서 산소와 반응하여 열과 빛을 동반하는 급격한 산화현상

034

가연물의 구비조건으로 옳지 않은 것은?

① 화학적 활성이 클 것
② 열의 축적이 용이할 것
③ 활성화에너지가 작을 것
④ 산소와 결합할 때 발열량이 작을 것

해설

가연물의 구비조건
• 화학적 활성이 클 것
• 열전도율이 적을 것
• 발열량이 클 것
• 활성화에너지가 작을 것
• 열의 축적이 용이할 것

035

가연물이 연소가 잘 되기 위한 구비조건으로 틀린 것은?

① 열전도율이 클 것
② 산소와 화학적으로 친화력이 클 것
③ 표면적이 클 것
④ 활성화에너지가 작을 것

해설

열전도율이 작을수록 열이 축적되어 가연물이 되기 쉽다.

036

다음 중 고체 가연물이 덩어리보다 가루일 때 연소되기 쉬운 이유로 가장 적합한 것은?

① 발열량이 작아지기 때문이다.
② 공기와 접촉면이 커지기 때문이다.
③ 열전도율이 커지기 때문이다.
④ 활성에너지가 커지기 때문이다.

해설

고체의 가연물이 가루일 때에는 공기와 접촉면적이 크기 때문에 연소가 잘 된다.

037

물질의 연소 시 산소공급원이 될 수 없는 것은?

① 탄화칼슘   ② 과산화나트륨
③ 질산나트륨   ④ 압축공기

해설

산소공급원(제1류 위험물, 제6류 위험물)
• 제1류 위험물(산화성 고체 : 과산화나트륨, 질산나트륨)
• 제6류 위험물(산화성 액체 : 질산, 과염소산, 과산화수소)
• 압축공기, 산소
※ 탄화칼슘 : 제3류 위험물

038

다음 중 인화성 액체의 발화원으로 가장 거리가 먼 것은?

① 전기불꽃   ② 냉매
③ 마찰스파크   ④ 화염

해설

발화원 : 전기불꽃, 마찰스파크, 화염

039

불꽃의 색상을 저온으로부터 고온 순서로 옳게 나열한 것은?

① 암적색, 휘백색, 황적색
② 휘백색, 암적색, 황적색
③ 암적색, 황적색, 휘백색
④ 휘백색, 황적색, 암적색

해설

연소의 색과 온도

색상	담암적색	암적색	적색	휘적색	황적색	백색	휘백색
온도 [℃]	520	700	850	950	1,100	1,300	1,500 이상

040

일반적인 화재에서 연소 불꽃 온도가 1,500[℃]이었을 때의 연소 불꽃의 색상은?

① 적색
② 휘백색
③ 휘적색
④ 암적색

해설

1,500[℃]일 때 불꽃의 색상 : 휘백색

041

가연물의 주된 연소형태를 틀리게 나타낸 것은?

① 목재 : 표면연소
② 종이 : 분해연소
③ 황 : 증발연소
④ 피크린산 : 자기연소

해설

고체의 연소
- 표면연소 : 목탄, 코크스, 숯, 금속분 등이 열분해에 의하여 가연성 가스를 발생하지 않고 그 물질 자체가 연소하는 현상
- 분해연소 : 석탄, 종이, 목재, 플라스틱 등의 연소 시 열분해에 의해 발생된 가스와 공기가 혼합하여 연소하는 현상
- 증발연소 : 황, 나프탈렌, 왁스, 파라핀 등과 같이 고체를 가열하면 열분해는 일어나지 않고 고체가 액체로 되어 일정온도가 되면 액체가 기체로 변화하여 기체가 연소하는 현상
- 자기연소(내부연소) : 제5류 위험물인 피크린산, 나이트로셀룰로스, 질화면 등 그 물질이 가연물과 산소를 동시에 가지고 있는 가연물이 연소하는 현상

042

분자 내부에 나이트로기를 갖고 있는 TNT, 나이트로셀룰로스 등과 같은 제5류 위험물의 연소 형태는?

① 분해연소
② 자기연소
③ 증발연소
④ 표면연소

해설

자기연소(내부연소) : 제5류 위험물인 나이트로셀룰로스, TNT 등 그 물질이 가연물과 산소를 동시에 가지고 있는 가연물이 연소하는 현상

043

황의 주된 연소 형태는?

① 확산연소
② 증발연소
③ 분해연소
④ 자기연소

해설

증발연소 : 황, 나프탈렌

044

촛불의 연소 형태에 해당하는 것은?

① 표면연소   ② 분해연소

③ 증발연소   ④ 자기연소

해설

증발연소 : 황, 나프탈렌, 촛불, 파라핀 등과 같이 고체를 가열하면 열분해는 일어나지 않고 고체가 액체로 되어 일정온도가 되면 액체가 기체로 변화하여 기체가 연소하는 현상

045

표준상태에 있는 메테인 가스의 밀도는 몇 [g/L]인가?

① 0.21[g/L]   ② 0.41[g/L]

③ 0.71[g/L]   ④ 0.91[g/L]

해설

증기밀도 = 분자량/22.4[L]
$$= 16[g]/22.4[L] = 0.714[g/L]$$
※ 메테인(CH_4)의 분자량 : 16

046

공기 중의 산소의 농도는 약 몇 [vol%]인가?

① 10[vol%]   ② 13[vol%]

③ 17[vol%]   ④ 21[vol%]

해설

공기의 조성[vol%]
• 산소 21[vol%]
• 질소 78[vol%]
• 아르곤 등 1[vol%]

047

비열이 가장 큰 물질은?

① 구리   ② 은

③ 물   ④ 철

해설

물의 비열은 1[cal/g·℃]로서 가장 크다.

048

1기압 상태에서 100[℃] 물 1[g]이 모두 기체로 변할 때 필요한 열량은 몇 [cal]인가?

① 429[cal]   ② 499[cal]

③ 539[cal]   ④ 639[cal]

해설

물의 증발(기화)잠열 : 539[cal/g]
$$Q = \gamma m = 539[cal/g] \times 1[g] = 539[cal]$$

049

물의 기화열이 539[cal]인 것은 어떤 의미인가?

① 0[℃]의 물 1[g]이 얼음으로 변화하는 데 539[cal]의 열량이 필요하다.

② 0[℃]의 얼음 1[g]이 물로 변화하는 데 539[cal]의 열량이 필요하다.

③ 0[℃]의 물 1[g]이 100[℃]의 물로 변화하는 데 539[cal]의 열량이 필요하다.

④ 100[℃]의 물 1[g]이 수증기로 변화하는 데 539[cal]의 열량이 필요하다.

해설

물의 기화열이 539[cal]란 100[℃]의 물 1[g]이 수증기로 변화하는 데 539[cal]의 열량이 필요하다.

050

인화성 액체의 연소점, 인화점, 발화점을 온도가 높은 것부터 옳게 나열한 것은?

① 발화점 > 연소점 > 인화점

② 연소점 > 인화점 > 발화점

③ 인화점 > 발화점 > 연소점

④ 인화점 > 연소점 > 발화점

해설

용어의 정의

• 인화점(Flash Point)
 - 휘발성 물질에 불꽃을 접하여 발화될 수 있는 최저의 온도
 - 가연성 증기를 발생할 수 있는 최저의 온도

• 발화점(Ignition Point) : 가연성 물질에 점화원을 접하지 않고도 불이 일어나는 최저의 온도

• 연소점(Fire Point) : 어떤 물질이 연소 시 연소를 지속할 수 있는 온도로서 인화점보다 10[℃] 높음

※ 온도의 순서 : 발화점 > 연소점 > 인화점

051

인화점이 낮은 것부터 높은 순서로 옳게 나열된 것은?

① 에틸알코올 < 이황화탄소 < 아세톤

② 이황화탄소 < 에틸알코올 < 아세톤

③ 에틸알코올 < 아세톤 < 이황화탄소

④ 이황화탄소 < 아세톤 < 에틸알코올

해설

제4류 위험물의 인화점

종류	이황화탄소	아세톤	에틸알코올
품명	특수인화물	제1석유류	알코올류
인화점	−30[℃]	−18.5[℃]	13[℃]

052

다음 중 인화점이 가장 낮은 것은?

① 산화프로필렌   ② 이황화탄소

③ 메틸알코올   ④ 등유

해설

제4류 위험물의 인화점

종류	산화프로필렌	이황화탄소	메틸알코올	등유
구분	특수인화물	특수인화물	알코올류	제2석유류
인화점	−37[℃]	−30[℃]	11[℃]	39[℃] 이상

053

다음 중 인화점이 가장 낮은 것은?

① 경유   ② 메틸알코올

③ 이황화탄소   ④ 등유

해설

인화점

종류	경유	메틸알코올	이황화탄소	등유
인화점	41[℃] 이상	11[℃]	−30[℃]	39[℃] 이상

054

다음 물질 중 인화점이 가장 낮은 것은?

① 에틸알코올
② 등유
③ 경유
④ 다이에틸에터

해설

제4류 위험물의 인화점

종류		에틸알코올	등유	경유	다이에틸에터
분류	품명	알코올류	제2석유류	제2석유류	특수인화물
	인화점	–	21[℃] 이상 70[℃] 미만	21[℃] 이상 70[℃] 미만	−20[℃] 이하
인화점		13[℃]	39[℃] 이상	41[℃] 이상	−40[℃]

055

기온이 20[℃]인 실내에서 인화점이 70[℃]인 가연성의 액체 표면에 성냥불 한 개를 던지면 어떻게 되는가?

① 즉시 불이 붙는다.
② 불이 붙지 않는다.
③ 즉시 폭발한다.
④ 즉시 불이 붙고 3~5초 후에 폭발한다.

해설

기온이 20[℃]인 실내에서 인화점이 70[℃]인 가연성의 액체 표면에 점화원(성냥불)이 있어도 불은 붙지 않는다.
※ 액체 위험물은 인화점 이상이 되면 불이 붙는다.

056

다음 중 발화점이 가장 낮은 것은?

① 휘발유
② 이황화탄소
③ 적린
④ 황린

해설

발화점

종류	휘발유	이황화탄소	적린	황린
발화점	280~456[℃]	90[℃]	260[℃]	34[℃]

※ 발화점이 낮은 것은 황린(34[℃])과 이황화탄소(90[℃])이다.

057

다음 중 착화온도가 가장 낮은 것은?

① 아세톤
② 휘발유
③ 이황화탄소
④ 벤젠

해설

착화온도

종류	아세톤	휘발유	이황화탄소	벤젠
착화온도 (발화점)	465[℃]	280~456[℃]	90[℃]	498[℃]

058

발화온도 500[℃]에 대한 설명으로 다음 중 가장 옳은 것은?

① 500[℃]로 가열하면 산소 공급 없이 인화한다.
② 500[℃]로 가열하면 공기 중에서 스스로 타기 시작한다.
③ 500[℃]로 가열하여도 점화원이 없으면 타지 않는다.
④ 500[℃]로 가열하면 마찰열에 의하여 연소한다.

해설

발화온도 500[℃]란 점화원이 없어도 500[℃]가 되면 공기 중에서 스스로 타기 시작한다.

059

자연발화의 원인이 되는 열의 발생 형태가 다른 것은?

① 건성유   ② 고무분말
③ 석탄   ④ 퇴비

해설

자연발화의 형태
• 산화열에 의한 발화 : 석탄, 건성유, 고무분말
• 분해열에 의한 발화 : 나이트로셀룰로스
• 미생물에 의한 발화 : 퇴비, 먼지
• 흡착열에 의한 발화 : 목탄, 활성탄

060

불포화 섬유지나 석탄에 자연발화를 일으키는 원인은?

① 분해열   ② 산화열
③ 발효열   ④ 중합열

해설

산화열에 의한 발화 : 석탄, 건성유, 고무분말

061

자연발화가 일어나기 쉬운 조건이 아닌 것은?

① 열전도율이 클 것
② 적당량의 수분이 존재할 것
③ 주위의 온도가 높을 것
④ 표면적이 넓을 것

해설

열전도율이 크면 자연발화가 일어나기 어렵다.

062

자연발화 방지 대책에 대한 설명 중 틀린 것은?

① 저장실의 온도를 낮게 유지한다.
② 저장실의 환기를 원활히 시킨다.
③ 촉매물질과의 접촉을 피한다.
④ 저장실의 습도를 높게 유지한다.

해설

자연발화의 방지 대책
• 습도를 낮게 할 것(습도를 낮게 해야 열을 잘 확산시킨다)
• 주위(저장실)의 온도를 낮출 것
• 통풍을 잘 시킬 것
• 불활성 가스를 주입하여 공기와 접촉을 피할 것
• 열전도율을 크게 한다.

063

자연발화의 예방을 위한 대책이 아닌 것은?

① 열이 축적을 방지한다.
② 주위 온도를 낮게 유지한다.
③ 열전도성을 나쁘게 한다.
④ 산소와의 접촉을 차단한다.

해설

열전도성이 좋아야 열 축적이 되지 않아 자연발화를 방지할 수 있다.

064

대두유가 침적된 기름 걸레를 쓰레기통에 장시간 방치한 결과 자연발화에 의하여 화재가 발생한 경우 그 이유로 옳은 것은?

① 융해열 축적
② 산화열 축적
③ 증발열 축적
④ 발효열 축적

기름 걸레를 밀폐된 공간에 장시간 방치하면 산화열이 축적되어 자연발화가 일어난다.

065

정전기에 의한 발화과정으로 옳은 것은?

① 방전 → 전하의 축적 → 전하의 발생 → 발화
② 전하의 발생 → 전하의 축적 → 방전 → 발화
③ 전하의 발생 → 방전 → 전하의 축적 → 발화
④ 전하의 축적 → 방전 → 전하의 발생 → 발화

정전기에 의한 발화과정 : 전하의 발생 → 전하의 축적 → 방전 → 발화

066

증기비중의 정의로 옳은 것은?(단, 분자, 분모의 단위는 모두 [g/mol]이다)

① $\dfrac{분자량}{22.4}$
② $\dfrac{분자량}{29}$

③ $\dfrac{분자량}{44.8}$
④ $\dfrac{분자량}{100}$

증기비중 $= \dfrac{분자량}{29}$

※ 공기의 평균 분자량 : 29

067

공기의 평균 분자량이 29일 때 이산화탄소 기체의 증기비중은 얼마인가?

① 1.44
② 1.52
③ 2.88
④ 3.24

이산화탄소(CO_2)의 분자량 : 44

∴ 증기비중 $= \dfrac{분자량}{29} = \dfrac{44}{29} = 1.517 ≒ 1.52$

068

다음 중 증기비중이 가장 큰 것은?

① 이산화탄소
② 할론 1301
③ 할론 1211
④ 할론 2402

증기비중 = 분자량/29이므로 분자량이 크면 증기비중이 크다.

종류	이산화탄소	할론 1301	할론 1211	할론 2402
분자식	CO_2	CF_3Br	CF_2ClBr	$C_2F_4Br_2$
분자량	44	148.95	165.4	259.8
증기비중	1.52	5.14	5.70	8.96

069

Halon 1301의 증기비중은 약 얼마인가?(단, 원자량은 C 12, F 19, Br 80, Cl 35.5이고, 공기의 평균 분자량은 29이다)

① 4.14

② 5.14

③ 6.14

④ 7.14

해설

Halon 1301(CF_3Br)의 분자량 : 149

$$\therefore \text{증기비중} = \frac{\text{분자량}}{\text{공기의 평균 분자량}}$$

$$= \frac{149}{29} \fallingdotseq 5.14$$

070

다음 중 동일한 조건에서 증발잠열[kJ/kg]이 가장 큰 것은?

① 질소

② 할론 1301

③ 이산화탄소

④ 물

해설

증발잠열

소화약제	질소	할론 1301	이산화탄소	물
증발잠열 [kJ/kg]	48	119	576.6	2,255 (539[kcal/kg] × 4.184[kJ/kcal] = 2,255[kJ/kg])

071

다음 가연성 기체 1[mol]이 완전 연소하는 데 필요한 이론 공기량으로 틀린 것은?(단, 체적비로 계산하여 공기 중 산소의 농도를 21[vol%]로 한다)

① 수소 – 약 2.38[mol]

② 메테인 – 약 9.52[mol]

③ 아세틸렌 – 약 16.91[mol]

④ 프로페인 – 약 23.81[mol]

해설

이론공기량

• 수소

$$H_2 + 1/2O_2 \rightarrow H_2O$$

1[mol]   0.5[mol]

∴ 이론공기량 = 0.5[mol]/0.21 = 2.38[mol]

• 메테인

$$CH_4 + 2O_2 \rightarrow CO_2 + 2H_2O$$

1[mol]   2[mol]

∴ 이론공기량 = 2[mol]/0.21 = 9.52[mol]

• 아세틸렌

$$C_2H_2 + 2.5O_2 \rightarrow 2CO_2 + H_2O$$

1[mol]   2.5[mol]

∴ 이론공기량 = 2.5[mol]/0.21 = 11.90[mol]

• 프로페인

$$C_3H_8 + 5O_2 \rightarrow 3CO_2 + 4H_2O$$

1[mol]   5[mol]

∴ 이론공기량 = 5[mol]/0.21 = 23.81[mol]

072

0[℃], 1[atm] 상태에서 뷰테인(C_4H_{10}) 1[mol]을 완전연소 시키기 위해 필요한 산소의 [mol]은?

① 2[mol]

② 4[mol]

③ 5.5[mol]

④ 6.5[mol]

해설

뷰테인의 연소반응식

$$C_4H_{10} + 6.5O_2 \rightarrow 4CO_2 + 5H_2O$$

073

공기와 할론 1301의 혼합기체에서 할론 1301에 비해 공기의 확산속도는 약 몇 배인가?(단, 공기의 평균 분자량은 29, 할론 1301의 분자량은 149이다)

① 2.27배 ② 3.85배
③ 5.17배 ④ 6.46배

확산속도

$$\frac{U_B}{U_A} = \sqrt{\frac{M_A}{M_B}}$$

여기서, U_B : 공기의 확산속도
U_A : 할론 1301의 확산속도
M_B : 공기의 분자량
M_A : 할론 1301의 분자량

$$\therefore U_B = U_A \times \sqrt{\frac{M_A}{M_B}}$$
$$= 1[\text{m/s}] \times \sqrt{\frac{149}{29}} = 2.27배$$

074

프로페인 가스의 최소점화에너지는 일반적으로 약 몇 [mJ] 정도 되는가?

① 0.25[mJ] ② 2.5[mJ]
③ 25[mJ] ④ 250[mJ]

최소점화에너지 : 어떤 물질이 공기와 혼합하였을 때 점화원으로 발화하기 위하여 최소한 에너지

종류	메테인	프로페인	에틸렌	아세틸렌, 수소, 이황화탄소
최소점화에너지[mJ]	0.28	0.25	0.096	0.019

075

다음 연소생성물 중 인체에 독성이 가장 높은 것은?

① 이산화탄소 ② 일산화탄소
③ 수증기 ④ 포스겐

포스겐은 사염화탄소가 산소, 물과 반응할 때 발생하는 맹독성 가스로서 인체에 대한 독성이 가장 높다.

076

독성이 매우 높은 가스로서 석유제품, 유지 등이 연소할 때 생성되는 알데하이드 계통의 가스는?

① 사이안화수소 ② 암모니아
③ 포스겐 ④ 아크롤레인

아크롤레인 : 독성이 매우 높은 가스로서 석유제품, 유지 등이 연소할 때 생성되는 물질

077

화재 시 발생하는 연소가스 중 인체에서 헤모글로빈과 결합하여 혈액의 산소운반을 저해하고 두통, 근육 조절의 장애를 일으키는 것은?

① CO_2 ② CO
③ HCN ④ H_2S

일산화탄소(CO) : 연소가스 중 인체에서 헤모글로빈과 결합하여 혈액의 산소운반을 저해하고 두통, 근육 조절의 장애를 일으키는 가연성 가스

078

석유, 고무, 동물의 털, 가죽 등과 같이 황 성분을 함유하고 있는 물질이 불완전 연소될 때 발생하는 연소가스로서 계란 썩는 듯한 냄새가 나는 기체는?

① 아황산가스   ② 사이안화수소

③ 황화수소   ④ 암모니아

해설

황화수소(H_2S) : 계란 썩는 듯한 냄새가 나는 기체로서 불완전 연소 시 발생

079

열원으로서 화학적 에너지에 해당되지 않는 것은?

① 연소열   ② 분해열

③ 마찰열   ④ 용해열

해설

기계적 에너지 : 마찰열, 압축열

080

Fourier 법칙(전도)에 대한 설명으로 틀린 것은?

① 이동열량은 전열체의 단면적에 비례한다.

② 이동열량은 전열체의 두께에 비례한다.

③ 이동열량은 전열체의 열전도도에 비례한다.

④ 이동열량은 전열체 내·외부의 온도 차에 비례한다.

해설

푸리에 법칙(전도)

$$q = -kA\frac{dt}{dl}\,[\text{kcal/h}]$$

여기서, k : 열전도도[kcal/m·h·℃]
        A : 열전달면적[m^2]
        dt : 온도차[℃]
        dl : 미소거리[m]

※ 이동열량은 전열체의 미소거리에 반비례한다.

081

열전도도(Thermal Conductivity)를 표시하는 단위에 해당하는 것은?

① $[\text{J/m}^2 \cdot \text{h}]$ ② $[\text{kcal/h} \cdot \text{℃}^2]$

③ $[\text{W/m} \cdot \text{K}]$ ④ $[\text{J} \cdot \text{K/m}^3]$

해설

열전도도(열전도율)의 단위 : [kcal/m·h·℃] 또는 [W/m·℃] = [W/m·K]

082

열에너지가 물질을 매개로 하지 않고 전자파의 형태로 옮겨지는 현상은?

① 복사   ② 대류

③ 승화   ④ 전도

해설

복사 : 열에너지가 물질을 매개로 하지 않고 전자파의 형태로 옮겨지는 현상

083

스테판-볼츠만의 법칙에 의해 열복사열과 절대온도의 관계를 옳게 설명한 것은?

① 복사열은 절대온도의 제곱에 비례한다.

② 복사열은 절대온도의 4제곱에 비례한다.

③ 복사열은 절대온도의 제곱에 반비례한다.

④ 복사열은 절대온도의 4제곱에 반비례한다.

해설

스테판-볼츠만 법칙 : 복사열은 절대온도의 4제곱에 비례하고 열전달 면적에 비례한다.

$$Q = aAF(T_1^4 - T_2^4)\,[\text{kcal/h}]$$

$$\therefore \ Q_1 : Q_2 = (T_1 + 273)^4 : (T_2 + 273)^4$$

084

물체의 표면온도가 250[℃]에서 650[℃]로 상승하면 열복사량은 약 몇 배 정도 상승하는가?

① 2.5배   ② 5.7배

③ 7.5배   ④ 9.7배

해설

열 복사량

$$\frac{Q_2}{Q_1} = \frac{(650 + 273)^4\,[\text{K}]}{(250 + 273)^4\,[\text{K}]} = 9.7배$$

여기서, Q_1 : 250[℃]에서 열량

   Q_2 : 650[℃]에서 열량

※ 복사열은 절대온도의 4승에 비례한다.

085

유류 저장탱크의 화재에서 일어날 수 있는 현상이 아닌 것은?

① 플래시 오버(Flash Over)

② 보일 오버(Boil Over)

③ 슬롭 오버(Slop Over)

④ 프로스 오버(Froth Over)

해설

유류 저장탱크에 나타나는 현상 : 보일 오버, 슬롭 오버, 프로스 오버

※ 플래시 오버 현상 : 가연성 가스를 동반하는 연기와 유독가스가 방출하여 실내의 급격한 온도상승으로 실내 전체가 순간적으로 연기가 충만하는 현상으로 일반건축물에 나타난다.

086

보일 오버(Boil Over) 현상에 대한 설명으로 옳은 것은?

① 아래층에서 발생한 화재가 위층으로 급격히 옮겨 가는 현상

② 연소유의 표면이 급격히 증발하는 현상

③ 기름이 뜨거운 물 표면 아래에서 끓는 현상

④ 탱크 저부의 물이 급격히 증발하여 기름이 탱크 밖으로 화재를 동반하여 방출하는 현상

해설

유류탱크에서 발생하는 현상

• 보일 오버(Boil Over)
 − 중질유 탱크에서 장시간 조용히 연소하다가 탱크의 잔존기름이 갑자기 분출(Over Flow)하는 현상
 − 탱크 저부의 물이 뜨거운 열류층에 의하여 수증기로 변하면서 급작스러운 부피 팽창을 일으켜 유류가 탱크 외부로 분출하는 현상
 − 연소 유면으로부터 100[℃] 이상의 열파가 탱크 저부에 고여 있는 물을 비등하게 하면서 연소유를 탱크 밖으로 비산하며 연소하는 현상

• 슬롭 오버(Slop Over) : 물이 연소유의 뜨거운 표면에 들어갈 때 기름 표면에서 화재가 발생하는 현상

• 프로스 오버(Froth Over) : 물이 뜨거운 기름 표면 아래서 끓을 때 화재를 수반하지 않는 용기에서 넘쳐흐르는 현상

087

고비점 유류의 탱크 화재 시 열유층에 의해 탱크 아래의 물이 비등 · 팽창하여 유류를 탱크 외부로 분출시켜 화재를 확대시키는 현상은?

① 보일 오버(Boil Over)
② 롤 오버(Roll Over)
③ 백 드래프트(Back Draft)
④ 플래시 오버(Fash Over)

해설

보일 오버(Boil Over) : 유류탱크 화재에서 비점이 낮은 다른 액체가 밑에 있는 경우에 열류층이 탱크 아래의 비점이 낮은 액체에 도달할 때 급격히 부피가 팽창하여 다량의 유류가 외부로 넘치는 현상

088

유류탱크 화재 시 발생하는 슬롭 오버(Slop Over) 현상에 관한 설명으로 틀린 것은?

① 소화 시 외부에서 방사하는 포에 의해 발생한다.
② 연소유가 비산되어 탱크 외부까지 화재가 확산된다.
③ 탱크의 바닥에 고인 물의 비등 팽창에 의해 발생한다.
④ 연소면의 온도가 100[℃] 이상일 때 물을 주수하면 발생한다.

해설

슬롭 오버 현상
• 연소면의 온도가 100[℃] 이상일 때 발생한다.
• 물이 연소유의 뜨거운 표면에 들어갈 때 기름 표면에서 화재가 발생한다.
• 소화 시 외부에서 뿌려지는 물 또는 포에 의하여 발생한다.
※ 보일 오버 : 탱크 저부의 물이 급격히 증발하여 기름이 탱크 밖으로 화재를 동반하여 방출하는 현상

089

BLEVE 현상을 가장 옳게 설명한 것은?

① 물이 뜨거운 기름 표면 아래에서 끓을 때 화재를 수반하지 않고 Over Flow되는 현상
② 물이 연소유의 뜨거운 표면에 들어갈 때 발생되는 Over Flow 현상
③ 탱크 바닥에 물과 기름의 에멀션이 섞여 있을 때 물의 비등으로 인하여 급격하게 Over Flow되는 현상
④ 탱크 주위 화재로 탱크 내 인화성 액체가 비등하고 가스 부분의 압력이 상승하여 탱크가 파괴되고 폭발을 일으키는 현상

해설

① Froth Over
② Slop Over
③ Boil Over
④ BLEVE 현상

090

블레비(BLEVE) 현상과 관계가 없는 것은?

① 핵분열
② 가연성 액체
③ 화구(Fire Ball)의 형성
④ 복사열의 대량 방출

해설

블레비(BLEVE) 현상
• 정의 : 액화가스 저장탱크의 누설로 부유 또는 확산된 액화가스가 착화원과 접촉하여 액화가스가 공기 중으로 확산, 폭발하는 현상
• 관련 현상 : 가연성 액체, 화구의 형성, 복사열 대량 방출

091

건축물에 화재가 발생하여 일정 시간이 경과하게 되면 일정 공간 안에 열과 가연성 가스가 축적되고, 한순간에 폭발적으로 화재가 확산하는 현상을 무엇이라 하는가?

① 보일 오버 현상
② 플래시 오버 현상
③ 패닉 현상
④ 리프팅 현상

해설

플래시 오버(Flash Over) : 화재가 발생하여 일정 시간이 경과하게 되면 일정 공간 안에 열과 가연성 가스가 축적되고, 한순간에 폭발적으로 화재가 확산하는 현상

092

플래시 오버(Flash Over)에 대한 설명으로 옳은 것은?

① 도시가스의 폭발적 연소를 말한다.
② 휘발유 등 가연성 액체가 넓게 흘러서 발화한 상태를 말한다.
③ 옥내화재가 서서히 진행하여 열 및 가연성 기체가 축적되었다가 일시에 연소하여 화염이 크게 발생하는 상태를 말한다.
④ 화재 층의 불이 상부층으로 올라가는 현상을 말한다.

해설

플래시 오버(Flash Over) : 옥내화재가 서서히 진행하여 열 및 가연성 기체가 축적되었다가 일시에 연소하여 화염이 크게 발생하는 상태를 말하며 성장기에서 최성기로 넘어가는 단계에서 발생한다.

093

건축물 화재에서 플래시 오버(Flash Over) 현상이 일어나는 시기는?

① 초기에서 성장기로 넘어가는 시기
② 성장기에서 최성기로 넘어가는 시기
③ 최성기에서 감쇠기로 넘어가는 시기
④ 감쇠기에서 종기로 넘어가는 시기

해설

플래시 오버(Flash Over) 발생 : 성장기에서 최성기로 넘어가는 시기

094

건물화재 시 패닉(Panic)의 발생 원인과 직접적인 관계가 없는 것은?

① 연기에 의한 시계 제한
② 유독가스에 의한 호흡 장애
③ 외부와 단절되어 고립
④ 불연내장재의 사용

해설

건물의 불연내장재는 패닉의 발생 원인과는 관계가 없다.

095

건축물의 화재 시 피난자들의 집중으로 패닉(Panic) 현상이 일어날 수 있는 피난방향은?

피난방향 및 경로

구분	구조	특징
T형		피난자에게 피난경로를 확실히 알려주는 형태
X형		양방향으로 피난할 수 있는 확실한 형태
H형		중앙코너방식으로 피난자의 집중으로 패닉 현상이 일어날 우려가 있는 형태
Z형		중앙복도형 건축물에서의 피난경로로서 코너식 중 제일 안전한 형태

096

화재 시 수직방향의 연기상승 속도범위는 일반적으로 몇 [m/s]의 범위 내에 있는가?

① 0.05 ~ 0.1[m/s]
② 0.8 ~ 1[m/s]
③ 2 ~ 3[m/s]
④ 10 ~ 20[m/s]

해설
연기의 이동속도

방향	수평방향	수직방향	계단실 내
이동속도	0.5 ~ 1[m/s]	2 ~ 3[m/s]	3 ~ 5[m/s]

097

연기에 의한 감광계수가 0.1[m⁻¹], 가시거리가 20 ~ 30[m]일 때의 상황으로 옳은 것은?

① 건물 내부에 익숙한 사람이 피난에 지장을 느낄 정도
② 연기감지기가 작동할 정도
③ 어두운 것을 느낄 정도
④ 앞이 거의 보이지 않을 정도

해설
연기농도와 가시거리

감광계수[m^{-1}]	가시거리[m]	상황
0.1	20 ~ 30	연기감지기가 작동할 때의 정도
0.3	5	건물 내부에 익숙한 사람이 피난에 지장을 느낄 정도
0.5	3	어두침침한 것을 느낄 정도
1	1 ~ 2	거의 앞이 보이지 않을 정도
10	0.2 ~ 0.5	화재 최성기 때의 정도
30	—	출화실에서 연기가 분출될 때의 연기농도

098

실내 화재 시 발생한 연기로 인한 감광계수[m^{-1}]와 가시거리에 대한 설명 중 틀린 것은?

① 감광계수가 0.1일 때 가시거리는 20 ~ 30[m]이다.
② 감광계수가 0.3일 때 가시거리는 15 ~ 20[m]이다.
③ 감광계수가 1일 때 가시거리는 1 ~ 2[m]이다.
④ 감광계수가 10일 때 가시거리는 0.2 ~ 0.5[m]이다.

해설
감광계수가 0.3일 때 가시거리는 5[m]이다.

099

고층건축물에서 화재 시 연기제어의 기본방법이 아닌 것은?

① 희석　　　　　　② 차단
③ 배기　　　　　　④ 복사

해설

연기의 제어방식 : 희석, 배기, 차단
※ 열전달방식 : 전도, 대류, 복사

100

고층건축물 내의 연기 거동 중 굴뚝효과에 영향을 미치는 요소가 아닌 것은?

① 건물 내·외의 온도 차
② 화재실의 온도
③ 건물의 높이
④ 층의 면적

해설

굴뚝효과에 영향을 미치는 요소
• 건물 내·외의 온도 차
• 화재실의 온도
• 건물의 높이

101

굴뚝효과에 관한 설명으로 틀린 것은?

① 건물 내·외부의 온도 차에 따른 공기의 흐름 현상이다.
② 굴뚝효과는 고층건축물에서는 잘 나타나지 않고 저층건축물에서 주로 나타난다.
③ 평상시 건물 내의 기류분포를 지배하는 중요 요소이며 화재 시 연기의 이동에 큰 영향을 미친다.
④ 건물 외부의 온도가 내부의 온도보다 높은 경우 저층부에서는 내부에서 외부로 공기의 흐름이 생긴다.

해설

굴뚝효과 : 건물 내·외부의 온도 차에 따른 공기의 흐름 현상으로 고층건축물에서 주로 나타난다.

102

목조건축물의 화재 특성으로 틀린 것은?

① 습도가 낮을수록 연소 확대가 빠르다.
② 화재 진행 속도는 내화건축물보다 빠르다.
③ 화재최성기의 온도는 내화건축물보다 낮다.
④ 화재 성장 속도는 횡방향보다 종방향이 빠르다.

해설

목조건축물은 화재최성기일 때의 온도는 약 1,100[℃]로서 내화건축물보다 높다.

103

화재의 지속시간 및 온도에 따라 목조건축물과 내화건축물을 비교했을 때 목조건축물의 화재성상으로 가장 적합한 것은?

① 저온 장기형이다.
② 저온 단기형이다.
③ 고온 장기형이다.
④ 고온 단기형이다.

해설

목조건축물의 화재성상 : 고온 단기형

104

다음 그림에서 목조건축물의 표준시간–온도곡선으로 옳은 것은?

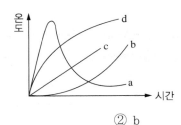

① a   ② b
③ c   ④ d

해설

표준시간–온도곡선
• a : 목조건축물(고온 단기형)
• d : 내화건축물(저온 장기형)

105

목조건축물의 화재 진행 과정을 순서대로 나열한 것은?

① 무염착화 – 발염착화 – 발화 – 최성기
② 무염착화 – 최성기 – 발염착화 – 발화
③ 발염착화 – 발화 – 최성기 – 무염착화
④ 발염착화 – 최성기 – 무염착화 – 발화

해설

목조건축물의 화재 진행 과정 : 화원 → 무염착화 → 발염착화 → 발화 (출화) → 최성기 → 연소낙하 → 소화

106

목조건축물에서 발생하는 옥외 출하시기를 나타낸 것으로 옳은 것은?

① 창, 출입구 등에 발염 착화한 때
② 천장 속, 벽 속 등에서 발염 착화한 때
③ 가옥구조에서는 천장면에 발염 착화한 때
④ 불연 천장인 경우 실내의 그 뒷면에 발염 착화한 때

해설

옥외 출하 : 창, 출입구 등에 발염 착화한 때

107

목조건축물에서 화재가 최성기에 이르면 천장, 대들보 등이 무너지고 강한 복사열을 발생한다. 이때 나타낼 수 있는 최고 온도는 약 몇 [℃]인가?

① 300[℃]   ② 600[℃]
③ 900[℃]   ④ 1,300[℃]

해설

온도가 1,300[℃]가 되면 목조건축물에서 화재가 최성기에 이르면 천장, 대들보 등이 무너지고 강한 복사열을 발생한다.

108

건축물의 화재를 확산시키는 요인이라 볼 수 없는 것은?

① 비화(飛火)
② 복사열(輻射熱)
③ 자연발화(自然發火)
④ 접염(接炎)

건축물의 화재 확대요인
• 접염 : 화염 또는 열의 접촉에 의하여 불이 옮겨 붙는 것
• 복사열 : 복사파에 의하여 열이 고온에서 저온으로 이동하는 것
• 비화 : 화재현장에서 불꽃이 날아가 먼 지역까지 발화하는 현상

109

건축물의 화재성상 중 내화건축물의 화재성상으로 옳은 것은?

① 저온 장기형
② 고온 단기형
③ 고온 장기형
④ 저온 단기형

화재성상
• 목조건축물 : 고온 단기형
• 내화건축물 : 저온 장기형

110

내화건축물 화재의 진행 과정으로 가장 옳은 것은?

① 화원 → 최성기 → 성장기 → 감퇴기
② 화원 → 감퇴기 → 성장기 → 최성기
③ 초기 → 성장기 → 최성기 → 감퇴기 → 종기
④ 초기 → 감퇴기 → 최성기 → 성장기 → 종기

내화건축물 화재의 진행 과정 : 초기 → 성장기 → 최성기 → 감퇴기 → 종기

111

내화건축물 화재의 표준시간–온도곡선에서 화재 발생 후 30분이 경과할 경우 내부온도는 약 몇 [℃] 정도 되는가?

① 225[℃]
② 625[℃]
③ 840[℃]
④ 925[℃]

내화건축물의 표준시간–온도곡선의 내부온도

시간	30분 후	1시간 후	2시간 후	3시간 후
온도	840[℃]	925[℃] (950[℃])	1,010[℃]	1,050[℃]

112

내화건축물 화재의 표준시간–온도곡선에서 화재 발생 후 1시간이 경과할 경우 내부온도는 약 몇 [℃] 정도 되는가?

① 125[℃]
② 325[℃]
③ 640[℃]
④ 925[℃]

내화건축물 화재

시간	30분 후	1시간 후	2시간 후	3시간 후
온도	840[℃]	925[℃] (950[℃])	1,010[℃]	1,050[℃]

※ 1시간 후 : 950[℃](925[℃])로서 자료마다 약간의 차이가 있다.

113

화재하중의 단위로 옳은 것은?

① $[kg/m^2]$
② $[℃/m^2]$
③ $[kg \cdot L/m^3]$
④ $[℃ \cdot L/m^3]$

해설

화재하중 : 단위면적당 가연성 수용물의 양으로서 건물 화재 시 발열량 및 화재의 위험성을 나타내는 용어로서 단위는 $[kg/m^2]$이다.

114

화재하중에 대한 설명 중 틀린 것은?

① 화재하중이 크면 단위면적당의 발열량이 크다.
② 화재하중이 크다는 것은 화재구획의 공간이 넓다는 것이다.
③ 화재하중이 같더라도 물질의 상태에 따라 화재가혹도는 달라진다.
④ 화재하중은 화재구획실 내의 가연물의 총량을 목재 중량당 비로 환산하여 면적으로 나눈 수치이다.

해설

화재하중
- 정의 : 단위면적당 가연성 수용물의 양으로서 건물 화재 시 발열량 및 화재의 위험성을 나타내는 용어이고, 화재의 규모를 결정하는 데 사용된다.
- 화재하중(Q)

$$Q = \frac{\Sigma(G_t \times H_t)}{H \times A} = \frac{Q_t}{4,500 \times A} [kg/m^2]$$

여기서, G_t : 가연물의 질량[kg]
H_t : 가연물의 단위발열량[kcal/kg]
H : 목재의 단위발열량(4,500[kcal/kg])
A : 화재실의 바닥면적[m^2]
Q_t : 가연물의 전발열량[kcal]

115

화재실 혹은 화재공간의 단위바닥면적에 대한 등가가연물량의 값을 화재하중이라 하며 식으로 표시할 경우에는 $Q = \Sigma(G_t \cdot H_t)/H \cdot A$와 같이 표현할 수 있다. 여기서 H는 무엇을 나타내는가?

① 목재의 단위발열량
② 가연물의 단위발열량
③ 화재실 내 가연물의 전체 발열량
④ 목재의 단위발열량과 가연물의 단위발열량을 합한 것

해설

H : 목재의 단위발열량(4,500[kcal/kg])

116

방호공간 안에서 화재의 세기를 나타내고 화재가 진행되는 과정에서 온도에 따라 변하는 것으로 표준시간-온도곡선으로 표시할 수 있는 것은?

① 화재저항
② 화재가혹도
③ 화재하중
④ 화재플럼

해설

화재가혹도 : 방호공간 안에서 화재의 세기를 나타내고 화재가 진행되는 과정에서 온도에 따라 변하는 것으로 표준시간-온도곡선으로 표시한다.

117

화재강도(Fire Intensity)와 관계가 없는 것은?

① 가연물의 비표면적 ② 발화원의 온도
③ 화재실의 구조 ④ 가연물의 발열량

해설

화재강도와 관계
• 가연물의 비표면적
• 화재실의 구조
• 가연물의 발열량

118

다음 [보기]에서 화재 발생 시 나타나는 현상으로 옳은 것은?

┤보기├

밀폐된 공간에서 화재 발생 시 산소 부족으로 불꽃을 내지 못하고 가연성 가스만 축적되어 있는 상태에서 갑자기 문을 열 때 신선한 공기 유입으로 폭발적인 연소가 시작된다.

① 롤 오버 ② 백 드래프트
③ 블레비 ④ 보일 오버

해설

백 드래프트는 화재 감쇠기에서 발생한다.

119

물질의 취급 또는 위험성에 대한 설명 중 틀린 것은?

① 융해열은 점화원이다.
② 질산은 물과 반응 시 발열 반응하므로 주의해야 한다.
③ 네온, 이산화탄소, 질소는 불연성 물질로 취급한다.
④ 암모니아를 충전하는 공업용 용기의 색상은 백색이다.

해설

융해열, 기화열은 점화원이 아니다.

120

위험물별 저장방법에 대한 설명 중 틀린 것은?

① 황은 정전기가 축적되지 않도록 하여 저장한다.
② 적린은 화기로부터 격리하여 저장한다.
③ 마그네슘은 건조하면 부유하여 분진폭발의 위험이 있으므로 물에 적셔 보관한다.
④ 황화인은 산화제와 격리하여 저장한다.

해설

마그네슘은 분진폭발의 위험이 있고, 물과 반응하면 가연성 가스인 수소를 발생하므로 위험하다.
$Mg + 2H_2O \rightarrow Mg(OH)_2 + H_2$

121

위험물의 유별에 따른 분류가 잘못된 것은?

① 제1류 위험물 : 산화성 고체
② 제3류 위험물 : 자연발화성 및 금수성 물질
③ 제4류 위험물 : 인화성 액체
④ 제6류 위험물 : 가연성 액체

해설

위험물의 분류

유별	제1류 위험물	제2류 위험물	제3류 위험물	제4류 위험물	제5류 위험물	제6류 위험물
성질	산화성 고체	가연성 고체	자연발화성 및 금수성 물질	인화성 액체	자기 반응성 물질	산화성 액체

122

과산화칼륨이 물과 접촉하였을 때 발생하는 것은?

① 산소   ② 수소

③ 메테인   ④ 아세틸렌

해설

과산화칼륨과 물의 반응식

$2K_2O_2 + 2H_2O \rightarrow 4KOH + O_2$(산소)

123

위험물의 유별 성질이 가연성 고체인 위험물은 제 몇 류 위험물인가?

① 제1류 위험물   ② 제2류 위험물

③ 제3류 위험물   ④ 제4류 위험물

해설

위험물의 분류

유별	제1류 위험물	제2류 위험물	제3류 위험물	제4류 위험물	제5류 위험물	제6류 위험물
성질	산화성 고체	가연성 고체	자연 발화성 및 금수성 물질	인화성 액체	자기 반응성 물질	산화성 액체

124

제2류 위험물에 해당하지 않는 것은?

① 황   ② 황화인

③ 적린   ④ 황린

해설

황린 : 제3류 위험물

※ 황린(P_4) : 물속에 저장

125

마그네슘의 화재에 주수하였을 때 물과 마그네슘의 반응으로 인하여 생성되는 가스는?

① 산소   ② 수소

③ 일산화탄소   ④ 이산화탄소

해설

마그네슘은 물과 반응하면 수소가스를 발생하므로 위험하다.

$Mg + 2H_2O \rightarrow Mg(OH)_2 + H_2 \uparrow$

126

마그네슘의 화재 시 이산화탄소 소화약제를 사용하면 안되는 이유는?

① 마그네슘과 이산화탄소가 반응하여 흡열 반응을 일으키기 때문이다.

② 마그네슘과 이산화탄소가 반응하여 가연성 가스인 일산화탄소가 생성되기 때문이다.

③ 마그네슘이 이산화탄소에 녹기 때문이다.

④ 이산화탄소에 의한 질식의 우려가 있기 때문이다.

해설

마그네슘은 이산화탄소와 반응하면 산화마그네슘과 일산화탄소가 발생한다.

$Mg + CO_2 \rightarrow MgO + CO$

127

다음 중 금수성 물질에 해당하는 것은?

① 트라이나이트로톨루엔

② 이황화탄소

③ 황린

④ 칼륨

해설

위험물의 성질

종류	트라이나이트로톨루엔	이황화탄소	황린	칼륨
유별	제5류 위험물	제4류 위험물	제3류 위험물	제3류 위험물
성질	자기반응성 물질	인화성 액체	자연발화성 물질	금수성 물질

128

위험물의 유별 성질에서 자연발화성 및 금수성 물질은 제 몇 류 위험물인가?

① 제1류 위험물

② 제2류 위험물

③ 제3류 위험물

④ 제4류 위험물

해설

유별의 성질

유별	제1류	제2류	제3류	제4류	제5류	제6류
성질	산화성 고체	가연성 고체	자연발화성 및 금수성 물질	인화성 액체	자기반응성 물질	산화성 액체

129

칼륨에 화재 발생 시 주수를 하면 안 되는 이유는?

① 산소가 발생하기 때문에

② 질소가 발생하기 때문에

③ 수소가 발생하기 때문에

④ 수증기가 발생하기 때문에

해설

칼륨은 물과 반응하면 수소(H_2) 가스를 발생하므로 위험하다.

$2K + 2H_2O \rightarrow 2KOH + H_2 \uparrow$

130

제3류 위험물로서 자연발화성만 있고 금수성이 없기 때문에 물속에 보관하는 물질은?

① 염소산암모늄

② 황린

③ 칼륨

④ 질산

해설

황린 : 제3류 위험물로서 자연발화성 물질이고 물속에 보관한다.

131

공기 중에서 자연발화 위험성이 높은 물질은?

① 벤젠

② 톨루엔

③ 이황화탄소

④ 트라이에틸알루미늄

해설

위험물의 성질

종류	벤젠	톨루엔	이황화탄소	트라이에틸알루미늄
성질	인화성 액체	인화성 액체	인화성 액체	자연발화성 물질

132

알킬알루미늄 화재에 적합한 소화약제는?

① 물   ② 이산화탄소

③ 팽창질석   ④ 할론

해설

알킬알루미늄의 소화약제 : 마른모래, 팽창질석, 팽창진주암

133

공기 또는 물과 반응하여 발화할 위험이 높은 물질은?

① 벤젠   ② 이황화탄소

③ 트라이에틸알루미늄   ④ 톨루엔

해설

물과의 반응
- 벤젠과 톨루엔은 물과 반응하지 않고 분리된다.
- 이황화탄소는 물속에 저장한다.
- 트라이에틸알루미늄[$(C_2H_5)_3Al$]은 공기 또는 물과 반응한다.
  - 공기와의 반응
    $2(C_2H_5)_3Al + 21O_2 \rightarrow Al_2O_3 + 15H_2O + 12CO_2 \uparrow$
  - 물과의 반응
    $(C_2H_5)_3Al + 3H_2O \rightarrow Al(OH)_3 + 3C_2H_6 \uparrow$

134

인화칼슘과 물이 반응할 때 생성되는 가스는?

① 아세틸렌   ② 황화수소

③ 황산   ④ 포스핀

해설

인화칼슘은 물과 반응하면 독성가스인 포스핀(인화수소, PH_3)을 발생한다.

$Ca_3P_2 + 6H_2O \rightarrow 3Ca(OH)_2 + 2PH_3 \uparrow$

135

인화알루미늄의 화재 시 주수소화하면 발생하는 물질은?

① 수소   ② 메테인

③ 포스핀   ④ 아세틸렌

해설

인화알루미늄은 물과 반응하면 포스핀(인화수소, PH_3)이 발생하므로 위험하다.

$AlP + 3H_2O \rightarrow Al(OH)_3 + PH_3$

136

탄화칼슘이 물과 반응 시 발생하는 가연성 가스는?

① 메테인   ② 포스핀

③ 아세틸렌   ④ 수소

해설

탄화칼슘이 물과 반응하면 아세틸렌(C_2H_2)의 가연성 가스를 발생한다.

$CaC_2 + 2H_2O \rightarrow Ca(OH)_2 + C_2H_2 \uparrow$
  (수산화칼슘) (아세틸렌)

137

물과 반응하여 가연성 기체를 발생하지 않는 것은?

① 칼륨
② 인화아연
③ 산화칼슘
④ 탄화알루미늄

해설

물과 반응

• 칼륨

$2K + 2H_2O \rightarrow 2KOH + H_2 \uparrow$ (수소)

• 인화아연

$Zn_3P_2 + 6H_2O \rightarrow 3Zn(OH)_2 + 2PH_3 \uparrow$ (포스핀)

• 산화칼슘

$CaO + H_2O \rightarrow Ca(OH)_2$ + 발열

• 탄화알루미늄

$Al_4C_3 + 12H_2O \rightarrow 4Al(OH)_3 + 3CH_4 \uparrow$ (메테인)

138

제4류 위험물의 물리·화학적 특성에 대한 설명으로 틀린 것은?

① 증기비중은 공기보다 크다.
② 정전기에 의한 화재발생 위험이 있다.
③ 인화성 액체이다.
④ 인화점이 높을수록 증기발생이 용이하다.

해설

제4류 위험물

• 증기비중은 공기보다 크다(사이안화수소는 공기보다 0.93배 가볍다).
• 인화성 액체이므로 정전기에 의한 화재 위험성이 크다.
• 인화점이 낮을수록 증기발생이 용이하므로 위험하다.

139

제4류 위험물의 성질로 옳은 것은?

① 가연성 고체
② 산화성 고체
③ 인화성 액체
④ 자기반응성 물질

해설

위험물의 성질

종류	제1류 위험물	제2류 위험물	제3류 위험물	제4류 위험물	제5류 위험물	제6류 위험물
성질	산화성 고체	가연성 고체	자연발화성 및 금수성 물질	인화성 액체	자기 반응성 물질	산화성 액체

140

다음 중 인화성 물질이 아닌 것은?

① 기어유
② 질소
③ 이황화탄소
④ 에터

해설

위험물의 분류

종류	기어유	질소	이황화탄소	에터
유별	제4류 위험물	−	제4류 위험물	제4류 위험물
품명	제4석유류	−	특수인화물	특수인화물
성질	인화성 액체	불연성 가스	인화성 액체	인화성 액체

141

위험물의 저장 방법으로 틀린 것은?

① 금속나트륨 – 석유류에 저장
② 이황화탄소 – 수조 물탱크에 저장
③ 알킬알루미늄 – 벤젠액에 희석하여 저장
④ 산화프로필렌 – 구리 용기에 넣고 불연성 가스를 불입하여 저장

해설

산화프로필렌, 아세트알데하이드 : 구리, 마그네슘, 수은, 은과의 접촉을 피하고 불연성 가스를 불입하여 저장한다.

142

다음 중 제4류 위험물에 적응성이 있는 것은?

① 옥내소화전설비　　② 옥외소화전설비

③ 봉상수소화기　　　④ 물분무소화설비

제4류 위험물은 인화성 액체로서 물분무소화설비(질식효과, 냉각효과, 유화효과, 희석효과)가 적합하다.

143

동식물유류에서 아이오딘값이 큰 의미와 가장 가까운 것은 무엇인가?

① 불포화도가 높다.

② 불건성유이다.

③ 자연발화성이 낮다.

④ 산소와의 결합이 어렵다.

아이오딘값이 클 때
• 불포화도가 높다.
• 건성유이다.
• 자연발화성이 높다.
• 산소와 결합이 쉽다.

144

위험물안전관리법령상 자기반응성 물질의 품명에 해당하지 않는 것은?

① 나이트로화합물　　② 할로젠간화합물

③ 질산에스터류　　　④ 하이드록실아민염류

할로젠간화합물 : 제6류 위험물

145

일반적인 플라스틱 분류상 열경화성 플라스틱에 해당하는 것은?

① 폴리에틸렌　　　　② 폴리염화비닐

③ 페놀수지　　　　　④ 폴리스타이렌

수지의 종류
• 열경화성 수지 : 열에 의해 굳어지는 수지로서 페놀수지, 요소수지, 멜라민수지
• 열가소성 수지 : 열에 의해 변형되는 수지로서 폴리에틸렌수지, 폴리스타이렌수지, PVC(폴리염화비닐)수지

146

고분자 재료와 열적 특성의 연결이 옳은 것은?

① 폴리염화비닐수지 – 열가소성

② 페놀수지 – 열가소성

③ 폴리에틸렌수지 – 열경화성

④ 멜라민수지 – 열가소성

145번 해설 참고

147

건축물의 내화구조 바닥이 철근콘크리조 또는 철골 · 철근 콘크리트조인 경우 두께가 몇 [cm] 이상이어야 하는가?

① 4[cm] 이상   ② 5[cm] 이상

③ 7[cm] 이상   ④ 10[cm] 이상

해설

내화구조(건피방 제3조)

내화구분		내화구조의 기준
벽	모든 벽	• 철근콘크리트조 또는 철골 · 철근콘크리트조로서 두께가 10[cm] 이상인 것 • 골구를 철골조로 하고 그 양면을 두께 4[cm] 이상의 철망 모르타르로 덮은 것 • 두께 5[cm] 이상의 콘크리트블록 · 벽돌 또는 석재로 덮은 것 • 철재로 보강된 콘크리트블록조 · 벽돌조 또는 석조로서 철재에 덮은 콘크리트블록 등의 두께가 5[cm] 이상인 것 • 벽돌조로서 두께가 19[cm] 이상인 것 • 고온 · 고압의 증기로 양생된 경량기포 콘크리트패널 또는 경량기포 콘크리트블록조로서 두께가 10[cm] 이상인 것
	외벽 중 비내력벽	• 철근콘크리트조 또는 철골 · 철근콘크리트조로서 두께가 7[cm] 이상인 것 • 골구를 철골조로 하고 그 양면을 두께 3[cm] 이상의 철망 모르타르로 덮은 것 • 두께 4[cm] 이상의 콘크리트블록 · 벽돌 또는 석재로 덮은 것 • 철재로 보강된 콘크리트블록조 · 벽돌조 또는 석조로서 철재에 덮은 콘크리트블록 등의 두께가 4[cm] 이상인 것 • 무근콘크리트조 · 콘크리트블록조 · 벽돌조 또는 석조로서 두께가 7[cm] 이상인 것

148

내화구조의 기준 중 벽의 경우 벽돌조로서 두께가 최소 몇 [cm] 이상이어야 하는가?

① 5[cm] 이상   ② 10[cm] 이상

③ 12[cm] 이상   ④ 19[cm] 이상

해설

벽돌조의 내화구조 : 두께가 19[cm] 이상

149

내화구조에 해당하지 않는 것은?

① 철근콘크리트조로 두께가 10[cm] 이상인 벽

② 철근콘크리트조로 두께가 5[cm] 이상인 외벽

③ 벽돌조로서 두께가 19[cm] 이상인 벽

④ 철골콘크리트조로서 두께가 10[cm] 이상인 벽

해설

내화구조의 기준 : 철근콘크리트조 또는 철골 · 철근콘크리트조로서 두께가 7[cm] 이상인 것

150

건축물의 피난 · 방화구조 등의 기준에 관한 규칙에 따른 철망 모르타르로서 그 바름 두께가 최소 몇 [cm] 이상인 것을 방화구조로 규정하는가?

① 2[cm] 이상   ② 2.5[cm] 이상

③ 3[cm] 이상   ④ 3.5[cm] 이상

해설

방화구조(건피방 제4조)

구조 내용	방화구조의 기준
철망 모르타르 바르기	바름 두께가 2[cm] 이상인 것
• 석고판 위에 시멘트 모르타르, 회반죽을 바른 것 • 시멘트 모르타르 위에 타일을 붙인 것	두께의 합계가 2.5[cm] 이상인 것
심벽에 흙으로 맞벽치기한 것	그대로 모두 인정됨

151

방화구조에 대한 기준으로 틀린 것은?

① 철망 모르타르로서 그 바름 두께가 2[cm] 이상인 것
② 석고판 위에 시멘트 모르타르 또는 회반죽을 바른 것으로서 그 두께의 합계가 2.5[cm] 이상인 것
③ 시멘트 모르타르 위에 타일을 붙인 것으로서 그 두께의 합계가 2[cm] 이상인 것
④ 심벽에 흙으로 맞벽치기한 것

해설

방화구조 : 시멘트 모르타르 위에 타일을 붙인 것으로서 그 두께의 합계가 2.5[cm] 이상인 것

152

건축물의 피난·방화구조 등의 기준에 관한 규칙에서 건축물의 바깥쪽에 설치하는 피난계단의 유효너비는 몇 [m] 이상으로 해야 하는가?

① 0.6[m] 이상
② 0.7[m] 이상
③ 0.9[m] 이상
④ 1.2[m] 이상

해설

건축물의 바깥쪽에 설치하는 피난계단의 유효너비(건피방 제9조) : 0.9[m] 이상

153

주요구조부가 내화구조로 된 건축물에서 거실 각 부분으로부터 하나의 직통계단에 이르는 보행거리는 피난자의 안전상 몇 [m] 이하여야 하는가?

① 50[m] 이하
② 60[m] 이하
③ 70[m] 이하
④ 80[m] 이하

해설

주요구조부가 내화구조로 된 건축물에서 거실 각 부분으로부터 하나의 직통계단에 이르는 보행거리는 피난자의 안전상 50[m] 이하여야 한다.

154

방화벽의 구조 기준 중 다음 [보기]의 (   ) 안에 알맞은 것은?

┌ 보기 ┐
- 방화벽의 양쪽 끝과 위쪽 끝을 건축물의 외벽면 및 지붕면으로부터 (㉠)[m] 이상 튀어나오게 할 것
- 방화벽에 설치하는 출입문의 너비 및 높이는 각각 (㉡)[m] 이하로 하고 해당 출입문에는 60분+방화문 또는 60분 방화문을 설치할 것

① ㉠ 0.3, ㉡ 2.5
② ㉠ 0.3, ㉡ 3.0
③ ㉠ 0.5, ㉡ 2.5
④ ㉠ 0.5, ㉡ 3.0

해설

방화벽의 구조(건피방 제21조) : 화재 시 연소의 확산을 막고 피해를 줄이기 위해 주로 목조건축물에 설치하는 벽

대상건축물	구획단지	방화벽의 구조
주요구조부가 내화구조 또는 불연재료가 아닌 연면적 1,000[m²] 이상인 건축물	연면적 1,000[m²] 미만마다 구획	• 내화구조로서 홀로 설 수 있는 구조로 할 것 • 방화벽의 양쪽 끝과 위쪽 끝을 건축물의 외벽면 및 지붕면으로부터 0.5[m] 이상 튀어나오게 할 것 • 방화벽에 설치하는 출입문의 너비 및 높이는 각각 2.5[m] 이하로 하고 해당 출입문은 60분+방화문 또는 60분 방화문을 설치할 것

155

연면적이 1,000[m²] 이상인 건축물에 설치하는 방화벽이 갖추어야 할 기준으로 틀린 것은?

① 내화구조로서 홀로 설 수 있는 구조일 것
② 방화벽의 양쪽 끝과 위쪽 끝을 건축물의 외벽면 및 지붕면으로부터 0.1[m] 이상 튀어나오게 할 것
③ 방화벽에 설치하는 출입문의 너비는 2.5[m] 이하로 할 것
④ 방화벽에 설치하는 출입문의 높이는 2.5[m] 이하로 할 것

해설

방화벽의 구조(건피방 제21조) : 방화벽의 양쪽 끝과 위쪽 끝을 건축물의 외벽면 및 지붕면으로부터 0.5[m] 이상 튀어나오게 할 것

156

60분+방화문은 연기 및 불꽃을 최소 몇 분 이상 차단할 수 있어야 하는가?

① 10분 이상
② 30분 이상
③ 40분 이상
④ 60분 이상

해설

방화문의 구분(건축법 제64조)
• 60분+방화문 : 연기 및 불꽃을 차단할 수 있는 시간이 60분 이상이고, 열을 차단할 수 있는 시간이 30분 이상인 방화문
• 60분 방화문 : 연기 및 불꽃을 차단할 수 있는 시간이 60분 이상인 방화문
• 30분 방화문 : 연기 및 불꽃을 차단할 수 있는 시간이 30분 이상 60분 미만인 방화문

157

건축법상 내력벽, 기둥, 바닥, 보, 지붕틀 및 주계단을 무엇이라 하는가?

① 내진구조부
② 건축설비부
③ 보조구조부
④ 주요구조부

해설

주요구조부 : 내력벽, 기둥, 바닥, 보, 지붕틀, 주계단
※ 주요구조부 제외 : 사잇벽, 사이기둥, 최하층의 바닥, 작은 보, 차양, 옥외계단, 천장

158

건물의 주요구조부에 해당되지 않는 것은?

① 바닥
② 천장
③ 기둥
④ 주계단

해설

주요구조부 : 내력벽, 기둥, 바닥, 보, 지붕틀, 주계단

159

다음 중 불연재료에 해당하지 않는 것은?

① 기와   ② 아크릴

③ 유리   ④ 콘크리트

해설

불연재료 등

• 불연재료 : 콘크리트, 석재, 벽돌, 기와, 석면판, 철강, 유리, 알루미늄, 시멘트 모르타르, 회 등 불에 타지 않는 성질을 가진 재료(난연 1급)
• 준불연재료 : 불연재료에 준하는 성질을 가진 재료(난연 2급)
• 난연재료 : 불에 잘 타지 않는 성질을 가진 재료(난연 3급)

160

방화구획의 설치기준 중 스프링클러설비 기타 이와 유사한 자동식 소화설비를 설치한 10층 이하의 층은 몇 [m²] 이내마다 구획해야 하는가?

① 1,000[m²] 이내   ② 1,500[m²] 이내

③ 2,000[m²] 이내   ④ 3,000[m²] 이내

해설

방화구획의 기준(건피방 제14조)

구획의 종류	구획기준		구획부분의 구조
면적별 구획	10층 이하	• 바닥면적 1,000[m²] 이내 • 자동식 소화설비(스프링클러설비) 설치 시 3,000[m²] 이내	내화구조의 바닥, 벽, 방화문 또는 자동방화셔터로 구획
	11층 이상	• 바닥면적 200[m²] 이내 • 자동식 소화설비(스프링클러설비) 설치 시 600[m²] 이내 • 내장재가 불연재료의 경우 500[m²] 이내 • 내장재가 불연재료이면서 자동식 소화설비(스프링클러설비) 설치 시 1,500[m²] 이내	
층별 구획	매 층마다 구획(지하1층에서 지상으로 직접 연결하는 경사로 부위는 제외)		

161

연면적이 1,000[m²] 이상인 목조건축물은 그 외벽 및 처마 밑의 연소 우려가 있는 부분을 방화구조로 해야 하는데 이때 해당하는 부분은?(동일한 대지 안에 있는 2동 이상의 건축물이 있는 경우이며, 공원·광장·하천의 공지나 수면 또는 내화구조의 벽 기타 이와 유사한 것에 접하는 부분을 제외한다)

① 상호의 외벽 간 중심선으로부터 1층은 3[m] 이내의 부분

② 상호의 외벽 간 중심선으로부터 2층은 7[m] 이내의 부분

③ 상호의 외벽 간 중심선으로부터 3층은 11[m] 이내의 부분

④ 상호의 외벽 간 중심선으로부터 4층은 13[m] 이내의 부분

해설

연소 우려가 있는 부분과 건축물

• 연소 우려가 있는 부분(건피방 제22조)
 - 연면적이 1,000[m²] 이상인 목조건축물은 그 외벽 및 처마 밑의 연소할 우려가 있는 부분을 방화구조로 하되, 그 지붕은 불연재료로 해야 한다.
 - 연소할 우려가 있는 부분이라 함은 인접대지경계선·도로중심선 또는 동일한 대지 안에 있는 2동 이상의 건축물(연면적의 합계가 500[m²] 이하인 건축물은 이를 하나의 건축물로 본다) 상호의 외벽 간의 중심선으로부터 1층에 있어서는 3[m] 이내, 2층 이상에 있어서는 5[m] 이내의 거리에 있는 건축물의 각 부분을 말한다. 다만, 공원·광장·하천의 공지나 수면 또는 내화구조의 벽 기타 이와 유사한 것에 접하는 부분을 제외한다.
• 연소 우려가 있는 건축물의 구조(소방시설법 규칙 제17조)
 - 건축물대장의 건축물 현황도에 표시된 대지경계선 안에 둘 이상의 건축물이 있는 경우
 - 각각의 건축물이 다른 건축물의 외벽으로부터 수평거리가 1층의 경우에는 6[m] 이하, 2층 이상의 층의 경우에는 10[m] 이하인 경우
 - 개구부(영 제2조 제1호에 따른 개구부를 말한다)가 다른 건축물을 향하여 설치되어 있는 경우

162

연소 확대 방지를 위한 방화구획과 관계없는 것은?

① 일반승강기의 승강장 구획
② 층별 또는 면적별 구획
③ 용도별 구획
④ 방화댐퍼

해설

연소 확대 방지를 위한 방화구획과 관계 : 층별, 면적별, 용도별 구획, 방화댐퍼 등

164

피난계획의 기본 원칙에 대한 설명으로 옳지 않은 것은?

① 2방향 이상의 피난로를 확보해야 한다.
② 환자 등 신체적으로 장애가 있는 재해약자를 고려한 계획을 해야 한다.
③ 안전구획을 설정해야 한다.
④ 안전구획은 화재 층에서 연기전파를 방지하기 위하여 수직 관통부에서의 방화, 방연성능이 요구된다.

해설

피난계획의 기본 원칙
• 2방향 이상의 피난로 확보
• 피난경로 구성
• 안전구획의 설정
• 피난시설의 방화, 방연 : 비화재 층으로부터 연기전파를 방지하기 위하여 수직 관통부와 방화, 방연성능이 요구됨
• 재해약자를 배려한 계획
• 인간의 심리, 생리를 배려한 계획

163

건축방화 계획에서 건축구조 및 재료를 불연화하여 화재를 미연에 방지하고자 하는 공간적 대응 방법은?

① 회피성 대응
② 도피성 대응
③ 대항성 대응
④ 설비적 대응

해설

회피성 대응 : 건축구조 및 재료를 불연화함으로써 화재를 미연에 방지하는 공간적 대응

165

피난계획의 일반적인 원칙이 아닌 것은?

① 피난경로는 간단명료할 것
② 2방향 이상의 피난통로를 확보하여 둘 것
③ 피난수단은 이동식 시설을 원칙으로 할 것
④ 인간의 특성을 고려하여 피난계획을 세울 것

해설

피난대책의 일반적인 원칙
• 피난경로는 간단명료하게 할 것
• 피난설비는 고정식 설비를 위주로 할 것
• 피난수단은 원시적 방법에 의한 것을 원칙으로 할 것
• 2방향 이상의 피난통로를 확보할 것

166

피난로의 안전구획 중 2차 안전구획에 속하는 것은?

① 복도
② 계단부속실(전실)
③ 계단
④ 피난층에서 외부와 직면한 현관

해설
피난시설의 안전구획

구분	1차 안전구획	2차 안전구획	3차 안전구획
대상	복도	계단부속실(전실)	계단

167

건물 내 피난동선의 조건으로 옳지 않은 것은?

① 2개 이상의 방향으로 피난할 수 있어야 한다.
② 가급적 단순한 형태로 한다.
③ 통로의 말단은 안전한 장소이어야 한다.
④ 수직동선은 금하고 수평동선만 고려한다.

해설
피난대책의 일반적인 원칙
• 피난경로는 간단명료하게 할 것
• 피난설비는 고정식 설비를 위주로 할 것
• 피난수단은 원시적 방법에 의한 것을 원칙으로 할 것
• 2방향 이상의 피난통로를 확보할 것
• 피난동선은 일상생활의 동선과 일치시킨다.
• 통로의 말단은 안전한 장소이어야 한다.

168

건축물의 피난동선에 대한 설명으로 틀린 것은?

① 피난동선은 가급적 단순한 형태가 좋다.
② 피난동선은 가급적 상호 반대방향으로 다수의 출구와 연결되는 것이 좋다.
③ 피난동선은 수평동선과 수직동선으로 구분한다.
④ 피난동선은 복도, 계단을 제외한 엘리베이터와 같은 피난전용의 통행구조를 말한다.

해설
피난동선의 조건
• 수평동선과 수직동선으로 구분한다.
• 가급적 단순한 형태가 좋다.
• 상호 반대방향으로 다수의 출구와 연결되는 것이 좋다.
• 어느 곳에서도 2개 이상의 방향으로 피난할 수 있으며, 그 말단은 화재로부터 안전한 장소이어야 한다.

169

건축물의 화재 발생 시 인간의 피난 특성으로 틀린 것은?

① 평상시 사용하는 출입구나 통로를 사용하는 경향이 있다.
② 화재의 공포감으로 인하여 빛을 피해 어두운 곳으로 몸을 숨기는 경향이 있다.
③ 화염, 연기에 대한 공포감으로 발화지점의 반대방향으로 이동하는 경향이 있다.
④ 화재 시 최초로 행동을 개시한 사람을 따라 전체가 움직이는 경향이 있다.

해설
화재 시 인간의 피난 행동 특성
• 귀소본능 : 평소에 사용하던 출입구나 통로 등 습관적으로 친숙해 있는 경로로 도피하려는 본능
• 지광본능 : 공포감으로 인해서 밝은 방향으로 도피하려는 본능
• 추종본능 : 화재 발생 시 최초로 행동을 개시한 사람에 따라 전체가 움직이는 본능(많은 사람들이 달아나는 방향으로 무의식적으로 안전하다고 느껴 위험한 곳임에도 불구하고 따라가는 경향)
• 퇴피본능 : 연기나 화염에 대한 공포감으로 화원의 반대방향으로 이동하려는 본능
• 좌회본능 : 좌측으로 통행하고 시계의 반대방향으로 회전하려는 본능

170

피난계획의 일반원칙 중 Fool Proof 원칙에 대한 설명으로 옳은 것은?

① 1가지가 고장이 나도 다른 수단을 이용하는 원칙
② 2방향의 피난동선을 항상 확보하는 원칙
③ 피난수단을 이동식 시설로 하는 원칙
④ 피난수단을 조작이 간편한 원시적 방법으로 하는 원칙

해설

피난계획의 일반원칙
- Fool Proof : 비상시 머리가 혼란하여 판단능력이 저하되는 상태로 누구나 알 수 있도록 문자나 그림 등을 표시하여 직감적으로 작용하는 것으로 피난수단을 조작이 간편한 원시적 방법으로 하는 원칙
- Fail Safe : 하나의 수단이 고장으로 실패하여도 다른 수단에 의해 구제할 수 있도록 고려하는 것으로 양방향 피난로의 확보와 예비전원을 준비하는 것 등

171

피난계획의 일반원칙 중 Fool Proof 원칙에 해당하는 것은?

① 저지능인 상대에게도 쉽게 식별이 가능하도록 그림이나 색채를 이용하는 원칙
② 피난설비를 반드시 이동식으로 하는 원칙
③ 한 가지 피난기구가 고장이 나도 다른 수단을 이용할 수 있도록 고려하는 원칙
④ 피난설비를 첨단화된 전자식으로 하는 원칙

해설

Fool Proof : 비상시 머리가 혼란하여 판단능력이 저하되는 상태로 누구나 알 수 있도록 문자나 그림으로 표시하여 피난수단을 조작이 간편한 원시적인 방법으로 하는 원칙

172

물리적 방법에 의한 소화라고 볼 수 없는 것은?

① 부촉매의 연쇄반응 억제작용에 의한 방법
② 냉각에 의한 방법
③ 공기와의 접촉 차단에 의한 방법
④ 가연물 제거에 의한 방법

해설

부촉매의 연쇄반응 억제작용에 의한 방법 : 화학적인 소화방법

173

다음 중 화학적 소화방법에 해당하는 것은?

① 모닥불에 물을 뿌려 소화한다.
② 모닥불을 모래에 덮어 소화한다.
③ 유류화재를 할론 1301로 소화한다.
④ 지하실 화재를 이산화탄소로 소화한다.

해설

유류화재를 할론 1301로 소화하는 것은 화학적 소화방법이다.

174

화재의 소화원리에 따른 소화방법의 적용으로 틀린 것은?

① 냉각소화 : 스프링클러설비
② 질식소화 : 이산화탄소 소화설비
③ 제거소화 : 포소화설비
④ 억제소화 : 할론 소화설비

해설

질식소화 : 포소화설비

175

소화약제로서 물을 사용하는 주된 이유는?

① 촉매역할을 하기 때문에
② 증발잠열이 크기 때문에
③ 연소작용을 하기 때문에
④ 제거작용을 하기 때문에

해설

물을 소화약제로 사용하는 주된 이유 : 증발잠열과 비열이 크기 때문에
※ 물의 비열 : 1[cal/g·℃], 물의 증발잠열 : 539[cal/g]

176

화재 시 소화에 관한 설명으로 틀린 것은?

① 알코올형포 소화약제는 수용성 용제의 화재에 적합하다.
② 물은 불에 닿을 때 증발하면서 다량이 열을 흡수하여 소화한다.
③ 제3종 분말소화약제는 식용유 화재에 적합하다.
④ 할론 소화약제는 연쇄반응을 억제하여 소화한다.

해설

제1종 분말소화약제 : 식용유 화재에 적합

177

경유화재가 발생했을 때 주수소화가 오히려 위험할 수 있는 이유는?

① 경유는 물과 반응하여 유독가스를 발생하므로
② 경유의 연소열로 인하여 산소가 방출되어 연소를 돕기 때문에
③ 경유는 물보다 비중이 가벼워 화재면의 확대 우려가 있으므로
④ 경유가 연소할 때 수소가스를 발생하여 연소를 돕기 때문에

해설

경유는 물과 섞이지 않고 물보다 비중이 가벼워 화재면의 확대 우려가 있으므로 주수소화는 위험하다.

178

제4류 위험물의 화재 시 사용되는 주된 소화방법은?

① 물을 뿌려 냉각한다.
② 연소물을 제거한다.
③ 포를 사용하여 질식소화한다.
④ 인화점 이하로 냉각한다.

해설

제4류 위험물의 소화방법 : 질식소화(포, 이산화탄소, 할론 등)

179

소화원리에 대한 설명으로 틀린 것은?

① 냉각소화 : 물의 증발잠열에 의하여 가연물의 온도를 저하시키는 소화방법
② 제거소화 : 가연성 가스의 분출 화재 시 연료공급을 차단시키는 소화방법
③ 질식소화 : 포소화약제 또는 불연성가스를 이용해서 공기 중의 산소공급을 차단하여 소화하는 방법
④ 억제소화 : 불활성기체를 방출하여 연소범위 이하로 낮추어 소화하는 방법

해설

소화방법
• 냉각소화 : 화재 현장에서 물의 증발잠열을 이용하여 열을 빼앗아 온도를 낮추어 소화하는 방법
• 질식소화 : 공기 중의 산소의 농도를 21[%]에서 15[%] 이하로 낮추어 소화하는 방법
• 제거소화 : 화재 현장에서 가연물을 없애주어(연료공급 차단) 소화하는 방법
• 억제소화(부촉매효과) : 연쇄반응을 차단하여 소화하는 방법

180

가연성의 기체나 액체, 고체에서 나오는 분해가스의 농도를 묽게 하여 소화하는 방법은?

① 냉각소화   ② 제거소화
③ 부촉매소화   ④ 희석소화

해설

희석소화 : 가연물에서 나오는 가스나 액체의 농도를 묽게 하여 소화하는 방법

181

다음 중 가연물의 제거를 통한 소화방법과 무관한 것은?

① 산불의 확산방지를 위하여 산림의 일부를 벌채한다.
② 화학반응기의 화재 시 원료 공급관의 밸브를 잠근다.
③ 전기실 화재 시 IG-541 약제를 방출한다.
④ 유류탱크 화재 시 주변에 있는 유류탱크의 유류를 다른 곳으로 이동시킨다.

해설

전기실 화재 시 IG-541 약제를 방출하면 제거소화가 아닌 질식소화한다.

182

다음 중 제거소화 방법과 무관한 것은?

① 산불의 확산방지를 위하여 산림의 일부를 벌채한다.
② 화학반응기의 화재 시 원료 공급관의 밸브를 잠근다.
③ 유류화재 시 가연물을 포로 덮는다.
④ 유류탱크 화재 시 주변에 있는 유류탱크의 유류를 다른 곳으로 이동시킨다.

해설

질식소화 : 유류화재 시 가연물을 포로 덮어 산소의 농도를 21[%]에서 15[%] 이하로 낮추어 소화하는 방법

183

증발잠열을 이용하여 가연물의 온도를 떨어뜨려 화재를 진압하는 소화방법은?

① 제거소화
② 억제소화
③ 질식소화
④ 냉각소화

소화방법
• 냉각소화 : 화재 현장에서 물의 증발잠열을 이용하여 열을 빼앗아 온도를 낮추어 소화하는 방법
• 질식소화 : 공기 중의 산소의 농도를 21[%]에서 15[%] 이하로 낮추어 소화하는 방법
• 제거소화 : 화재 현장에서 가연물을 없애주어 소화하는 방법
• 억제소화(부촉매효과) : 연쇄반응을 차단하여 소화하는 방법

184

목재 화재 시 다량의 물을 뿌려 소화할 경우 기대되는 주된 소화효과는?

① 제거효과
② 냉각효과
③ 부촉매효과
④ 희석효과

냉각소화 : 화재현장에 물을 주수하여 발화점 이하로 온도를 낮추어 열을 제거하여 소화하는 방법으로 목재 화재 시 다량의 물을 뿌려 소화하는 것이다.

185

가연성 가스나 산소의 농도를 낮추어 소화하는 방법은?

① 질식소화
② 냉각소화
③ 제거소화
④ 억제소화

질식소화 : 공기 중의 산소 농도를 21[%]에서 15[%] 이하로 낮추어 소화하는 방법

186

불연성 기체나 고체 등으로 연소물을 감싸 산소공급을 차단하는 소화방법은?

① 질식소화
② 냉각소화
③ 연쇄반응 차단소화
④ 제거소화

질식소화 : 불연성 기체나 고체 등으로 연소물을 감싸 산소공급을 차단하는 방법

187

질식소화 시 공기 중의 산소 농도는 일반적으로 약 몇 [vol%] 이하가 되어야 하는가?

① 25[vol%] 이하
② 21[vol%] 이하
③ 19[vol%] 이하
④ 15[vol%] 이하

질식소화 : 불연성 기체나 고체 등으로 연소물을 감싸 산소의 농도를 21[%]에서 15[%] 이하로 낮추어 소화하는 방법

188

연소의 4요소 중 자유활성기(Free Radical)의 생성을 저하시켜 연쇄반응을 중지시키는 소화방법은?

① 제거소화　　　　　② 냉각소화
③ 질식소화　　　　　④ 억제소화

해설

억제소화 : 자유활성기(Free Radical)의 생성을 저하시켜 연쇄반응을 중지시키는 소화방법

189

연쇄반응을 차단하여 소화하는 소화약제는?

① 물　　　　　　　　② 포
③ 할론 1301　　　　④ 이산화탄소

해설

부촉매효과 : 연쇄반응을 차단하는 약제의 종류로는 할론, 분말소화약제가 있다.

190

이산화탄소 소화약제의 주된 소화효과는?

① 제거소화　　　　　② 억제소화
③ 질식소화　　　　　④ 냉각소화

해설

이산화탄소 소화약제의 주된 소화효과 : 질식소화(산소공급 차단)

191

위험물 화재가 발생하였을 때 물을 사용할 수 없는 것은?

① 브로민산염류
② 황
③ 트라이나이트로톨루엔
④ 톨루엔

해설

톨루엔 화재 시 주수소화하면 물과 섞이지 않아 화재면이 확대되어 위험하다.

192

다음 물질의 저장창고에서 화재가 발생하였을 때 주수소화할 수 없는 물질은?

① 부틸리튬　　　　　② 질산에틸
③ 나이트로셀룰로스　④ 적린

해설

부틸리튬(C_4H_9Li)은 물과 반응하면 가연성 가스인 뷰테인(C_4H_{10})을 발생한다.

$C_4H_9Li + H_2O \rightarrow LiOH + C_4H_{10}$

193

소화약제로 사용될 수 없는 물질은?

① 탄산수소나트륨
② 인산암모늄
③ 중크로뮴산나트륨
④ 탄산수소칼륨

해설

• 제1종 분말 : 탄산수소나트륨
• 제2종 분말 : 탄산수소칼륨
• 제3종 분말 : 인산암모늄

194

물이 소화약제로서 사용될 때 장점인 것은?

① 구하기 어렵다.
② 가격이 비싸다.
③ 증발잠열이 크다.
④ 가연물과 화학반응이 일어난다.

해설

물소화약제의 장점
• 구하기 쉽다.
• 가격이 저렴하다.
• 비열과 증발잠열이 크다.

195

물의 증발잠열과 비열로 옳은 것은?

① 증발잠열 : 100[cal/g], 비열 : 1[cal/g · ℃]
② 증발잠열 : 539[cal/g], 비열 : 1[cal/g · ℃]
③ 증발잠열 : 1[cal/g], 비열 : 539[cal/g · ℃]
④ 증발잠열 : 539[cal/g], 비열 : 100[cal/g · ℃]

해설

• 물의 증발잠열 : 539[cal/g]
• 비열 : 1[cal/g · ℃]

196

물의 소화능력에 관한 설명 중 틀린 것은?

① 다른 물질보다 비열이 크다.
② 다른 물질보다 융해잠열이 작다.
③ 다른 물질보다 증발잠열이 크다.
④ 밀폐된 장소에서 증발 가열되면 산소희석 작용을 한다.

해설

물의 소화능력
• 비열(1[cal/g · ℃])과 증발잠열(539[cal/g])이 크다.
• 물의 융해잠열 : 80[cal/g](80[kcal/kg])
• 밀폐된 장소에서 증발 가열되면 산소희석 작용을 한다.

197

소화약제 중 강화액 소화약제의 응고점은 몇 [℃] 이하여야 하는가?

① 20[℃] 이하
② -20[℃] 이하
③ 40[℃] 이하
④ -40[℃] 이하

해설

강화액 소화약제의 응고점 : -20[℃] 이하

198

물 소화약제를 어떠한 상태로 주수할 경우 전기화재의 진압에서도 소화능력을 발휘할 수 있는가?

① 물에 의한 봉상주수

② 물에 의한 적상주수

③ 물에 의한 무상주수

④ 어떤 상태의 주수에 의해서도 효과가 없다.

해설

물의 무상주수 : 전기(C급)화재에 적합

199

포소화약제가 갖추어야 할 조건이 아닌 것은?

① 부착성이 있을 것

② 유동성과 내열성이 있을 것

③ 응집성과 안정성이 있을 것

④ 소포성이 있고 기화가 용이할 것

해설

포소화약제가 갖추어야 할 조건

• 부착성이 있을 것

• 유동성과 내열성이 있을 것

• 응집성과 안정성이 있을 것

200

단백포 소화약제의 특징이 아닌 것은?

① 내열성이 우수하다.

② 유류에 대한 유동성이 나쁘다.

③ 유류를 오염시킬 수 있다.

④ 변질의 우려가 없어 저장 유효기간의 제한이 없다.

해설

단백포는 변질의 우려가 있어 장기간 보관이 어려워 주기적으로 교체가 필요하다.

201

수성막포 소화약제의 독성에 대한 설명으로 틀린 것은?

① 내열성이 우수하여 고온에서 수성막의 형성이 용이하다.

② 기름에 의한 오염이 적다.

③ 다른 소화약제와 병용하여 사용이 가능하다.

④ 플루오린계 계면활성제가 주성분이다.

해설

수성막포 소화약제의 특징

• 내유성과 유동성이 우수하며 방출 시 유면에 얇은 막(수성막)을 형성한다.

• 내열성이 약하다.

• 기름에 의한 오염이 적다.

• 불화단백포, 분말 이산화탄소와 함께 사용이 가능하다.

• 플루오린계 계면활성제가 주성분이다.

202

Twin Agent System으로 분말 소화약제와 병용하여 소화효과를 증진시킬 수 있는 소화약제로 다음 중 가장 적합한 것은?

① 수성막포   ② 이산화탄소

③ 단백포   ④ 합성계면활성포

해설

수성막포는 분말 소화약제와 병용하여 소화효과를 증진시킬 수 있는 소화약제이다.

203

포소화약제의 적응성이 있는 것은?

① 칼륨 화재　　　　② 알킬리튬 화재

③ 가솔린 화재　　　　④ 인화알루미늄 화재

해설

포소화약제 : 제4류 위험물(가솔린)에 적합

※ 칼륨, 알킬리튬, 인화알루미늄과 물의 반응 : 가연성 가스 발생

204

에터, 케톤, 에스터, 알데하이드, 카복실산, 아민 등과 같은 가연성인 수용성 용매에 유효한 포소화약제는?

① 단백포　　　　② 수성막포

③ 불화단백포　　　　④ 알코올형포

해설

알코올형포 : 에터, 케톤, 에스터, 알데하이드, 카복실산 등과 같은 가연성인 수용성 용매에 유효한 포소화약제

205

포소화설비의 화재안전기준에서 정한 포의 종류 중 저발포라 함은?

① 팽창비가 20배 이하인 것

② 팽창비가 120배 이하인 것

③ 팽창비가 520배 이하인 것

④ 팽창비가 1,000배 이하인 것

해설

팽창비

구분		팽창비
저발포용		6배 이상 20배 이하
고발포용	제1종 기계포	80배 이상 250배 미만
	제2종 기계포	250배 이상 500배 미만
	제3종 기계포	500배 이상 1,000배 미만

206

포소화약제 중 고발포용으로 사용할 수 있는 것은?

① 단백포　　　　② 불화단백포

③ 알코올형포　　　　④ 합성계면활성제포

해설

공기포 소화약제의 혼합비율에 따른 분류

구분	약제 종류	약제 농도	팽창비
저발포용	단백포	3[%], 6[%]	6배 이상 20배 이하
	합성계면활성제포	3[%], 6[%]	6배 이상 20배 이하
	수성막포	3[%], 6[%]	6배 이상 20배 이하
	알코올형포	3[%], 6[%]	6배 이상 20배 이하
	불화단백포	3[%], 6[%]	6배 이상 20배 이하
고발포용	합성계면활성제포	1[%], 1.5[%], 2[%]	80배 이상 1,000배 미만

207

이산화탄소 소화기의 일반적인 성질에서 단점이 아닌 것은?

① 밀폐된 공간에서 사용 시 질식의 위험성이 있다.

② 인체에 직접 방출 시 동상의 위험성이 있다.

③ 소화약제의 방사 시 소음이 크다.

④ 전기가 잘 통하기 때문에 전기설비에 사용할 수 없다.

해설

이산화탄소 : 무색무취이며 전기적으로 비전도성이다.

208

소화약제로 사용되는 이산화탄소에 대한 설명으로 옳은 것은?

① 산소와 반응 시 흡열 반응을 일으킨다.
② 산소와 반응하여 불연성 물질을 발생시킨다.
③ 산화하지 않으나 산소와는 반응한다.
④ 산소와 반응하지 않는다.

해설
이산화탄소(CO_2)는 산소와 반응하지 않는다.

209

이산화탄소(CO_2)에 대한 설명으로 틀린 것은?

① 임계온도는 97.5[℃]이다.
② 고체의 형태로 존재할 수 있다.
③ 불연성 가스는 공기보다 무겁다.
④ 상온, 상압에서 기체 상태로 존재한다.

해설
이산화탄소의 임계온도 : 31.35[℃]

210

이산화탄소에 대한 설명으로 틀린 것은?

① 무색무취의 기체이다.
② 비전도성이다.
③ 공기보다 가볍다.
④ 분자식은 CO_2이다.

해설
이산화탄소는 공기보다 1.5배(44/29 = 1.517) 무겁다.

211

이산화탄소의 물성으로 옳은 것은?

① 임계온도 : 31.35[℃], 증기비중 : 0.517
② 임계온도 : 31.35[℃], 증기비중 : 1.517
③ 임계온도 : 0.35[℃], 증기비중 : 1.517
④ 임계온도 : 0.35[℃], 증기비중 : 0.517

해설
이산화탄소의 물성
• 임계온도 : 31.35[℃]
• 증기비중 : 1.517

$$※ \ 증기비중 = \frac{분자량}{공기의\ 평균\ 분자량}$$

$$= \frac{44}{29} = 1.517$$

212

소화에 필요한 CO_2의 이론적 소화농도가 공기 중에서 37[vol%]일 때 한계산소농도는 약 몇 [vol%]인가?

① 13.2[vol%]　　② 14.5[vol%]
③ 15.5[vol%]　　④ 16.5[vol%]

해설
이산화탄소의 이론적 한계소화농도

$$CO_2 = \frac{21 - O_2}{21} \times 100$$

$$100O_2 = 2,100 - CO_2 \times 21$$

$$\therefore \ O_2 = \frac{2,100 - CO_2 \times 21}{100}$$

$$= \frac{2,100 - (37 \times 21)}{100} = 13.23[vol\%]$$

213

밀폐된 공간에 이산화탄소를 방사하여 산소의 체적농도를 12[%]가 되게 하려면 상대적으로 방사된 이산화탄소의 농도는 얼마가 되어야 하는가?

① 25.40[%] ② 28.70[%]
③ 38.35[%] ④ 42.86[%]

해설

이산화탄소 소요량과 농도

$$CO_2 = \frac{21 - O_2}{21} \times 100$$

여기서, O_2 : 연소한계 산소농도

$$\therefore CO_2 = \frac{21 - O_2}{21} \times 100$$

$$= \frac{21 - 12}{21} \times 100 = 42.86[vol\%]$$

214

화재 시 이산화탄소를 사용하여 화재를 진압하려고 할 때 산소의 농도를 13[vol%]로 낮추어 화재를 진압하려면 공기 중 이산화탄소의 농도는 약 몇 [vol%]가 되어야 하는가?

① 18.1[vol%] ② 28.1[vol%]
③ 38.1[vol%] ④ 48.1[vol%]

해설

이산화탄소의 농도

$$CO_2 = \frac{21 - O_2}{21} \times 100$$

$$= \frac{21 - 13}{21} \times 100$$

$$= 38.09[vol\%]$$

※ 빈출 농도
- 산소의 농도 10[vol%]로 낮추면 CO_2의 농도 : 52.38[%]
- 산소의 농도 11[vol%]로 낮추면 CO_2의 농도 : 47.62[%]
- 산소의 농도 12[vol%]로 낮추면 CO_2의 농도 : 42.86[%]
- 산소의 농도 13[vol%]로 낮추면 CO_2의 농도 : 38.09[%]

215

공기의 부피 비율이 질소 79[vol%], 산소 21[vol%]인 전기실에 화재가 발생하여 이산화탄소 소화약제를 방출하여 소화하였다. 이때 산소의 부피 농도가 14[vol%]이었다면 이 혼합 공기의 분자량은 약 얼마인가?(단, 화재 시 발생한 연소가스는 무시한다)

① 28.9 ② 30.9
③ 33.9 ④ 35.9

해설

- 이산화탄소량

$$CO_2 = \frac{21 - O_2}{21} \times 100 = \frac{21 - 14}{21} \times 100 = 33.3[vol\%]$$

- 질소량

$$N_2 = 100 - O_2 - CO_2$$
$$= 100 - 14 - 33.3 = 52.7[vol\%]$$

- 분자량

$N_2 = 28$, $O_2 = 32$, $CO_2 = 44$

∴ 혼합 공기의 분자량

$$M = 28 \times 0.527 + 32 \times 0.14 + 44 \times 0.333 = 33.89$$

216

다음 원소 중 할로겐족 원소인 것은?

① Ne ② Ar
③ Cl ④ Xe

해설

할로겐족 원소 : F(플루오린), Cl(염소), Br(브로민), I(아이오딘)

217

다음 원소 중 수소와의 결합력이 가장 큰 것은?

① F   ② Cl
③ Br   ④ I

해설

할로겐원소
• 소화효과 : F < Cl < Br < I
• 전기음성도, 수소와 결합력 : F > Cl > Br > I

218

할로겐원소의 소화효과가 큰 순서대로 배열된 것은?

① I > Br > Cl > F
② Br > I > F > Cl
③ Cl > F > I > Br
④ F > Cl > Br > I

해설

할로겐원소 소화효과 : I > Br > Cl > F
※ 전기음성도 : F > Cl > Br > I

219

상온, 상압에서 액체인 물질은?

① CO_2 ② Halon 1301
③ Halon 1211   ④ Halon 2402

해설

상온, 상압에서 상태

종류	CO_2	Halon 1301	Halon 1211	Halon 2402
상태	기체	기체	기체	액체

220

할론 소화약제에 관한 설명으로 옳지 않은 것은?

① 연쇄반응을 차단하여 소화한다.
② 할로겐족 원소가 사용된다.
③ 전기 도체이므로 전기화재에 효과가 있다.
④ 소화약제의 변질 분해 위험성이 낮다.

해설

가스계(이산화탄소, 할론, 할로겐화합물 및 불활성기체) 소화약제 : 전기 부도체

221

Halon 1301의 분자식에 해당하는 것은?

① CF_3Br ② CCl_2Br_2
③ CF_2ClBr ④ $C_2F_4Br_2$

해설

할론 소화약제

종류 / 구분	할론 1301	할론 1211	할론 2402	할론 1011
분자식	CF_3Br	CF_2ClBr	$C_2F_4Br_2$	CH_2ClBr
분자량	148.95	165.4	259.8	129.4

222

할론 소화약제에서 Halon 1211의 분자식은?

① CBr_2ClF
② CF_2BrCl
③ CCl_2BrF
④ BrC_2ClFH_3

해설

할론 소화약제

종류	CBr_2ClF	CF_2BrCl	CCl_2BrF	BrC_2ClFH_3
명칭	할론 1112	할론 1211	할론 1121	할론 2111

223

분자식이 CF_2ClBr인 할론 소화약제는?

① Halon 1301
② Halon 1211
③ Halon 2402
④ Halon 2021

해설

CF_2ClBr : Halon 1211

224

Halon 2402의 화학식은?

① $C_2H_4Cl_2$
② $C_2Br_4F_2$
③ $C_2Cl_4Br_2$
④ $C_2F_4Br_2$

해설

Halon 2402 : $C_2F_4Br_2$

225

다음의 소화약제 중 오존파괴지수(ODP)가 가장 큰 것은?

① Halon 104
② Halon 1301
③ Halon 1211
④ Halon 2402

해설

Halon 1301은 오존파괴지수(ODP)가 13.1로 가장 크다.

226

할론 소화약제의 주된 소화효과 및 방법에 대한 설명으로 옳은 것은?

① 소화약제의 증발잠열에 의한 소화방법이다.
② 산소의 농도를 15[%] 이하로 낮추는 소화방법이다.
③ 소화약제의 열분해에 의해 발생하는 이산화탄소에 의한 소화방법이다.
④ 자유활성기(Free Radical)의 생성을 억제하는 소화방법이다.

해설

할론 소화약제는 자유활성기(Free Radical)의 생성을 억제하는 부촉매 소화방법이다.

227

할로겐화합물 및 불활성기체 소화약제 중 HCFC-22가 82[%]인 것은?

① HCFC BLEND A

② IG-541

③ HCFC-227ea

④ IG-55

해설

할로겐화합물 및 불활성기체 소화약제의 종류

소화약제	화학식
퍼플루오로뷰테인 (FC-3-1-10)	C_4F_{10}
하이드로클로로플루오로카본 혼화제 (HCFC BLEND A)	HCFC-123($CHCl_2CF_3$) : 4.75[%] HCFC-22($CHClF_2$) : 82[%] HCFC-124($CHClFCF_3$) : 9.5[%] $C_{10}H_{16}$: 3.75[%]
클로로테트라플루오로에테인 (HCFC-124)	$CHClFCF_3$
펜타플루오로에테인 (HFC-125)	CHF_2CF_3
헵타플루오로프로페인 (HFC-227ea)	CF_3CHFCF_3
트라이플루오로메테인 (HFC-23)	CHF_3
헥사플루오로프로페인 (HFC-236fa)	$CF_3CH_2CF_3$
트라이플루오로이오다이드 (FIC-13I1)	CF_3I
불연성·불활성 기체혼합가스(IG-01)	Ar
불연성·불활성 기체혼합가스(IG-100)	N_2
불연성·불활성 기체혼합가스(IG-541)	N_2 : 52[%], Ar : 40[%], CO_2 : 8[%]
불연성·불활성 기체혼합가스(IG-55)	N_2 : 50[%], Ar : 50[%]

228

소화약제 중 HFC-125의 화학식으로 옳은 것은?

① CHF_2CF_3

② CHF_3

③ CF_3CHFCF_3

④ CF_3I

해설

HFC-125의 화학식 : CHF_2CF_3

229

소화약제인 IG-541의 성분이 아닌 것은?

① 질소

② 아르곤

③ 헬륨

④ 이산화탄소

해설

IG-541의 성분

성분	N_2(질소)	Ar(아르곤)	CO_2(이산화탄소)
농도	52[%]	40[%]	8[%]

230

할로겐화합물 및 불활성기체 소화약제는 일반적으로 열을 받으면 할로겐족이 분해되어 가연물질의 연소과정에서 발생하는 활성종과 결합하여 연소의 연쇄반응을 차단한다. 연쇄반응의 차단과 가장 거리가 먼 소화약제는?

① FC-3-1-10

② HFC-125

③ IG-541

④ FIC-13I1

해설

할로겐화합물 및 불활성기체 소화약제

• 할로겐화합물 소화약제 : FC-3-1-10, HCFC-124, HFC-125, HFC-227ea, FIC-13I1 등

• 불활성기체 소화약제 : IG-01, IG-55, IG-100, IG-541

231

다음 중 전산실, 통신기기실 등에서의 소화에 가장 적합한 것은?

① 스프링클러설비

② 옥내소화전설비

③ 분말소화설비

④ 할로겐화합물 및 불활성기체 소화설비

해설

전산실, 통신기기실 : 가스계 소화설비(이산화탄소, 할론, 할로겐화합물 및 불활성기체 소화설비)

232

FM 200이라는 상품명을 가지며 오존파괴지수(ODP)가 0인 할론 대체 소화약제는 무슨 계열인가?

① HFC계열

② HCFC계열

③ FC계열

④ Blend계열

해설

할로겐화합물 소화약제

계열	정의	해당 물질
HFC(Hydro Fluoro Carbons) 계열	C(탄소)에 F(플루오린)와 H(수소)가 결합된 것	HFC-125, HFC-227ea, HFC-23, HFC-236fa
HCFC(Hydro Chloro Fluoro Carbons) 계열	C(탄소)에 Cl(염소), F(플루오린), H(수소)가 결합된 것	HCFC-BLEND A, HCFC-124
FIC(Fluoro Iodo Carbons) 계열	C(탄소)에 F(플루오린)와 I(아이오딘)가 결합된 것	FIC-13I1
FC(PerFluoro Carbons) 계열	C(탄소)에 F(플루오린)가 결합된 것	FC-3-1-10, FK-5-1-12

∴ HFC-227ea : FM200, HCFC-BLEND A : NAFS III

233

분말소화약제의 주성분이 아닌 것은?

① $C_2F_4Br_2$

② $NaHCO_3$

③ $KHCO_3$

④ $NH_4H_2PO_4$

해설

소화약제

종류	$C_2F_4Br_2$	$NaHCO_3$	$KHCO_3$	$NH_4H_2PO_4$
명칭	할론 2402	중탄산나트륨	중탄산칼륨	제1인산 암모늄
구분	할론 소화약제	제1종 분말	제2종 분말	제3종 분말

234

제1종 분말소화약제의 주성분으로 옳은 것은?

① $KHCO_3$

② $NaHCO_3$

③ $NH_4H_2PO_4$

④ $Al_2(SO_4)_3$

해설

분말소화약제의 성상

종류	소화약제	약제의 착색	적응 화재	열분해 반응식
제1종 분말	중탄산나트륨 ($NaHCO_3$)	백색	B, C급	$2NaHCO_3 \rightarrow Na_2CO_3 + CO_2 + H_2O$
제2종 분말	중탄산칼륨 ($KHCO_3$)	담회색	B, C급	$2KHCO_3 \rightarrow K_2CO_3 + CO_2 + H_2O$
제3종 분말	인산암모늄 ($NH_4H_2PO_4$)	담홍색	A, B, C급	$NH_4H_2PO_4 \rightarrow HPO_3 + NH_3 + H_2O$
제4종 분말	중탄산칼륨 + 요소[$KHCO_3 + (NH_2)_2CO$]	회색	B, C급	$2KHCO_3 + (NH_2)_2CO \rightarrow K_2CO_3 + 2NH_3 + 2CO_2$

235

탄산수소나트륨이 주성분인 분말소화약제는?

① 제1종 분말　　　　② 제2종 분말

③ 제3종 분말　　　　④ 제4종 분말

해설

제1종 분말 : $NaHCO_3$(탄산수소나트륨, 중탄산나트륨)

237

제1종 분말소화약제의 열분해 반응식으로 옳은 것은?

① $2NaHCO_3 \rightarrow Na_2CO_3 + CO_2 + H_2O$

② $2KHCO_3 \rightarrow K_2CO_3 + CO_2 + H_2O$

③ $2NaHCO_3 \rightarrow Na_2CO_3 + 2CO_2 + H_2O$

④ $2KHCO_3 \rightarrow K_2CO_3 + CO_2 + H_2O$

해설

열분해 반응식

- 제1종 분말소화약제
  - 1차 분해반응식(270[℃])
    $2NaHCO_3 \rightarrow Na_2CO_3 + CO_2 + H_2O - Q[kcal]$
  - 2차 분해반응식(850[℃])
    $2NaHCO_3 \rightarrow Na_2O + 2CO_2 + H_2O - Q[kcal]$
- 제2종 분말소화약제
  - 1차 분해반응식(190[℃])
    $2KHCO_3 \rightarrow K_2CO_3 + CO_2 + H_2O - Q[kcal]$
  - 2차 분해반응식(590[℃])
    $2KHCO_3 \rightarrow K_2O + 2CO_2 + H_2O - Q[kcal]$
- 제3종 분말소화약제
  - 1차 분해반응식(190[℃])
    $NH_4H_2PO_4 \rightarrow NH_3 + H_3PO_4$(인산, 오쏘인산)
  - 2차 분해반응식(215[℃])
    $2H_3PO_4 \rightarrow H_2O + H_4P_2O_7$(피로인산)
  - 3차 분해반응식(300[℃])
    $H_4P_2O_7 \rightarrow H_2O + 2HPO_3$(메타인산)
- 제4종 분말소화약제
  $2KHCO_3 + (NH_2)_2CO \rightarrow K_2CO_3 + 2NH_3 \uparrow + 2CO_2 \uparrow - Q[kcal]$

236

제1종 분말소화약제인 탄산수소나트륨은 어떤 색으로 착색되어 있는가?

① 담회색　　　　② 담홍색

③ 회색　　　　　④ 백색

해설

제1종 분말소화약제 : 백색

238

분말소화약제의 열분해 반응식 중 다음 [보기]의 ( ) 안에 알맞은 화학식은?

┌ 보기 ┐
$2NaHCO_3 \rightarrow Na_2CO_3 + H_2O + (\quad)$
└────┘

① CO
② CO_2
③ Na
④ Na_2

제1종 분말소화약제 열분해 반응식

$2NaHCO_3 \rightarrow Na_2CO_3 + H_2O + CO_2$(이산화탄소)

239

제1종 분말소화약제가 요리용 기름이나 지방질 기름의 화재 시 소화효과가 탁월한 이유에 대한 설명으로 가장 옳은 것은?

① 비누화반응을 일으키기 때문이다.
② 아이오딘화 반응을 일으키기 때문이다.
③ 브로민화 반응을 일으키기 때문이다.
④ 질화반응을 일으키기 때문이다.

제1종 분말소화약제(중탄산나트륨, 중조, $NaHCO_3$)
• 약제의 주성분 : 중탄산나트륨(탄산수소나트륨) + 스테아린산염 또는 실리콘
• 약제의 착색 : 백색
• 적응화재 : 유류, 전기화재
• 식용유화재 : 주방에서 사용하는 식용유화재에는 가연물과 반응하여 비누화현상을 일으키므로 질식소화 및 재발 방지까지 하므로 효과가 있다.

240

제2종 분말소화약제의 주성분으로 옳은 것은?

① NaH_2PO_4
② KH_2PO_4
③ $NaHCO_3$
④ $KHCO_3$

제2종 분말소화약제의 주성분 : 탄산수소칼륨($KHCO_3$)

241

제2종 분말소화약제가 열분해 되었을 때 생성되는 물질이 아닌 것은?

① CO_2
② H_2O
③ H_3PO_4
④ K_2CO_3

제2종 분말소화약제의 열분해 반응식

$2KHCO_3 \rightarrow K_2CO_3 + CO_2 + H_2O$

242

분말소화약제 중 담홍색으로 착색하여 사용하는 것은?

① 탄산수소나트륨
② 탄산수소칼륨
③ 제1인산암모늄
④ 탄산수소칼륨과 요소와의 반응물

분말소화약제

종류	소화약제	약제의 착색	적응화재
제1종 분말	탄산수소나트륨 ($NaHCO_3$)	백색	B, C급
제2종 분말	탄산수소칼륨 ($KHCO_3$)	담회색	B, C급
제3종 분말	제1인산암모늄 ($NH_4H_2PO_4$)	담홍색	A, B, C급
제4종 분말	중탄산칼륨 + 요소 $[KHCO_3 + (NH_2)_2CO]$	회색	B, C급

243

다음 중 제3종 분말소화약제의 주성분은?

① 인산암모늄
② 탄산수소칼륨
③ 탄산수소나트륨
④ 탄산수소칼륨과 요소

해설

제3종 분말소화약제 : 인산암모늄 = 제1인산암모늄($NH_4H_2PO_4$)

245

주성분이 인산염류인 제3종 분말소화약제가 다른 분말소화약제와 다르게 A급 화재에 적용할 수 있는 이유는?

① 열분해 생성물인 CO_2가 열을 흡수하므로 냉각에 의해 소화된다.
② 열분해 생성물인 수증기가 산소를 차단하여 탈수작용을 한다.
③ 열분해 생성물인 메타인산(HPO_3)이 산소를 차단하는 역할을 하므로 소화가 된다.
④ 열분해 생성물인 암모니아가 부촉매작용을 하므로 소화가 된다.

해설

제3종 분말소화약제는 A, B, C급 화재에 적합하나 열분해 생성물인 메타인산(HPO_3)이 산소를 차단하는 역할을 하므로 일반화재(A급)에도 적합하다.

244

분말소화약제로서 A, B, C급 화재에 적응성이 있는 소화약제의 종류는?

① $NH_4H_2PO_4$
② $NaHCO_3$
③ Na_2CO_3
④ $KHCO_3$

해설

A, B, C급 화재 : $NH_4H_2PO_4$(제1인산암모늄, 제3종 분말)

246

열분해에 의해 가연물 표면에 유리 상의 메타인산 피막을 형성하여 연소에 필요한 산소의 유입을 차단하는 분말소화약제는?

① 요소
② 탄산수소칼륨
③ 제1인산암모늄
④ 탄산수소나트륨

해설

제3종 분말소화약제(제1인산암모늄, $NH_4H_2PO_4$)는 열분해 생성물인 메타인산(HPO_3)이 산소를 차단하는 역할을 하므로 일반화재(A급)에도 적합하다.

243 ① 244 ① 245 ③ 246 ③ **정답**

247

분말소화약제 중 탄산수소칼륨($KHCO_3$)과 요소[$(NH_2)_2CO$]와의 반응물을 주성분으로 하는 소화약제는?

① 제1종 분말　　　　② 제2종 분말
③ 제3종 분말　　　　④ 제4종 분말

> **해설**
>
> 제4종 분말소화약제 : 탄산수소칼륨($KHCO_3$)과 요소[$(NH_2)_2CO$]

248

제1종 분말소화약제와 제2종 분말소화약제의 소화성능에 대한 설명으로 옳은 것은?

① 제2종 분말소화약제가 모든 화재에서 소화성능이 우수하다.
② 식용유화재에서는 제1종 분말소화약제의 소화성능이 우수하다.
③ 차고나 주차장의 소화설비에는 제2종 분말소화약제만 사용한다.
④ 제1종 분말소화약제가 제2종 분말소화약제보다 소화능력이 우수하다.

> **해설**
>
> 분말소화약제
> • 제2종 분말소화약제는 유류화재(B급)와 전기화재(C급)에 적합하다.
> • 식용유화재에서는 제1종 분말소화약제의 소화성능이 우수하다.
> • 차고나 주차장의 소화설비에는 제3종 분말소화약제만 사용한다.
> • 소화능력은 제4종 > 제3종 > 제2종 > 제1종 분말소화약제 순이다.

249

분말소화약제의 소화효과로 가장 거리가 먼 것은?

① 방사열의 차단효과
② 부촉매효과
③ 제거효과
④ 질식효과

> **해설**
>
> 분말소화약제의 소화효과 : 질식효과, 냉각효과, 부촉매(억제)효과

250

분말소화약제 분말 입도의 소화성능에 관한 설명으로 옳은 것은?

① 미세할수록 소화성능이 우수하다.
② 입도가 클수록 소화성능이 우수하다.
③ 입도와 소화성능과는 관련이 없다.
④ 입도가 너무 미세하거나 너무 커도 소화성능이 저하된다.

> **해설**
>
> 분말 입도가 너무 미세하거나 너무 커도 소화성능이 저하되므로 $20 \sim 25 [\mu m]$의 크기로 골고루 분포되어 있어야 한다.

001

다음 [보기]의 기체, 유체, 액체에 대한 설명 중 옳은 것만을 모두 고른 것은?

┌ 보기 ┐
ㄱ 기체 : 매우 작은 응집력을 가지고 있으며, 자유표면을 가지지 않고 주어진 공간을 가득 채우는 물질
ㄴ 유체 : 전단응력을 받을 때 연속적으로 변형하는 물질
ㄷ 액체 : 전단응력이 전단변형률과 선형적인 관계를 갖는 물질

① ㄱ, ㄴ ② ㄱ, ㄷ
③ ㄴ, ㄷ ④ ㄱ, ㄴ, ㄷ

해설

• 기체 : 매우 작은 응집력을 가지고 있으며, 자유표면을 가지지 않고 주어진 공간을 가득 채우는 물질
• 유체
  – 아무리 작은 전단력에도 변형을 일으키는 물질
  – 전단응력이 물질 내부에 생기면 정지상태로 있을 수 없는 물질
• 뉴턴유체 : 전단응력과 전단변형률이 선형적인 관계를 갖는 유체

002

유체에 관한 설명으로 틀린 것은?

① 실제유체는 유동할 때 마찰로 인한 손실이 생긴다.
② 이상유체는 높은 압력에서 밀도가 변화하는 유체이다.
③ 유체에 압력을 가하면 체적이 줄어드는 유체는 압축성 유체이다.
④ 전단력을 받았을 때 저항하지 못하고 연속적으로 변형하는 물질을 유체라 한다.

해설

이상유체 : 높은 압력에서 밀도가 변화하지 않는 유체이다.

003

비압축성 유체를 설명한 것으로 가장 옳은 것은?

① 체적탄성계수가 0인 유체를 말한다.
② 관로 내에 흐르는 유체를 말한다.
③ 점성을 갖고 있는 유체를 말한다.
④ 난류 유동을 하는 유체를 말한다.

해설

비압축성 유체 : 물과 같이 압력에 따라 체적이 변하지 않는 액체로서 체적탄성계수가 0인 유체

004

유체의 점성에 대한 설명으로 틀린 것은?

① 질소 기체의 점성계수는 온도 증가에 따라 감소한다.
② 물(액체)의 점성계수는 온도 증가에 따라 감소한다.
③ 점성은 유동에 대한 유체의 저항을 나타낸다.
④ 뉴턴유체에 작용하는 전단응력은 속도기울기에 비례한다.

해설

액체의 점성은 온도 상승에 따라 감소하고 기체의 점성은 온도 증가에 따라 증가한다.

005

점성에 관한 설명으로 틀린 것은?

① 액체의 점성은 분자 간 결합력에 관계된다.

② 기체의 점성은 분자 간 운동량 교환에 관계된다.

③ 온도가 증가하면 기체의 점성은 감소된다.

④ 온도가 증가하면 액체의 점성은 감소된다.

해설

액체의 점성을 지배하는 분자 응집력은 온도가 증가하면 감소한다. 기체의 점성을 지배하는 분자 운동량은 온도가 증가하면 증가하기 때문에 온도가 증가하면 기체의 점성은 증가한다.

006

다음 단위 중 3가지는 동일한 단위이고 나머지 하나는 다른 단위이다. 이 중 동일한 단위가 아닌 것은?

① $[J]$

② $[N \cdot s]$

③ $[Pa \cdot m^3]$

④ $[kg \cdot m^2/s^2]$

해설

단위 변환

• $[J] = [N \cdot m]$

• $[N \cdot s] = [kg \cdot m/s^2 \times s]$
  $= [kg \cdot m/s]$(동력의 단위)

• $[Pa \cdot m^3] = [N/m^2 \times m^3]$
  $= [N \cdot m] = [J]$

• $[J] = [N \cdot m]$
  $= [kg \cdot m/s^2 \times m] = [kg \cdot m^2/s^2]$

007

다음 중 차원이 서로 같은 것을 모두 고르면?(단, P : 압력, ρ : 밀도, V : 속도, h : 높이, F : 힘, m : 질량, g : 가속도)

$\bigcirc$ ρV^2	$\bigcirc$ ρgh
$\bigcirc$ P	$\textcircled{2}$ $\dfrac{F}{m}$

① ㄱ, ㄴ

② ㄱ, ㄷ

③ ㄱ, ㄴ, ㄷ

④ ㄱ, ㄴ, ㄷ, ㄹ

해설

단위와 차원

종류	압력 (P)	밀도 (ρ)	속도 (V)	높이 (h)	힘 (F)	질량 (m)	가속도 (g)
단위	$[kg/m \cdot s^2]$	$[kg/m^3]$	$[m/s]$	$[m]$	$[kg_f]$, $[N]$	$[kg]$	$[m/s^2]$

• $\rho V^2 = \left[\dfrac{kg}{m^3}\right] \times \left[\dfrac{m}{s}\right]^2$

  $= \left[\dfrac{kg \cdot m^2}{m^3 \cdot s^2}\right] = \left[\dfrac{kg}{m \cdot s^2}\right]$

• $\rho g h = \left[\dfrac{kg}{m^3} \times \dfrac{m}{s^2} \times m\right]$

  $= \left[\dfrac{kg \cdot m \cdot m}{m^3 \cdot s^2}\right] = \left[\dfrac{kg}{m \cdot s^2}\right]$

• $P = [kg/m \cdot s^2]$

• $\dfrac{F}{m} = \left[\dfrac{kg_f}{kg}\right]$

008

화씨온도 200[°F]는 섭씨온도[℃]로 약 얼마인가?

① 93.3[℃] ② 186.6[℃]
③ 279.9[℃] ④ 392[℃]

해설

섭씨온도[℃]

$$[℃] = \frac{5}{9}([°F] - 32)$$

$$= \frac{5}{9}(200 - 32) = 93.3[℃]$$

009

동일한 유체의 물성치로 볼 수 없는 것은?

① 밀도 $1.5 \times 10^3 [kg/m^3]$
② 비중 1.5
③ 비중량 $1.47 \times 10^4 [N/m^3]$
④ 비체적 $6.67 \times 10^{-3} [m^3/kg]$

해설

비중 1.5

• 밀도(ρ)

$\rho = 1.5 [g/cm^3] = 1,500 [kg/m^3]$

• 비중량(γ)

$\gamma = 1.5 \times 9,800 [N/m^3]$
$= 14,700 [N/m^3]$

• 비체적(V_s)

$$V_s = \frac{1}{\rho}$$

$$= \frac{1}{1,500 [kg/m^3]} = 6.67 \times 10^{-4} [m^3/kg]$$

010

다음 중 동일한 액체의 물성치를 나타낸 것이 아닌 것은?

① 비중 0.8
② 밀도 $800 [kg/m^3]$
③ 비중량 $7,840 [N/m^3]$
④ 비체적 $1.25 [m^3/kg]$

해설

비중 0.8

• 밀도(ρ)

$\rho = 0.8 [g/cm^3] = 800 [kg/m^3]$

• 비중량(γ)

$\gamma = 0.8 \times 9,800 [N/m^3] = 7,840 [N/m^3]$

• 비체적(V_s)

$$V_s = \frac{1}{\rho}$$

$$= \frac{1}{800 [kg/m^3]} = 0.00125 [m^3/kg]$$

011

다음 중 표준대기압을 표시한 것으로 틀린 것은?

① 10.332[mAq] ② $1.0332 [kg_f/m^2]$
③ 760[mmHg] ④ 1.013[bar]

해설

표준대기압

1[atm] = 760[mmHg] = 76[cmHg]
= 29.92[inHg](수은주 높이)
= 1,033.2[cmH₂O]
= 10.332[mH₂O]([mAq])(물기둥의 높이)
= 1.0332[kg_f/cm²] = 10,332[kg_f/m²]
= 1.013[bar]

012

수두 100[mmAq]로 표시되는 압력은 약 몇 [Pa]인가?

① 0.098[Pa]　　　　② 0.98[Pa]

③ 9.8[Pa]　　　　　④ 980[Pa]

해설

압력(P)

$$P = \frac{100[\text{mmAq}]}{10,332[\text{mmAq}]} \times 101,325[\text{Pa}]$$

$$= 980.69[\text{Pa}]$$

013

수조 바닥보다 5[m] 높은 곳에서 작동하는 소방 펌프의 흡입 측에 설치된 진공계가 280[mmHg]를 가리키고 있다. 이때 수조 내 수면의 높이는 약 몇 [m]인가?(단, 흡입관에서의 마찰손실은 무시한다)

① 1.2[m]　　　　　② 2.8[m]

③ 3.2[m]　　　　　④ 4.0[m]

해설

진공계 280[mmHg]의 수두 환산

$$\frac{280[\text{mmHg}]}{760[\text{mmHg}]} \times 10.332[\text{m}] = 3.80[\text{m}]$$

∴ 수면의 높이 = 5[m] − 3.8[m] = 1.2[m]

014

체적이 10[m³]인 기름의 무게가 30,000[N]이라면 이 기름의 비중은 얼마인가?(단, 물의 밀도는 1,000[kg/m²]이다)

① 0.153　　　　　② 0.306

③ 0.459　　　　　④ 0.612

해설

• 비중량(γ)

$$\gamma = \frac{30,000[\text{N}]}{10[\text{m}^3]} = 3,000[\text{N/m}^3]$$

• 비중(s)

$$s = \frac{\gamma}{\gamma_w} = \frac{3,000[\text{N/m}^3]}{9,800[\text{N/m}^3]} = 0.3061$$

015

비중병의 무게가 비었을 때는 2[N]이고 액체로 충만되어 있을 때는 8[N]이다. 액체의 체적이 0.5[L]이면 액체의 비중량은 약 몇 [N/m³]인가?

① 11,000[N/m³]

② 11,500[N/m³]

③ 12,000[N/m³]

④ 12,500[N/m³]

해설

액체의 비중량(γ)

액체의 무게(W) = 8[N] − 2[N] = 6[N]

$$\therefore \gamma = \frac{W}{V}$$

$$= \frac{6[\text{N}]}{0.5 \times 10^{-3}[\text{m}^3]} = 12,000[\text{N/m}^3]$$

016

다음 중 점성계수 ν의 차원은 어느 것인가?(단, M : 질량, L : 길이, T : 시간의 차원이다)

① $ML^{-1}T^{-2}$　　　　② $ML^{-2}T^{-1}$

③ $M^{-1}L^{-1}T$　　　　④ $ML^{-1}T^{-1}$

해설

단위와 차원

차원	중력단위(차원)	절대단위(차원)
길이	[m](L)	[m](L)
시간	[s](T)	[s](T)
질량	[kg · s²/m]($FL^{-1}T^2$)	[kg](M)
힘	[N](F)	[kg · m/s²](MLT^{-2})
밀도	[N · s²/m⁴]($FL^{-4}T^2$)	[kg/m³](ML^{-3})
압력	[N/m²](FL^{-2})	[kg/m · s²]($ML^{-1}T^{-2}$)
속도	[m/s](LT)	[m/s](LT^{-1})
가속도	[m/s²](LT^{-2})	[m/s²](LT^{-2})
점성계수	[N · s/m²](FTL^{-2})	[kg/m · s]($ML^{-1}T^{-1}$)

017

다음 중 동점성계수의 차원을 옳게 표현한 것은?(단, 질량 M, 길이 L, 시간 T로 표시한다)

① $ML^{-1}T^{-1}$
② L^2T^{-1}
③ $ML^{-2}T^{-2}$
④ $ML^{-1}T^{-2}$

해설

동점도(ν)

$\nu = \dfrac{\mu}{\rho}$ [cm²/s], ($L^2/T = L^2T^{-1}$)

018

점성계수와 동점성계수에 관한 설명으로 옳은 것은?

① 동점성계수 = 점성계수 × 밀도
② 점성계수 = 동점성계수 × 중력가속도
③ 동점성계수 = 점성계수/밀도
④ 점성계수 = 동점성계수/중력가속도

해설

동점성계수(ν)

$\nu = \dfrac{\mu}{\rho}$ [cm²/s]

점성계수(절대점도)를 밀도로 나눈 값

019

점성계수의 단위로 사용되는 푸아즈(poise)의 환산 단위로 옳은 것은?

① $[cm^2/s]$
② $[N \cdot s^2/m^2]$
③ $[dyne/cm \cdot s]$
④ $[dyne \cdot s/cm^2]$

해설

푸아즈

• poise = [g/cm · s]
• $[dyne \cdot s/cm^2] = [g \cdot cm/s^2] \times [s/cm^2]$
$= [g/cm \cdot s]$(poise)
※ $[dyne] = [g \cdot cm/s^2]$

020

점성계수가 0.9poise이고 밀도가 950[kg/m³]인 유체의 동점성계수는 약 stokes인가?

① 9.47×10^{-2} stokes
② 9.47×10^{-4} stokes
③ 9.47×10^{-1} stokes
④ 9.47×10^{-3} stokes

해설

동점성계수(ν)

$\nu = \dfrac{\mu}{\rho}$

여기서, μ : 절대점도(0.9poise = [g/cm · s])
ρ : 밀도(950[kg/m³] = 0.95[g/cm³])

$\therefore \nu = \dfrac{0.9[g/cm \cdot s]}{0.95[g/cm^3]}$
$= 0.947[cm^2/s] = 0.947$ stokes

021

비중이 0.8인 액체가 한 변이 10[cm]인 정육면체 모양 그릇의 반을 채울 때 액체의 질량[kg]은?

① 0.4[kg]
② 0.8[kg]
③ 400[kg]
④ 800[kg]

해설

액체의 질량

• 비중 0.80이면
밀도 0.8[g/cm³] = 800[kg/m³]
• 정육면체의 체적 = 한 밑변의 넓이 × 높이
$= (10[cm] \times 10[cm]) \times 10[cm] = 1,000[cm^3]$
• 밀도 $\rho = \dfrac{W}{V}$
$\therefore W = \rho \times V$
$= 800[kg/m^3] \times 1,000[cm^3] \times 10^{-6}[m^3/cm^3] \times \dfrac{1}{2}$
$= 0.4[kg]$

022

정육면체의 그릇에 물을 가득 채울 때 그릇 밑면이 받는 압력에 의한 수직방향 평균 힘의 크기를 P라고 하면 한 측면이 받는 압력에 의한 수평방향 평균 힘의 크기는 얼마인가?

① $0.5P$ 　　　　② P

③ $2P$ 　　　　④ $4P$

해설

압력에 의한 수평방향 평균 힘의 크기(P_1)는 밑면이 받는 압력에 의한 수직방향 평균 힘(P)의 크기의 $\frac{1}{2}$ 배이다.

$$\therefore P_1 = \frac{1}{2}P = 0.5P$$

023

중력가속도가 2[m/s²]인 곳에서 무게가 8[kN]이고 부피가 5[m³]인 물체의 비중은 약 얼마인가?

① 0.2 　　　　② 0.8

③ 1.0 　　　　④ 1.6

해설

물체의 비중(γ)

$\gamma = \rho g$

$\rho = \dfrac{\gamma}{g}$

$\quad = \dfrac{8,000[\text{N}] \div 5[\text{m}^3]}{2[\text{m/s}^2]}$

$\quad = 800[\text{N} \cdot \text{s}^2/\text{m}^4]$

$\quad = 81.63[\text{kg}_\text{f} \cdot \text{s}^2/\text{m}^4]$

$$\therefore \gamma = \frac{81.63[\text{kg}_\text{f} \cdot \text{s}^2/\text{m}^4]}{102[\text{kg}_\text{f} \cdot \text{s}^2/\text{m}^4]} = 0.8$$

※ 1[kg$_\text{f}$] = 9.8[N]

024

비중이 1.03인 바닷물에 전체 부피의 15[%]가 수면 위에 떠 있는 빙산이 있다. 이 빙산의 비중으로 옳은 것은?

① 0.876 　　　　② 0.927

③ 1.927 　　　　④ 0.155

해설

바닷물에 잠겨있는 부분 : 85[%]

$\therefore$ 빙산의 비중 $= 1.03 \times 0.85$

$\qquad\qquad\quad = 0.8755$

$\qquad\qquad\quad \fallingdotseq 0.876$

025

비중이 1.03인 바닷물에 비중 0.9인 빙산이 떠 있다. 전체 부피의 몇 [%]가 해수면 위로 올라와 있는가?

① $12.6[\%]$ 　　　　② $10.8[\%]$

③ $7.2[\%]$ 　　　　④ $6.3[\%]$

해설

바닷물에 잠겨있는 부분

$0.9 \div 1.03 = 0.874 \Rightarrow 87.4[\%]$

$\therefore$ 해수면 위로 올라온 부피

$\quad 100 - 87.4[\%] = 12.6[\%]$

026

비중 0.92인 빙산이 비중 1.025의 바닷물 수면에 떠 있다. 수면 위에 나온 빙산의 체적이 150[m³]이면 빙산의 전체 체적은 약 몇 [m³]인가?

① 1,314[m³]

② 1,464[m³]

③ 1,725[m³]

④ 1,875[m³]

해설

빙산의 전체 체적(V)

• 빙산의 무게(W)

$$W = \gamma V$$
$$= 0.92 \times 9,800[\text{N/m}^3] \times (150 + V_x)[\text{m}^3]$$

• 부력(F_B)

$$F_B = \gamma V$$
$$= 1.025 \times 9,800[\text{N/m}^3] \times V_x$$

• $W = F_B$이므로

$$0.92 \times 9,800[\text{N/m}^3] \times (150 + V_x)$$
$$= 1.025 \times 9,800[\text{N/m}^3] \times V_x$$
$$1,352,400 + 9,016 V_x = 10,045 V_x$$
$$1,029 V_x = 1,352,400$$
$$V_x = \frac{1,352,400}{1,029} = 1,314.3[\text{m}^3]$$

∴ 빙산의 전체 체적(V)

$$V = V_x + 150$$
$$= 1,314.3[\text{m}^3] + 150[\text{m}^3]$$
$$= 1,464.3[\text{m}^3]$$

027

수은의 비중이 13.6일 때 수은의 비체적은 몇 [m³/kg]인가?

① $\frac{1}{13.6}[\text{m}^3/\text{kg}]$

② $\frac{1}{13.6} \times 10^{-3}[\text{m}^3/\text{kg}]$

③ $13.6[\text{m}^3/\text{kg}]$

④ $13.6 \times 10^{-3}[\text{m}^3/\text{kg}]$

해설

비체적(V_s)

$$V_s = \frac{1}{\rho}$$
$$= \frac{1}{13,600[\text{kg/m}^3]}$$
$$= \frac{1}{13.6} \times 10^{-3}[\text{m}^3/\text{kg}]$$

※ 비중 13.6
밀도(ρ) = 13.6[g/cm³] = 13,600[kg/m³]

028

동력(Power)의 차원을 옳게 표시한 것은?(단, M : 질량, L : 길이, T : 시간을 나타낸다)

① ML^2T^{-3} ② L^2T^{-1}

③ $\text{ML}^{-1}\text{T}^{-1}$ ④ MLT^{-2}

해설

동력 : 단위시간당 일

$$1[\text{W}] = 1[\text{J/s}] = 1[\text{N} \cdot \text{m/s}]$$
$$= \frac{1[\text{kg} \cdot \text{m/s}^2] \times [\text{m}]}{[\text{s}]} = 1[\text{kg} \cdot \text{m}^2/\text{s}^3]$$
$$= \text{M L}^2/\text{T}^3 = \text{ML}^2\text{T}^{-3}$$

029

다음 중 동력의 단위가 아닌 것은?

① [J/s]
② [W]
③ [kg$_f$ · m^2/s]
④ [N · m/s]

해설

동력의 단위
- [W](Watt) = [J/s]
- [kg$_f$ · m/s] = [N · m/s] = [J/s]

030

공기 중에서 무게가 941[N]인 돌의 무게가 물속에서 500[N]이면, 이 돌의 체적은 몇 [m^3]인가?(단, 공기의 부력은 무시한다)

① 0.045[m^3]
② 0.034[m^3]
③ 0.028[m^3]
④ 0.012[m^3]

해설

체적(V)

$$\frac{500}{9.8} + F = \frac{941}{9.8}$$

$$51.02 + F = 96.02$$

$$F = 96.02 - 51.02 = 45[kg_f]$$

$$1,000\,V = 45[kg_f]$$

$$\therefore V = \frac{45[kg_f]}{1,000[kg_f/m^3]} = 0.045[m^3]$$

※ 1[kg$_f$] = 9.8[N]

031

그림과 같이 평형상태를 유지하고 있을 때 오른쪽 관에 있는 유체의 비중 S는?

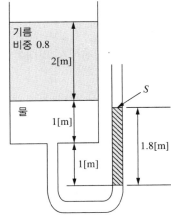

① 0.9
② 1.8
③ 2.0
④ 2.2

해설

비중량(γ)

$$\gamma = \rho g$$

비중 $s = \dfrac{\gamma}{\gamma_w}$ 에서 유체의 비중량 $\gamma = s\gamma_w$

압력 평형상태

$$s_{기름}\gamma_w h_{기름} + s_{물}\gamma_w h_{물} = s\gamma_w h$$

$$s_{기름} h_{기름} + s_{물} h_{물} = sh$$

유체의 비중(s)

$$\therefore s = \frac{s_{기름} h_{기름} + s_{물} h_{물}}{h} = \frac{0.8 \times 2[m] + 1 \times (1+1)[m]}{1.8[m]} = 2$$

032

호주에서 무게가 20[N]인 어느 물체를 한국에서 재어보니 19.8[N]이었다면, 한국에서의 중력가속도는 약 몇 [m/s^2]인가?(단, 호주에서의 중력가속도는 9.82[m/s^2]이다)

① 9.80[m/s^2]
② 9.78[m/s^2]
③ 9.75[m/s^2]
④ 9.72[m/s^2]

해설

$$19.8[N] : 20[N] = x : 9.82[m/s^2]$$

$$\therefore x = 9.72[m/s^2]$$

033

원형 단면을 가진 관 내에 유체가 완전 발달된 비압축성 층류유동으로 흐를 때 전단응력은?

① 중심선에서 0이고, 중심선으로부터 거리에 비례하여 변한다.

② 관 벽에서 0이고, 중심선에서 최대이며 선형 분포한다.

③ 중심선에서 0이고, 중심선으로부터 거리의 제곱에 비례하여 변한다.

④ 전 단면에 걸쳐 일정하다.

해설

비압축성 정상유동일 때 전단응력 : 중심선에서 0이고 중심선으로부터 거리에 비례하여 변한다.

034

Newton의 점성법칙에 대한 옳은 설명으로 모두 짝지은 것은?

> ㉮ 전단응력은 점성계수와 속도기울기의 곱이다.
> ㉯ 전단응력은 점성계수에 비례한다.
> ㉰ 전단응력은 속도기울기에 반비례한다.

① ㉮, ㉯　　　　　② ㉯, ㉰
③ ㉮, ㉰　　　　　④ ㉮, ㉯, ㉰

해설

뉴턴의 점성법칙

$$\tau = \frac{F}{A} = \mu \frac{du}{dy}$$

여기서, τ : 전단응력[dyne/cm^2]

　　　　μ : 점성계수[dyne·s/cm^2]

　　　　$\frac{du}{dy}$: 속도구배(속도기울기)

• 전단응력은 점성계수와 속도기울기의 곱이다.
• 전단응력은 점성계수에 비례한다.
• 전단응력은 속도기울기에 비례한다.

035

2[cm] 떨어진 두 수평한 판 사이에 기름이 차 있고, 두 판 사이의 정중앙에 두께가 매우 얇은 한 변의 길이가 10[cm]인 정사각형 판이 놓여 있다. 이 판을 10[cm/s]의 일정한 속도로 수평하게 움직이는 데 0.02[N]의 힘이 필요하다면, 기름의 점도는 약 몇 [N·s/m^2]인가?(단, 정사각형 판의 두께는 무시한다)

① 0.1[N·s/m^2]

② 0.2[N·s/m^2]

③ 0.01[N·s/m^2]

④ 0.02[N·s/m^2]

해설

전단응력(τ)

$$\tau = \frac{F}{A} = \mu \frac{u}{h}$$

$$F = \mu A \frac{u}{h}$$

• 정사각형 판이 두 수평한 판 사이의 중앙에 있으므로 윗면에 작용하는 힘(F_1)과 아랫면에 작용하는 힘(F_2)은 같다. 따라서, 정사각형 판을 움직이는 데 필요한 힘은 $F = F_1 + F_2 = 2F_1$이다.

• $F = 2 \times \left(\mu A \frac{u}{h} \right)$

여기서, μ : 점성계수

$$\therefore \mu = \frac{Fh}{2Au}$$
$$= \frac{0.02[\text{N}] \times 0.01[\text{m}]}{2 \times (0.1[\text{m}] \times 0.1[\text{m}]) \times 0.1[\text{m/s}]}$$
$$= 0.1[\text{N·s/m}^2]$$

036

지름이 10[cm]인 실린더 속에 유체가 흐르고 있다. 내벽에 수직거리 y에서의 속도가 $u = 5y - y^2$[m/s]로 표시된다. 벽면에서의 마찰 전단응력은 몇 [kg/m^2]인가?(단, 유체의 점도는 $\mu = 3.9 \times 10^{-3}$[kg·s/m^2]이다)

① 1.95[kg/m^2]
② 3.9[kg/m^2]
③ 0.0195[kg/m^2]
④ 3.82[kg/m^2]

해설

전단응력(τ)

$$\tau = \mu \frac{du}{dy}$$

벽면($y = 0$)에서 속도구배 미분 시

$$\frac{du}{dy} = |5 - 2y|_{y=0} = 5[\text{s}^{-1}]$$

$$\therefore \ \tau = 3.9 \times 10^{-3} \times 5 = 0.0195[\text{kg/m}^2]$$

037

1[mm]의 간격을 가진 2개의 평행 평판 사이에 물이 채워져 있는데 아래 평판은 고정시키고 위 평판을 1[m/s]의 속도로 움직였다. 평판 사이 물의 속도 분포는 직선적이고 물의 동점성계수가 0.804×10^{-6}[m^2/s]일 때 평판의 단위 면적에 걸리는 전단력은 약 몇 [N/m^2]인가?

① 0.6[N/m^2]
② 0.7[N/m^2]
③ 0.8[N/m^2]
④ 0.9[N/m^2]

해설

전단력(τ)

$$\tau = \mu \frac{du}{dy} [\text{N/m}^2]$$

여기서, μ : 절대점도

$$(\nu \times \rho = 0.804 \times 10^{-6}[\text{m}^2/\text{s}] \times 1,000[\text{kg/m}^3]$$
$$= 0.000804[\text{kg/m·s}])$$

$$\frac{du}{dy} = \frac{1[\text{m/s}]}{0.001[\text{m}]}$$

$$\therefore \ \tau = 0.000804[\text{kg/m·s}] \times \frac{1[\text{m/s}]}{0.001[\text{m}]}$$

$$= 0.804[\text{N/m}^2]$$

※ 1[N] = 1[kg·m/s^2]

038

유체가 평판 위를 u[m/s] $= 500y - 6y^2$의 속도분포로 흐르고 있다. 이때 y[m]는 벽면으로부터 측정된 수직거리일 때 벽면에서의 전단응력은 약 몇 [N/m^2]인가?(단, 점성계수는 1.4×10^{-3}[Pa·s]이다)

① 14[N/m^2]
② 7[N/m^2]
③ 1.4[N/m^2]
④ 0.7[N/m^2]

해설

전단응력(τ)

벽면($y = 0$)에서 속도구배 미분 시

$$\frac{du}{dy} = |500 - 12y|_{y=0} = 500[\text{s}^{-1}]$$

$$\therefore \ \tau = \mu \left| \frac{du}{dy} \right|_{y=0} = 1.4 \times 10^{-3} \times 500$$

$$= 0.70[\text{N/m}^2]$$

039

다음 중 등엔트로피 과정은 어느 과정인가?

① 가역단열과정
② 가역등온과정
③ 비가역단열과정
④ 비가역등온과정

해설

가역단열과정 : 등엔트로피 과정

040

이상기체의 등엔트로피 과정에 대한 설명 중 틀린 것은?

① 폴리트로픽 과정의 일종이다.

② 가역 단열과정에서 나타난다.

③ 온도가 증가하면 압력이 증가한다.

④ 온도가 증가하면 비체적이 증가한다.

해설

이상기체의 등엔트로피 과정
- 가역 단열과정이다.
- 폴리트로픽 과정의 일종이다.
- 온도가 증가하면 압력이 증가한다.

041

다음은 어떤 열역학 법칙을 설명한 것인가?

> "열은 그 스스로 저열원체에서 고열원체로 이동할 수 없다."

① 열역학 제0법칙

② 열역학 제1법칙

③ 열역학 제2법칙

④ 열역학 제3법칙

해설

열역학 제1, 2법칙
- 열역학 제1법칙(에너지보존의 법칙)
  - 기체에 공급된 열에너지는 기체 내부에너지의 증가와 기체가 외부에 한 일의 합과 같다.
  - 공급된 열에너지

    $Q = \Delta u + P \Delta V = \Delta w$

    여기서, u : 내부에너지

    $\quad\quad\quad P \Delta V$: 일

    $\quad\quad\quad \Delta w$: 기체가 외부에 한 일
- 열역학 제2법칙
  - 열은 외부에서 작용을 받지 않고 저온에서 고온으로 이동시킬 수 없다.
  - 열을 완전히 일로 바꿀 수 있는 열기관을 만들 수 없다(열효율이 100[%]인 열기관은 만들 수 없다).
  - 자발적인 변화는 비가역적이다.
  - 엔트로피는 증가하는 방향으로 흐른다.

042

피스톤-실린더로 구성된 용기 안에 온도 638.5[K], 압력 1,372[kPa] 상태의 공기(이상기체)가 들어있다. 정적과정으로 이 시스템을 가열하여 최종 온도가 1,200[K]가 되었다. 공기의 최종 압력은 약 몇 [kPa]인가?

① 730[kPa]

② 1,372[kPa]

③ 1,730[kPa]

④ 2,579[kPa]

해설

최종 압력

$$P_2 = P_1 \times \frac{T_2}{T_1}$$

$$\therefore \ P_2 = 1,372[\text{kPa}] \times \frac{1,200[\text{K}]}{638.5[\text{K}]}$$

$$= 2,578.5[\text{kPa}]$$

$$\fallingdotseq 2,579[\text{kPa}]$$

043

압력의 변화가 없을 경우 0[℃]의 이상기체는 약 몇 [℃]일 때 부피가 2배로 되는가?

① 273[℃]

② 373[℃]

③ 546[℃]

④ 646[℃]

해설

샤를의 법칙

$$T_2 = T_1 \times \frac{V_2}{V_1}$$

$$\therefore \ T_2 = 273[\text{K}] \times \frac{2}{1}$$

$$= 546[\text{K}]$$

$$= 273[℃]$$

※ [K] = 273 + [℃]

044

30[℃]에서 부피가 10[L]인 이상기체를 일정한 압력에서 0[℃]로 냉각시키면 부피는 약 몇 [L]로 변하는가?

① 3[L] ② 9[L]
③ 12[L] ④ 18[L]

해설

샤를의 법칙

$$V_2 = V_1 \times \frac{T_2}{T_1}$$

$$\therefore V_2 = 10[\text{L}] \times \frac{273+0[\text{K}]}{273+30[\text{K}]} = 9[\text{L}]$$

045

표준대기압 상태인 어떤 지방의 호수 밑 72.4[m]에 있던 공기의 기포가 수면으로 올라오면 기포의 부피는 최초 부피의 몇 배가 되는가?(단, 기포 내의 공기는 보일의 법칙에 따른다)

① 2배 ② 4배
③ 7배 ④ 8배

해설

보일의 법칙

$$P_1 V_1 = P_2 V_2$$

• 기포가 수심 72.4[m]에 있으므로,
  절대압력 P_1 = 72.4[mH₂O] + 10.332[mH₂O] = 82.732[mH₂O]

• 기포가 수면 위로 올라왔을 때, 절대압력 P_2 = 10.332[mH₂O]

$$\therefore V_2 = V_1 \times \frac{82.732[\text{mH}_2\text{O}]}{10.332[\text{mH}_2\text{O}]} = 8V_1$$

046

호수 수면 아래에서 지름 d인 공기 방울이 수면으로 올라오면서 지름이 1.5배로 팽창하였다. 공기 방울의 최초 위치는 수면에서부터 몇 [m] 되는 곳인가?(단, 이 호수의 대기압은 750[mmHg], 수은의 비중은 13.6, 공기 방울 내부의 공기는 Boyle의 법칙에 따른다)

① 12.0[m] ② 23.2[m]
③ 34.4[m] ④ 43.3[m]

해설

초기 기포의 지름 d

$$V_1 = \frac{4}{3}\pi d^3$$

수면에서 기포의 지름 1.5d

$$V_2 = \frac{4}{3}\pi(1.5d)^3 = 3.375 V_1$$

보일의 법칙
$$P_1 V_1 = P_2 V_2 \rightarrow P_1 = 3.375 P_2$$

수면의 압력 $P_0(=P_2)$, 지름 d[cm], 공기 기포의 수심 h

$$P_1 = P_0 + \gamma h = 3.375 P_0$$

$$\therefore h = \frac{2.275 P_0}{\gamma}$$

$$= \frac{2.275(13.6 \times 1,000[\text{kg/m}^3] \times \frac{750[\text{mmHg}]}{760[\text{mmHg}]} \times 0.76[\text{mHg}])}{1,000[\text{kg/m}^3]}$$

$$= 23.2[\text{m}]$$

047

유체의 압축률에 대한 기술로서 틀린 것은?

① 압축률은 체적탄성계수의 역수에 해당한다.
② 유체의 압축률이 작을수록 압축하기 힘들다.
③ 압축률은 단위 압력변화에 대한 체적의 변형률을 말한다.
④ 체적의 감소는 밀도의 감소와 같은 뜻을 갖는다.

해설

유체의 압축률

• 체적탄성계수의 역수에 해당한다.
• 체적탄성계수가 클수록 압축하기 힘들다.
• 압축률은 단위 압력변화에 대한 체적의 변형률을 말한다.

048

유체의 압축률에 관한 설명으로 옳은 것은?

① 압축률 = 밀도 × 체적탄성계수

② 압축률 = 1/체적탄성계수

③ 압축률 = 밀도/체적탄성계수

④ 압축률 = 체적탄성계수/밀도

해설

유체(P, V)에 압력을 ΔP만큼 증가시켰을 때 체적이 ΔV만큼 감소한다면

체적탄성계수(K)

$$K = \frac{-\Delta P}{\Delta V/V} = \frac{\Delta P}{\Delta \rho/\rho}$$

여기서, P : 압력, V : 체적

ρ : 밀도, $\Delta V/V$: 무차원

K : 압력 단위

※ 그 외 PV 그래프 특징

• 압축률 $\beta = \frac{1}{K}$

• 등온변화일 때 $K = P$

• 단열변화일 때 $K = kp$(k : 비열비)

049

0.02[m³]의 체적을 갖는 액체가 강체의 실린더 속에서 730[kPa]의 압력을 받고 있다. 압력이 1,030[kPa]로 증가되었을 때 액체의 체적이 0.019[m³]으로 축소되었다. 이때 액체의 체적탄성계수는 약 몇 [kPa]인가?

① 3,000[kPa] ② 4,000[kPa]

③ 5,000[kPa] ④ 6,000[kPa]

해설

체적탄성계수

$$K = -\frac{\Delta P}{\Delta V/V}$$

여기서, ΔP : 압력변화($= 1,030 - 730 = 300$[kPa])

$\Delta V/V$: 부피변화($= \frac{0.019 - 0.02}{0.02} = -0.05$)

$\therefore K = -\frac{300[\text{kPa}]}{-0.05} = 6,000[\text{kPa}]$

050

체적탄성계수가 2×10^9[Pa] 물의 체적을 3[%] 감소시키려면 몇 [MPa]의 압력을 가해야 하는가?

① 25[MPa] ② 30[MPa]

③ 45[MPa] ④ 60[MPa]

해설

체적탄성계수

$$K = \left(-\frac{\Delta P}{\Delta V/V}\right)$$

$\Delta P = -(K \times \Delta V/V)$

$= -2 \times 10^9 \times (-0.03)$

$= 60,000,000[\text{Pa}] = 60[\text{MPa}]$

051

물의 체적을 5[%] 감소시키려면 얼마의 압력[kPa]을 가해야 하는가?(단, 물의 압축률은 5×10^{-10}[m²/N]이다)

① 1[kPa] ② 10^2[kPa]

③ 10^4[kPa] ④ 10^5[kPa]

해설

• 체적탄성계수

$$K = \left(-\frac{\Delta P}{\Delta V/V}\right)$$

• 압축률

$$\beta = \frac{1}{K}$$

• 압력변화(ΔP)

$$\Delta P = -K\frac{\Delta V}{V} = -\frac{1}{\beta}\frac{\Delta V}{V}$$

$$= -\frac{1}{5 \times 10^{-10}} \times (-0.05)$$

$$= 10^8[\text{Pa}] = 10^5[\text{kPa}]$$

052

액체 분자들 사이의 응집력과 고체면에 대한 부착력의 차이에 의하여 관 내 액체 표면과 자유 표면 사이에 높이 차이가 나타나는 것과 가장 관계가 깊은 것은?

① 관성력

② 점성

③ 뉴턴의 마찰법칙

④ 모세관 현상

해설

모세관 현상 : 액체 속에 가는 관(모세관)을 넣으면 액체가 관을 따라 상승·하강하는 현상. 응집력이 부착력보다 크면 액면이 내려가고, 부착력이 응집력보다 크면 액면이 올라간다.

053

모세관 현상에 있어서 물이 모세관을 따라 올라가는 높이에 대한 설명으로 옳은 것은?

① 표면장력이 클수록 높이 올라간다.

② 관의 지름이 클수록 높이 올라간다.

③ 밀도가 클수록 높이 올라간다.

④ 중력의 크기와는 무관하다.

해설

모세관 현상

높이 $h = \dfrac{\Delta P}{\gamma} = \dfrac{4a\cos\theta}{\gamma d}$

여기서, a : 표면장력[N/m]

θ : 접촉각

γ : 물의 비중량(1,000[kg/m³])

d : 내경

∴ 높이는 표면장력이 클수록, 관의 지름이 작을수록 높이 올라간다.

054

지름의 비가 1 : 2인 2개의 모세관을 물속에 수직으로 세울 때 모세관 현상으로 물이 관속으로 올라가는 높이의 비는?

① 1 : 4

② 1 : 2

③ 2 : 1

④ 4 : 1

해설

모세관의 상승 높이는 관의 지름에 반비례한다.

∴ $\dfrac{1}{1} : \dfrac{1}{2} = 2 : 1$

055

표면장력에 관련된 설명 중 옳은 것은?

① 표면장력의 차원은 힘/면적이다.

② 액체와 공기의 경계면에서 액체분자의 응집력보다 공기분자와 액체분자 사이의 부착력이 클 때 발생된다.

③ 대기 중의 물방울은 크기가 작을수록 내부압력이 크다.

④ 모세관 현상에 의한 수면 상승 높이는 모세관의 직경에 비례한다.

해설

표면장력

• 표면장력의 차원 : F/L[N/m]

• 액체와 공기의 경계면에서 액체분자의 응집력보다 공기분자와 액체분자 사이의 부착력이 작을 때 발생된다.

• 대기 중의 물방울은 크기가 작을수록 내부압력이 크다.

• 모세관 현상에 의한 수면 상승 높이는 모세관의 직경에 반비례한다.

056

직경이 40[mm]인 비누방울의 내부 초과압력이 150[Pa]일 때, 표면장력은 몇 [N/m]인가?

① 0.75[N/m]

② 1.5[N/m]

③ 2.0[N/m]

④ 2.5[N/m]

해설

표면장력(a)

$$a = \frac{pd}{4}$$

여기서, a : 표면장력[N/m]

　　　　p : 압력(150[N/m^2] = [Pa])

　　　　d : 직경(0.04[m])

$$\therefore \ a = \frac{150[\text{N/m}^2] \times 0.04[\text{m}]}{4}$$

$$= 1.5[\text{N/m}]$$

057

다음 그림과 같이 매끄러운 유리관에 물이 채워져 있다. [보기]를 참고하면 상승 높이(h)는 약 몇 [m]인가?

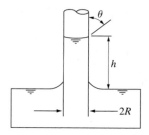

┤보기├

• 표면장력 $\sigma = 0.073[\text{N/m}]$

• $R = 1[\text{mm}]$

• 매끄러운 유리관의 접촉각 $\theta \simeq 0°$

① 0.007[m]

② 0.015[m]

③ 0.07[m]

④ 0.15[m]

해설

상승 높이(h)

$$h = \frac{4\sigma\cos\theta}{\gamma d}$$

여기서, σ : 표면장력[N/m]

　　　　θ : 각도

　　　　γ : 비중량(9,800[N/m^3])

　　　　d : 직경[m]

$$\therefore \ h = \frac{4 \times 0.073[\text{N/m}] \times \cos 0°}{9,800 \times 0.002[\text{m}]}$$

$$= 0.0149[\text{m}]$$

058

이상적인 열기관 사이클인 카르노 사이클(Carnot Cycle)의 특징으로 맞는 것은?

① 비가역 사이클이다.

② 공급열량과 방출열량의 비는 고온부의 절대온도와 저온부의 절대온도 비와 같지 않다.

③ 이론 열효율은 고열원 및 저열원의 온도만으로 표시된다.

④ 두 개의 등압변화와 두 개의 단열변화로 둘러싸인 사이클이다.

해설

카르노 사이클(Carnot cycle)

• 가역 사이클이다.

• 공급열량과 방출열량의 비는 고온부의 절대온도와 저온부의 절대온도 비와 같다.

• 이론 열효율은 고열원 및 저열원의 온도만으로 표시된다.

• 두 개의 등온변화와 두 개의 단열변화로 구성된 사이클이다.

※ 열효율(η)

$$\eta = \frac{AW}{Q_1}$$

$$= \frac{Q_1 - Q_2}{Q_1} = 1 - \frac{Q_2}{Q_1} = 1 - \frac{T_2}{T_1}$$

059

다음 [보기]는 열역학적 사이클에서 일어나는 여러 가지의 과정이다. 이들 중 카르노(Carnot) 사이클에서 일어나는 과정을 모두 고른 것은?

┌보기┐
| ㉠ 등온압축 | ㉡ 단열팽창 |
| ㉢ 정적압축 | ㉣ 정압팽창 |

① ㉠　　　　　　　② ㉠, ㉡

③ ㉡, ㉢, ㉣　　　④ ㉠, ㉡, ㉢, ㉣

해설

카르노(Carnot) 사이클 : 등온팽창 → 단열팽창 → 등온압축 → 단열압축

060

이상적인 카르노 사이클의 과정인 단열압축과 등온압축의 엔트로피 변화에 관한 설명으로 옳은 것은?

① 등온압축의 경우 엔트로피 변화는 없고 단열압축의 경우 엔트로피 변화는 감소한다.

② 등온압축의 경우 엔트로피 변화는 없고 단열압축의 경우 엔트로피 변화는 증가한다.

③ 단열압축의 경우 엔트로피 변화는 없고 등온압축의 경우 엔트로피 변화는 감소한다.

④ 단열압축의 경우 엔트로피 변화는 없고 등온압축의 경우 엔트로피 변화는 증가한다.

해설

이상적인 카르노 사이클의 과정 : 단열압축의 경우 엔트로피 변화는 없고 등온압축의 경우 엔트로피 변화는 감소한다.

061

Carnot 사이클이 800[K]의 고온열원과 500[K]의 저온열원 사이에서 작동한다. 이 사이클에 공급하는 열량이 사이클 당 800[kJ]이라 할 때 한 사이클당 외부에 하는 일은 약 몇 [kJ]인가?

① 200[kJ]　　　　　② 300[kJ]

③ 400[kJ]　　　　　④ 500[kJ]

해설

외부 일

$$W = Q_1 \times \left(1 - \frac{T_2}{T_1}\right)$$

$$= 800[\text{kJ}] \times \left(1 - \frac{500[\text{K}]}{800[\text{K}]}\right)$$

$$= 300[\text{kJ}]$$

062

이상기체의 폴리트로픽 변화 'PV_n = 일정'에서 $n=1$인 경우 어느 변화에 속하는가?(단, P는 압력, V는 부피, n은 폴리트로픽 지수를 나타낸다)

① 단열변화　　　　　② 등온변화
③ 정적변화　　　　　④ 정압변화

해설

폴리트로픽 변화
PV_n = 정수(C)
- $n=0$이면 정압변화
- $n=1$이면 등온변화
- $n=k$이면 단열변화
- $n=\infty$이면 정적변화

063

300[K]의 저온 열원을 가지고 카르노 사이클로 작동하는 열기관의 효율이 70[%]가 되기 위해서 필요한 고온 열원의 온도[K]는?

① 800[K]　　　　　② 900[K]
③ 1,000[K]　　　　④ 1,100[K]

해설

고온 열원의 온도(T)

$\eta = 1 - \dfrac{T_2}{T_1}$

여기서, η : 효율[%]
　　　　T_2 : 저온 열원[K]
　　　　T_1 : 고온 열원[K]

$0.7 = 1 - \dfrac{300[\text{K}]}{T_1}$

$\therefore T_1 = 1,000[\text{K}]$

064

역 Carnot 사이클로 작동하는 냉동기가 300[K]의 고온 열원과 250[K]의 저온 열원 사이에서 작동할 때 이 냉동기의 성능계수(ϵ)는 얼마인가?

① 2　　　　　② 3
③ 5　　　　　④ 6

해설

냉동기의 성능계수(ϵ)

$\epsilon = \dfrac{T_2}{T_1 - T_2}$

$= \dfrac{250[\text{K}]}{300[\text{K}] - 250[\text{K}]} = 5$

065

초기상태에서 압력 100[kPa], 온도 15[℃]인 공기가 있다. 공기의 부피가 초기 부피의 1/20이 될 때까지 단열압축할 때 압축 후의 온도는 약 몇 [℃]인가?(단, 공기의 비열비는 1.40이다)

① 54[℃]　　　　　② 348[℃]
③ 682[℃]　　　　　④ 912[℃]

해설

압축 후의 온도(T)

- 단열 압축과정의 온도와 체적과의 관계 $\dfrac{T_2}{T_1} = \left(\dfrac{V_1}{V_2}\right)^{k-1}$
- 압축 후의 온도

$T_2 = T_1 \times \left(\dfrac{V_1}{V_2}\right)^{k-1}$

$= (273+15)[\text{K}] \times \left(\dfrac{V_1}{(1/20)\,V_1}\right)^{1.4-1}$

$= 954.6[\text{K}] = 681.6[℃]$

066

질량이 5[kg]인 공기(이상기체)가 온도 333[K]로 일정하게 유지되면서 체적이 10배가 되었다. 이 계(System)가 한 일[kJ]은?(단, 공기의 기체상수는 287[J/kg·K]이다)

① 220[kJ] ② 478[kJ]
③ 1,100[kJ] ④ 4,779[kJ]

해설

등온과정일 때 팽창일(W)

$W = GRT \ln \dfrac{V_2}{V_1}$

$V_2 = 10V_1$이므로

$$\therefore \; W = 5[\text{kg}] \times 287[\text{J/kg·K}] \times 333[\text{K}] \times \ln \dfrac{10V_1}{V_1}$$
$$= 1,100,301.8[\text{J}] = 1,100.3[\text{kJ}]$$

067

비열에 대한 다음 설명 중 틀린 것은?

① 정적비열은 체적이 일정하게 유지되는 동안 온도에 대한 내부에너지의 변화율이다.
② 정압비열을 정적비열로 나눈 것이 비열비이다.
③ 정압비열은 압력이 일정하게 유지될 때 온도에 대한 엔탈피 변화율이다.
④ 비열비는 일반적으로 1보다 크나 1보다 작은 물질도 있다.

해설

비열비(k)는 $k = C_P/C_V$로서 언제나 1보다 크다.

068

−10[℃], 6기압의 이산화탄소 10[kg]이 분사 노즐에서 1기압까지 가역 단열팽창 하였다면 팽창 후의 온도는 몇 [℃]가 되겠는가?(단, 이산화탄소의 비열비는 $k = 1.289$이다)

① −85[℃] ② −97[℃]
③ −105[℃] ④ −115[℃]

해설

단열팽창 후의 온도(T)

$$T_2 = T_1 \times \left(\dfrac{P_2}{P_1}\right)^{\frac{k-1}{k}}$$

여기서 T_1 : 팽창 전의 온도, T_2 : 팽창 후의 온도
　　　　P_1 : 팽창 전의 압력, P_2 : 팽창 후의 압력
　　　　k : 비열비

$$\therefore \; T_2 = (273 - 10) \times \left(\dfrac{1}{6}\right)^{\frac{1.289-1}{1.289}}$$
$$= 176[\text{K}]$$
$$= -97[℃]$$

※ [K] = 273 + [℃]

069

공기를 체적비율이 산소(O_2, 분자량 32[g/mol]) 20[%], 질소(N_2, 분자량 28[g/mol]) 80[%]의 혼합기체라 가정할 때 공기의 기체상수는 약 몇 [kJ/kg·K]인가?(단, 일반기체상수는 8.3145[kJ/kmol·K]이다)

① 0.294[kJ/kg·K] ② 0.289[kJ/kg·K]
③ 0.284[kJ/kg·K] ④ 0.279[kJ/kg·K]

해설

공기의 기체상수(R)

$R = \dfrac{8.3145}{M}$ [kJ/kg·K]

여기서, M : 공기분자량[(32 × 0.2) + (28 × 0.8) = 28.8]

$$\therefore \; R = \dfrac{8.3145}{28.8} [\text{kJ/kg·K}]$$
$$= 0.289[\text{kJ/kg·K}]$$

070

질량 4[kg]의 어떤 기체로 구성된 밀폐계가 열을 받아 100[kJ]의 일을 하고, 이 기체의 온도가 10[℃] 상승하였다면 이 계가 받은 열은 몇 [kJ]인가?(단, 이 기체의 정적비열은 5[kJ/kg·K], 정압비열은 6[kJ/kg·K]이다)

① 200[kJ]
② 240[kJ]
③ 300[kJ]
④ 340[kJ]

> **해설**
>
> 밀폐계가 열을 받아 100[kJ]의 일을 하고 온도가 상승하였기 때문에 정압과정으로 해석해야 한다.
> - 팽창일 $W = mP\Delta V = 100[kJ]$
> - 밀폐계가 받은 열
> $$Q = mC_p\Delta T$$
> $$= 4[kg] \times 6\left[\frac{kJ}{kg \cdot K}\right] \times 10[K] = 240[kJ]$$

071

어떤 밀폐계가 압력 200[kPa], 체적 0.1[m³]인 상태에서 100[kPa], 체적 0.3[m³]인 상태까지 가역적으로 팽창하였다. 이 과정이 $P-V$선도에서 직선으로 표시된다면 이 과정 동안에 계가 한 일[kJ]은?

① 20[kJ]
② 30[kJ]
③ 40[kJ]
④ 60[kJ]

> **해설**
>
> 일(W)

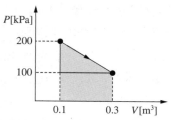

> $P-V$선도에서 음영 부분의 면적이 계가 한 일이다.
> $$W = \frac{1}{2}(P_1 - P_2)(V_2 - V_1) + P_2(V_2 - V_1)$$
> $$= \frac{1}{2} \times (200 - 100)[kPa] \times (0.3 - 0.1)[m^3]$$
> $$\quad + 100[kPa](0.3 - 0.1)[m^3]$$
> $$= 30[kJ]$$

072

가역 단열 과정에서 엔트로피 변화는 ΔS는?

① $\Delta S > 1$
② $0 < \Delta S < 1$
③ $\Delta S = 1$
④ $\Delta S = 0$

> **해설**
>
> 가역 단열 과정에서 엔트로피 변화 : $\Delta S = 0$

073

대기압에서 10[℃]의 물 10[kg]을 70[℃]까지 가열한 경우 엔트로피 증가량[kJ/K]은?(단, 물의 정압비열은 4.18[kJ/kg·K]이다)

① 0.43[kJ/K]
② 8.03[kJ/K]
③ 81.3[kJ/K]
④ 2,508.1[kJ/K]

> **해설**
>
> 엔트로피 증가량(dS)
> $$dS = mC_p\ln\frac{T_2}{T_1}[kJ/K]$$
> $$= 10[kg] \times 4.18[kJ/kg \cdot K] \times \ln\frac{(273 + 70)[K]}{(273 + 10)[K]}$$
> $$= 8.03[kJ/K]$$

074

압력 2[MPa]인 수증기의 건도가 0.2일 때 엔탈피(h)는 몇 [kJ/kg]인가?(단, 포화증기 엔탈피(h_g)는 2,780.5[kJ/kg]이고, 포화액의 엔탈피(h_f)는 910[kJ/kg]이다)

① 1,284[kJ/kg]
② 1,466[kJ/kg]
③ 1,845[kJ/kg]
④ 2,406[kJ/kg]

> **해설**
>
> 엔탈피(h)
> 건도 $x = \dfrac{h - h_f}{h_g - h_f}$
> $$\therefore h = h_f + x(h_g - h_f)$$
> $$= 910[kJ/kg] + 0.2(2,780.5 - 910)[kJ/kg]$$
> $$= 1,284.1[kJ/kg]$$

075

압력 0.1[MPa], 온도 250[℃] 상태인 물의 엔탈피가 2,974.33[kJ/kg]이고 비체적은 2.40604[m³/kg]이다. 이 상태에서 물의 내부에너지[kJ/kg]는?

① 2,733.7[kJ/kg] ② 2,974.1[kJ/kg]

③ 3,214.9[kJ/kg] ④ 3,582.7[kJ/kg]

해설

내부에너지(u)

$h = u + PV$

여기서, h : 엔탈피

$\therefore u = h - PV$

$= 2,974.33 \times 10^3 [\text{J/kg}] - (0.1 \times 10^6)[\text{N/m}^2]$

$\times 2.40604 [\text{m}^3/\text{kg}]$

$= 2,733,726 [\text{J/kg}] = 2,733.7 [\text{kJ/kg}]$

※ [N·m] = [J]

077

240[mmHg]의 절대압력은 계기압력으로 약 몇 [kPa]인가?(단, 대기압은 760[mmHg]이고, 수은의 비중은 13.6이다)

① −32.0[kPa] ② 32.0[kPa]

③ −69.3[kPa] ④ 69.3[kPa]

해설

절대압력 = 대기압 + 계기압력

$\therefore$ 계기압력 = 절대압력 − 대기압

$= (240 - 760)[\text{mmHg}]$

$= -520[\text{mmHg}]$

[mmHg]를 [kPa] 단위로 환산

$-\dfrac{520[\text{mmHg}]}{760[\text{mmHg}]} \times 101.325[\text{kPa}] = -69.3[\text{kPa}]$

078

계기압력(Gauge Pressure)이 50[kPa]인 파이프 속의 압력은 진공압력(Vacuum Pressure)이 30[kPa]인 용기 속의 압력보다 얼마나 높은가?

① 0[kPa](동일하다) ② 20[kPa]

③ 80[kPa] ④ 130[kPa]

해설

압력 차이(ΔP)

- 절대압 = 대기압 + 계기압력

$= 101.325[\text{kPa}] + 50[\text{kPa}]$

$= 151.325[\text{kPa}]$

- 절대압 = 대기압 − 진공

$= 101.325[\text{kPa}] - 30[\text{kPa}]$

$= 71.325[\text{kPa}]$

$\therefore \Delta P = 151.325[\text{kPa}] - 71.325[\text{kPa}]$

$= 80[\text{kPa}]$

076

계기압력이 730[mmHg]이고 대기압이 101.3[kPa]일 때 절대압력은 약 몇 [kPa]인가?(단, 수은의 비중은 13.6이다)

① 198.6[kPa] ② 100.2[kPa]

③ 214.4[kPa] ④ 93.2[kPa]

해설

절대압력 = 대기압 + 계기압력

$\therefore$ 절대압력 $= 101.3[\text{kPa}] + \left(\dfrac{730[\text{mmHg}]}{760[\text{mmHg}]} \times 101.325[\text{kPa}]\right)$

$= 198.63[\text{kPa}]$

079

이상기체의 기체상수에 대해 옳은 설명으로 모두 짝지어 진 것은?

> a. 기체상수의 단위는 비열의 단위와 차원이 같다.
> b. 기체상수는 온도가 높을수록 커진다.
> c. 분자량이 큰 기체의 기체상수가 분자량이 작은 기체의 기체상수보다 크다.
> d. 기체상수의 값은 기체의 종류에 관계없이 일정하다.

① a
② a, c
③ b, c
④ a, b, d

해설
기체상수

• 단위

종류	기체상수	비열
단위	[kJ/kg · K]	[kJ/kg · K]

• 기체상수 $R = \dfrac{\overline{R}}{M}$ [kJ/kg · K]

여기서, $\overline{R}$: 일반기체상수(8.314[kJ/kg-mol · K])
　　　　 M : 기체의 분자량(kg/kg-mol)

• 기체상수는 압력, 체적 온도변화에 대하여 항상 일정하다.
• 기체상수는 분자량에 반비례하므로 분자량이 작을수록 기체의 기체상수는 크다.
• 기체상수의 값은 기체의 분자량에 반비례하므로 기체가 종류에 따라 다른 값을 갖는다.

080

어떤 용기 내의 이산화탄소(45[kg])가 방호공간에 가스 상태로 방출하고 있다. 방출온도와 압력이 15[℃], 101[kPa]일 때 방출가스의 체적은 약 몇 [m³]인가?(단, 일반기체상수는 8.314[kJ/kg-mol · K]이다)

① $2.2[\text{m}^3]$
② $12.2[\text{m}^3]$
③ $20.2[\text{m}^3]$
④ $24.3[\text{m}^3]$

해설
이상기체 상태방정식

$$PV = \frac{W}{M}RT$$

여기서, P : 압력(101[kPa] = 101[kN/m²])
　　　　 V : 부피[m³]
　　　　 W : 무게(45[kg])
　　　　 M : 분자량(CO_2=44)
　　　　 R : 기체상수(8,314[J/kg-mol · K] = 8.314[kJ/kg-mol · K]
　　　　　　 = 8.314[kN · m/kg-mol · K])
　　　　 T : 절대온도(273 + 15[℃] = 288[K])

$$\therefore\ V = \frac{W}{PM}RT$$

$$= \frac{45[\text{kg}]}{101[\text{kN/m}^2] \times 44} \times 8.314[\text{kN} \cdot \text{m/kg} - \text{mol} \cdot \text{K}] \times 288[\text{K}]$$

$$= 24.25[\text{m}^3]$$

081

온도 150[℃], 95[kPa]에서 2[kg/m³]의 밀도를 갖는 기체의 분자량은?(단, 일반기체상수는 8,314[J/kg-mol·K]이다)

① 26[kg/kg-mol]

② 70[kg/kg-mol]

③ 74[kg/kg-mol]

④ 90[kg/kg-mol]

해설

이상기체 상태방정식

$$PV = \frac{W}{M}RT$$

$$PM = \frac{W}{V}RT = \rho RT$$

여기서, P : 압력(95[kPa] = 95,000[Pa])

V : 부피[m³]

n : mol수(무게/분자량)

W : 무게

M : 분자량

R : 기체상수(8,314[J/kg-mol·K] = 8,314[N·m/kg-mol·K])

T : 절대온도(273 + 150[℃] = 423[K])

$$\therefore M = \frac{\rho RT}{P}$$

$$= \frac{2[\text{kg/m}^3] \times 8,314[\text{N}\cdot\text{m/kg}-\text{mol}\cdot\text{K}] \times 423[\text{K}]}{95,000[\text{N/m}^2]}$$

$$= 74.04[\text{kg/kg}-\text{mol}]$$

※ [Pa] = [N/m²]

082

초기에 비어 있는 체적이 0.1[m³]인 견고한 용기 안에 공기(이상기체)를 서서히 주입한다. 공기 1[kg]을 넣었을 때 용기 안의 온도가 300[K]가 되었다면, 이때 용기 안의 압력[kPa]은?(단, 공기의 기체상수는 0.287[kJ/kg·K]이다)

① 287[kPa]

② 300[kPa]

③ 448[kPa]

④ 861[kPa]

해설

용기의 압력

$$P = \frac{WRT}{V}$$

여기서, P : 압력[kPa]

W : 무게(1[kg])

R : 기체상수(0.287[kJ/kg·K])

T : 절대온도(300[K])

V : 체적(0.1[m³])

$$\therefore P = \frac{1[\text{kg}] \times 0.287[\text{kJ/kg}\cdot\text{K}] \times 300[\text{K}]}{0.1[\text{m}^3]}$$

$$= 861[\text{kPa}]$$

※ [J] = [N·m]

083

압력이 100[kPa]이고 온도가 20[℃]인 이산화탄소를 완전기체라고 가정할 때 밀도[kg/m³]는?(단, 이산화탄소의 기체상수는 188.98[J/kg·K]이다)

① 1.1[kg/m³]

② 1.8[kg/m³]

③ 2.56[kg/m³]

④ 3.8[kg/m³]

해설

완전기체일 때 밀도

$PV = WRT$

$P = \dfrac{W}{V}RT \rightarrow \rho = \dfrac{P}{RT}$

$\therefore \ \rho = \dfrac{P}{RT}$

$\quad = \dfrac{100 \times 1{,}000[\mathrm{Pa}]}{188.98[\mathrm{J/kg \cdot K}] \times (273 + 20)[\mathrm{K}]}$

$\quad = \dfrac{100{,}000[\mathrm{N/m^2}]}{188.98[\mathrm{N \cdot m/kg \cdot K}] \times 293[\mathrm{K}]}$

$\quad = 1.8[\mathrm{kg/m^3}]$

※ $[\mathrm{Pa}] = [\mathrm{N/m^2}]$

$\quad [\mathrm{J}] = [\mathrm{N \cdot m}]$

084

체적 2,000[L]의 용기 내에서 압력 0.4[MPa], 온도 55[℃]의 혼합기체의 체적비가 각각 메테인(CH_4) 35[%], 수소(H_2) 40[%], 질소(N_2) 25[%]이다. 이 혼합 기체의 질량은 약 몇 [kg]인가?(단, 일반기체상수는 8.314[kJ/kg-mol·K]이다)

① 3.11[kg]

② 3.53[kg]

③ 3.93[kg]

④ 4.52[kg]

해설

이상기체 상태방정식

$PV = \dfrac{W}{M}RT$

여기서, P : 압력($0.4 \times 1{,}000$[kPa])

$\quad\quad\quad V$: 부피(2,000[L] = 2[m³])

$\quad\quad\quad W$: 무게[kg]

$\quad\quad\quad M$: 평균 분자량 = 분자량 × 농도

$\quad\quad\quad\quad\quad = (16 \times 0.35) + (2 \times 0.4) + (28 \times 0.25)$

$\quad\quad\quad\quad\quad = 13.4$

$\quad\quad\quad$ ※ 분자량

$\quad\quad\quad\quad$ • 메테인(CH_4) : 16

$\quad\quad\quad\quad$ • 수소(H_2) : 2

$\quad\quad\quad\quad$ • 질소(N_2) : 28

$\quad\quad\quad R$: 기체상수(8.314[kJ/kg-mol·K])

$\quad\quad\quad T$: 절대온도(273 + [℃] = 273 + 55 = 328[K])

$\therefore \ W = \dfrac{PVM}{RT}$

$\quad\quad = \dfrac{(0.4 \times 1{,}000) \times 2 \times 13.4}{8.314 \times 328}$

$\quad\quad = 3.93[\mathrm{kg}]$

085

체적 0.1[m³]의 밀폐 용기 안에 기체상수가 0.4615[kJ/kg·K]인 기체 1[kg]이 압력 2[MPa], 온도 250[℃] 상태로 들어있다. 이때 이 기체의 압축계수(또는 압축성 인자)는?

① 0.578

② 0.829

③ 1.21

④ 1.73

해설

압축계수(Z)

$PV = ZWRT$

여기서,　P : 압력(2[MPa] = 2×1,000[kPa] = 2,000[kN/m²])

　　　　 V : 부피(0.1[m³])

　　　　 W : 무게(1[kg])

　　　　 R : 기체상수(0.4615[kJ/kg·K] = 0.4615[kN·m/kg·K])

　　　　 T : 절대온도(273+250 = 523[K])

$$\therefore \ Z = \frac{PV}{WRT}$$

$$= \frac{2,000 \times 0.1}{1 \times 0.4615 \times 523}$$

$$\fallingdotseq 0.829$$

※ [kN·m] = [kJ]

086

부피가 0.3[m³]으로 일정한 용기 내의 공기가 원래 300[kPa](절대압력), 400[K]의 상태였으나 일정 시간동안 출구가 개방되어 공기가 빠져나가 200[kPa](절대압력), 350[K]의 상태가 되었다. 빠져나간 공기의 질량은 약 몇 [g]인가?(단, 공기는 이상기체로 가정하며 기체상수는 287[J/kg·K]이다)

① 74[g]

② 187[g]

③ 296[g]

④ 388[g]

해설

빠져나간 공기의 질량

• 용기 내의 체적은 일정하고 이상기체 상태방정식 $PV = WRT$를 적용하여 계산한다.

• 용기 내에 있는 초기 질량

$$W_1 = \frac{P_1 V}{RT_1}$$

$$= \frac{300[\mathrm{kPa}] \times 0.3[\mathrm{m^3}]}{0.287 \left[\dfrac{\mathrm{kJ}}{\mathrm{kg \cdot K}} \right] \times 400[\mathrm{K}]}$$

$$= 0.784[\mathrm{kg}] = 784[\mathrm{g}]$$

• 용기에서 공기가 빠져나가 남아있는 질량

$$W_2 = \frac{P_2 V}{RT_2}$$

$$= \frac{200[\mathrm{kPa}] \times 0.3[\mathrm{m^3}]}{0.287[\mathrm{kJ/kg \cdot K}] \times 350[\mathrm{K}]}$$

$$= 0.597[\mathrm{kg}] = 597[\mathrm{g}]$$

∴ 용기에서 빠져나간 공기의 질량

$$W = W_1 - W_2$$

$$= 784[\mathrm{g}] - 597[\mathrm{g}] = 187[\mathrm{g}]$$

087

공기 10[kg]의 수증기 1[kg]이 혼합되어 10[m³]의 용기 안에 들어있다. 이 혼합 기체의 온도가 60[℃]라면, 이 혼합기체의 압력은 약 몇 [kPa]인가?(단, 수증기 및 공기의 기체상수는 각각 0.462 및 0.287[kJ/kg · K]이고 수증기는 모두 기체 상태이다)

① 95.6[kPa]

② 111[kPa]

③ 126[kPa]

④ 145[kPa]

해설

혼합기체의 압력(P)

$P = P_1 + P_2$

$= \dfrac{W_1 R_1 T}{V} + \dfrac{W_2 R_2 T}{V}$

$= \dfrac{10[\text{kg}] \times 0.287[\text{kJ/kg} \cdot \text{K}] \times 333[\text{K}]}{10[\text{m}^3]}$

$\quad + \dfrac{1[\text{kg}] \times 0.462[\text{kJ/kg} \cdot \text{K}] \times 333[\text{K}]}{10[\text{m}^3]}$

$= 110.96[\text{kJ/m}^3] \fallingdotseq 111[\text{kN/m}^2](=[\text{kPa}])$

088

공기가 채워진 어떤 구형(球形)기구의 반지름이 5[m]이고, 내부 압력이 100[kPa], 온도는 20[℃]일 때, 기구 내에 채워진 공기의 몰수는 약 몇 [kg-mol]인가?(단, 공기의 분자량은 29[kg/kg-mol]이고, 기체상수는 287[J/kg · K]이다)

① 20.1[kg-mol]　　② 21.5[kg-mol]

③ 22.3[kg-mol]　　④ 23.6[kg-mol]

해설

• 몰수(n)

$n = \dfrac{무게}{분자량}$

• 구의 체적(V)

$V = \dfrac{4}{3}\pi r^3 = \dfrac{4}{3}\pi(5[\text{m}])^3 = 523.6[\text{m}^3]$

• 무게(W)

$W = \dfrac{PV}{RT} = \dfrac{100 \times 10^3 \times 523.6}{287 \times (273+20)} = 622.66[\text{kg}]$

$\therefore n = \dfrac{622.66}{29} = 21.47[\text{kg}-\text{mol}]$

※ 공기의 평균 분자량 : 29

089

이상기체의 정압비열 C_p와 정적비열 C_v와의 관계로 옳은 것은?(단, R은 이상기체상수이고, k는 비열비이다)

① $C_p = \dfrac{1}{2} C_v$　　　　　② $C_p < C_v$

③ $C_p - C_v = R$　　　　　④ $\dfrac{C_v}{C_p} = k$

해설

이상기체의 정압비열 C_p와 정적비열 C_v의 관계식 : $C_p - C_v = R$

090

직경이 D인 원형 축과 슬라이딩 베어링 사이에 점성계수가 μ인 유체가 채워져 있다. 축을 ω의 각속도로 회전시킬 때 필요한 토크로 옳은 것은?(단, $t < D$, 간격 $= t$, 길이 $= L$)

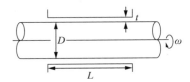

① $T = \mu \dfrac{\omega D}{2t}$

② $T = \dfrac{\pi\mu\omega D^2 L}{2t}$

③ $T = \dfrac{\pi\mu\omega D^3 L}{2t}$

④ $T = \dfrac{\pi\mu\omega D^3 L}{4t}$

해설

토크(T)

$T = \tau A r$

여기서, r : 반지름$\left(\dfrac{D}{2}\right)$

w : 각속도$\left(\dfrac{2\pi N}{60}\right)$

τ : 전단응력

A : 면적$(2\pi r L)$

μ : 점성계수

$\therefore\ T = \left(\mu \times \dfrac{2\pi r}{t} \times \dfrac{N}{60}\right) \times (2\pi r L) \times r$

$= \dfrac{2\pi\mu\omega r^3 L}{t}$

$= \dfrac{2\pi\mu\omega\left(\dfrac{D}{2}\right)^3 L}{t}$

$= \dfrac{\pi\mu\omega D^3 L}{4t}$

091

압력을 일정하게 하고 증기를 계속 가열하면 온도가 포화온도보다 높아지며 체적은 더욱 증가한다. 이와 같이 포화온도 이상으로 가열된 증기를 무엇이라 하는가?

① 습포화증기

② 과열증기

③ 건포화증기

④ 불포화증기

해설

과열증기 : 포화온도 이상으로 가열된 증기를 말하며 압력을 일정하게 하고 증기를 계속 가열하면 온도가 포화온도보다 높아지며 체적은 더욱 증가한다.

092

열전도도(Thermal Conductivity)가 가장 낮은 것은?

① 은   ② 철

③ 물   ④ 공기

해설

공기는 다른 물질에 비하여 열전도도(열전도율)는 0.025[W/m · K]로 낮다.

093

열전달면적이 A이고 온도 차이가 10[℃], 벽의 열전도율이 10[W/m · K], 두께 25[cm]인 벽을 통한 열전달률이 100[W]이다. 동일한 열전달면적인 상태에서 온도 차이가 2배, 벽의 열전도율이 4배가 되고 벽의 두께가 2배가 되는 경우 열전달률은 몇 [W]인가?

① 50[W]　　　　　　② 200[W]
③ 400[W]　　　　　　④ 800[W]

해설

열전달률(Q)

$Q = \dfrac{\lambda}{l} A \Delta T$

$100[W] = \dfrac{10}{0.25} \times A \times 10$

$A = 0.25[m^2]$

$\therefore\ Q = \dfrac{4 \times 10}{2 \times 0.25} \times 0.25 \times (2 \times 10)$

$\qquad = 400[W]$

094

외부 표면의 온도가 24[℃], 내부표면의 온도가 24.5[℃]일 때 높이 1.5[m], 폭 1.5[m], 두께 0.5[cm]인 유리창을 통한 열전달률은 약 몇 [W]인가?(단, 유리창의 열전도계수는 0.8[W/m · K]이다)

① 180[W]　　　　　　② 200[W]
③ 1,800[W]　　　　　④ 2,000[W]

해설

열전달률(Q)

$Q = \dfrac{\lambda}{l} A \Delta T$

여기서, λ : 열전도율, l : 두께[m]
　　　　A : 면적, ΔT : 온도 차

$\therefore\ Q = \dfrac{0.8[W/m \cdot K]}{0.005[m]}(1.5[m] \times 1.5[m]) \times (24.5 - 24)[K]$

$\qquad = 180[W]$

※ 온도 차(ΔT)
　　[℃] = [K]

095

100[cm] × 100[cm]이고 300[℃]로 가열된 평판에 25[℃]의 공기를 불어준다고 할 때 열전달량은 약 몇 [kW]인가?(단, 대류 열전달계수는 30[W/m² · K]이다)

① 2.98[kW]　　　　　② 5.34[kW]
③ 8.25[kW]　　　　　④ 10.91[kW]

해설

열전달량(Q)

$Q = hA\Delta T$

여기서, h : 대류 열전달계수
　　　　ΔT : 온도차(300 − 25 = 275[℃] = 275[K])
　　　　A : 면적(1[m] × 1[m] = 1[m²])

$\therefore\ Q = hA\Delta T$

$\qquad = (30 \times 10^{-3})[kW/m^2 \cdot K] \times 1[m^2] \times 275[K]$

$\qquad = 8.25[kW]$

096

온도 차이가 ΔT, 열전도율이 k_1, 두께 x인 벽을 통한 열유속(Heat Flux)과 온도 차이가 $2\Delta T$, 열전도율이 k_2, 두께 $0.5x$인 벽을 통한 열유속이 서로 같다면 두 재질이 열전율비 k_1 / k_2의 값은?

① 1　　　　　　　　② 2
③ 4　　　　　　　　④ 8

해설

열전달열량(Q)

$Q = \dfrac{k}{l} A \Delta T$

여기서, k : 열전도율[W/m · K]
　　　　l : 두께[m]
　　　　A : 면적
　　　　ΔT : 온도 차

$\dfrac{k_1 \Delta T}{x} = \dfrac{k_2 2\Delta T}{0.5x}$

$x k_2 2\Delta T = 0.5x k_1 \Delta T$

$\therefore\ \dfrac{k_1}{k_2} = \dfrac{x 2 \Delta T}{0.5x \Delta T} = 4$

097

온도 차 20[℃], 열전도율 5[W/m · K], 두께 20[cm]인 벽을 통한 열유속(Heat Flux)과 온도 차 40[℃], 열전도율 10[W/m · K], 두께 t[cm]인 같은 면적을 가진 벽을 통한 열유속이 같다면 두께 t는 몇 [cm]인가?

① 10[cm] ② 20[cm]
③ 40[cm] ④ 80[cm]

해설

열전달열량(Q)

$$Q = \frac{\lambda}{l} A \Delta T$$

여기서, λ : 열전도율[W/m · K]
　　　　l : 두께[m]
　　　　A : 면적
　　　　ΔT : 온도 차

$$\frac{5[\text{W/m · K}]}{0.2[\text{m}]} \times 20[\text{K}] = \frac{10[\text{W/m · K}]}{t} \times 40[\text{K}]$$

∴ $t = 0.8[\text{m}] = 80[\text{cm}]$

098

서로 다른 재질로 만든 평판의 양쪽 온도가 다음과 같을 때, 동일한 면적 및 두께를 통한 열류량이 모두 동일하다면, 어느 것이 단열재로서 성능이 가장 우수한가?

㉠ 30~10[℃]	㉡ 10~−10[℃]
㉢ 20~10[℃]	㉣ 40~10[℃]

① ㉠ ② ㉡
③ ㉢ ④ ㉣

해설

열전도열량(Q)

$$Q = \frac{\lambda}{l} A \Delta T$$

여기서, λ : 열전도율, l : 두께
　　　　A : 면적, ΔT : 온도 차

• 단열재는 열전도율이 작을수록 성능이 우수하다.

• 열전도도 $\lambda = \dfrac{Ql}{A \Delta T}$에서 열전도열량($Q$)과 두께($l$) 및 면적($A$)이 동일하다면 열전도율은 온도 차($\Delta T$)와 반비례하므로 평판 양쪽 온도의 차가 클수록 열전도율이 작다.

099

열전도율이 0.08[W/m · K]인 단열재의 내부면의 온도(고온)가 75[℃], 외부면의 온도(저온)가 20[℃]이다. 단위면적당 열손실을 200[W/m²]으로 제한하려면 단열재의 두께[mm]는?

① 22[mm] ② 45[mm]
③ 56[mm] ④ 80[mm]

해설

열손실(q)

$$q = \frac{\lambda}{l} \Delta T$$

여기서, l : 단열재의 두께[m]

$$l = \frac{\lambda}{q} \Delta T$$

$$= \frac{0.08}{200} \times (75 - 20)$$

$$= 0.022[\text{m}] = 22[\text{mm}]$$

100

대기압에서 10[℃]의 물 2[kg]이 전부 증발하여 100[℃]의 수증기로 되는 동안 흡수되는 열량[kJ]은 얼마인가?(단, 물의 비열은 4.2[kJ/kg · K], 기화열은 2,250[kJ/kg]이다)

① 756[kJ] ② 2,638[kJ]
③ 5,256[kJ] ④ 5,360[kJ]

해설

열량(Q)

$$Q = mc\Delta T + \gamma m$$

여기서, m : 질량(2[kg])
　　　　c : 비열(4.2[kJ/kg · K])
　　　　ΔT : 온도 차(100−10 = 90[℃] = 90[K])
　　　　γ : 물의 기화열(2,250[kJ/kg])

∴ $Q = (2 \times 4.2 \times 90) + (2,250 \times 2)$
　　$= 5,256[\text{kJ}]$

101

−15[℃] 얼음 10[g]을 100[℃]의 증기로 만드는데 필요한 열량은 몇 [kJ]인가?(단, 얼음의 융해열은 335[kJ/kg], 물의 증발잠열은 2,256[kJ/kg], 얼음의 평균 비열은 2.1[kJ/kg·K]이고, 물의 평균 비열은 4.18[kJ/kg·K]이다)

① 7.85[kJ]
② 27.1[kJ]
③ 30.4[kJ]
④ 35.2[kJ]

해설

열량(Q)

$$-15[℃] \xrightarrow{Q_1} 0[℃] \xrightarrow{Q_2} 0[℃] \xrightarrow{Q_3} 100[℃] \xrightarrow{Q_4} 100[℃]$$
얼음　얼음　물　물　수증기

• 얼음의 현열

　$Q_1 = mC\Delta T$

　　$= 0.01[kg] \times 2.1[kJ/kg·K] \times \{0-(-15)\}[K]$

　　$= 0.315[kJ]$

• 0[℃] 얼음의 융해잠열

　$Q_2 = \gamma \cdot m$

　　$= 335[kJ/kg] \times 0.01[kg] = 3.35[kJ]$

• 물의 현열

　$Q_3 = mC\Delta T$

　　$= 0.01[kg] \times 4.18[kJ/kg·K] \times (100-0)[K]$

　　$= 4.18[kJ]$

• 100[℃] 물의 증발잠열

　$Q_4 = \gamma \cdot m$

　　$= 2,256[kJ/kg] \times 0.01[kg] = 22.56[kJ]$

∴ $Q = Q_1 + Q_2 + Q_3 + Q_4$

　　$= 0.315 + 3.35 + 4.18 + 22.56[kJ]$

　　$= 30.405[kJ]$

102

표면적이 2[m²]이고 표면 온도가 60[℃]인 고체 표면을 20[℃]의 공기로 대류 열전달에 의해서 냉각한다. 평균 대류 열전달계수가 30[W/m²·K]라고 할 때 고체 표면의 열손실은 몇 [W]인가?

① 600[W]
② 1,200[W]
③ 2,400[W]
④ 3,600[W]

해설

열손실(q)

$q = hA\Delta T$

여기서, $T_1 = 273 + 20 = 293[K]$

　　　　$T_2 = 273 + 60 = 333[K]$

∴ $q = 30[W/m²·K] \times 2[m²] \times (333-293)[K]$

　　$= 2,400[W]$

103

지름 10[cm]인 금속구가 대류에 의해 열을 외부 공기로 방출한다. 이때 발생하는 열전달량이 40[W]이고 구 표면과 공기 사이의 온도 차가 50[℃]라면 공기와 구 사이의 대류 열전달계수[W/m²·K]는 약 얼마인가?

① 25[W/m²·K]
② 50[W/m²·K]
③ 75[W/m²·K]
④ 100[W/m²·K]

해설

총열전달률(q)

$q = hA\Delta T[W]$

여기서, h : 대류 열전달계수

　　　　ΔT : 온도 차(50[℃] = 50[K])

　　　　A : 구의 면적(열전달방향에 수직, $4\pi r^2 = 0.0314[m^2]$)

∴ $h = \dfrac{q}{A\Delta T}$

　　$= \dfrac{40}{0.0314 \times 50}$

　　$= 25.48[W/m²·K]$

104

출구 지름이 50[mm]인 노즐이 100[mm]의 수평관과 연결되어 있다. 이 관을 통하여 물(밀도 1,000[kg/m³])이 0.02[m³/s]의 유량으로 흐르는 경우, 이 노즐에 작용하는 힘은 몇 [N]인가?

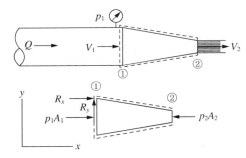

① 230[N]

② 424[N]

③ 508[N]

④ 7,709[N]

해설

노즐에 작용하는 힘(F)

$$F = \frac{\gamma Q^2 A_1}{2g}\left(\frac{A_1 - A_2}{A_1 A_2}\right)^2$$

$$= \frac{9,800[\text{N/m}^3] \times (0.02[\text{m}^3/\text{s}])^2 \times \frac{\pi}{4} \times (0.1[\text{m}])^2}{2 \times 9.8[\text{m/s}^2]}$$

$$\times \left(\frac{\frac{\pi}{4} \times (0.1[\text{m}])^2 - \frac{\pi}{4} \times (0.05[\text{m}])^2}{\frac{\pi}{4} \times (0.1[\text{m}])^2 \times \frac{\pi}{4} \times (0.05[\text{m}])^2}\right)^2$$

$$= 229.2[\text{N}]$$

$$\fallingdotseq 230[\text{N}]$$

105

안지름이 13[mm]인 옥내소화전의 노즐에서 방출되는 물의 압력(계기압력)이 230[kPa]이라면 10분 동안의 방수량은 약 몇 [m³]인가?

① 1.7[m³]   ② 3.6[m³]

③ 5.2[m³]   ④ 7.4[m³]

해설

방수량(Q)

$$Q = 0.6597\, CD^2 \sqrt{10P}$$

$$= 0.6597 \times 1 \times 13^2 \times \sqrt{10 \times 0.23[\text{MPa}]}$$

$$= 169.08[\text{L/min}]$$

$$\therefore 169.08[\text{L/min}] \times 10[\text{min}] = 1,690.8[\text{L}] \fallingdotseq 1.7[\text{m}^3]$$

※ $1[\text{m}^3] = 1,000[\text{L}]$

106

공기의 온도 T_1에서의 음속 C_1과 이보다 20[K] 높은 온도 T_2에서의 음속 C_2의 비가 $C_2/C_1 = 1.05$이면 T_1은 약 몇 [K]인가?

① 97[K]   ② 195[K]

③ 273[K]   ④ 300[K]

해설

음속

$$C = \sqrt{kRT}$$

$$C_1 = \sqrt{kRT_1}, \quad C_2 = \sqrt{kRT_2} = \sqrt{kR(T_1 + 20[\text{K}])}$$

$$\frac{C_2}{C_1} = \frac{\sqrt{kR(T_1 + 20[\text{K}])}}{\sqrt{kRT_1}} = 1.05$$

$$\left(\frac{\sqrt{kR(T_1 + 20[\text{K}])}}{\sqrt{kRT_1}}\right)^2 = 1.05^2$$

$$\frac{kR(T_1 + 20[\text{K}])}{kRT_1} = 1.1025$$

$$1.1025\, T_1 - T_1 = 20[\text{K}]$$

$$\therefore T_1 = \frac{20[\text{K}]}{0.1025} = 195.12[K]$$

107

그림과 같이 밑면이 2[m] × 2[m]인 탱크에 비중이 0.8인 기름과 물이 각각 2[m]씩 채워져 있다. 기름과 물이 벽면 AB에 작용하는 힘은 약 몇 [kN]인가?

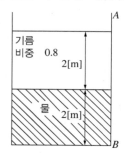

① 39[kN]

② 70[kN]

③ 102[kN]

④ 133[kN]

• 각 부분의 중심에서 압력

$P_1 = \gamma_{기름} \overline{h_1}$

    $= (0.8 \times 9,800)[\text{N/m}^3] \times 1[\text{m}]$

    $= 7,840[\text{N/m}^2]$

$P_2 = \gamma_{기름} h + \gamma_{물} (\overline{h_2} - 2)$

    $= 0.8 \times 9,800 \times 2 + 9,800 \times (3-2)$

    $= 25,480[\text{N/m}^2]$

• 각 부분에 작용하는 힘

$F_1 = P_1 A_1$

    $= 7,840 \times (2 \times 2) = 31,360[\text{N}]$

$F_2 = P_2 A_2$

    $= 25,480 \times (2 \times 2) = 101,920[\text{N}]$

• AB면에 작용하는 힘

$F = F_1 + F_2$

    $= 31,360 + 101,920[\text{N}]$

    $= 133,280[\text{N}]$

    $= 133.3[\text{kN}]$

108

그림과 같이 노즐에서 분사되는 물의 속도가 $V = 12[\text{m/s}]$이고, 분류에 수직인 평판은 속도 $u = 4[\text{m/s}]$로 움직일 때, 평판이 받는 힘은 몇 [N]인가?(단, 노즐(분류)의 단면적은 0.01[m²]이다)

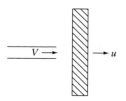

① 640[N]

② 960[N]

③ 1,280[N]

④ 1,440[N]

평판이 받는 힘(F)

$Q = A(V-u)$

    $= 0.01 \times (12-4) = 0.08[\text{m}^3/\text{s}]$

$\therefore F = Q \rho \Delta V$

    $= 0.08[\text{m}^3/\text{s}] \times 1,000[\text{N} \cdot \text{s}^2/\text{m}^4] \times (12-4)[\text{m/s}]$

    $= 640[\text{N}]$

※ ρ(밀도) $= 1,000[\text{N} \cdot \text{s}^2/\text{m}^4]$

109

그림과 같은 1/4 원형의 수문 AB가 받는 수평성분 힘 (F_H)과 수직성분 힘(F_V)은 각각 약 몇 [kN]인가?(단, 수문의 반지름은 2[m]이고, 폭은 3[m]이다)

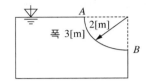

① $F_H = 24.4$, $F_V = 46.2$

② $F_H = 24.4$, $F_V = 92.4$

③ $F_H = 58.8$, $F_V = 46.2$

④ $F_H = 58.8$, $F_V = 92.4$

해설

수평성분과 수직성분

• 수평성분 F_H는 곡면 AB의 수평투영면적에 작용하는 힘과 같다.

$F_H = \gamma \overline{h} A$
$= 9,800[\mathrm{N/m^3}] \times 1[\mathrm{m}] \times (2 \times 3)[\mathrm{m^2}]$
$= 58,800[\mathrm{N}] = 58.8[\mathrm{kN}]$

• 수직성분 F_V는 AB 위에 있는 가상의 물 무게와 같다.

$F_V = \gamma V$
$= 9,800[\mathrm{N/m^3}] \times \left(\dfrac{\pi \times (2[\mathrm{m}])^2}{4} \times 3[\mathrm{m}] \right)$
$= 92,362[\mathrm{N}]$
$= 92.4[\mathrm{kN}]$

110

그림에서 호 AB면에 작용하는 수직분력은 약 몇 [kN]인가?

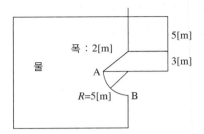

① 1,168.8[kN]

② 2,323.4[kN]

③ 976.4[kN]

④ 568.34[kN]

해설

수직분력(F_V)

$F_V = \gamma V$
$= 9,800[\mathrm{N/m^3}] \times \left(5 \times 5 + 5 \times 3 + \dfrac{\pi}{4} \times 5^2 \right)[\mathrm{m^2}] \times 2[\mathrm{m}]$
$= 1,168,845[\mathrm{N}] = 1,168.8[\mathrm{kN}]$

111

그림과 같이 수조에 비중이 1.03인 액체가 담겨 있다. 이 수조의 바닥면적이 4[m²]일 때 이 수조바닥 전체에 작용하는 힘은 약 몇 [kN]인가?(단, 대기압은 무시한다)

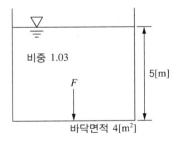

① 98[kN]

② 51[kN]

③ 156[kN]

④ 202[kN]

해설

작용하는 힘(F)

$F = \gamma V$
$= (1.03 \times 9.8[\mathrm{kN/m^3}]) \times (5[\mathrm{m}] \times 4[\mathrm{m^2}])$
$= 201.9[\mathrm{kN}]$

112

2[m] 깊이로 물이 차 있는 물탱크 바닥에 한 변이 20[cm]인 정사각형 모양의 관측 창이 설치되어 있다. 관측 창이 물로 인하여 받는 순 힘(Net Force)은 몇 [N]인가?(단, 관측 창밖의 압력은 대기압이다)

① 784[N]   ② 392[N]

③ 196[N]   ④ 98[N]

해설

힘(F)

$$P = \frac{F}{A} = \gamma H$$

$$\therefore F = \gamma H A$$

$$= 9,800[\text{N/m}^3] \times 2[\text{m}] \times (0.2[\text{m}] \times 0.2[\text{m}])$$

$$= 784[\text{N}]$$

113

아래 그림과 같은 반지름이 1[m]이고, 폭이 3[m]인 곡면의 수문 AB가 받는 수평분력은 약 몇 [N]인가?

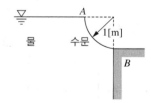

① 7,350[N]   ② 14,700[N]

③ 23,900[N]   ④ 29,400[N]

해설

수평분력(F_H)

$$F_H = \gamma \bar{h} A$$

$$= 9,800[\text{N/m}^3] \times 0.5[\text{m}] \times (1 \times 3)[\text{m}^2]$$

$$= 14,700[\text{N}]$$

114

아래 그림과 같은 탱크에 물이 들어있다. 물이 탱크의 밑면에 가하는 힘은 약 몇 [N]인가?(단, 물의 밀도는 1,000[kg/m³], 중력가속도는 10[m/s²]로 가정하며 대기압은 무시한다. 또한 탱크의 폭은 전체가 1[m]로 동일하다)

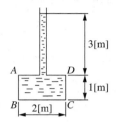

① 40,000[N]

② 20,000[N]

③ 80,000[N]

④ 60,000[N]

해설

탱크의 밑면에 가하는 힘(F)

$$P = \frac{F}{A} = \gamma H$$

$$F = \gamma H A = (\rho g) H A$$

$$\therefore F = (1,000[\text{kg/m}^3] \times 10[\text{m/s}^2]) \times (3+1)[\text{m}] \times (2 \times 1)[\text{m}^2]$$

$$= 80,000[\text{kg} \cdot \text{m/s}^2]$$

$$= 80,000[\text{N}]$$

115

그림과 같이 반지름이 0.8[m]이고 폭이 2[m]인 곡면 AB 가 수문으로 이용된다. 물에 의한 힘의 수평성분의 크기는 약 몇 [kN]인가?(단, 수문의 폭은 2[m]이다)

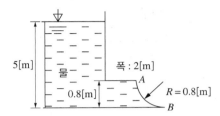

① 72.1[kN]

② 84.7[kN]

③ 90.2[kN]

④ 95.4[kN]

해설

AB에 작용하는 수평분력(F_H)

$F_H = \gamma \bar{h} A [\text{N}]$

$= 9{,}800[\text{N/m}^3] \times \left\{ (5-0.8)[\text{m}] + \dfrac{0.8[\text{m}]}{2} \right\} \times (2[\text{m}] \times 0.8[\text{m}])$

$= 72{,}128[\text{N}]$

$= 72.1[\text{kN}]$

116

폭 1.5[m], 높이 4[m]인 직사각형 평판이 수면과 40°의 각도로 경사를 이루는 저수지 물을 막고 있다. 평판의 밑변이 수면으로부터 3[m] 아래에 있다면, 물로 인하여 평판이 받는 힘은 몇 [kN]인가?(단, 대기압의 효과는 무시한다)

① 44.1[kN]

② 88.2[kN]

③ 103[kN]

④ 202[kN]

해설

평판이 받는 힘(F)

$F = \gamma \bar{h} A$

$A = 1.5[\text{m}] \times \dfrac{3[\text{m}]}{\sin 40°} = 7[\text{m}^2]$

$\therefore F = 9.8[\text{kN/m}^3] \times \dfrac{3[\text{m}]}{2} \times 7[\text{m}^2]$

$= 102.9[\text{kN}]$

117

그림과 같이 수족관에 직경 3[m]의 투시경이 설치되어 있다. 이 투시경에 작용하는 힘은 약 몇 [kN]인가?

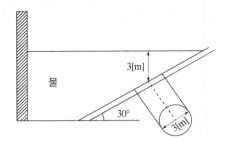

① 207.8[kN]

② 123.9[kN]

③ 87.1[kN]

④ 52.4[kN]

해설

투시경에 작용하는 힘(F)

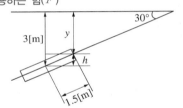

$\sin 30° = \dfrac{h}{1.5[\text{m}]}$

$h = 1.5[\text{m}] \times \sin 30° = 0.75[\text{m}]$

$y = 3[\text{m}] - 0.75[\text{m}] = 2.25[\text{m}]$

$\therefore F = \gamma \bar{y} \sin \theta A$

$= 9.8[\text{kN/m}^3] \times \left(\dfrac{2.25[\text{m}]}{\sin 30°} + 1.5[\text{m}] \right) \times \sin 30° \times \left\{ \dfrac{\pi}{4} \times (3[\text{m}])^2 \right\}$

$= 207.8[\text{kN}]$

118

출구 단면적이 0.02[m²]인 수평 노즐을 통하여 물이 수평
방향으로 8[m/s]의 속도로 노즐 출구에 놓여있는 수직평
판에 분사될 때 평판에 작용하는 힘은 몇 [N]인가?

① 80[N]

② 1,280[N]

③ 2,560[N]

④ 12,544[N]

해설

• 유량(Q)

$Q = uA$

$\quad = 8[\text{m/s}] \times 0.02[\text{m}^2]$

$\quad = 0.16[\text{m}^3/\text{s}]$

• 힘(F)

$F = Q\rho u$

$\quad = 0.16[\text{m}^3/\text{s}] \times 102[\text{kg}_\text{f} \cdot \text{s}^2/\text{m}^4] \times 8[\text{m/s}]$

$\quad = 130.56[\text{kg}_\text{f}]$

$\therefore F = 130.56[\text{kg}_\text{f}] \times 9.8[\text{N/kg}_\text{f}]$

$\quad\quad = 1,279.5[\text{N}]$

$\quad\quad \fallingdotseq 1,280[\text{N}]$

※ $\rho = 102[\text{kg}_\text{f} \cdot \text{s}^2/\text{m}^4]$

$\quad 1[\text{kg}_\text{f}] = 9.8[\text{N}]$

119

그림과 같은 삼각형 모양의 평판에 수직으로 유체 내에
놓여 있을 때 압력에 의한 힘의 작용점은 자유표면에서
얼마나 떨어져 있는가?(단, 삼각형의 도심에서 단면 2차
모멘트는 $bh^3/36$ 이다)

① $h/4$

② $h/3$

③ $h/2$

④ $2h/3$

해설

힘의 작용점(y_p)

$y_p = \dfrac{I_c}{\overline{y}A} + \overline{y}$

여기서, $\overline{y}$: 도심의 위치

$\quad\quad\quad I_c$: 단면 2차 모멘트

$\quad\quad\quad A$: 단면적

$\therefore y_p = \dfrac{\dfrac{bh^3}{36}}{\dfrac{h}{3} \times \dfrac{1}{2}(b \times h)} + \dfrac{h}{3}$

$\quad\quad = \dfrac{\dfrac{bh^3}{36}}{\dfrac{bh^2}{6}} + \dfrac{h}{3}$

$\quad\quad = \dfrac{h}{6} + \dfrac{h}{3}$

$\quad\quad = \dfrac{h}{2}$

120

그림과 같이 30°로 경사진 0.5[m] × 3[m] 크기의 수문평판 AB가 있다. A 지점에서 힌지로 연결되어 있을 때 이 수문을 열기 위하여 B점에서 수문에 직각방향으로 가해야 할 최소 힘은 약 몇 [N]인가?(단, 힌지 A에서의 마찰은 무시한다)

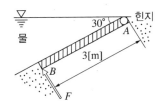

① 7,350[N]

② 7,355[N]

③ 14,700[N]

④ 14,710[N]

해설

• 수문에 작용하는 압력(F)

$$F = \gamma \bar{y} \sin\theta A$$
$$= 9,800[\text{N/m}^3] \times (3/2)[\text{m}] \times \sin 30° \times (0.5 \times 3)[\text{m}^2]$$
$$= 11,025[\text{N}]$$

• 압력중심(y_p)

$$y_p = \frac{I_c}{\bar{y}A} + \bar{y}$$
$$= \frac{\frac{0.5 \times 3^3}{12}}{1.5 \times 1.5} + 1.5$$
$$= 2[\text{m}]$$

• 오른쪽 자유물체도에서 모멘트의 합은 0

$$\Sigma MA = 0$$
$$F_B \times 3 - F \times 2 = 0$$
$$F_B = \frac{2}{3}F$$
$$= \frac{2}{3} \times 11,025[\text{N}]$$
$$= 7,350[\text{N}]$$

121

그림에서 물에 의하여 점 B에서 힌지된 사분원 모양의 수문이 평형을 유지하기 위하여 수면에서 수문을 잡아당겨야 하는 힘 T는 약 몇 [kN]인가?(단, 수문의 폭은 1[m], 반지름($R = \overline{OB}$)은 2[m], 사분원의 중심은 O점에서 왼쪽으로 $4R/3\pi$인 곳에 있다)

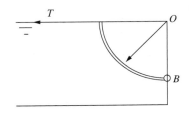

① 1.96[kN]

② 9.8[kN]

③ 19.6[kN]

④ 29.4[kN]

해설

힘(T)

$$T = \frac{1}{2}\gamma R^2$$
$$= \frac{1}{2} \times 9.8[\text{kN/m}^3] \times (2[\text{m}])^2$$
$$= 19.6[\text{kN}]$$

122

그림과 같이 속도 V인 유체가 정지하고 있는 곡면 깃에 부딪혀 θ의 각도로 유동 방향이 바뀐다. 유체가 곡면에 가하는 힘의 x, y성분의 크기를 $|F_x|$와 $|F_y|$라 할 때, $|F_y|/|F_x|$는?(단, 유동 단면적은 일정하고, $0° < \theta < 90°$이다)

① $\dfrac{1 - \cos\theta}{\sin\theta}$

② $\dfrac{\sin\theta}{1 - \cos\theta}$

③ $\dfrac{1 - \sin\theta}{\cos\theta}$

④ $\dfrac{\cos\theta}{1 - \sin\theta}$

해설

$-F_x = \rho Q(V\cos\theta - V)$

$F_x = \rho Q(V - V\cos\theta)$

$F_y = \rho Q(V\sin\theta - 0)$

$\therefore \dfrac{F_y}{F_x} = \dfrac{\rho Q(V\sin\theta - 0)}{\rho Q(V - V\cos\theta)} = \dfrac{\sin\theta}{1 - \cos\theta}$

123

그림에서 두 피스톤의 지름이 각각 30[cm]와 5[cm]이다. 큰 피스톤이 1[cm] 아래로 움직이면 작은 피스톤은 위로 몇 [cm] 움직이는가?

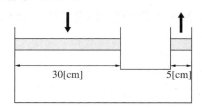

① 1[cm] ② 5[cm]

③ 30[cm] ④ 36[cm]

해설

유체의 연속방정식

$A_1 S_1 = A_2 S_2$

여기서, S_1 : 큰 피스톤이 움직인 거리

S_2 : 작은 피스톤이 움직인 거리

$\therefore S_2 = S_1 \times \dfrac{A_1}{A_2} = 1[\text{cm}] \times \dfrac{\dfrac{\pi}{4}(30[\text{cm}])^2}{\dfrac{\pi}{4}(5[\text{cm}])^2}$

$= 36[\text{cm}]$

124

피스톤 A_2의 반지름이 A_1의 반지름의 2배이며 A_1과 A_2에 작용하는 압력을 각각 P_1, P_2라 하면 평형상태일 때 P_1과 P_2 사이의 관계는?

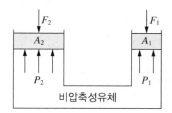

비압축성유체

① $P_1 = 2P_2$ ② $P_2 = 4P_1$

③ $P_1 = P_2$ ④ $P_2 = 2P_1$

해설

평형상태일 때 : $P_1 = P_2$

125

단면적 A와 $2A$인 U자관에 밀도가 d인 기름이 있다. 단면적이 $2A$인 관에 관 벽과는 마찰이 없는 물체를 놓았더니 그림과 같이 평형을 이루었다. 이 물체의 질량은?

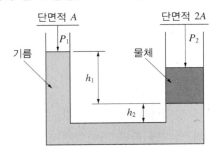

① $2Ah_1d$

② Ah_1d

③ $A(h_1 + h_2)d$

④ $A(h_1 - h_2)d$

해설

파스칼의 원리
($P_1 = P_2$이며, 밀도 d를 ρ로 표시한다)

$$\frac{W_1}{A_1} = \frac{W_2}{A_2}$$

• 단면적(A)

$A_1 = A$, $A_2 = 2A$

• 압력(P)

$$P_1 = \rho h_1 = \frac{W_1}{A_1}$$

$$W_1 = A_1 \rho h_1 = A \rho h_1$$

• $\dfrac{A \rho h_1}{A} = \dfrac{W_2}{2A}$ 이므로

∴ 물체의 질량 $W_2 = \dfrac{2A^2 \rho h_1}{A} = 2A \rho h_1$

126

수압기에서 피스톤의 지름이 각각 10[mm], 50[mm]이고, 큰 피스톤에 1,000[N]의 하중을 올려놓으면 작은 쪽 피스톤에 몇 [N]의 힘이 작용하게 되는가?

① 40[N]

② 400[N]

③ 25,000[N]

④ 245,000[N]

해설

$$\frac{W_1}{A_1} = \frac{W_2}{A_2}$$

$$\frac{1,000[\text{N}]}{\frac{\pi}{4}(50)^2} = \frac{W_2}{\frac{\pi}{4}(10)^2}$$

∴ $W_2 = 40[\text{N}]$

127

흐르는 유체에서 정상류의 의미로 옳은 것은?

① 흐름의 임의의 점에서 흐름특성이 시간에 따라 일정하게 변하는 흐름

② 흐름의 임의의 점에서 흐름특성이 시간에 따라 관계없이 항상 일정한 상태에 있는 흐름

③ 임의의 시각에 유로 내 모든 점의 속도벡터가 일정한 흐름

④ 임의의 시각에 유로 내 각 점의 속도벡터가 다른 흐름

해설

정상류 : 흐름의 임의의 점에서 흐름특성이 시간에 따라 관계없이 항상 일정한 상태에 있는 흐름

128

그림과 같은 관을 흐르는 유체의 연속방정식을 맞게 기술한 것은?

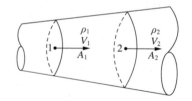

① 방정식은 $\rho_1 A_1 V_1 = \rho_2 A_2 V_2$로 표시된다.

② 배관 내의 속도가 일정하다.

③ 방정식은 $\rho_1 A_1 = \rho_2 A_2$로 표시된다.

④ 방정식은 $\rho_1 V_1 = \rho_2 V_2$로 표시된다.

해설

연속방정식은 $\rho_1 A_1 V_1 = \rho_2 A_2 V_2$로 나타낸다.

129

다음 설명 중 틀린 것은?

① 일반적인 베르누이 방정식은 마찰이 없는 비압축성 정상유동의 유선에 따라 성립한다.

② 베르누이 방정식은 질량보존의 법칙만으로 유도될 수 있다.

③ 에너지선은 수력기울기선보다 속도수두만큼 위에 있다.

④ 수력기울기선은 위치수두와 압력수두의 합을 나타낸다.

해설

질량보존의 법칙 : 연속방정식

130

두 개의 가벼운 공을 그림과 같이 실로 매달아 놓았다. 두 개의 공 사이로 공기를 불어 넣으면 공은 어떻게 되겠는가?

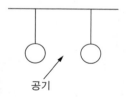

공기

① 파스칼의 법칙에 따라 벌어진다.

② 파스칼의 법칙에 따라 가까워진다.

③ 베르누이의 법칙에 따라 벌어진다.

④ 베르누이의 법칙에 따라 가까워진다.

해설

베르누이 정리에서 압력, 속도, 위치수두의 합은 일정하므로 두 개의 공 사이에 속도가 증가하면 압력은 감소하여 두 개의 공은 가까워진다.

131

안지름 100[mm]인 파이프를 통해 2[m/s]의 속도로 흐르는 물의 질량유량은 약 몇 [kg/min]인가?

① 15.7[kg/min]

② 157[kg/min]

③ 94.2[kg/min]

④ 942[kg/min]

해설

질량유량($\overline{m}$)

$$\overline{m} = A u \rho$$
$$= \frac{\pi}{4}(0.1[\text{m}])^2 \times 2[\text{m/s}] \times 60[\text{s/min}] \times 1,000[\text{kg/m}^3]$$
$$= 942[\text{kg/min}]$$

132

지름 40[cm]인 소방용 배관에 물이 80[kg/s]로 흐르고 있다면 물의 유속[m/s]은?

① 6.4[m/s] ② 0.64[m/s]
③ 12.7[m/s] ④ 1.27[m/s]

해설

유속(u)

$$\overline{m} = Au\rho$$

여기서, $\overline{m}$: 질량유량

$$\therefore u = \frac{\overline{m}}{A\rho}$$

$$= \frac{80[\text{kg/s}]}{\frac{\pi}{4}(0.4[\text{m}])^2 \times 1,000[\text{kg/m}^3]}$$

$$= 0.64[\text{m/s}]$$

133

안지름 30[cm]의 원관 속을 절대압력 0.32[MPa], 온도 27[℃]인 공기가 4[kg/s]로 흐를 때 이 원관 속을 흐르는 공기의 평균속도는 약 몇 [m/s]인가?(단, 공기의 기체상수 R = 287[J/kg · K]이다)

① 15.2[m/s] ② 20.3[m/s]
③ 25.2[m/s] ④ 32.5[m/s]

해설

• 밀도(ρ)

$$\frac{P}{\rho} = RT \rightarrow \rho = \frac{P}{RT}$$

$$\rho = \frac{0.32 \times 10^6 [\text{N/m}^2]}{287[\text{N} \cdot \text{m/kg} \cdot \text{K}] \times (273+27)[\text{K}]}$$

$$= 3.717[\text{kg/m}^3]$$

• 평균속도(u)

$$\overline{m} = Au\rho \rightarrow u = \frac{\overline{m}}{A\rho}$$

$$\therefore u = \frac{4[\text{kg/s}]}{\frac{\pi}{4} \times (0.3[\text{m}])^2 \times 3.717[\text{kg/m}^3]}$$

$$= 15.22[\text{m/s}]$$

134

직경 20[cm]의 소화용 호스에 물이 392[N/s] 흐른다. 이때 평균유속[m/s]은?

① 2.96[m/s] ② 4.34[m/s]
③ 3.68[m/s] ④ 1.27[m/s]

해설

평균유속(u)

$$\overline{G} = Au\gamma$$

여기서, $\overline{G}$: 중량유량

A : 면적$\left(\frac{\pi}{4}d^2 = \frac{\pi}{4}(0.2[\text{m}])^2 = 0.0314[\text{m}^2]\right)$

u : 유속[m/s]

γ : 비중량(9,800[N/m³])

$$\therefore u = \frac{\overline{G}}{A\gamma}$$

$$= \frac{392[\text{N/s}]}{0.0314[\text{m}^2] \times 9,800[\text{N/m}^3]} = 1.27[\text{m/s}]$$

135

관로에서 20[℃]의 물이 수조에 5분 동안 유입되었을 때 유입된 물의 중량이 60[kN]이라면 이때 유량은 몇 [m³/s]인가?

① 0.015[m³/s] ② 0.02[m³/s]
③ 0.025[m³/s] ④ 0.03[m³/s]

해설

유량(Q)

$$\overline{G} = Au\gamma = Q\gamma \rightarrow Q = \frac{\overline{G}}{\gamma}$$

여기서, $\overline{G}$: 중량유량$\left(\frac{60[\text{kN}]}{5[\text{min}] \times 60[\text{s/min}]} = 0.2[\text{kN/s}]\right)$

γ : 비중량(9.8[kN/m³])

$$\therefore Q = \frac{\overline{G}}{\gamma}$$

$$= \frac{0.2[\text{kN/s}]}{9.8[\text{kN/m}^3]}$$

$$= 0.02[\text{m}^3/\text{s}]$$

136

직경 50[cm]의 배관 내를 유속 0.06[m/s]의 속도로 흐르는 물의 유량은 약 몇 [L/min]인가?

① 153[L/min] ② 255[L/min]

③ 338[L/min] ④ 707[L/min]

해설

유량(Q)

$Q = uA$

$\quad = 0.06[\text{m/s}] \times \dfrac{\pi}{4}(0.5[\text{m}])^2$

$\quad = 0.01178[\text{m}^3/\text{s}] = 706.8[\text{L/min}] ≒ 707[\text{L/min}]$

137

물탱크에 담긴 물의 수면의 높이가 10[m]인데, 물탱크 바닥에 원형 구멍이 생겨서 10[L/s]만큼 물이 유출되고 있다. 원형 구멍의 지름은 약 몇 [cm]인가?(단, 구멍의 유량 보정계수는 0.6이다)

① 2.7[cm] ② 3.1[cm]

③ 3.5[cm] ④ 3.9[cm]

해설

원형 구멍의 지름

• 유속(u)

$u = c\sqrt{2gH}$

$\quad = 0.6 \times \sqrt{2 \times 9.8[\text{m/s}^2] \times 10[\text{m}]}$

$\quad = 8.4[\text{m/s}]$

• 지름(D)

$Q = uA = u \times \dfrac{\pi}{4}D^2$

$\therefore D = \sqrt{\dfrac{4Q}{u\pi}}$

$\quad = \sqrt{\dfrac{4 \times 0.01[\text{m}^3/\text{s}]}{8.4[\text{m/s}] \times 3.14}}$

$\quad = 0.0389[\text{m}] = 3.89[\text{cm}] ≒ 3.9[\text{cm}]$

138

안지름이 25[mm]인 노즐 선단에서의 방수압력은 계기압력으로 5.8×10^5[Pa]이다. 이때 방수량은 몇 약 [m³/s]인가?

① 0.017[m³/s] ② 0.17[m³/s]

③ 0.037[m³/s] ④ 0.34[m³/s]

해설

방수량(Q)

$Q = uA$

여기서, u : 유속

$\qquad A$: 면적($\dfrac{\pi}{4}(0.025[\text{m}])^2 = 0.000491[\text{m}^2]$)

$u = \sqrt{2gH}$

$\quad = \sqrt{2 \times 9.8[\text{m/s}^2] \times \left(\dfrac{5.8 \times 10^5[\text{Pa}]}{101,325[\text{Pa}]} \times 10.332[\text{m}]\right)}$

$\quad = 34.05[\text{m/s}]$

$\therefore Q = 34.05[\text{m/s}] \times 0.000491[\text{m}^2]$

$\qquad = 0.0167[\text{m}^3/\text{s}]$

139

그림과 같이 단면 A에서 정압이 500[kPa]이고 10[m/s]로 난류의 물이 흐르고 있을 때 단면 B에서의 유속[m/s]은?

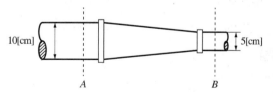

① 20[m/s] ② 40[m/s]

③ 60[m/s] ④ 80[m/s]

해설

유속(u)

$u_2 = u_1 \times \left(\dfrac{D_1}{D_2}\right)^2$

$\quad = 10[\text{m/s}] \times \left(\dfrac{0.1[\text{m}]}{0.05[\text{m}]}\right)^2$

$\quad = 40[\text{m/s}]$

140

그림과 같이 수조의 밑 부분에 구멍을 뚫고 물을 유량 Q 로 방출시키고 있다. 손실을 무시할 때 수위가 처음 높이 의 1/2로 되었을 때 방출되는 유량은 어떻게 되는가?

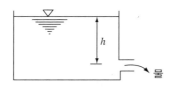

① $\dfrac{1}{\sqrt{2}} Q$

② $\dfrac{1}{2} Q$

③ $\dfrac{1}{\sqrt{3}} Q$

④ $\dfrac{1}{3} Q$

해설

• 유속(u)

$$u = \sqrt{2gh}$$

$$u_2 = \sqrt{2g\left(\frac{1}{2}h\right)}$$

• 유량(Q)

$$Q = Au = A\sqrt{2gh}$$

$$Q_2 = A\sqrt{2g\left(\frac{1}{2}h\right)} = \frac{1}{\sqrt{2}} Q$$

142

주어진 물리량의 단위로 옳지 않은 것은?

① 펌프의 양정 : [m]

② 동압 : [MPa]

③ 속도수두 : [m/s]

④ 밀도 : [kg/m³]

해설

속도수두 : [m]

141

일반적으로 베르누이 방정식을 적용할 수 있는 조건으로 구성된 것은?

① 비압축성 흐름, 점성 흐름, 정상 유동

② 압축성 흐름, 비점성 흐름, 정상 유동

③ 비압축성 흐름, 비점성 흐름, 비정상 유동

④ 비압축성 흐름, 비점성 흐름, 정상 유동

해설

베르누이 방정식을 적용할 수 있는 조건

• 비압축성 흐름

• 비점성 흐름

• 정상 유동

143

베르누이의 정리 $\left(\dfrac{P}{\rho} + \dfrac{V^2}{2} + Z = Constant\right)$ 가 적용되는 조건이 될 수 없는 것은?

① 압축성의 흐름이다.

② 정상 상태의 흐름이다.

③ 마찰이 없는 흐름이다.

④ 베르누이 정리가 적용되는 임의의 두 점은 같은 유선상에 있다.

해설

베르누이 정리가 적용되는 조건

• 비압축성 흐름

• 정상 상태의 흐름

• 마찰이 없는 흐름

144

수평 배관 설비에서 상류지점인 A지점의 배관을 조사해 보니 지름 100[mm], 압력 0.45[MPa], 평균유속 1[m/s]이었다. 또 하류의 B지점을 조사해 지름 50[mm], 압력 0.4[MPa]이었다면 두 지점 사이의 손실수두는 약 몇 [m]인가?(단, 배관 내 유체의 비중은 1이다)

① 4.34[m]

② 4.95[m]

③ 5.87[m]

④ 8.67[m]

해설

손실수두

• A지점

$$H_A = \frac{u^2}{2g} + \frac{P}{\gamma}$$

$$= \frac{(1[\text{m/s}])^2}{2 \times 9.8[\text{m/s}^2]} + \frac{0.45 \times 1,000[\text{kN/m}^2]}{9.8[\text{kN/m}^3]}$$

$$= 45.97[\text{m}]$$

• B지점

$$H_B = \frac{u^2}{2g} + \frac{P}{\gamma} = \frac{(4[\text{m/s}])^2}{2 \times 9.8[\text{m/s}^2]} + \frac{0.4 \times 1,000[\text{kN/m}^2]}{9.8[\text{kN/m}^3]}$$

$$= 41.63[\text{m}]$$

• 유속

$$U_B = U_A \times \left(\frac{d_A}{d_B}\right)^2$$

$$= 1[\text{m/s}] \times \left(\frac{100[\text{mm}]}{50[\text{mm}]}\right)^2$$

$$= 4[\text{m/s}]$$

$$\therefore H_A - H_B = 45.97 - 41.63 = 4.34[\text{m}]$$

145

그림에서 물 탱크차가 받는 추력은 약 몇 [N]인가?(단, 노즐의 단면적은 0.03[m²]이며 탱크 내의 계기압력은 40[kPa]이다. 또한 노즐에서 마찰손실은 무시한다)

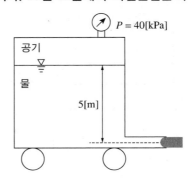

① 812[N]

② 1,489[N]

③ 2,709[N]

④ 5,340[N]

해설

베르누이 방정식

$$\frac{P_1}{\gamma} + \frac{u_1^2}{2g} + z_1 = \frac{P_2}{\gamma} + \frac{u_2^2}{2g} + z_2$$

$$\frac{40 \times 10^3 [\text{N/m}^2]}{9,800 [\text{N/m}^3]} + 0 + 5[\text{m}] = 0 + \frac{u_2^2}{2 \times 9.8 [\text{m/s}^2]} + 0$$

$$9.082 = \frac{u_2^2}{2 \times 9.8}$$

• 노즐의 출구속도(u_2)

$$u_2 = \sqrt{2 \times 9.8 \times 9.082} = 13.342[\text{m/s}]$$

• 유량(Q)

$$Q = Au_2$$

$$= 0.03[\text{m}^2] \times 13.342[\text{m/s}] = 0.4[\text{m}^3/\text{s}]$$

• 추력(F)

$$F = Q\rho u_2$$

$$= 0.4[\text{m}^3/\text{s}] \times 1,000[\text{kg/m}^3] \times 13.342[\text{m/s}]$$

$$= 5,337[\text{kg} \cdot \text{m/s}^2]$$

$$= 5,337[\text{N}]$$

$$\fallingdotseq 5,340[\text{N}]$$

146

그림과 같은 사이펀에서 마찰손실을 무시할 때 사이펀 끝단에서 속도(V)가 4[m/s]이기 위해서는 h가 약 몇 [m]이어야 하는가?

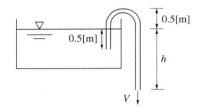

① 0.82[m]

② 0.77[m]

③ 0.72[m]

④ 0.87[m]

해설

베르누이 방정식

$$\frac{P_1}{\gamma} + \frac{u_1^2}{2g} + z_1 = \frac{P_2}{\gamma} + \frac{u_2^2}{2g} + z_2$$

$P_1 = P_2 =$ 대기압, $u_1 = 0$, $z_1 - z_2 = h$

$$\therefore \; h = z_1 - z_2$$

$$= \frac{u_2^2}{2g}$$

$$= \frac{(4[\text{m/s}])^2}{2 \times 9.8[\text{m/s}^2]} = 0.816[\text{m}] \fallingdotseq 0.82[\text{m}]$$

147

그림과 같이 사이펀에 의해 용기 속의 물이 4.8[m³/min]로 방출된다면 전체손실수두[m]는 얼마인가?(단, 관 내 마찰은 무시한다)

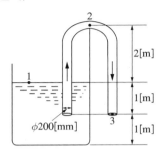

① 0.668[m]

② 0.330[m]

③ 1.043[m]

④ 1.826[m]

해설

베르누이 방정식

$$\frac{u_1^2}{2g} + \frac{P_1}{\gamma} + Z_1 = \frac{u_3^2}{2g} + \frac{P_3}{\gamma} + Z_3 + H_{1 \sim 3}$$

여기서, $P_1 = P_3 =$ 대기압

$$V_1 = 0$$

$$Z_1 - Z_3 = 1.0[\text{m}]$$

$$\therefore \; u_3 = \frac{Q}{A}$$

$$= \frac{4.8/60[\text{m}^3/\text{s}]}{\frac{\pi}{4}(0.2[\text{m}])^2}$$

$$= 2.55[\text{m/s}]$$

손실수두(H)

$$\therefore \; H_{1 \sim 3} = Z_1 - Z_3 - \frac{u_3^2}{2g}$$

$$= 1.0[\text{m}] - \frac{(2.55[\text{m/s}])^2}{2 \times 9.8[\text{m/s}^2]}$$

$$= 0.668[\text{m}]$$

148

관의 단면적이 0.6[m²]에서 0.2[m²]로 감소하는 수평 원형 축소판으로 공기를 수송하고 있다. 관 마찰손실은 없는 것으로 가정하고 7.26[N/s]의 공기가 흐를 때 압력 감소는 몇 [Pa]인가?(단, 공기 밀도는 1.23[kg/m³]이다)

① 4.96[Pa]
② 5.8[Pa]
③ 6.20[Pa]
④ 9.92[Pa]

해설

• 중량유량($\overline{G}$)

$$\overline{G} = \gamma A_1 u_1 = \rho g A_1 u_1$$

$$u_1 = \frac{\overline{G}}{\rho g A_1}$$

$$= \frac{7.26[\text{kg} \cdot \text{m/s}^2] \times [1/\text{s}]}{1.23[\text{kg/m}^3] \times 9.8[\text{m/s}^2] \times 0.6[\text{m}^2]}$$

$$= 1.004[\text{m/s}]$$

• 연속방정식

$$Q = A_1 u_1 = A_2 u_2$$

$$u_2 = \frac{A_1}{A_2}$$

$$= \frac{0.6[\text{m}^2]}{0.2[\text{m}^2]} u_1 = 3u_1$$

• 베르누이 방정식

$$P_1 + \frac{u_1^2}{2}\rho = P_2 + \frac{u_2^2}{2}\rho$$

$$P_1 - P_2 = \frac{u_2^2}{2}\rho - \frac{u_1^2}{2}\rho$$

$$= \frac{(3u_1)^2}{2}\rho - \frac{u_1^2}{2}\rho$$

$$= 4u_1^2\rho$$

$$= 4 \times (1.004[\text{m/s}])^2 \times 1.23[\text{kg/m}^3]$$

$$= 4.959[\text{Pa}]$$

$$\fallingdotseq 4.96[\text{Pa}]$$

149

경사진 관로의 유체흐름에서 수력기울기선(HGL ; Hydraulic Grade Line)의 위치로 옳은 것은?

① 언제나 에너지선보다 위에 있다.
② 에너지선보다 속도수두만큼 아래에 있다.
③ 항상 수평이 된다.
④ 개수로의 수면보다 속도수두만큼 위에 있다.

해설

수력구배선(수력기울기선)은 항상 에너지선보다 속도수두$\left(\frac{u^2}{2g}\right)$만큼 아래에 있다.

※ 전수두선 : $\frac{P}{\gamma} + \frac{u^2}{2g} + Z$를 연결한 선

　수력구배선 : $\frac{P}{\gamma} + Z$을 연결한 선

150

관 내 물의 속도가 12[m/s], 압력이 103[kPa]이다. 속도수두(H_v)와 압력수두(H_p)는 각각 약 몇 [m]인가?

① $H_v = 7.35[\text{m}]$, $H_p = 9.8[\text{m}]$
② $H_v = 7.35[\text{m}]$, $H_p = 10.5[\text{m}]$
③ $H_v = 6.52[\text{m}]$, $H_p = 9.8[\text{m}]$
④ $H_v = 6.52[\text{m}]$, $H_p = 10.5[\text{m}]$

해설

• 속도수두(H_v)

$$H_v = \frac{u^2}{2g}$$

$$= \frac{(12[\text{m/s}])^2}{2 \times 9.8[\text{m/s}^2]} = 7.35[\text{m}]$$

• 압력수두(H_p)

$$H_p = \frac{P}{\gamma}$$

$$= \frac{\frac{103[\text{kPa}]}{101.325[\text{kPa}]} \times 10,332[\text{kg}_\text{f}/\text{m}^2]}{1,000[\text{kg}_\text{f}/\text{m}^3]}$$

$$= 10.5[\text{m}]$$

151

지면으로부터 4[m]의 높이에 설치된 수평관 내로 물이 4[m/s]로 흐르고 있다. 물의 압력이 78.4[kPa]인 관 내의 한 점에서 전수두는 지면을 기준으로 약 몇 [m]인가?

① 4.76[m] ② 6.24[m]
③ 8.82[m] ④ 12.81[m]

해설

전수두(H)

$$H = \frac{u^2}{2g} + \frac{P}{\gamma} + z$$

• 속도수두

$$\frac{u^2}{2g} = \frac{(4[\text{m/s}])^2}{2 \times 9.8[\text{m/s}^2]} = 0.816[\text{m}]$$

• 압력수두

$$\frac{P}{\gamma} = \frac{78.4[\text{kPa}]}{101.325[\text{kPa}]} \times 10.332[\text{m}] = 7.994[\text{m}]$$

• 위치수두

$$z = 4[\text{m}]$$

$$\therefore H = 0.816[\text{m}] + 7.944[\text{m}] + 4[\text{m}]$$
$$= 12.81[\text{m}]$$

152

내경 27[mm]의 배관 속을 정상류의 물이 매분 150[L] 흐를 때 속도수두는 약 몇 [m]인가?

① 1.11[m] ② 0.97[m]
③ 0.77[m] ④ 0.56[m]

해설

속도수두(H)

$$H = \frac{u^2}{2g}$$

여기서, u : 유속$\left(\dfrac{Q}{A} = \dfrac{Q}{\frac{\pi}{4}D^2} \right)$

$$u = \frac{0.15[\text{m}^3]/60[\text{s}]}{\frac{\pi}{4}(0.027[\text{m}])^2} = 4.37[\text{m/s}]$$

$$\therefore H = \frac{(4.37[\text{m/s}])^2}{2 \times 9.8[\text{m/s}^2]} = 0.97[\text{m}]$$

153

관의 길이가 l 이고 지름이 d, 관 마찰계수가 f 일 때 총 손실수두 $H[\text{m}]$를 식으로 바르게 나타낸 것은?(단, 입구 손실계수가 0.5, 출구 손실계수가 1.0, 속도수두는 $V^2/2g$ 이다)

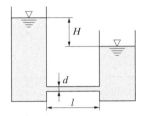

① $\left(1.5 + f\dfrac{l}{d} \right)\dfrac{V^2}{2g}$

② $\left(\dfrac{l}{d} + 1 \right)\dfrac{V^2}{2g}$

③ $\left(0.5 + f\dfrac{l}{d} \right)\dfrac{V^2}{2g}$

④ $\left(f\dfrac{l}{d} \right)\dfrac{V^2}{2g}$

해설

총 손실수두(H)

• 관입구에서 손실수두 : $H_1 = 0.5\dfrac{V^2}{2g}$

• 관출구에서 손실수두 : $H_2 = \dfrac{V^2}{2g}$

• 관마찰에서 손실수두 : $H_3 = f\dfrac{l}{d}\dfrac{V^2}{2g}$

$$\therefore H = H_1 + H_2 + H_3$$
$$= 0.5\frac{V^2}{2g} + 1\frac{V^2}{2g} + f\frac{l}{d}\frac{V^2}{2g}$$
$$= \left(1.5 + f\frac{l}{d} \right)\frac{V^2}{2g}$$

154

그림과 같은 곡관에 물이 흐르고 있을 때 계기압력으로 P_1이 98[kPa]이고 P_2가 29.42[kPa]이면 이 곡관을 고정 시키는 데 필요한 힘은 몇 [N]인가?(단, 높이차 및 모든 손실은 무시한다)

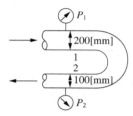

① 4,141[N]　　　　② 4,314[N]

③ 4,565[N]　　　　④ 4,744[N]

해설
힘
• 베르누이 방정식

$$\frac{98[kN/m^2]}{9.8[kN/m^3]} + \frac{V_1^2}{2g} = \frac{29.42[kN/m^2]}{9.8[kN/m^3]} + \frac{V_2^2}{2g}$$

연속방정식에서 $V_2 = 4V_1$ 이므로 위의 식에 대입하면

$$10[m] + \frac{V_1^2}{2g} = 3[m] + \frac{16V_1^2}{2g} \rightarrow V_1 = 3.02[m/s]$$

$$V_2 = 4V_1 = 4 \times 3.02[m/s] = 12.08[m/s]$$

• 유량

$$Q = VA = 3.02[m/s] \times \frac{\pi}{4}(0.2[m])^2$$

$$= 0.095[m^3/s]$$

• 운동량 방정식

$$A_1 P_1 - F + A_2 P_2 = \rho Q(-V_2 - V_1)$$

$$\frac{\pi}{4}(0.2[m])^2 \times 98 \times 10^3[N/m^2] - F + \frac{\pi}{4}(0.1[m])^2 \times 29.42$$

$$\times 10^3[N/m^2]$$

$$= 1,000[N \cdot s^2/m^4] \times 0.095[m^3/s] \times (-12.08 - 3.02)[m/s]$$

$$3,078.76[N] - F + 231.06[N] = -1,434.5[N]$$

$$\therefore F = 3,078.76[N] + 231.06[N] + 1,434.5[N]$$

$$= 4,744.32[N]$$

155

그림과 같이 수직평판에 속도 2[m/s]로 단면적이 0.01[m²]인 물 제트가 수직으로 세워진 벽면에 충돌하고 있다. 벽면의 오른쪽에서 물 제트를 왼쪽방향으로 쏘아 벽면의 평형을 이루게 하려면 물 제트의 속도를 약 몇 [m/s]로 해야 하는가?(단, 오른쪽에서 쏘는 물 제트의 단면적은 0.005[m²]이다)

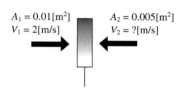

① 1.42[m/s]

② 2.00[m/s]

③ 2.83[m/s]

④ 4.00[m/s]

해설
물 제트의 속도
• 운동량 방정식

$$F = \rho Q u = \rho A u^2$$

수평평판에 작용하는 힘은 $F_1 = F_2$ 이므로 $\rho A_1 u_1^2 = \rho A_2 u_2^2$ 이다.

• 물 제트의 속도

$$V_2 = \sqrt{\frac{A_1}{A_2}} \times V_1$$

$$= \sqrt{\frac{0.01[m^2]}{0.005[m^2]}} \times 2[m/s] = 2.83[m/s]$$

156

그림과 같이 중앙부분에 구멍이 뚫린 원판에 지름 D의 원형 물 제트가 대기압 상태에서 V의 속도로 충돌하여, 원판 뒤로 지름 $D/2$의 원형 물 제트가 V의 속도로 흘러나가고 있을 때, 이 원판이 받는 힘은 얼마인가?(단, ρ는 물의 밀도이다)

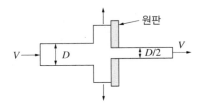

① $\dfrac{3}{16}\rho\pi V^2 D^2$

② $\dfrac{3}{8}\rho\pi V^2 D^2$

③ $\dfrac{3}{4}\rho\pi V^2 D^2$

④ $3\rho\pi V^2 D^2$

해설

• 운동량 방정식

$$F = \rho Q V = \rho A V^2$$
$$= \rho \times \left(\frac{\pi}{4} \times D^2\right) \times V^2$$

• 힘의 평형

$$\rho \times \left(\frac{\pi}{4} \times D^2\right) \times V^2 = F + \rho \times \left\{\frac{\pi}{4} \times \left(\frac{D}{2}\right)^2\right\} \times V^2$$

$$\frac{1}{4}\rho\pi V^2 D^2 = F + \frac{1}{16}\rho\pi D^2 V^2$$

• 원판이 받는 힘

$$F = \frac{1}{4}\rho\pi D^2 V^2 - \frac{1}{16}\rho\pi D^2 V^2$$
$$= \frac{3}{16}\rho\pi D^2 V^2$$

※ 속도 기호 : u, V

157

그림과 같이 60°로 기울어진 고장된 평판에 직경 50[mm]의 물 분류가 속도(V) 20[m/s]로 충돌하고 있다. 분류가 충돌할 때 판에 수직으로 작용하는 충격력[N]은?

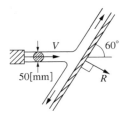

① 296[N]   ② 393[N]

③ 680[N]   ④ 785[N]

해설

운동량 방정식

$$\sum F_y = Q\rho(u_{y2} - u_{y1})$$
$$= Q\frac{r}{g}(u_{y2} - u_{y1})$$

$$-F = \left(\frac{\pi}{4} \times (0.05[\text{m}])^2 \times 20[\text{m/s}]\right) \times \frac{1,000[\text{kg}_\text{f}/\text{m}^3]}{9.8[\text{m/s}^2]}$$
$$\times (0 - 20[\text{m/s}] \times \sin 60°)$$

$$\therefore\ F = 69.4[\text{kg}_\text{f}] = 69.4[\text{kg}_\text{f}] \times 9.8[\text{N/kg}_\text{f}]$$
$$= 680.12[\text{N}]$$

158

비중이 0.95인 액체가 흐르는 곳에 그림과 같이 피토 튜브를 직각으로 설치하였을 때 h가 150[mm], H가 30[mm] 나타났다면 점 1 위치에서의 유속[m/s]은?

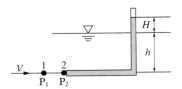

① 0.8[m/s]   ② 1.6[m/s]

③ 3.2[m/s]   ④ 4.2[m/s]

해설

피토 튜브의 유속(u)

$$u = \sqrt{2gH} = \sqrt{2 \times 9.8[\text{m/s}^2] \times 0.03[\text{m}]} = 0.77[\text{m/s}]$$
$$\fallingdotseq 0.8[\text{m/s}]$$

159

그림과 같이 화살표 방향으로 물이 흐르고 있는 호칭구경 100[mm]의 배관에 압력계와 전압 측정을 위한 피토계가 설치되어 있다. 압력계와 피토계의 지시바늘이 각각 392[kPa], 402[kPa]을 가리키고 있다면 유속은 약 몇 [m/s]인가?

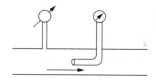

① 2.24[m/s]　　　　② 3.16[m/s]

③ 4.47[m/s]　　　　④ 6.32[m/s]

해설
수두(H)

$H = (402-392)[\text{kPa}] \div 101.325[\text{kPa}] \times 10.332[\text{mH}_2\text{O}]$

$\quad = 1.0197[\text{m}]$

$\therefore u = \sqrt{2gH} = \sqrt{2 \times 9.8[\text{m/s}] \times 1.0197[\text{m}]}$

$\quad = 4.47[\text{m/s}]$

160

관 내에 물이 흐르고 있을 때, 그림과 같이 액주계를 설치하였다. 관 내에서 물의 평균유속은 약 몇 [m/s]인가?

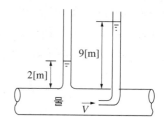

① 2.6[m/s]　　　　② 7[m/s]

③ 11.7[m/s]　　　　④ 137.2[m/s]

해설
액주계의 유속(V)

$V = \sqrt{2gH}$

여기서, H : 수주의 높이

$\therefore V = \sqrt{2 \times 9.8[\text{m/s}^2] \times (9-2)[\text{m}]}$

$\quad = 11.7[\text{m/s}]$

161

소방호스의 노즐로부터 유속 4.9[m/s]로 방사되는 물 제트에 피토관의 흡입구를 갖다 대었을 때, 피토관의 수직부에 나타나는 수주의 높이는 약 몇 [m]인가?(단, 중력가속도는 9.8[m/s²]이고, 손실은 무시한다)

① 1.22[m]　　　　② 0.25[m]

③ 2.69[m]　　　　④ 3.69[m]

해설
유속(u)

$u = \sqrt{2gH}$

여기서, u : 유속

$\quad\quad\quad g$: 중력가속도

$\quad\quad\quad H$: 수주의 높이

$\therefore H = \dfrac{u^2}{2g}$

$\quad = \dfrac{(4.9[\text{m/s}])^2}{2 \times 9.8[\text{m/s}]^2} = 1.225[\text{m}]$

162

지름이 15[cm]인 관에 질소가 흐르는데 피토관에 의한 마노미터는 4[cmHg]의 차를 나타냈다. 유속은 약 몇 [m/s]인가?(단, 질소의 비중은 0.00114, 수은의 비중은 13.6, 중력가속도 9.8[m/s²]이다)

① 76.5[m/s]　　　　② 85.6[m/s]

③ 96.7[m/s]　　　　④ 105.6[m/s]

해설
유속(u)

$u = \sqrt{2gR\left(\dfrac{s_0}{s}-1\right)}$

$\quad = \sqrt{2 \times 9.8[\text{m/s}^2] \times 0.04[\text{m}]\left(\dfrac{13.6}{0.00114}-1\right)}$

$\quad = 96.7[\text{m/s}]$

163

배연설비의 배관을 흐르는 공기의 유속을 피토정압관으로 측정할 때 정압단과 정체압단에 연결된 U자관의 수은 기둥 높이 차가 0.03[m]이었다. 이때 공기의 속도는 약 몇 [m/s]인가?(단, 공기의 비중은 0.00122, 수은의 비중 13.6이다)

① 81[m/s]   ② 86[m/s]

③ 91[m/s]   ④ 96[m/s]

해설

공기의 속도

$$u = \sqrt{2gR\left(\frac{s_0}{s} - 1\right)}$$

$$= \sqrt{2 \times 9.8[\text{m/s}^2] \times 0.03[\text{m}] \times \left(\frac{13.6}{0.00122} - 1\right)}$$

$$= 80.96[\text{m/s}]$$

$$\fallingdotseq 81[\text{m/s}]$$

164

3[m/s]의 속도로 물이 흐르고 있는 관로 내에 피토관을 삽입하고, 비중 1.8의 액체를 넣은 시차액주계에서 나타나게 되는 액주차는 약 몇 [m]인가?

① 0.191[m]   ② 0.574[m]

③ 1.41[m]   ④ 2.15[m]

해설

액주차(H)

$$H = \frac{u^2}{2g\left(\frac{s}{s_w} - 1\right)}$$

$$= \frac{(3[\text{m/s}])^2}{2 \times 9.8[\text{m/s}^2] \times \left(\frac{1.8 \times 9.8[\text{kN/m}^3]}{1 \times 9.8[\text{kN/m}^3]} - 1\right)}$$

$$\fallingdotseq 0.574[\text{m}]$$

165

출구 단면적이 0.0004[m²]인 소방호스로부터 25[m/s]의 속도로 수평으로 분출되는 물제트가 수직으로 세워진 평판과 충돌한다. 평판을 고정시키기 위한 힘(F)은 몇 [N]인가?

① 150[N]

② 200[N]

③ 250[N]

④ 300[N]

해설

힘(F)

$$F = Q\rho u = (uA)\rho u$$

여기서, u : 유속(25[m/s])

        A : 단면적(0.0004[m²])

        ρ : 밀도(1,000[kg/m³])

$$\therefore F = (uA)\rho u$$

$$= (25[\text{m/s}] \times 0.0004[\text{m}^2]) \times 1,000[\text{kg/m}^3] \times 25[\text{m/s}]$$

$$= 250[\text{kg} \cdot \text{m/s}^2]$$

$$= 250[\text{N}]$$

※ $[\text{N}] = [\text{kg} \cdot \text{m/s}^2]$

166

비중 0.8, 점성계수가 0.03[kg/m · s]인 기름이 안지름 450[mm]의 파이프를 통하여 0.3[m³/s]의 유량으로 흐를 때 레이놀즈수는?(단, 물의 밀도는 1,000[kg/m³]이다)

① 5.66×10^4 ② 2.26×10^4

③ 2.83×10^4 ④ 9.04×10^4

해설

레이놀즈수(R_e)

$$R_e = \frac{Du\rho}{\mu}$$

여기서, D : 관의 내경(0.45[m])

u : 유량$\left(\dfrac{Q}{A} = \dfrac{4Q}{\pi D^2} = \dfrac{4 \times 0.3[\text{m}^3/\text{s}]}{\pi \times (0.45[\text{m}])^2} = 1.88[\text{m/s}] \right)$

ρ : 유체의 밀도($0.8[\text{g/cm}^3] = 800[\text{kg/m}^3]$)

μ : 유체의 점도(0.03[kg/m · s])

$$\therefore R_e = \frac{Du\rho}{\mu}$$

$$= \frac{0.45[\text{m}] \times 1.88[\text{m/s}] \times 800[\text{kg/m}^3]}{0.03[\text{kg/m · s}]}$$

$$= 22{,}560 \fallingdotseq 2.26 \times 10^4$$

167

동점성계수가 $1.15 \times 10^{-6}[\text{m}^2/\text{s}]$인 물이 30[mm]의 지름 원관 속을 흐르고 있다. 층류가 기대될 수 있는 최대 유량은 약 몇 [m³/s]인가?(단, 임계 레이놀즈수는 2,100이다)

① $2.85 \times 10^{-5}[\text{m}^3/\text{s}]$ ② $5.69 \times 10^{-5}[\text{m}^3/\text{s}]$

③ $2.85 \times 10^{-7}[\text{m}^3/\text{s}]$ ④ $5.69 \times 10^{-7}[\text{m}^3/\text{s}]$

해설

레이놀즈수(R_e)

$$R_e = \frac{Du}{\nu}$$

$$u = \frac{R_e \times \nu}{D} = \frac{2{,}100 \times 1.15 \times 10^{-6}}{0.03} = 0.0805[\text{m/s}]$$

$$\therefore Q = uA$$

$$= 0.0805[\text{m/s}] \times \frac{\pi}{4}(0.03[\text{m}])^2$$

$$= 5.69 \times 10^{-5}[\text{m}^3/\text{s}]$$

168

지름이 65[mm]인 배관 내로 물이 2.8[m/s]의 속도로 흐를 때의 유동형태는?(단, 물의 밀도는 998[kg/m³], 점성계수는 0.01139[kg/m · s]이다)

① 천이유동   ② 층류

③ 난류   ④ 와류

해설

레이놀즈수(R_e)

$$R_e = \frac{Du\rho}{\mu}$$

여기서, D : 관의 내경(0.065[m])

u : 유속(2.8[m/s])

ρ : 유체의 밀도(998[kg/m³])

μ : 유체의 점도(0.01139[kg/m · s])

$$\therefore R_e = \frac{0.065 \times 2.8 \times 998}{0.01139} = 15{,}947(\text{난류})$$

※ 유체의 흐름

- 층류 : $R_e < 2{,}100$
- 전이영역 : $2{,}100 < R_e < 4{,}000$
- 난류 : $R_e > 4{,}000$

169

온도가 37.5[℃]인 원유가 0.3[m³/s]의 유량으로 원 관에 흐르고 있다. 레이놀즈수가 2,100일 때 관의 지름은 약 몇 [m]인가?(단, 원유의 동점성계수는 $6 \times 10^{-5}[\text{m}^2/\text{s}]$이다)

① 1.25[m]   ② 2.45[m]

③ 3.03[m]   ④ 4.45[m]

해설

관의 최소 지름

$$R_e = \frac{Du}{\nu}$$

$$= \frac{DQ}{\frac{(\pi/4)D^2}{\nu}} = \frac{4Q}{\pi D \nu}$$

$$\therefore D = \frac{4Q}{R_e \cdot \pi \cdot \nu}$$

$$= \frac{4 \times 0.3[\text{m}^3/\text{s}]}{2{,}100 \times 3.14 \times 6 \times 10^{-5}[\text{m}^2/\text{s}]}$$

$$= 3.03[\text{m}]$$

170

유동 단면이 30[cm]×40[cm]인 사각 덕트를 통하여 비중 0.86[g/cm²], 점성계수 0.027[kg/m·s]인 기름이 2[m/s]의 유속으로 흐른다. 이때 수력직경에 기초한 레이놀즈수는?

① 18,670　　　　② 21,838

③ 32,150　　　　④ 33,290

해설

레이놀즈수(R_e)

$$R_e = Du\frac{\rho}{\mu} = \frac{Du}{\nu}$$

여기서, u : 유속(2[m/s])

　　　　ρ : 유체의 밀도(860[kg/m³])

　　　　μ : 유체의 점도(0.027[kg/m·s])

　　　　ν : 동점도. 절대점도를 밀도로 나눈 값$\left(\frac{\mu}{\rho}[cm^2/s]\right)$

수력반경 $R_h = \dfrac{가로 \times 세로}{(가로 \times 2) + (세로 \times 2)}$

$$= \frac{30 \times 40}{(30 \times 2) + (40 \times 2)} = 8.57[cm] = 0.0857[m]$$

수력직경 $D = 4R_h = 4 \times 0.0857[m] = 0.3428[m]$

$$\therefore R_e = \frac{Du\rho}{\mu}$$

$$= \frac{0.3428[m] \times 2[m/s] \times 860[kg/m^3]}{0.027[kg/m \cdot s]} = 21,838$$

171

지름이 5[cm]인 원형관 내에 어떤 이상기체가 흐르고 있다. 다음 [보기] 중 이 기체의 흐름이 층류이면서 가장 빠른 속도는?(단, 이 기체의 절대압력은 200[kPa], 온도는 27[℃], 기체상수는 2,080[J/kg·K]), 점성계수는 2×10⁻⁵[N·s/m²], 층류에서 하임계 레이놀즈 값은 2,200으로 한다)

┌─보기├─────────────────────────
　　㉠ 0.3[m/s]　　　　　㉡ 1.5[m/s]

　　㉢ 8.3[m/s]　　　　　㉣ 15.5[m/s]
└──────────────────────────────

① ㉠　　　　② ㉡

③ ㉢　　　　④ ㉣

해설

레이놀즈수(R_e)

$$R_e = \frac{Du\rho}{\mu}$$

여기서, D : 직경(0.05[m])

　　　　u : 유속[m/s]

　　　　ρ : 밀도

$$\therefore \rho = \frac{P}{RT}$$

$$= \frac{200 \times 10^3 [N/m^2]}{2,080[N \cdot m/kg \cdot K] \times (273 + 27)[K]}$$

$$= 0.32[kg/m^3]$$

※ [N·m] = [J]

여기서, μ : 점성계수($2 \times 10^{-5}[N \cdot s/m^2 = kg/m \cdot s]$)

- 유속 0.3[m/s]일 때

$$R_e = \frac{0.05 \times 0.3 \times 0.32}{2 \times 10^{-5}} = 240$$

- 유속 1.5[m/s]일 때

$$R_e = \frac{0.05 \times 1.5 \times 0.32}{2 \times 10^{-5}} = 1,200$$

- 유속 8.3[m/s]일 때

$$R_e = \frac{0.05 \times 8.3 \times 0.32}{2 \times 10^{-5}} = 6,640$$

- 유속 15.5[m/s]일 때

$$R_e = \frac{0.05 \times 15.5 \times 0.32}{2 \times 10^{-5}} = 12,400$$

※ 하임계 레이놀즈 값($R_e = 2,200$)이란 난류에서 층류로 바뀌는 값

※ 단위 환산

- $2 \times 10^{-5}[N \cdot s/m^2]$

$$\left[\frac{kg\frac{m}{s^2} \cdot s}{m^2}\right] = \left[\frac{kg}{m \cdot s}\right]$$

- $R_e = \dfrac{Du\rho}{\mu}$

$$= \left[\frac{m \times \frac{m}{s} \times \frac{kg}{m^3}}{\frac{kg}{m \cdot s}}\right]$$

$$= \left[\frac{\frac{m \cdot m \cdot kg}{s \cdot m^3}}{\frac{kg}{m \cdot s}}\right] = [-]$$

$\therefore$ 하임계 레이놀즈 값보다 작으면 층류이므로 층류이면서 가장 빠른 속도는 1.5[m/s]이다.

172

수평 원관 속을 층류상태로 흐르는 경우 유량에 대한 설명으로 틀린 것은?

① 점성계수에 반비례한다.
② 관의 길이에 반비례한다.
③ 관 지름의 4제곱에 비례한다.
④ 압력강하에 반비례한다.

해설

층류상태로 흐르는 경우 유량(Q)

$$Q = \frac{\pi D^4 \Delta P}{128 \mu L}$$

여기서, Q : 유량
　　　　 D : 지름
　　　　 ΔP : 압력강하
　　　　 μ : 점성계수
　　　　 L : 길이

※ 유량은 압력강하(ΔP)에 비례한다.

173

원판 속의 흐름에서 관의 직경, 유체의 속도, 유체의 밀도, 유체의 점성계수가 각각 D, V, ρ, μ로 표시될 때 층류의 흐름의 마찰계수(f)는 어떻게 표현될 수 있는가?

① $f = \dfrac{64\mu}{DV\rho}$　　　② $f = \dfrac{64\rho}{DV\mu}$

③ $f = \dfrac{64D}{V\rho\mu}$　　　④ $f = \dfrac{64}{DV\rho\mu}$

해설

층류일 때 관 마찰계수(f)

$$f = \frac{64}{R_e} = \frac{64}{\dfrac{DV\rho}{\mu}} = \frac{64\mu}{DV\rho}$$

174

동점성계수 1×10^{-6}[m²/s]인 유체가 지름 2[cm]의 원관 속을 흐르고 있다. 원관 내 유체의 평균속도가 5[cm/s]라면 마찰계수는?

① 0.064　　　　　　② 0.64
③ 0.032　　　　　　④ 0.32

해설

레이놀즈수(R_e)

$$R_e = \frac{Du}{\nu} \text{(층류)} = \frac{0.02[\text{m}] \times 0.05[\text{m/s}]}{1 \times 10^{-6}[\text{m}^2/\text{s}]} = 1,000$$

∴ 층류일 때 마찰계수

$$f = \frac{64}{R_e} = \frac{64}{1,000} = 0.064$$

175

지름 150[mm]인 원 관에 비중이 0.85, 동점성계수가 1.33×10^{-4}[m²/s]인 기름이 0.01[m³/s]의 유량으로 흐르고 있다. 이때 관 마찰계수는 약 얼마인가?(단, 임계레이놀즈수는 2,100이다)

① 0.10　　　　　　② 0.14
③ 0.18　　　　　　④ 0.22

해설

관 마찰계수

먼저 레이놀즈수를 구하여 층류와 난류를 구분하여 관 마찰계수를 구한다.

$$R_e = \frac{Du}{\nu}$$

여기서, D : 관의 내경(0.15[m])
　　　　 u : 유속

$$u = \frac{Q}{A} = \frac{4Q}{\pi D^2}$$

$$= \frac{4 \times 0.01[\text{m}^3/\text{s}]}{\pi \times (0.15[\text{m}])^2} = 0.57[\text{m/s}]$$

여기서, ν : 동점도(1.33×10^{-4}[m²/s])

$$\therefore R_e = \frac{0.15[\text{m}] \times 0.57[\text{m/s}]}{1.33 \times 10^{-4}[\text{m}^2/\text{s}]} = 642.86(\text{층류})$$

그러므로 층류일 때 관 마찰계수(f)

$$f = \frac{64}{R_e} = \frac{64}{642.86} = 0.099 ≒ 0.1$$

176

반지름 r_0 인 원형파이프에 유체가 층류로 흐를 때, 중심으로부터 거리 r 에서의 유속 U 와 최대속도 $U_{\max}$ 의 비에 대한 분포식으로 옳은 것은?

① $\dfrac{U}{U_{\max}} = \left(\dfrac{r}{r_0}\right)^2$

② $\dfrac{U}{U_{\max}} = 2\left(\dfrac{r}{r_0}\right)^2$

③ $\dfrac{U}{U_{\max}} = \left(\dfrac{r}{r_0}\right)^2 - 2$

④ $\dfrac{U}{U_{\max}} = 1 - \left(\dfrac{r}{r_0}\right)^2$

해설

속도 분포식

$$U = U_{\max}\left[1 - \left(\dfrac{r}{r_0}\right)^2\right]$$

여기서, $U_{\max}$: 중심유속
  r : 중심에서의 거리
  r_0 : 중심에서 벽까지의 거리

177

그림과 같은 원형관에 유체가 흐르고 있다. 원형관 내의 유속분포를 측정하여 실험식을 구하였더니 $V = V_{\max} \times \dfrac{(r_0^2 - r^2)}{r_0^2}$ 이었다. 관 속을 흐르는 유체의 평균속도는 얼마인가?

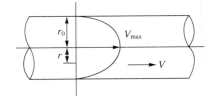

① $\dfrac{V_{\max}}{8}$ 　　② $\dfrac{V_{\max}}{4}$

③ $\dfrac{V_{\max}}{2}$ 　　④ $V_{\max}$

해설

• 유량

$$dQ = VdA = V \cdot 2\pi r dr$$

• 평균속도

$$\begin{aligned}
V_m &= \frac{Q}{A} = \frac{1}{A}\int_A dQ = \frac{1}{A}\int_0^{r_0} V \cdot 2\pi r dr \\
&= \frac{1}{A}\int_0^{r_0} V_{\max}\left(1 - \frac{r^2}{r_0^2}\right) \cdot 2\pi r dr \\
&= \frac{1}{\pi r_0^2} \times 2\pi V_{\max}\int_0^{r_0}\left(\frac{r_0^2 - r^2}{r_0^2}\right) \cdot r dr \\
&= \frac{2}{r_0^2} \times V_{\max}\int_0^{r_0}\left(\frac{r_0^2 - r^2}{r_0^2}\right) \cdot r dr \\
&= \frac{2}{r_0^2} \times V_{\max} \times \frac{1}{r_0^2}\int_0^{r_0}(r_0^2 r - r^3)dr \\
&= \frac{2}{r_0^4} \times V_{\max}\int_0^{r_0}(r_0^2 r - r^3)dr \\
&= \frac{2}{r_0^4} \times V_{\max}\left[\frac{r^2}{2}r_0^2 - \frac{r^4}{4}\right]_0^{r_0} \\
&= \frac{2}{r_0^4} \times V_{\max} \times \left(\frac{r_0^4}{2} - \frac{r_0^4}{4}\right) \\
&= \frac{2}{r_0^4} \times V_{\max} \times \left(\frac{2r_0^4}{4} - \frac{r_0^4}{4}\right) \\
&= \frac{2}{r_0^4} \times V_{\max} \times \frac{r_0^4}{4} = \frac{1}{2}V_{\max}
\end{aligned}$$

178

곧은 원관 내 완전 난류유동에 대한 마찰손실수두의 설명
으로 틀린 것은?

① 속도의 제곱에 비례한다.

② 배관의 길이에 비례한다.

③ 관경에 비례한다.

④ 관 마찰계수에 비례한다.

해설

Darcy-Weisbach 방정식

$$H = \frac{\Delta P}{\gamma} = \frac{flu^2}{2gD}$$

여기서, f : 관 마찰계수

l : 배관의 길이[m]

u : 유속[m/s]

g : 중력가속도 9.8[m/s²]

D : 내경[m]

※ 마찰손실수두는 관경에 반비례한다.

179

원관에서 길이가 2배, 속도가 2배가 되면 손실수두는 원
래의 몇 배가 되는가?(단, 두 경우 모두 완전발달 난류유
동에 해당되며, 관 마찰계수는 일정하다)

① 동일하다. ② 2배

③ 4배 ④ 8배

해설

Darcy-Weisbach 방정식

$$h = \frac{flu^2}{2gD}[\text{m}]$$

여기서, 길이 2배, 속도 2배

$$\therefore h = \frac{2 \times 2^2}{1} = 8\text{배}$$

180

직사각형 단면의 덕트에서 가로와 세로가 각각 α 및 1.5α
이고, 길이가 l이며, 이 안에서 공기가 V의 평균속도로
흐르고 있다. 이때 손실수두를 구하는 식으로 옳은 것은?
(단, f는 이 수력지름에 기초한 마찰계수이고, g는 중력
가속도를 의미한다)

① $f\dfrac{l}{\alpha}\dfrac{V^2}{2.4g}$

② $f\dfrac{l}{\alpha}\dfrac{V^2}{2g}$

③ $f\dfrac{l}{\alpha}\dfrac{V^2}{1.4g}$

④ $f\dfrac{l}{\alpha}\dfrac{V^2}{g}$

해설

• 손실수두(H)

$$H = \frac{flu^2}{2gD}$$

여기서, D : 내경($D = 4R_h = 4 \times 0.3\alpha = 1.2\alpha$)

• 수력반경(R_h)

$$R_h = \frac{\alpha \times 1.5\alpha}{\alpha \times 2 + 1.5\alpha \times 2}$$

$$= \frac{1.5\alpha^2}{5\alpha} = 0.3\alpha$$

$$\therefore H = \frac{flV^2}{2 \times g \times 1.2\alpha} = \frac{flV^2}{2.4\alpha g}$$

※ 유속 기호 : u, V

181

길이가 400[m]이고 유동단면이 20[cm] × 30[cm]인 직사각형 관에 물이 가득 차서 평균속도 3[m/s]로 흐르고 있다. 이때 손실수두는 약 몇 [m]인가?(단, 관 마찰계수는 0.01이다)

① 3.38[m]

② 4.76[m]

③ 7.65[m]

④ 9.52[m]

해설

• 손실수두(H)

$$H = \frac{f l u^2}{2 g D}$$

여기서, D : 내경($D = 4R_h = 4 \times 6 = 24[\text{cm}] = 0.24[\text{m}]$)

• 수력반경(R_h)

$$R_h = \frac{20 \times 30}{20 \times 2 + 30 \times 2} = 6[\text{cm}]$$

$$\therefore \; H = \frac{0.01 \times 400[\text{m}] \times (3[\text{m/s}])^2}{2 \times 9.8[\text{m/s}^2] \times 0.24[\text{m}]}$$

$$= 7.65[\text{m}]$$

182

지름 0.4[m]인 관에 물이 0.5[m³/s]로 흐를 때 길이 300[m]에 대한 동력손실은 60[kW]였다. 이때 관 마찰계수(f)는 약 얼마인가?

① 0.0151

② 0.0202

③ 0.0256

④ 0.0301

해설

관 마찰계수(f)

• 손실수두(H)

$$P = \gamma Q H$$

$$H = \frac{P}{\gamma Q}$$

$$= \frac{60,000[\text{W}]}{9,800[\text{N/m}^3] \times 0.5[\text{m}^3/\text{s}]}$$

$$= 12.24[\text{m}]$$

※ [W] = [N · m/s]

• Darcy-weisbach 방정식

$$H = \frac{f l u^2}{2 g D}$$

$$f = \frac{H 2 g D}{l u^2}$$

여기서, u : 유속

$$u = \frac{Q}{A} = \frac{Q}{(\pi/4)D^2}$$

$$= \frac{0.5[\text{m}^3/\text{s}]}{\pi/4(0.4[\text{m}])^2} = 3.98[\text{m/s}]$$

$$\therefore \; f = \frac{12.24[\text{m}] \times 2 \times 9.8[\text{m/s}^2] \times 0.4[\text{m}]}{300[\text{m}] \times (3.98[\text{m/s}])^2}$$

$$= 0.0202$$

183

비중이 0.85이고 동점성계수가 $3 \times 10^{-4}[\text{m}^2/\text{s}]$인 기름이 직경 10[cm]의 수평 원관 내에 20[L/s]으로 흐른다. 이 원형관의 100[m] 길이에서의 수두손실[m]은?(단, 정상 비압축성 유동이다)

① 16.6[m]

② 25.0[m]

③ 49.8[m]

④ 82.2[m]

해설

손실수두(H)

$H = \dfrac{flu^2}{2gD}$

• 유속(u)

$u = \dfrac{Q}{A}$

$= \dfrac{0.02[\text{m}^3/\text{s}]}{\dfrac{\pi}{4}(0.1[\text{m}])^2} \fallingdotseq 2.5465[\text{m/s}]$

• 레이놀즈수(R_e)

$R_e = \dfrac{Du}{\nu}$

$= \dfrac{0.1[\text{m}] \times 2.5465[\text{m/s}]}{3 \times 10^{-4}[\text{m}^2/\text{s}]} = 848.83(\text{층류})$

• 관 마찰계수(f)

$f = \dfrac{64}{R_e} = \dfrac{64}{848.83} \fallingdotseq 0.0754$

• 길이(L) : 100[m]

$\therefore \ H = \dfrac{flu^2}{2gD}$

$= \dfrac{0.0754 \times 100[\text{m}] \times (2.5465[\text{m/s}])^2}{2 \times 9.8[\text{m/s}^2] \times 0.1[\text{m}]}$

$= 24.95[\text{m}]$

$\fallingdotseq 25[\text{m}]$

※ $1[\text{L/s}] = 10^{-3}[\text{m}^3/\text{s}]$

184

점성계수가 $0.101[\text{N} \cdot \text{s/m}^2]$, 비중이 0.85인 기름이 내경 300[mm], 길이 3[km]의 주철관 내부를 $0.0444[\text{m}^3/\text{s}]$의 유량으로 흐를 때 손실수두[m]는?

① 7.1[m]

② 7.7[m]

③ 8.1[m]

④ 8.9[m]

해설

손실수두(H)

$H = \dfrac{flu^2}{2gD}$

• 유속(u)

$u = \dfrac{Q}{\dfrac{\pi}{4}d^2} = \dfrac{0.0444[\text{m}^3/\text{s}]}{\dfrac{\pi}{4}(0.3[\text{m}])^2} = 0.63[\text{m/s}]$

• 레이놀즈수(R_e)

$R_e = \dfrac{Du\rho}{\mu} = \dfrac{0.3[\text{m}] \times 0.63[\text{m/s}] \times 850[\text{kg/m}^3]}{0.101[\text{N} \cdot \text{s/m}^2]}$

$= 1,590(\text{층류})$

• 관 마찰계수(f)

$f = \dfrac{64}{R_e} = \dfrac{64}{1,590} = 0.04$

$\therefore \ H = \dfrac{flu^2}{2gD} = \dfrac{0.04 \times 3,000[\text{m}] \times (0.63[\text{m/s}])^2}{2 \times 9.8[\text{m/s}^2] \times 0.3[\text{m}]} \fallingdotseq 8.1[\text{m}]$

※ $[\text{N}] = [\text{kg} \cdot \text{m/s}^2]$

185

길이 1,200[m], 안지름 100[mm]인 매끈한 원관을 통해서 0.01[m³/s]의 유량으로 기름을 수송한다. 이때 관에서 발생하는 압력손실은 약 몇 [kPa]인가?(단, 기름의 비중은 0.8, 점성계수는 0.06[N·s/m²]이다)

① 163.2[kPa]
② 201.5[kPa]
③ 293.7[kPa]
④ 349.7[kPa]

해설

층류일 때 압력손실(ΔP)

• 점성계수(μ)

$\mu = 0.06[\text{N}\cdot\text{s/m}^2] = 0.06[\text{kg/m}\cdot\text{s}]$

• $Q = uA$

$u = \dfrac{Q}{A} = \dfrac{0.01[\text{m}^3/\text{s}]}{\dfrac{\pi}{4}(0.1[\text{m}])^2} = 1.274[\text{m/s}]$

$\therefore \Delta P = \dfrac{32\mu u l}{g D^2}$

$= \dfrac{32 \times 0.06[\text{kg/m}\cdot\text{s}] \times 1.274[\text{m/s}] \times 1,200[\text{m}]}{9.8[\text{m/s}^2] \times (0.1[\text{m}])^2}$

$= 29,952[\text{kg/m}^2]$

$= \dfrac{29,952[\text{kg/m}^2]}{10,332[\text{kg/m}^2]} \times 101.325[\text{kPa}] = 293.74[\text{kPa}]$

186

매끈한 원관을 통과하는 난류의 관 마찰계수에 영향을 미치지 않는 변수는?

① 길이
② 속도
③ 직경
④ 밀도

해설

난류일 때 손실수두

$H = \dfrac{2fl u^2}{gD} \rightarrow f = \dfrac{HgD}{2l u^2}$

∴ 관 마찰계수는 길이에 반비례, 속도의 제곱에 반비례, 직경에 비례한다.

187

천이구역에서의 관 마찰계수(f)는?

① 언제나 레이놀즈수만의 함수가 된다.
② 상대조도와 오일러수의 함수가 된다.
③ 마하수와 코시수의 함수가 된다.
④ 레이놀즈와 상대조도의 함수가 된다.

해설

관 마찰계수(f)

• 층류구역(R_e < 2,100) : f는 상대조도에 관계없이 레이놀즈수만의 함수이다.

$f = \dfrac{64}{R_e}$

• 천이구역[임계영역. 2,100 < R_e < 4,000] : f는 상대조도와 레이놀즈수만의 함수이다.

• 난류구역(R_e > 4,000) : f는 상대조도와 무관하고 레이놀즈수에 대하여 좌우되는 영역은 블라시우스식(Blasius Equation)을 제시한다.

$f = 0.3164 R_e^{-\frac{1}{4}}$

188

파이프 내 정상 비압축성 유동에 있어서 관 마찰계수는 어떤 변수들의 함수인가?

① 절대조도와 반지름
② 절대조도와 상대조도
③ 레이놀즈수와 상대조도
④ 마하수와 코시수

해설

187번 해설 참고

189

안지름 300[mm], 길이 200[m]인 수평 원관을 통해 유량 0.2[m³/s]의 물이 흐르고 있다. 관의 양 끝단에서의 압력 차이가 500[mmHg]이면 관 마찰계수는 약 얼마인가? (단, 수은의 비중은 13.6이다)

① 0.017

② 0.025

③ 0.038

④ 0.041

해설

달시-웨버 방정식을 이용하여 관 마찰계수를 구한다.

$$H = \frac{flu^2}{2gD}$$

여기서, H : 수두$\left(\dfrac{500[\text{mmHg}]}{760[\text{mmHg}]} \times 10.332[\text{m}] = 6.8[\text{m}]\right)$

f : 관 마찰계수

l : 길이(200[m])

u : 유속$\left(\dfrac{Q}{A} = \dfrac{0.2[\text{m}^3/\text{s}]}{\dfrac{\pi}{4}(0.3[\text{m}])^2} = 2.83[\text{m/s}]\right)$

g : 중력가속도(9.8[m/s²])

D : 내경(0.3[m])

$$\therefore f = \frac{H2gD}{lu^2}$$

$$= \frac{6.8[\text{m}] \times 2 \times 9.8[\text{m/s}^2] \times 0.3[\text{m}]}{200[\text{m}] \times (2.83[\text{m/s}])^2} = 0.025$$

190

다음과 같은 유동 형태를 갖는 파이프 입구 영역의 유동에서 부차적 손실계수가 가장 큰 것은?

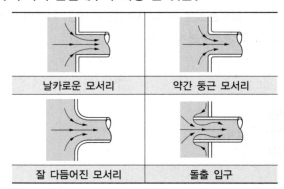

| 날카로운 모서리 | 약간 둥근 모서리 |
| 잘 다듬어진 모서리 | 돌출 입구 |

① 날카로운 모서리　　② 약간 둥근 모서리

③ 잘 다듬어진 모서리　　④ 돌출 입구

해설

돌연 축소 관로에서는 축소된 관의 입구 형상에 따라 부차적 손실계수 값이 크게 변화한다. 따라서, 실험에 의해 돌연 축소 관로의 입구 형상에 따른 부차적 손실계수 K값은 다음과 같다.

유동 형태	K(손실계수)
날카로운 모서리	0.45 ~ 0.5
약간 둥근 모서리	0.2 ~ 0.25
잘 다듬어진 모서리	0.05
돌출 입구	0.78

191

글로브 밸브에 의한 손실을 지름이 10[cm]이고 관 마찰계수가 0.025인 관의 길이로 환산한다면 상당길이는 몇 [m]인가?(단, 글로브 밸브의 부차적 손실계수는 10이다)

① 20[m]　　　　　② 25[m]

③ 40[m]　　　　　④ 80[m]

해설

상당길이(L_e)

$$L_e = \frac{Kd}{f} = \frac{10 \times 0.1[\text{m}]}{0.025} = 40[\text{m}]$$

192

글로브 밸브에 의한 손실을 지름이 10[cm]이고 관 마찰계수가 0.025인 관의 길이로 환산하면 상당길이가 40[m]가 된다. 이 밸브의 부차적 손실계수는?

① 0.25
② 1
③ 2.5
④ 10

해설

부차적 손실계수(K)

$$K = \frac{L_e \times f}{d}$$

여기서, L_e : 관의 상당길이
　　　　K : 부차적 손실계수
　　　　d : 지름
　　　　f : 관 마찰계수

$$\therefore\ K = \frac{L_e \times f}{d} = \frac{40[\text{m}] \times 0.025}{0.1[\text{m}]} = 10$$

193

어떤 밸브가 장치된 지름 20[cm]인 원관에 4[℃]의 물이 2[m/s]의 평균속도로 흐르고 있다. 밸브의 앞과 뒤에서의 압력 차이가 7.6[kPa]일 때 이 밸브의 부차적 손실계수 K와 등가길이 L_e은?(단, 관의 마찰계수는 0.02이다)

① $K = 3.8$, $L_e = 38[\text{m}]$

② $K = 7.6$, $L_e = 38[\text{m}]$

③ $K = 38$, $L_e = 3.8[\text{m}]$

④ $K = 38$, $L_e = 7.6[\text{m}]$

해설

베르누이 방정식

• 부차적 손실계수(K)

$$\frac{7.6[\text{kPa}]}{101.325[\text{kPa}]} \times 10.332[\text{m}] = K\frac{(2[\text{m/s}])^2}{2 \times 9.8[\text{m/s}^2]}$$

$$\therefore\ K = 3.8$$

• 등가길이(L_e)

$$L_e = \frac{Kd}{f} = \frac{3.8 \times 0.2[\text{m}]}{0.02} = 38[\text{m}]$$

194

그림에서 d_1, d_2는 각각 300[mm], 200[mm]이고, l_1, l_2는 600[m], 900[m]이며 마찰계수 f_1, f_1가 0.03, 0.02라고 할 때, 직경 d_1인 관 길이 l_1을 직경 d_2인 관으로 환산한 등가길이 L_e는 몇 [m]인가?

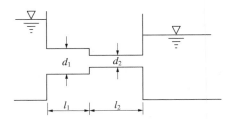

① 118.5[m]
② 121.2[m]
③ 134.2[m]
④ 142.3[m]

해설

등가길이(L_e)

$$L_e = L_1 \times \left(\frac{f_1}{f_2}\right) \times \left(\frac{d_2}{d_1}\right)^5$$

$$= 600[\text{m}] \times \left(\frac{0.03}{0.02}\right) \times \left(\frac{0.2[\text{m}]}{0.3[\text{m}]}\right)^5 = 118.5[\text{m}]$$

195

안지름 10[cm]의 관로에서 마찰손실수두가 속도수두와 같다면 그 관로의 길이는 약 몇 [m]인가?(단, 관 마찰계수는 0.03이다)

① 1.58[m]
② 2.54[m]
③ 3.33[m]
④ 4.52[m]

해설

관로의 길이(H)

$$H = \frac{f l u^2}{2g D}$$에서 마찰손실수두(H)와 속도수두$\left(\frac{u^2}{2g}\right)$는 같다.

$$\therefore\ l = \frac{D}{f}$$

$$= \frac{0.1[\text{m}]}{0.03} = 3.33[\text{m}]$$

196

한 변의 길이가 L인 정사각형 단면의 수력직경(Hydraulic Diameter)은?

① $\dfrac{L}{4}$ ② $\dfrac{L}{2}$

③ L ④ $2L$

해설

정사각형 단면의 수력직경(D_h)

• 수력반지름

$$R_h = \dfrac{A(\text{단면적})}{P(\text{접수길이})}$$

$$= \dfrac{L \times L}{2L + 2L} = \dfrac{L^2}{4L} = \dfrac{L}{4}$$

• 수력직경(지름)

$$D_h = 4R_h$$

$$= 4 \times \dfrac{L}{4} = L$$

197

안지름 4[cm], 바깥지름 6[cm]인 동심 이중관의 수력직경(Hydraulic Diameter)은 몇 [cm]인가?

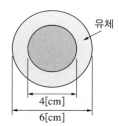
유체
4[cm]
6[cm]

① 2[cm] ② 3[cm]

③ 4[cm] ④ 5[cm]

해설

수력직경(D_h)

$$D_h = \dfrac{\text{단면적}}{\text{길이}} = \dfrac{\pi D^2 - \pi d^2}{\pi(D+d)}$$

$$= \dfrac{\pi(D^2 - d^2)}{\pi(D+d)} = \dfrac{\pi(D-d)(D+d)}{\pi(D+d)}$$

$$= D - d$$

여기서, 바깥지름 : D, 안지름 : d

∴ $D_h = 6[\text{cm}] - 4[\text{cm}] = 2[\text{cm}]$

198

원관 내에 유체가 흐를 때 유동의 특성을 결정하는 가장 중요한 요소는?

① 관성력과 점성력

② 압력과 관성력

③ 중력과 압력

④ 압력과 점성력

해설

관성력과 점성력이 유동의 특성을 결정하는 가장 중요한 요소이다.

199

무차원수 중 레이놀즈수(Reynolds Number)의 물리적인 의미는?

① $\dfrac{\text{관성력}}{\text{중력}}$ ② $\dfrac{\text{관성력}}{\text{탄성력}}$

③ $\dfrac{\text{관성력}}{\text{점성력}}$ ④ $\dfrac{\text{관성력}}{\text{음속}}$

해설

무차원식의 관계

명칭	무차원식	물리적 의미
레이놀즈수	$R_e = \dfrac{DU\rho}{\mu} = \dfrac{DU}{\nu}$	$R_e = \dfrac{\text{관성력}}{\text{점성력}}$
오일러수	$E_u = \dfrac{\Delta P}{\rho U^2}$	$E_u = \dfrac{\text{압축력}}{\text{관성력}}$
웨버수	$W_e = \dfrac{\rho l U^2}{\sigma}$	$W_e = \dfrac{\text{관성력}}{\text{표면장력}}$
코시수	$C_a = \dfrac{U^2}{K/\rho}$	$C_a = \dfrac{\text{관성력}}{\text{탄성력}}$
마하수	$M_a = \dfrac{U}{a}$ (a : 음속)	$M_a = \dfrac{\text{유속}}{\text{음속}}$
프루드수	$F_r = \dfrac{U}{\sqrt{gL}}$	$F_r = \dfrac{\text{관성력}}{\text{중력}}$

200

프루드(Froude)수의 물리적인 의미는?

① $\dfrac{관성력}{탄성력}$ ② $\dfrac{관성력}{중력}$

③ $\dfrac{압축력}{관성력}$ ④ $\dfrac{관성력}{점성력}$

해설

프루드(Froude)수 : $\dfrac{관성력}{중력}$

201

그림의 액주계(Manometer)에서 비중 $S_1 = S_3 = 0.90$, $S_2 = 13.6$, $h_1 = 30[\text{cm}]$, $h_3 = 15[\text{cm}]$일 때 A 점의 압력과 B점의 압력이 같게 되는 h_2는 약 몇 [cm]인가?

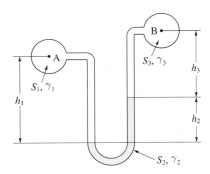

① 1[cm]   ② 3[cm]
③ 5[cm]   ④ 7[cm]

해설

베르누이 방정식

$P_A + \gamma_1 h_1 = P_B + \gamma_2 h_2 + \gamma_3 h_3$

$P_A - P_B = \gamma_2 h_2 + \gamma_3 h_3 - \gamma_1 h_1$

여기서, $P_A = P_B$가 조건이므로

$0 = (13.6 \times 1,000[\text{kg/m}^3] \times h_2) + (0.90 \times 1,000 \times 0.15[\text{m}])$
$\qquad - (0.90 \times 1,000 \times 0.30[\text{m}])$

$13,600 h_2 = 270 - 135$

$\therefore \ h_2 = 0.00992[\text{m}] = 0.99[\text{cm}] \fallingdotseq 1[\text{cm}]$

202

그림의 역 U자관 Manometer에서 압력차 $P_x - P_y$는 몇 [Pa]인가?

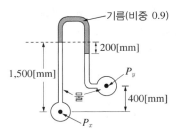

① 2,826[Pa]
② 3,215[Pa]
③ 4,119[Pa]
④ 5,045[Pa]

해설

압력 차

$P_x - 1,000[\text{kg/m}^3] \times 1.5[\text{m}] = P_y - 1,000[\text{kg/m}^3](1.5 - 0.2 - 0.4)[\text{m}]$
$\qquad\qquad\qquad\qquad\qquad - 0.9 \times 1,000[\text{kg/m}^3] \times 0.2[\text{m}]$

$\therefore \ P_x - P_y = 1,500 - 900 - 180 = 420[\text{kg/m}^2]$

$\qquad\qquad = \dfrac{420[\text{kg/m}^2]}{10,332[\text{kg/m}^2]} \times 101,325[\text{Pa}]$

$\qquad\qquad = 4,119[\text{Pa}]$

203

그림과 같은 거꾸로 된 마노미터에서 물과 기름, 수은이 채워져 있다. $a = 10$[cm], $c = 25$[cm]이고 A의 압력이 B의 압력보다 80[kPa] 작을 때 b의 길이는 약 몇 [cm]인가?(단, 수은의 비중량은 133,100[N/m³], 기름의 비중은 0.9이다)

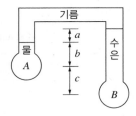

① 17.8[cm]

② 27.8[cm]

③ 37.8[cm]

④ 47.8[cm]

해설

b의 길이

$$P_A - \gamma_\text{물} h_b - \gamma_\text{기름} h_a = P_B - \gamma_\text{수은}(h_a + h_b + h_c)$$

$$P_A - 9,800[\text{N/m}^3] \times h_b - (0.9 \times 9,800[\text{N/m}^3]) \times 0.1[\text{m}]$$

$$= P_B - 133,100[\text{N/m}^3] \times (0.1[\text{m}] + h_b + 0.25[\text{m}])$$

$$P_A - 9,800h_b - 882 = P_B - 46,585 - 133,100h_b$$

$$-9,800h_b + 133,100h_b = (P_B - P_A) - 46,585 + 882$$

$$123,300h_b = (80 \times 10^3) - 45,703$$

$$\therefore \ h_b = \frac{34,297}{123,300} = 0.278[\text{m}] = 27.8[\text{cm}]$$

204

비중이 0.8인 물질이 흐르는 배관에 수은 마노미터를 설치하여 한쪽 끝은 대기에 노출시켰다. 내부게이지 압력이 58.8[kPa]이라면 수은주의 높이 차이는 약 몇 [cm]인가?

① 0.441[cm]

② 0.469[cm]

③ 44.1[cm]

④ 46.9[cm]

해설

수은 마노미터

$$\Delta P = P_2 - P_1 = \frac{g}{g_c} R(\rho_A - \rho_B)$$

여기서, R : 마노미터 읽음

ρ_A : 액체의 비중

ρ_B : 유체의 비중

$$\frac{58.8[\text{kPa}]}{101.3[\text{kPa}]} \times 10,332[\text{kg/m}^2] = R(13.6 - 0.8) \times 1,000[\text{kg/m}^3]$$

$$\therefore \ R = 0.4685[\text{m}] \fallingdotseq 46.9[\text{cm}]$$

205

그림의 액주계에서 밀도 $\rho_1 = 1,000$[kg/m³], $\rho_2 = 13,600$[kg/m³], 높이 $h_1 = 500$[mm], $h_2 = 800$[mm]일 때 관 중심 A의 계기압력은 몇 [kPa]인가?

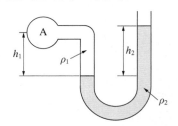

① 101.7[kPa]

② 109.6[kPa]

③ 126.4[kPa]

④ 131.7[kPa]

해설

계기압력(P_A)

$$P_A = \gamma_2 h_2 - \gamma_1 h_1$$

$$= (13.6 \times 9.8[\text{kN/m}^3] \times 0.8[\text{m}]) - (1 \times 9.8[\text{kN/m}^3] \times 0.5[\text{m}])$$

$$= 101.72[\text{kN/m}^2 = \text{kPa}]$$

여기서, γ : 비중

206

그림과 같은 U자관 차압 액주계에서 A와 B에 있는 유체는 물이고 그 중간에 유체는 수은(비중 13.6)이다. 또한 그림에서 $h_1 = 20[cm]$, $h_2 = 30[cm]$, $h_3 = 15[cm]$일 때 A의 압력(P_A)와 B의 압력(P_B)의 차이($P_A - P_B$)는 약 몇 [kPa]인가?

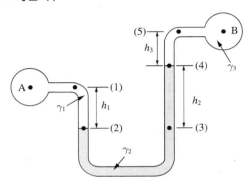

① 35.4[kPa]

② 39.5[kPa]

③ 44.7[kPa]

④ 49.8[kPa]

해설

압력 차($P_A - P_B$)

$$P_A - P_B = \gamma_2 h_2 + \gamma_3 h_3 - \gamma_1 h_1$$
$$= (13.6 \times 1,000[kg/m^3] \times 0.3[m])$$
$$+ (1 \times 1,000[kg/m^3] \times 0.15[m])$$
$$- (1 \times 1,000[kg/m^3] \times 0.2[m])$$
$$= 4,030[kg/m^2]$$

$$\therefore \ \frac{4,030[kg/m^2]}{10,332[kg/m^2]} \times 101.325[kPa] = 39.52[kPa]$$

207

그림과 같이 U자관 차압액주계에서 $\gamma_1 = 9.8[kN/m^3]$, $\gamma_2 = 133[kN/m^3]$, $\gamma_3 = 9.0[kN/m^3]$, $h_1 = 0.2[m]$, $h_3 = 0.1[m]$이고 압력차는 $P_A - P_B = 30[kPa]$이다. h_2는 몇 [m]인가?

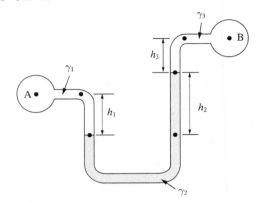

① 0.218[m]

② 0.226[m]

③ 0.234[m]

④ 0.247[m]

해설

베르누이 방정식

$$P_A + \gamma_1 h_1 = P_B + \gamma_2 h_2 + \gamma_3 h_3$$
$$P_A - P_B = \gamma_2 h_2 + \gamma_3 h_3 - \gamma_1 h_1$$
$$\gamma_2 h_2 = (P_A - P_B) - \gamma_3 h_3 + \gamma_1 h_1$$
$$\therefore \ h_2 = \frac{(P_A - P_B) - \gamma_3 h_3 + \gamma_1 h_1}{\gamma_2}$$
$$= \frac{30[kN/m^2] - (9.0[kN/m^3] \times 0.1[m]) + (9.8[kN/m^3] \times 0.2[m])}{133[kN/m^3]}$$
$$= 0.234[m]$$

208

국소대기압이 102[kPa]인 곳의 기압을 비중 1.59, 증기압 13[kPa]인 액체를 이용한 기압계로 측정하면 기압계에서 액주의 높이[m]는?

① 5.71[m]

② 6.55[m]

③ 9.08[m]

④ 10.4[m]

해설

액주의 높이(H)

$$H = \frac{P}{\rho}$$

$$P = \frac{(102-13)[\text{kPa}]}{101.325[\text{kPa}]} \times 10,332[\text{kg/m}^2]$$

$$= 9,075.23[\text{kg/m}^2]$$

$$\therefore \ H = \frac{P}{\rho} = \frac{9,075.23[\text{kg/m}^2]}{1,590[\text{kg/m}^3]} = 5.71[\text{m}]$$

※ $\rho = 1.59[\text{g/cm}^3] = 1,590[\text{kg/m}^3]$

209

그림과 같이 수평면에 대하여 60° 기울어진 경사관에 비중 $s = 13.6$인 수은이 채워져 있으며 A와 B에는 물이 채워져 있다. A의 압력이 250[kPa], B의 압력이 200[kPa]일 때 길이 L은 몇 [cm]인가?

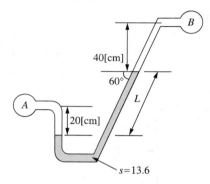

① 36.0[cm]

② 39.0[cm]

③ 41.6[cm]

④ 45.1[cm]

해설

• 압력 평형

$$P_A + \gamma_1 h_1 = P_B + \gamma_2 h_2 + \gamma_3 h_3$$

$$P_A - P_B = \gamma_2 h_2 + \gamma_3 h_3 - \gamma_1 h_1$$

$$(250-200) \times 10^3 [\text{N/m}^2 = \text{Pa}]$$

$$= (0.4[\text{m}] \times 9,800[\text{N/m}^3]) + (13.6 \times 9,800[\text{N/m}^3] \times h_3)$$

$$\quad - (0.2[\text{m}] \times 9,800[\text{N/m}^3])$$

• 수직 상승높이(h)

$$h_3 = 0.3604[\text{m}] = 36.04[\text{cm}]$$

$$\sin\theta = \frac{h_3}{L} \text{ 이므로}$$

$$\therefore \ L = \frac{36.04[\text{cm}]}{\sin 60°} = 41.62[\text{cm}]$$

210

유속 6[m/s]로 정상류의 물이 화살표 방향으로 흐르는 배관에 압력계와 피토계가 설치되어 있다. 이때 압력계의 계기압력이 300[kPa]이었다면 피토계의 계기압력은 몇 [kPa]인가?(단, 중력가속도는 9.8[m/s²]이다)

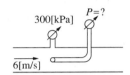

① 180[kPa]
② 280[kPa]
③ 318[kPa]
④ 336[kPa]

해설

계기압력(P)

$$u = \sqrt{2gH} \rightarrow H = \frac{u^2}{2g}$$

$$H = \frac{u^2}{2g} = \frac{(6[\text{m/s}])^2}{2 \times 9.8[\text{m/s}^2]} = 1.84[\text{m}]$$

$$= \frac{1.84[\text{m}]}{10.332[\text{m}]} \times 101.3[\text{kPa}] = 18.04[\text{kPa}]$$

$$\therefore \ P = 300[\text{kPa}] + 18.04[\text{kPa}] = 318.04[\text{kPa}]$$

211

부자(Float)의 오르내림에 의해서 배관 내의 유량을 측정하는 기구의 명칭은?

① 피토관(Pitot tube)
② 로터미터(Rotameter)
③ 오리피스(Orifice)
④ 벤투리미터(Venturi Meter)

해설

로터미터(Rotameter) : 부자(Float)의 오르내림에 의해서 배관 내의 유량을 측정하는 기구

212

다음 중 배관의 유량을 측정하는 계측 장치가 아닌 것은?

① 로터미터(Rotameter)
② 유동노즐(Flow Nozzle)
③ 마노미터(Manometer)
④ 오리피스(Orifice)

해설

마노미터 : 압력측정 장치

213

낙구식 점도계는 어떤 법칙을 이론적 근거로 하는가?

① Stokes의 법칙
② 열역학 제1법칙
③ Hagen-Poiseuille의 법칙
④ Boyle의 법칙

해설

점도계
• 맥마이클(Macmichael)점도계, 스토머(Stormer) 점도계 : 뉴턴(Newton)의 점성법칙
• 오스트발트(Ostwald)점도계, 세이볼트(Saybolt) 점도계 : 하겐-푸아죄유 법칙
• 낙구식 점도계 : 스토크스 법칙

214

뉴턴(Newton)의 점성법칙을 이용하여 만든 회전 원통식 점도계는?

① 세이볼트(Saybolt) 점도계

② 오스트발트(Ostwald) 점도계

③ 레드우드(Redwood) 점도계

④ 맥마이클(Macmichael) 점도계

해설

점도계

• 맥마이클(Macmichael) 점도계, 스토머(Stormer) 점도계 : 뉴턴(Newton)의 점성법칙

• 오스트발트(Ostwald)점도계, 세이볼트(Saybolt) 점도계 : 하겐－푸아죄유 법칙

• 낙구식 점도계 : 스토크스 법칙

216

관 내의 흐름에서 부차적 손실에 해당하지 않는 것은?

① 곡선부에 의한 손실

② 직선 원관 내의 손실

③ 유동단면의 장애물에 의한 손실

④ 관 단면의 급격한 확대에 의한 손실

해설

관 마찰손실

• 주손실 : 주관로(직선 배관) 마찰에 의한 손실

• 부차적 손실 : 급격한 확대, 축소, 관부속품에 의한 손실

215

다음 계측기 중 측정하고자 하는 것이 다른 것은?

① Bourdon 압력계

② U자관 마노미터

③ 피에조미터

④ 열선풍속계

해설

열선풍속계는 유동하는 유체의 동압을 휘트스톤브리지의 원리를 이용하여 전압을 측정하고 그 값을 속도로 환산하여 유속을 측정하는 장치이고 나머지 3개는 압력을 측정하는 계기이다.

217

일반적인 배관 시스템에서 발생되는 손실을 주손실과 부차적 손실로 구분할 때 다음 중 주손실에 속하는 것은?

① 직관에서 발생하는 마찰손실

② 파이프 입구와 출구에서의 손실

③ 단면의 확대 및 축소에 의한 손실

④ 배관부품(엘보, 리턴밴드, 티, 리듀서, 유니언, 밸브 등)에서 발생하는 손실

해설

관 마찰손실

• 주손실 : 관로 마찰에 의한 손실

• 부차적 손실 : 급격한 확대, 축소, 관부속품에 의한 손실

218

파이프 단면적이 2.5배로 급격하게 확대되는 구간을 지난 후의 유속이 1.2[m/s]이다. 부차적 손실계수가 0.36이라면 급격확대로 인한 손실수두는 몇 [m]인가?

① 0.0264[m] ② 0.0661[m]
③ 0.165[m] ④ 0.331[m]

해설

손실수두(H)

$H = K \dfrac{u^2}{2g}$

$= 0.36 \times \dfrac{(1.2[\text{m/s}] \times 2.5\text{배})^2}{2 \times 9.8[\text{m/s}^2]}$

$= 0.165[\text{m}]$

219

부차적 손실계수 $K = 2$인 관 부속품에서의 손실수두가 2[m]라면 이때의 유속은 약 몇 [m/s]인가?

① 4.43[m/s] ② 3.14[m/s]
③ 2.21[m/s] ④ 2.00[m/s]

해설

유속(u)

$H = K \dfrac{u^2}{2g}$

$u = \sqrt{\dfrac{2gH}{K}}$

$\therefore u = \sqrt{\dfrac{2 \times 9.8[\text{m/s}^2] \times 2[\text{m}]}{2}} = 4.43[\text{m/s}]$

220

지름 30[cm]인 원형 관과 지름 45[cm]인 원형 관이 급격하게 면적이 확대되도록 직접 연결되어 있을 때 작은 관에서 큰 관 쪽으로 매초 230[L]의 물을 보내면 연결부의 손실수두는 약 몇 [m]인가?(단, 면적이 A_1에서 A_2로 급확대될 때 작은 관을 기준으로 한 손실계수는 $\left(1 - \dfrac{A_1}{A_2}\right)^2$ 이다)

① 0.025[m] ② 0.125[m]
③ 0.135[m] ④ 0.167[m]

해설

확대관의 손실수두(H)

$Q = uA$

$u_1 = \dfrac{Q}{A} = \dfrac{0.23[\text{m}^3/\text{s}]}{\dfrac{\pi}{4}(0.3[\text{m}])^2} = 3.26[\text{m/s}]$

$u_2 = \dfrac{Q}{A} = \dfrac{0.23[\text{m}^3/\text{s}]}{\dfrac{\pi}{4}(0.45[\text{m}])^2} = 1.45[\text{m/s}]$

$\therefore H = k \dfrac{(u_1 - u_2)^2}{2g}$

$= \dfrac{(3.26[\text{m/s}] - 1.45[\text{m/s}])^2}{2 \times 9.8[\text{m/s}^2]} = 0.167[\text{m}]$

221

동일한 성능의 두 펌프를 직렬 또는 병렬로 연결하는 경우의 주된 목적은?

① 직렬 : 유량 증가, 병렬 : 양정 증가
② 직렬 : 유량 증가, 병렬 : 유량 증가
③ 직렬 : 양정 증가, 병렬 : 유량 증가
④ 직렬 : 양정 증가, 병렬 : 양정 증가

해설

펌프의 성능

펌프 2대 연결 방법		직렬 연결	병렬 연결
성능	유량(Q)	Q	$2Q$
	양정(H)	$2H$	H

222

성능이 같은 3대의 펌프를 병렬로 연결하였을 경우 양정과 유량은 얼마인가?(단, 펌프 1대에서 유량은 Q, 양정은 H라고 한다)

① 유량은 $9Q$, 양정은 H

② 유량은 $9Q$, 양정은 $3H$

③ 유량은 $3Q$, 양정은 $3H$

④ 유량은 $3Q$, 양정은 H

해설

221번 해설 참고

223

다음 유체 기계들의 압력 상승이 일반적으로 큰 것부터 순서대로 바르게 나열된 것은?

① 압축기(Compressor) – 블로어(Blower) – 팬(Fan)

② 블로어(Blower) – 압축기(Compressor) – 팬(Fan)

③ 팬(Fan) – 블로어(Blower) – 압축기(Compressor)

④ 팬(Fan) – 압축기(Compressor) – 블로어(Blower)

해설

기체의 수송장치
• 압축기(Compressor) : 1[kg/cm²] 이상
• 블로어(Blower) : 1,000[mmAq] 이상 1[kg/cm²] 미만
• 팬(Fan) : 0 ~ 1,000[mmAq] 미만

224

펌프의 입구 및 출구 측에 연결된 진공계와 압력계가 각각 25[mmHg]와 260[kPa]을 가리켰다. 이 펌프의 배출 유량이 0.15[m³/s]가 되려면 펌프의 동력은 약 몇 [kW]가 되어야 하는가?(단, 펌프의 입구와 출구의 높이차는 없고, 입구 측 안지름은 20[cm], 출구 측 안지름은 15[cm]이다)

① 3.95   ② 4.32

③ 39.5   ④ 43.2

해설

펌프의 동력
연속방정식을 적용하여 유속을 구한다.

$$Q = uA = u\left(\frac{\pi}{4} \times d^2\right)$$

• 입구 측의 유속 $u_1 = \dfrac{4Q}{\pi d_1^2} = \dfrac{4 \times 0.15[\text{m}^3/\text{s}]}{\pi \times (0.2[\text{m}])^2} \fallingdotseq 4.77[\text{m/s}]$

• 출구 측의 유속 $u_2 = \dfrac{4Q}{\pi d_2^2} = \dfrac{4 \times 0.15[\text{m}^3/\text{s}]}{\pi \times (0.15[\text{m}])^2} \fallingdotseq 8.49[\text{m/s}]$

• 압력의 단위를 환산한다.
  – 입구 측의 압력(진공압력)
  $$P_1 = -\frac{25[\text{mmHg}]}{760[\text{mmHg}]} \times 101{,}325[\text{N/m}^2] = -3{,}333.06[\text{N/m}^2]$$
  – 출구 측의 압력
  $$P_2 = 260 \times 10^3[\text{N/m}^2]$$

베르누이 방정식을 적용하여 손실수두를 계산한다.

$$\frac{P_1}{\gamma} + \frac{u_1^2}{2g} + Z_1 + H = \frac{P_2}{\gamma} + \frac{u_2^2}{2g} + Z_2$$

$Z_1 = Z_2$이므로 손실수두

$$H = \left(\frac{P_2}{\gamma} - \frac{P_1}{\gamma}\right) + \left(\frac{u_2^2}{2g} - \frac{u_1^2}{2g}\right) \text{이므로}$$

$$H = \left\{\frac{260 \times 10^3[\text{N/m}^2]}{9{,}800[\text{N/m}^3]} - \left(-\frac{3{,}333.06[\text{N/m}^2]}{9{,}800[\text{N/m}^3]}\right)\right\}$$
$$+ \left\{\frac{(8.49[\text{m/s}])^2}{2 \times 9.8[\text{m/s}^2]} - \frac{(4.77[\text{m/s}])^2}{2 \times 9.8[\text{m/s}^2]}\right\}$$
$$\fallingdotseq 29.39[\text{m}]$$

동력을 구하기 위하여 펌프효율 $\eta = 1$을 적용하면

$$[\text{kW}] = \frac{\gamma QH}{\eta}$$

$$\therefore \quad [\text{kW}] = \frac{9{,}800[\text{N/m}^3] \times 0.15[\text{m}^3/\text{s}] \times 29.39[\text{m}]}{1}$$
$$= 43{,}203.3[\text{N} \cdot \text{m/s} = \text{J/s} = \text{W}]$$
$$= 43.2[\text{kW}]$$

225

전양정 80[m], 토출량 500[L/min]인 물을 사용하는 소화펌프가 있다. 펌프효율 65[%], 전달계수(K) 1.1인 경우 필요한 전동기의 최소 동력[kW]은?

① 9[kW]
② 11[kW]
③ 13[kW]
④ 15[kW]

해설

전동기의 최소 동력(P)

$$P[\text{kW}] = \frac{\gamma QH}{\eta} \times K$$

여기서, γ : 물의 비중량($9,800[\text{N/m}^3] = 9.8[\text{kN/m}^3]$)

$\quad\quad Q$: 토출량($500[\text{L/min}] = 0.5/60[\text{m}^3/\text{s}] = 0.00833[\text{m}^3/\text{s}]$)

$\quad\quad H$: 전양정(80[m])

$\quad\quad K$: 전달계수(1.1)

$\quad\quad \eta$: 펌프의 효율($65[\%] = 0.65$)

$$\therefore P = \frac{9.8[\text{kN/m}^3] \times 0.00833[\text{m}^3/\text{s}] \times 80[\text{m}]}{0.65} \times 1.1$$

$$= 11.05[\text{kW}]$$

※ 단위 변환

$$\left[\frac{\text{kN}}{\text{m}^3}\right] \times \left[\frac{\text{m}^3}{\text{s}}\right] = \left[\frac{\text{m}}{1}\right] = \left[\frac{\text{kN} \cdot \text{m}}{\text{s}}\right] = \left[\frac{\text{kJ}}{\text{s}}\right] = [\text{kW}]$$

226

효율이 50[%]인 펌프를 이용하여 저수지의 물을 1초에 10[L]씩 30[m] 위쪽에 있는 논으로 퍼 올리는 데 필요한 동력은 약 몇 [kW]인가?

① 18.83[kW]
② 10.48[kW]
③ 2.94[kW]
④ 5.88[kW]

해설

전동기의 용량(P)

$$P[\text{kW}] = \frac{\gamma QH}{\eta} \times K$$

여기서, γ : 물의 비중량($9.8[\text{kN/m}^3]$), Q : 정격토출량($0.01[\text{m}^3/\text{s}]$)

$\quad\quad H$: 전양정(30[m]), η : 펌프의 효율(0.5[%])

$\quad\quad K$: 동력전달계수(1.0)

$$\therefore P = \frac{9.8[\text{kN/m}^3] \times 0.01[\text{m}^3/\text{s}] \times 30[\text{m}]}{0.5} \times 1 = 5.88[\text{kW}]$$

227

안지름 10[cm]인 수평 원관의 층류유동으로 4[km] 떨어진 곳에 원유(점성계수 $0.02[\text{N} \cdot \text{s/m}^2]$, 비중 0.86)를 $0.10[\text{m}^3/\text{min}]$의 유량으로 수송하려할 때 펌프에 필요한 동력[W]은?(단, 펌프의 효율은 100[%]로 가정한다)

① 76[W]
② 91[W]
③ 10,900[W]
④ 9,100[W]

해설

동력(P)

$$P[\text{W}] = \frac{\gamma QH}{\eta} \times K$$

• 원유의 비중량(γ)

$$\gamma = 0.86 \times 9,800[\text{N/m}^3] = 8,428[\text{N/m}^3]$$

• 유량(Q)

$$Q = 0.10[\text{m}^3/\text{min}] = 0.10/60[\text{m}^3/\text{s}] = 0.00167[\text{m}^3/\text{s}]$$

• 전양정(H)

$$H = \frac{flu^2}{2gD}$$

• 유속(u)

$$u = \frac{Q}{A} = \frac{0.00167[\text{m}^3/\text{s}]}{\frac{\pi}{4} \times (0.1[\text{m}])^2} = 0.2126[\text{m/s}]$$

• 관 마찰계수(f)

$$R_e = \frac{Du\rho}{\mu} = \frac{0.1[\text{m}] \times 0.2126[\text{m/s}] \times 860[\text{kg/m}^3]}{0.02[\text{kg/m} \cdot \text{s}]}$$

$$= 914.18(층류)$$

$$\therefore f = \frac{64}{R_e} = \frac{64}{914.18} = 0.07$$

• 중력가속도 $g = 9.8[\text{m/s}^2]$을 대입하면

$$\therefore H = \frac{flu^2}{2gD} = \frac{0.07 \times 4,000[\text{m}] \times (0.2126[\text{m/s}])^2}{2 \times 9.8[\text{m/s}^2] \times 0.1[\text{m}]}$$

$$= 6.46[\text{m}]$$

$\therefore$ 동력(P)

$$P[\text{W}] = \frac{\gamma QH}{\eta} \times K = \frac{8,428 \times 0.00167 \times 6.46}{1} \times 1 = 90.92[\text{W}]$$

※ $P = \left[\frac{\text{N}}{\text{m}^3} \times \frac{\text{m}^3}{\text{s}} \times \frac{\text{m}}{1}\right]$

$$= \left[\frac{\text{N} \cdot \text{m}}{\text{s}}\right] = \left[\frac{\text{J}}{\text{s}}\right] = [\text{W}]$$

※ 점성계수(μ)

$$\mu = 0.02[\text{N} \cdot \text{s/m}^2] = 0.02[\text{kg/m} \cdot \text{s}]$$

228

분당 토출량이 1,600[L], 전양정이 100[m]인 물펌프의 회전수를 1,000[rpm]에서 1,400[rpm]으로 증가하면 전동기 소요동력은 약 몇 [kW]가 되어야 하는가?(단, 펌프의 효율은 65[%]이고, 전달계수는 1.1이다)

① 44.1[kW]　　　　② 82.1[kW]
③ 121[kW]　　　　④ 142[kW]

해설

전동기의 소요동력

$$P_2 = P_1 \times \left(\frac{N_2}{N_1}\right)^3$$

여기서, P_1 : 1,000

[rpm]에서 소요동력을 구하면

$$P = \frac{\gamma \times Q \times H}{\eta} \times K$$

여기서, γ : 물의 비중량(9.8[kN/m³])
　　　　Q : 유량(1.6/60[m³/s] = 0.0267[m³/s])
　　　　H : 전양정(100[m])
　　　　K : 전달계수(여유율, 1.1)
　　　　η : 펌프효율(0.65)

$$P = \frac{9.8[\text{kN/m}^3] \times 0.0267[\text{m}^3/\text{s}] \times 100[\text{m}]}{0.65} \times 1.1$$
$$= 44.28[\text{kW}]$$

1,400[rpm] 증가 시 소요동력

$$\therefore P_2 = P_1 \times \left(\frac{N_2}{N_1}\right)^3 = 44.28[\text{kW}] \times \left(\frac{1,400}{1,000}\right)^3 = 121.5[\text{kW}]$$

229

전양정이 60[m], 유량이 6[m³/min], 효율이 60[%]인 펌프를 작동시키는 데 필요한 동력[kW]은?

① 44[kW]　　　　② 60[kW]
③ 98[kW]　　　　④ 117[kW]

해설

펌프 동력(P)

$$P = \frac{\gamma H Q}{\eta} = \frac{9.8[\text{kN/m}^3] \times 60[\text{m}] \times 6/60[\text{m}^3/\text{s}]}{0.6}$$
$$= 98[\text{kW}]$$

230

안지름 25[mm], 길이 10[m]의 수평 파이프를 통해 비중 0.8, 점성계수는 5×10^{-3}[kg/m·s]인 기름을 유량 0.2×10^{-3}[m³/s]로 수송하고자 할 때 필요한 펌프의 최소 동력은 약 몇 [W]인가?

① 0.21[W]　　　　② 0.58[W]
③ 0.77[W]　　　　④ 0.81[W]

해설

동력(P)

$$P[\text{kW}] = \frac{\gamma QH}{\eta} \times K$$

• 기름의 비중량(γ)
　　$\gamma[\text{s}] = 0.8 \times 9,800[\text{N/m}^3]$

• 유량(Q)
　　$Q = 0.0002[\text{m}^3/\text{s}]$

• 유속(u)
$$u = \frac{Q}{A} = \frac{0.0002[\text{m}^3/\text{s}]}{\frac{\pi}{4} \times (0.025[\text{m}])^2} = 0.407[\text{m/s}]$$

• 관 마찰계수(f)
$$R_e = \frac{Du\rho}{\mu} = \frac{0.025[\text{m}] \times 0.407[\text{m/s}] \times 800[\text{kg/m}^3]}{0.005[\text{kg/m·s}]}$$
$$= 1,628(\text{층류})$$
$$f = \frac{64}{R_e} = \frac{64}{1,628} = 0.039$$

• 전양정(H)
$$H = \frac{flu^2}{2gD} = \frac{0.039 \times 10[\text{m}] \times (0.407[\text{m/s}])^2}{2 \times 9.8[\text{m/s}^2] \times 0.025[\text{m}]}$$
$$= 0.132[\text{m}]$$

$$\therefore P = \frac{\gamma QH}{\eta} \times K$$
$$= \frac{0.8 \times 9,800[\text{N/m}^3] \times 0.0002[\text{m}^3/\text{s}] \times 0.132[\text{m}]}{1} \times 1$$
$$= 0.21[\text{W}]$$

231

펌프의 입구에서 진공계의 압력은 −160[mmHg], 출구에서 압력계의 계기압력은 300[kPa], 송출 유량은 10[m³/min]일 때 펌프의 수동력[kW]은?(단, 진공계와 압력계 사이의 수직거리는 2[m]이고, 흡입관과 송출관의 직경은 같으며, 손실은 무시한다)

① 5.7[kW]

② 56.8[kW]

③ 557[kW]

④ 3,400[kW]

해설

수동력(P)

전달계수와 펌프의 효율을 무시하는 동력

$$P = \frac{\gamma \times Q \times H}{\eta}$$

여기서, γ : 물의 비중량(9.8[kN/m³])

Q : 방수량(10/60[m³/s])

H : 펌프의 양정 $H\left\{\left(\dfrac{160[\text{mmHg}]}{760[\text{mmHg}]} \times 10.332[\text{m}]\right)\right.$

$\left. + \left(\dfrac{300[\text{kPa}]}{101.325[\text{kPa}]} \times 10.332[\text{m}]\right) + 2[\text{m}] = 34.765[\text{m}]\right\}$

$\therefore\ P = \dfrac{9.8[\text{kN/m}^3] \times 10[\text{m}^3]/60[\text{s}] \times 34.765[\text{m}]}{1}$

$= 56.78[\text{kW}]$

$\fallingdotseq 56.8[\text{kW}]$

232

물을 0.025[m³/s]의 유량으로 퍼 올리고 있는 펌프가 있다. 흡입 측 계기압력은 −3[kPa]이고 이보다 100[m] 위에 위치한 곳의 계기압력은 100[kPa]이었다. 배관에서 발생하는 마찰손실이 14[m]라 할 때 펌프가 물에 가해야 할 동력은 약 몇 [kW]인가?(단, 흡입, 송출 측 관지름은 모두 100[mm]이고 물의 밀도는 $\rho = 1,000[\text{kg/m}^3]$이다)

① 10.3[kW]

② 16.7[kW]

③ 21.8[kW]

④ 30.5[kW]

해설

동력(P)

$$P = \frac{\gamma Q H}{102\eta} \times K[\text{kW}]$$

여기서, γ : 물의 비중량(9.8[kN/m³])

Q : 유량(0.025[m³/s])

H : 전양정 $\left\{\left(\dfrac{3[\text{kPa}]}{101.3[\text{kPa}]} \times 10.332[\text{m}]\right) + 100[\text{m}]\right.$

$\left. + \left(\dfrac{100[\text{kPa}]}{101.3[\text{kPa}]} \times 10.332[\text{m}]\right) + 14[\text{m}] = 124.5[\text{m}]\right\}$

K : 전달계수(여유율)

η : 펌프효율

$\therefore\ P = \dfrac{9.8[\text{kN/m}^3] \times 0.025[\text{m}^3/\text{s}] \times 124.5[\text{m}]}{1}$

$= 30.50[\text{kW}]$

233

원심펌프가 전양정 120[m]에 대해 6[m³/s]의 물을 공급할 때 필요한 축동력이 9,530[kW]이었다. 이때 펌프의 체적효율과 기계효율이 각각 88[%], 89[%]라고 하면, 이 펌프의 수력효율은 약 몇 [%]인가?

① 74.1[%]

② 84.2[%]

③ 88.5[%]

④ 94.5[%]

해설

축동력(P)

$$P = \frac{\gamma QH}{\eta} \times K$$

여기서, γ : 물의 비중량(9.8[kN/m³])

$\quad\quad Q$: 토출량(6[m³/s])

$\quad\quad H$: 전양정(120[m])

$\quad\quad K$: 전달계수

$\quad\quad \eta$: 전효율(체적효율 × 기계효율 × 수력효율,

$$= \frac{rQH}{P} = \frac{9.8[\text{kN/m}^3] \times 6[\text{m}^3/\text{s}] \times 120[\text{m}]}{9,530[\text{kW}]} = 0.74)$$

$\therefore$ 수력효율 $= \dfrac{\eta}{\text{체적효율} \times \text{기계효율}}$

$$= \frac{0.74}{0.88 \times 0.89} = 0.945 \fallingdotseq 94.5$$

234

전체 질량이 3,000[kg]인 소방차가 속력을 4초만에 시속 40[km]에서 80[km]로 가속하는 데 필요한 동력은 약 몇 [kW]인가?

① 34[kW]

② 70[kW]

③ 139[kW]

④ 209[kW]

해설

운동에너지(일)

$$W = \frac{1}{2}m(u_2^2 - u_1^2)$$

$$= \frac{1}{2} \times 3,000[\text{kg}] \times \left\{ \left(\frac{80 \times 1,000[\text{m}]}{3,600[\text{s}]} \right)^2 - \left(\frac{40 \times 1,000[\text{m}]}{3,600[\text{s}]} \right)^2 \right\}$$

$$= 555,555.55[\text{J}] = 555.55[\text{kJ}]$$

$\therefore$ 동력(L)

$$L = \frac{W}{t}$$

$$= \frac{555.55[\text{kJ}]}{4[\text{s}]} = 138.88[\text{kW}]$$

※ $[\text{N}] = [\text{kg} \cdot \text{m/s}^2]$

$\quad [\text{N} \cdot \text{m}] = [\text{J}]$

$\quad [\text{W}] = \left[\dfrac{\text{J}}{\text{s}} \right]$

$\quad [\text{kW}] = \left[\dfrac{\text{kJ}}{\text{s}} \right]$

235

양정 220[m], 유량 0.025[m³/s], 회전수 2,900[rpm]인 4단 원심 펌프의 비교회전도(비속도)[m/min, m, rpm]는 얼마인가?

① 176[m/min, m, rpm]

② 167[m/min, m, rpm]

③ 45[m/min, m, rpm]

④ 23[m/min, m, rpm]

해설

비교회전도(N_s)

$$N_s = \frac{N \cdot Q^{1/2}}{\left(\dfrac{H}{n}\right)^{3/4}}$$

여기서, N : 회전수(2,900[rpm])

$\quad\quad Q$: 유량(0.025[m³/s] × 60[s/min] = 1.5[m³/min])

$\quad\quad H$: 양정(220[m])

$\quad\quad n$: 단수(4단)

$$\therefore N_s = \frac{N \cdot Q^{1/2}}{\left(\dfrac{H}{n}\right)^{3/4}}$$

$$= \frac{2,900 \times (1.5)^{1/2}}{\left(\dfrac{220}{4}\right)^{3/4}}$$

$$= 175.86[\text{m/min, m, rpm}]$$

236

회전속도 1,000[rpm]일 때 송출량 Q[m³/min], 전양정 H[m]인 원심펌프가 상사한 조건에서 송출량이 $1.1Q$ [m³/min]가 되도록 회전속도를 증가시킬 때 전양정은?

① $0.91H$

② $1H$

③ $1.1H$

④ $1.21H$

해설

펌프의 상사법칙

송출량이 $1.1Q$[m³/min]일 때 회전속도

• 유량

$$Q_2 = Q_1 \times \frac{N_2}{N_1}$$

$$1.1 = 1 \times \frac{N_2}{1,000}$$

$$N_2 = 1,100[\text{rpm}]$$

• 전양정

$$H_2 = H_1 \times \left(\frac{N_2}{N_1}\right)^2$$

$$= H[\text{m}] \times \left(\frac{1,100}{1,000}\right)^2$$

$$= 1.21H$$

237

소화펌프의 회전수가 1,450[rpm]일 때 양정이 25[m], 유량이 5[m³/min]이었다. 펌프의 회전수를 1,740[rpm]으로 높일 경우 양정[m]과 유량[m³/min]은?(단, 회전차의 직경은 일정하다)

① 양정 : 17, 유량 : 4.2

② 양정 : 21, 유량 : 5

③ 양정 : 30.2, 유량 : 5.2

④ 양정 : 36, 유량 : 6

해설

펌프의 상사법칙
• 유량

$$Q_2 = Q_1 \times \frac{N_2}{N_1} \times \left(\frac{D_2}{D_1}\right)^3$$

• 전양정(수두)

$$H_2 = H_1 \times \left(\frac{N_2}{N_1}\right)^2 \times \left(\frac{D_2}{D_1}\right)^2$$

• 동력

$$P_2 = P_1 \times \left(\frac{N_2}{N_1}\right)^3 \times \left(\frac{D_2}{D_1}\right)^5$$

여기서, N : 회전수[rpm]

　　　　D : 내경[mm]

• 양정

$$H_2 = H_1 \times \left(\frac{N_2}{N_1}\right)^2 = 25 \times \left(\frac{1,740}{1,450}\right)^2 = 36[\text{m}]$$

• 유량

$$Q_2 = Q_1 \times \frac{N_2}{N_1} = 5 \times \left(\frac{1,740}{1,450}\right) = 6.0[\text{m}^3/\text{min}]$$

238

회전속도 N[rpm]일 때 송출량 Q[m³/min], 전양정 H[m]인 원심펌프를 상사한 조건에서 회전속도를 $1.4N$[rpm]으로 바꾸어 작동할 때 유량 및 전양정은?

① $1.4Q$, $1.4H$

② $1.4Q$, $1.96H$

③ $1.96Q$, $1.4H$

④ $1.96Q$, $1.96H$

해설

펌프의 상사법칙
• 유량

$$Q_2 = Q_1 \times \frac{N_2}{N_1} \times \left(\frac{D_2}{D_1}\right)^3$$

$$= Q_1 \times \frac{1.4}{1} = 1.4Q_1$$

• 전양정(수두)

$$H_2 = H_1 \times \left(\frac{N_2}{N_1}\right)^2 \times \left(\frac{D_2}{D_1}\right)^2 = H_1 \times \left(\frac{1.4}{1}\right)^2 = 1.96H_1$$

여기서, N : 회전수[rpm]

　　　　D : 내경[mm]

239

토출량이 1,800[L/min], 회전차의 회전수가 1,000[rpm]인 소화펌프의 회전수를 1,400[rpm]으로 증가시키면 토출량은 처음보다 얼마나 더 증가하는가?

① 10[%]

② 20[%]

③ 30[%]

④ 40[%]

해설

펌프의 상사법칙
유량(Q)

$$Q_2 = Q_1 \times \frac{N_2}{N_1} \times \left(\frac{D_2}{D_1}\right)^3$$

여기서, N : 회전수[rpm]

　　　　D : 내경[mm]

• $Q_2 = 1,800 \times \dfrac{1,400}{1,000} = 2,520[\text{L/min}]$

• 증가된 토출량 $= \dfrac{2,520-1,800}{1,800} \times 100$

$$= 40[\%]$$

240

펌프와 관련된 용어의 설명으로 옳은 것은?

① 캐비테이션 : 송출압력과 송출유량이 주기적으로
   변하는 현상
② 서징 : 액체가 포화 증기압 이하에서 비등하여 기포
   가 발생하는 현상
③ 수격작용 : 관을 흐르던 물이 갑자기 정지할 때 압력
   파에 의해 이상음이 발생하는 현상
④ NPSH : 펌프에서 상사법칙을 나타내기 위한 비속도

해설

펌프와 관련된 용어
• 캐비테이션 : Pump의 흡입 측 배관 내에서 발생하는 것으로 배관
  내의 수온 상승으로 물이 수증기로 변화하여 물이 Pump로 흡입되지
  않는 현상
• 맥동(서징)현상 : 펌프 입구의 진공계 및 출구의 압력계 지침이 흔들
  리고 송출유량도 주기적으로 변화하는 이상 현상
• 수격작용 : 관을 흐르던 물이 갑자기 정지할 때 압력파에 의해 이상
  음(異常音)이 발생하는 현상
• NPSH : 펌프가 공동현상을 일으키지 않고 흡입 가능한 압력을 물의
  높이로 표시한 것

241

물의 온도에 상응하는 증기압보다 낮은 부분이 발생하면
물은 증발되고 물속에 있던 공기와 물이 분리되어 기포가
발생하는 펌프의 현상은?

① 피드백(Feed Back)
② 서징현상(Surging)
③ 공동현상(Cavitation)
④ 수격작용(Water Hammering)

해설

공동현상(Cavitation) : 물의 온도에 상응하는 증기압보다 낮은 부분
이 발생하면 물은 증발되고 물속에 있던 공기와 물이 분리되어 기포가
발생하는 현상

242

공동현상(Cavitation)의 발생 원인과 가장 관계가 먼 것은?

① 관 내의 수온이 높을 때
② 펌프의 흡입양정이 클 때
③ 펌프의 설치 위치가 수원보다 낮을 때
④ 관 내의 물의 정압이 그때의 증기압보다 낮을 때

해설

공동현상의 발생 원인
• Pump의 흡입 측 수두, 마찰손실, Impeller 속도가 클 때
• Pump의 흡입관경이 적을 때
• Pump 설치 위치가 수원보다 높을 때
• 관 내의 유체가 고온일 때
• Pump의 흡입압력이 유체의 증기압보다 낮을 때

243

펌프의 흡입양정이 클 때 발생되는 현상은?

① 공동현상(Cavitation)
② 서징현상(Suring)
③ 역회전현상
④ 수격현상(Water Hammering)

해설

펌프의 흡입양정이 클 때(흡입양정이 크면 마찰손실도 크다) 공동현상
이 발생한다.

244

펌프의 공동현상(Cavitation)을 방지하기 위한 방법이 아닌 것은?

① 펌프의 설치 위치를 되도록 낮게 하여 흡입양정을 짧게 한다.
② 단흡입 펌프보다는 양흡입 펌프를 사용한다.
③ 펌프의 흡입관경을 크게 한다.
④ 펌프의 회전수를 크게 한다.

해설

공동현상의 방지 대책
• Pump의 흡입 측 수두(양정), 마찰손실, Impeller 속도(회전수)를 적게 한다.
• Pump 흡입관경을 크게 한다.
• Pump 설치 위치를 수원보다 낮게 해야 한다.
• Pump 흡입압력을 유체의 증기압보다 높게 한다.
• 양흡입 Pump를 사용해야 한다.
• 양흡입 Pump로 부족 시 펌프를 2대로 나눈다.

245

수격작용에 대한 설명으로 옳은 것은?

① 관로가 변할 때 물의 급격한 압력 저하로 인해 수중에서 공기가 분리되어 기포가 발생하는 것을 말한다.
② 펌프의 운전 중에 송출압력과 송출유량이 주기적으로 변동하는 현상을 말한다.
③ 관로의 급격한 온도변화로 인해 응결되는 현상을 말한다.
④ 흐르는 물을 갑자기 정지시킬 때 수압이 급격히 변화하는 현상을 말한다.

해설

펌프에서 발생하는 현상
• 수격작용 : 흐르는 물을 갑자기 정지시킬 때 수압이 급격히 변화하는 현상
• 맥동현상 : 펌프의 운전 중에 송출압력과 송출유량이 주기적으로 변동하는 현상

246

다음 [보기]의 (   ) 안에 알맞은 것은?

┌보기┐
파이프 속을 유체가 흐를 때 파이프 끝의 밸브를 갑자기 닫으면 유체의 (ㄱ)에너지가 압력으로 변환되면서 밸브 직전에서 높은 압력이 발생하고 상류로 압축파가 전달되는 (ㄴ)현상이 발생한다.
└────────────────────┘

① (ㄱ) 운동, (ㄴ) 서징
② (ㄱ) 운동, (ㄴ) 수격
③ (ㄱ) 위치, (ㄴ) 서징
④ (ㄱ) 위치, (ㄴ) 수격

해설

수격작용(Water Hammering)
• 정의 : 흐르는 유체를 갑자기 감속하면 운동에너지가 압력에너지로 변하여 유체 내의 고압이 발생하고 유속이 급변화하면서 압력변화를 가져와 큰 소음이 발생하는 현상
• 수격현상의 발생원인
  − Pump의 운전 중 정전에 의해서
  − 밸브를 차단할 경우
  − Pump의 정상 운전일 때 액체의 압력변동이 생길 때

247

펌프 운전 중 발생하는 수격현상 발생을 예방하기 위한 방법에 해당되지 않는 것은?

① 밸브를 가능한 펌프 송출구에서 멀리 설치한다.
② 서지탱크를 관로에 설치한다.
③ 밸브의 조작을 천천히 한다.
④ 관 내의 유속을 낮게 한다.

해설

수격현상의 방지대책
• 관로의 관경을 크게 하고 유속을 낮게 해야 한다.
• 압력강하의 경우 Fly Wheel을 설치해야 한다.
• 조압수조(Surge Tank) 또는 수격방지기(Water Hammering Cusion) 설치해야 한다.
• Pump 송출구 가까이 송출밸브를 설치하여 압력상승 시 압력을 제어해야 한다.

248

펌프 입구의 진공계 및 출구의 압력계 지침이 흔들리고 송출유량도 주기적으로 변화하는 이상 현상은?

① 공동현상(Cavitation)

② 수격작용(Water Hammering)

③ 맥동현상(Surging)

④ 언밸런스(Unbalance)

해설

맥동현상(Surging)

- 정의 : Pump의 입구와 출구에 부착된 진공계와 압력계의 침이 흔들리고 동시에 토출유량이 변화를 가져오는 현상
- 맥동현상의 발생원인
  - Pump의 양정곡선($Q-H$) 산(山) 모양의 곡선으로 상승부에서 운전하는 경우
  - 유량조절밸브가 배관 중 수조의 위치 후방에 있을 때
  - 배관 중에 수조가 있을 때
  - 배관 중에 기체상태의 부분이 있을 때
  - 운전 중인 Pump를 정지할 때
- 맥동현상의 방지대책
  - Pump 내의 양수량을 증가시키거나 Impeller의 회전수를 변화시킨다.
  - 관로 내의 잔류공기 제거하고 관로의 단면적 유속·저장을 조절한다.

249

용량 1,000[L]의 탱크차가 만수상태로 화재 현장에 출동하여 노즐 압력 294.2[kPa], 노즐 구경 21[mm]를 사용하여 방수한다면 탱크차 내의 물을 전부 방사하는 데 몇 분이나 소요되겠는가?(단, 모든 손실은 무시한다)

① 1.7분   ② 2분

③ 2.3분   ④ 2.7분

해설

옥내소화전의 방수량(Q)

$$Q = 0.6597 CD^2 \sqrt{10P}$$

여기서, Q : 방수량[L/min]

C : 유량계수

D : 관경[mm]

P : 방수압력[MPa]

$$Q = 0.6597 \times (21[mm])^2 \times \sqrt{10 \times 0.2942[MPa]}$$
$$= 499[L/min]$$

∴ 소요시간 $= 1,000[L] \div 499[L/min]$
$$= 2.0[min]$$

250

동일한 노즐 구경을 갖는 소방차에서 방수압력이 1.5배가 되면 방수량은 몇 배로 되는가?

① 1.22배   ② 1.41배

③ 1.52배   ④ 2.25배

해설

방수량(Q)

$$Q = 0.6597 CD^2 \sqrt{10P}$$

여기서, Q : 방수량[L/min]

C : 유량계수

D : 관경[mm]

P : 방수압력[MPa]

$Q = 0.6597 CD^2 \sqrt{10P}$ 에서 $0.6597 CD^2$ 동일

- 방수압이 1일 때
  $$Q = \sqrt{10P} = \sqrt{10 \times 1} = 3.1623[L/min]$$
- 방수압이 1.5일 때
  $$Q = \sqrt{10P} = \sqrt{10 \times 1.5} = 3.8730[L/min]$$

∴ 배수 $= \dfrac{3.8730}{3.1623} = 1.22$배

소방기본법, 영, 규칙

001

소방기본법이 정하는 목적을 설명한 것으로 거리가 먼 것은?

① 풍수해의 예방, 경계, 진압에 관한 계획, 예산의 지원 활동
② 화재, 재난·재해, 그 밖의 위급한 상황에서의 구조·구급 활동
③ 구조·구급 활동 등을 통한 국민의 생명·신체 및 재산의 보호
④ 구조·구급 활동 등을 통한 공공의 안녕 및 질서 유지

해설

소방기본법의 목적(법 제1조) : 화재를 예방·경계하거나 진압하고 화재, 재난·재해, 그 밖의 위급한 상황에서의 구조·구급 활동 등을 통하여 국민의 생명·신체 및 재산을 보호함으로써 공공의 안녕 및 질서 유지와 복리증진에 이바지함을 목적으로 한다.

002

다음 중 소방기본법상 소방대상물이 아닌 것은?

① 산림
② 선박 건조 구조물
③ 항공기
④ 차량

해설

소방대상물(법 제2조) : 건축물, 차량, 선박(항구 안에 매어둔 선박만 해당), 선박 건조 구조물, 산림 그 밖의 인공 구조물 또는 물건을 말한다.

003

소방기본법에서 정의하는 소방대상물에 해당되지 않는 것은?

① 산림
② 차량
③ 건축물
④ 항해 중인 선박

해설

항해 중인 선박과 항공기는 소방대상물이 아니다(법 제2조).

004

소방기본법상 소방대상물의 관계인이 아닌 자는?

① 감리자
② 관리자
③ 점유자
④ 소유자

해설

관계인 : 소유자, 점유자, 관리자

005

다음 중 소방기본법상 용어에 대한 설명으로 옳은 것은?

① 소방대상물이란 건축물, 차량, 선박(항구에 매어둔 선박은 제외) 등을 말한다.

② 관계인이란 소방대상물의 점유 예정자를 포함한다.

③ 소방대란 소방공무원, 의무소방원, 의용소방대원으로 구성된 조직체이다.

④ 소방대장이란 화재, 재난·재해, 그 밖의 위급한 상황이 발생한 현장에서 소방대를 지휘하는 사람(소방서장은 제외)이다.

해설

용어 정의(법 제2조)
- 소방대상물 : 건축물, 차량, 선박(항구에 매어둔 선박만 해당한다), 선박 건조 구조물, 산림, 그 밖의 인공 구조물 또는 물건
- 관계인 : 소방대상물의 소유자·관리자 또는 점유자
- 소방대(消防隊) : 화재를 진압하고 화재, 재난·재해, 그 밖의 위급한 상황에서 구조·구급 활동 등을 하기 위하여 다음의 사람으로 구성된 조직체를 말한다.
  - 소방공무원
  - 의무소방원(義務消防員)
  - 의용소방대원(義勇消防隊員)
- 소방대장(消防隊長) : 소방본부장 또는 소방서장 등 화재, 재난·재해, 그 밖의 위급한 상황이 발생한 현장에서 소방대를 지휘하는 사람

006

소방기본법에서 정의하는 소방대의 조직구성원이 아닌 것은?

① 의무소방원
② 소방공무원
③ 의용소방대원
④ 공항소방대원

해설

소방대(법 제2조) : 화재를 진압하고 화재, 재난·재해, 그 밖의 위급한 상황에서 구조·구급 활동 등을 하기 위하여 소방공무원, 의무소방원, 의용소방대원으로 구성된 조직체

007

소방기본법상 소방본부에 대한 설명이다. 다음 [보기]의 ( ) 안에 알맞은 내용은?

┌ 보기 ┐
소방업무를 수행하기 위하여 ( ) 직속으로 소방본부를 둔다.
└────┘

① 경찰서장
② 시·도지사
③ 행정안전부장관
④ 소방청장

해설

시·도에서 소방업무를 수행하기 위하여 시·도지사 직속으로 소방본부를 둔다(법 제3조).

008

종합상황실의 업무와 직접적으로 관련이 없는 것은?

① 재난상황의 전파 및 보고

② 재난상황의 발생 신고접수

③ 재난상황이 발생한 현장에 대한 지휘 및 피해조사

④ 재난상황의 수습에 필요한 정보수집 및 제공

해설

종합상황실의 업무(규칙 제3조)
- 화재, 재난·재해 그 밖에 구조·구급이 필요한 상황(재난상황)의 발생의 신고접수
- 접수된 재난상황을 검토하여 가까운 소방서에 인력 및 장비의 동원을 요청하는 등의 사고수습
- 하급소방기관에 대한 출동지령 또는 동급 이상의 소방기관 및 유관기관에 대한 지원요청
- 재난상황의 전파 및 보고
- 재난상황이 발생한 현장에 대한 지휘 및 피해현황의 파악
- 재난상황의 수습에 필요한 정보수집 및 제공

009

소방서와 종합상황실 실장이 서면·팩스 또는 컴퓨터통신 등으로 소방본부의 종합상황실에 보고해야 하는 화재가 아닌 것은?

① 사상자가 10인 발생한 화재
② 이재민이 100인 발생한 화재
③ 관공서·학교·정부미도정공장의 화재
④ 재산피해액이 10억원 발생한 화재

해설

종합상황실에 보고해야 하는 화재(규칙 제3조)
- 사망자가 5인 이상 발생하거나 사상자가 10인 이상 발생한 화재
- 이재민이 100인 발생한 화재
- 재산피해액이 50억원 이상 발생한 화재
- 관공서·학교·정부미도정공장·문화재(국가유산)·지하철 또는 지하구의 화재
- 관광호텔, 층수가 11층 이상인 건축물, 지하상가, 시장, 백화점, 지정수량의 3,000배 이상인 위험물의 제조소·저장소·취급소, 층수가 5층 이상이거나 객실이 30실 이상인 숙박시설, 층수가 5층 이상이거나 병상이 30개 이상인 종합병원·정신병원·한방병원·요양소, 연면적 15,000[m²] 이상인 공장 또는 화재예방강화지구에서 발생한 화재
- 철도차량, 항구에 매어둔 총톤수가 1,000[t] 이상인 선박, 항공기, 발전소 또는 변전소에서 발생한 화재
- 가스 및 화약류의 폭발에 의한 화재
- 다중이용업소의 화재
- 통제단장의 현장지휘가 필요한 재난상황
- 언론에 보도된 재난상황

010

소방기본법상 소방본부 종합상황실 실장이 소방청의 종합상황실에 서면·팩스 또는 컴퓨터통신 등으로 보고해야 하는 화재의 기준 중 틀린 것은?

① 항구에 매어둔 총톤수가 1,000[t] 이상인 선박에서 발생한 화재
② 층수가 5층 이상이거나 병상이 30개 이상인 종합병원·정신병원·한방병원·요양소에서 발생한 화재
③ 지정수량의 1,000배 이상인 위험물의 제조소·저장소·취급소에서 발생한 화재
④ 연면적 15,000[m²] 이상인 공장 또는 화재예방강화지구에서 발생한 화재

해설

지정수량의 3,000배 이상인 위험물의 제조소·저장소·취급소에서 발생한 화재가 보고 대상이다(규칙 제3조).

011

소방기본법상 국고보조 대상사업의 범위 중 소방활동장비와 설비에 해당하지 않는 것은?

① 소방자동차
② 소방헬리콥터 및 소방정
③ 소화용수설비 및 피난구조설비
④ 방화복 등 소방활동에 필요한 소방장비

해설

국고보조 대상사업의 범위(영 제2조)
- 소방활동장비와 설비의 구입 및 설치
  - 소방자동차
  - 소방헬리콥터 및 소방정
  - 소방전용 통신설비 및 전산설비
  - 그 밖의 방화복 등 소방활동에 필요한 소방장비
- 소방관서용 청사의 건축

012

화재현장에서 피난 등을 체험할 수 있는 소방체험관의 설립 · 운영권자는?

① 시 · 도지사
② 소방청장
③ 소방본부장 또는 소방서장
④ 한국소방안전원장

해설

설립 · 운영권자(법 제5조)
• 소방박물관 : 소방청장
• 소방체험관 : 시 · 도지사

013

소방기본법에 따른 소방력의 기준에 따라 관할구역의 소방력을 확충하기 위하여 필요한 계획을 수립하여 시행해야 하는 자는?

① 소방서장   ② 소방본부장
③ 시 · 도지사   ④ 행정안전부장관

해설

소방력의 기준에 따라 관할구역의 소방력을 확충하기 위하여 필요한 계획 수립권자 : 시 · 도지사(법 제8조)

014

소방장비 등에 대한 국고보조 대상사업의 범위와 기준보조율은 무엇으로 정하는가?

① 총리령   ② 대통령령
③ 시 · 도의 조례   ④ 국토교통부령

해설

국고보조 대상사업의 범위와 기준보조율 : 대통령령(법 제9조)

015

소방기본법상 소방용수시설에 대한 설명으로 옳지 않은 것은?

① 시 · 도지사는 소방활동에 필요한 소방용수시설을 설치하고 유지 · 관리해야 한다.
② 수도법의 규정에 따라 설치된 소화전도 시 · 도지사가 유지 · 관리해야 한다.
③ 소방본부장 또는 소방서장은 원활한 소방활동을 위하여 소방용수시설에 대한 조사를 월 1회 이상 실시해야 한다.
④ 소방용수시설 조사의 결과는 2년간 보관해야 한다.

해설

소방용수시설(법 제10조, 규칙 제7조)
• 시 · 도지사는 소방활동에 필요한 소방용수시설을 설치하고 유지 · 관리해야 한다.
• 수도법의 규정에 따라 소화전을 설치하는 일반수도사업자는 관할 소방서장과 사전협의를 거친 후 소화전을 설치해야 하며, 설치 사실을 관할 소방서장에게 통지하고, 그 소화전을 유지 · 관리해야 한다.
• 소방본부장 또는 소방서장은 원활한 소방활동을 위하여 소방용수시설에 대한 조사를 월 1회 이상 실시해야 한다.
• 소방용수시설 조사의 결과는 2년간 보관해야 한다.

016

소방기본법상 주거지역 · 상업지역 및 공업지역에 소방용수시설을 설치하는 경우 소방대상물과의 수평거리를 몇 [m] 이하가 되도록 해야 하는가?

① 50[m] 이하
② 100[m] 이하
③ 150[m] 이하
④ 200[m] 이하

해설

소방용수시설의 설치기준(규칙 별표 3)
• 공통기준
 – 주거지역 · 상업지역 및 공업지역에 설치하는 경우 : 소방대상물과의 수평거리를 100[m] 이하가 되도록 할 것
 – 이외의 지역에 설치하는 경우 : 소방대상물과의 수평거리를 140[m] 이하가 되도록 할 것
• 소방용수시설별 설치기준
 – 소화전의 설치기준 : 상수도와 연결하여 지하식 또는 지상식의 구조로 하고, 소방용 호스와 연결하는 소화전의 연결금속구의 구경은 65[mm]로 할 것
 – 급수탑의 설치기준 : 급수배관의 구경은 100[mm] 이상으로 하고, 개폐밸브는 지상에서 1.5[m] 이상 1.7[m] 이하의 위치에 설치하도록 할 것

018

소방기본법에 따른 소방용수시설 급수탑 개폐밸브의 설치기준으로 옳은 것은?

① 지상에서 1.0[m] 이상 1.5[m] 이하
② 지상에서 1.2[m] 이상 1.8[m] 이하
③ 지상에서 1.5[m] 이상 1.7[m] 이하
④ 지상에서 1.5[m] 이상 2.0[m] 이하

해설

급수탑 개폐밸브의 설치기준(규칙 별표 3) : 지상에서 1.5[m] 이상 1.7[m] 이하

017

소방기본법상 소방용수시설의 설치기준 중 급수탑의 급수배관의 구경은 최소 몇 [mm] 이상이어야 하는가?

① 100[mm] 이상
② 150[mm] 이상
③ 200[mm] 이상
④ 250[mm] 이상

해설

급수탑의 급수배관 구경(규칙 별표 3) : 100[mm] 이상

019

원활한 소방활동을 위하여 소방용수시설에 대한 조사를 실시하는 사람으로 옳은 것은?

① 소방청장
② 시 · 도지사
③ 소방본부장 또는 소방서장
④ 안전행정부장관

해설

소방용수시설의 조사권자(규칙 제7조) : 소방본부장 또는 소방서장

020

소방서장이나 소방본부장은 원활한 소방활동을 위하여 소방용수시설 및 지리조사 등을 실시해야 한다. 다음 중 실시기간 및 조사횟수로 옳은 것은?

① 1년 1회 이상   ② 6월 1회 이상
③ 3월 1회 이상   ④ 월 1회 이상

해설

소방용수시설 및 지리조사(규칙 제7조)
• 실시권자 : 소방본부장이나 소방서장
• 조사횟수 : 월 1회 이상

021

시·도지사가 설치하고 유지·관리해야 하는 소방용수시설이 아닌 것은?

① 저수조   ② 상수도
③ 소화전   ④ 급수탑

해설

소화용수시설(법 제10조) : 소화전, 저수조, 급수탑

022

소방기본법상 소방업무의 응원에 대한 설명 중 옳지 않은 것은?

① 소방본부장이나 소방서장은 소방활동을 할 때에 긴급한 경우에는 이웃한 소방본부장 또는 소방서장에게 소방업무의 응원(應援)을 요청할 수 있다.
② 소방업무의 응원 요청을 받은 소방본부장 또는 소방서장은 정당한 사유 없이 그 요청을 거절해서는 안 된다.
③ 소방업무의 응원을 위하여 파견된 소방대원은 응원을 요청한 소방본부장 또는 소방서장의 지휘에 따라야 한다.
④ 시·도지사는 소방업무의 응원을 요청하는 경우를 대비하여 출동 대상지역 및 규모와 필요한 경비의 부담 등에 관하여 필요한 사항을 대통령령으로 정하는 바에 따라 이웃하는 시·도지사와 협의하여 미리 규약으로 정해야 한다.

해설

소방업무의 응원(법 제11조)
• 소방본부장이나 소방서장은 소방활동을 할 때에 긴급한 경우에는 이웃한 소방본부장 또는 소방서장에게 소방업무의 응원(應援)을 요청할 수 있다.
• 소방업무의 응원 요청을 받은 소방본부장 또는 소방서장은 정당한 사유 없이 그 요청을 거절해서는 안 된다.
• 소방업무의 응원을 위하여 파견된 소방대원은 응원을 요청한 소방본부장 또는 소방서장의 지휘에 따라야 한다.
• 시·도지사는 소방업무의 응원을 요청하는 경우를 대비하여 출동 대상지역 및 규모와 필요한 경비의 부담 등에 관하여 필요한 사항을 행정안전부령으로 정하는 바에 따라 이웃하는 시·도지사와 협의하여 미리 규약(規約)으로 정해야 한다.

023

소방기본법상 인접하고 있는 시·도간 소방업무의 상호
응원협정을 체결하고자 할 때 포함되어야 하는 사항으로
옳지 않은 것은?

① 소방·훈련의 종류에 관한 사항
② 화재의 경계·진압활동에 관한 사항
③ 출동대원의 수당·식사 및 의복의 수선 소요경비의
   부담에 관한 사항
④ 화재조사활동에 관한 사항

해설

소방업무의 상호응원협정(규칙 제8조)
• 소방활동에 관한 사항
  – 화재의 경계·진압활동
  – 구조·구급업무의 지원
  – 화재조사활동
• 응원출동대상지역 및 규모
• 소요경비의 부담에 관한 사항
  – 출동대원의 수당·식사 및 의복의 수선
  – 소방장비 및 기구의 정비와 연료의 보급
  – 그 밖의 경비
• 응원출동의 요청방법
• 응원출동훈련 및 평가

024

소방청장·소방본부장 또는 소방서장은 소방업무를 전문
적이고 효과적으로 수행하기 위하여 소방대원에게 필요
한 교육·훈련을 실시한다. 이에 대한 설명 중 옳지 않은
것은?

① 소방교육·훈련은 2년마다 1회 이상 실시하되, 교
   육훈련기간은 2주 이상으로 한다.
② 법령에서 정한 것 이외의 소방대원의 교육·훈련에
   필요한 사항은 소방청장이 정한다.
③ 교육·훈련의 종류는 화재진압훈련, 인명구조훈련,
   응급처치훈련, 민방위훈련, 현장지휘훈련이 있다.
④ 현장지휘훈련은 소방정, 소방령, 소방경, 소방위를
   대상으로 한다.

해설

소방대원의 훈련(규칙 별표 3의2)
• 교육·훈련의 종류 및 대상자

종류	교육·훈련을 받아야 할 대상자
화재진압훈련	화재진압업무를 담당하는 소방공무원, 의무소방원, 의용소방대원
인명구조훈련	구조업무를 담당하는 소방공무원, 의무소방원, 의용소방대원
응급처치훈련	구급업무를 담당하는 소방공무원, 의무소방원, 의용소방대원
인명대피훈련	소방공무원, 의무소방원, 의용소방대원
현장지휘훈련	소방공무원 중 다음의 계급에 있는 사람 : 소방정, 소방령, 소방경, 소방위

• 교육·훈련 횟수 및 기간

횟수	기간
2년마다 1회	2주 이상

• 소방대원의 교육·훈련에 필요한 사항은 소방청장이 정한다.

025

소방안전교육사의 시험실시권자로 옳은 것은?

① 소방청장

② 안전행정부장관

③ 소방본부장 또는 소방서장

④ 시·도지사

해설

소방안전교육사, 소방시설관리사의 시험실시권자(법 제17조의2) : 소방청장

026

소방기본법상 소방신호의 방법으로 틀린 것은?

① 타종에 의한 훈련신호는 연 3타 반복

② 사이렌에 의한 발화신호는 5초 간격을 두고 10초씩 3회

③ 타종에 의한 해제신호는 상당한 간격을 두고 1타씩 반복

④ 사이렌에 의한 경계신호는 5초 간격을 두고 30초씩 3회

해설

소방신호의 종류(규칙 제10조, 별표 4)

신호 종류	발령 시기	타종신호	사이렌 신호
경계 신호	화재예방상 필요하다고 인정되거나 화재위험 경보 시 발령	1타와 연 2타를 반복	5초 간격을 두고 30초씩 3회
발화 신호	화재가 발생한 때 발령	난타	5초 간격을 두고 5초씩 3회
해제 신호	소화활동이 필요 없다고 인정되는 때 발령	상당한 간격을 두고 1타씩 반복	1분간 1회
훈련 신호	훈련상 필요하다고 인정되는 때 발령	연 3타 반복	10초 간격을 두고 1분씩 3회

027

다음 중 소방기본법상 화재예방에 필요하다고 인정되거나 화재위험경보 시 발령하는 소방신호의 종류로 옳은 것은?

① 경계신호

② 발화신호

③ 경보신호

④ 훈련신호

해설

소방신호의 종류(규칙 제10조)

• 경계신호 : 화재예방상 필요하다고 인정되거나 화재예방법 제20조의 규정에 의한 화재위험경보 시 발령

• 발화신호 : 화재가 발생한 때 발령

• 해제신호 : 소화활동이 필요없다고 인정되는 때 발령

• 훈련신호 : 훈련상 필요하다고 인정되는 때 발령

028

소방본부장 또는 소방서장 등이 화재현장에서 소방활동을 원활히 수행하기 위하여 규정하고 있는 사항으로 틀린 것은?

① 화재예방강화지구의 지정

② 강제처분

③ 소방활동 종사명령

④ 피난명령

해설

화재현장에서 소방활동을 원활히 수행하기 위한 규정 사항(법 제24조~제27조)

• 소방활동 종사명령

• 강제처분

• 피난명령

• 위험시설 등에 대한 긴급조치

029

소방기본법상 소방본부장, 소방서장 또는 소방대장의 권한이 아닌 것은?

① 화재, 재난·재해, 그 밖의 위급한 상황이 발생한 현장에서 소방활동을 위하여 필요할 때는 그 관할구역에 사는 사람 또는 그 현장에 있는 사람으로 하여금 사람을 구출하는 일 또는 불을 끄거나 불이 번지지 않도록 하는 일을 하게 할 수 있다.

② 소방활동을 할 때에 긴급한 경우에는 이웃한 소방본부장 또는 소방서장에게 소방업무의 응원을 요청할 수 있다.

③ 사람을 구출하거나 불이 번지는 것을 막기 위하여 필요할 때는 화재가 발생하거나 불이 번질 우려가 있는 소방대상물 및 토지를 일시적으로 사용하거나 그 사용의 제한 또는 소방활동에 필요한 처분을 할 수 있다.

④ 소방활동을 위하여 긴급하게 출동할 때는 소방자동차의 통행과 소방활동에 방해가 되는 주차 또는 정차된 차량 및 물건 등을 제거하거나 이동시킬 수 있다.

해설

권한(법 제11조, 제24조, 제25조)
• 소방활동 종사명령 : 소방본부장, 소방서장, 소방대장
• 소방업무의 응원 : 소방본부장, 소방서장
• 강제처분 : 소방본부장, 소방서장, 소방대장

030

소방자동차 전용구역의 설치대상으로 옳은 것은?

① 세대수가 100세대 이상인 아파트

② 세대수가 50세대 이상인 아파트

③ 기숙사 중 2층 이상의 기숙사

④ 층수가 관계없이 기숙사 전체

해설

소방자동차 전용구역의 설치대상(영 제7조의12)
• 아파트 중 세대수가 100세대 이상인 아파트
• 기숙사 중 3층 이상의 기숙사

031

소방기본법상 소방활동구역의 설정권자로 옳은 것은?

① 소방본부장

② 소방서장

③ 소방대장

④ 시·도지사

해설

소방활동구역의 설정권자(법 제23조) : 소방대장

032

다음 [보기]에 따라 소방활동구역에 출입할 수 없는 자는?

┌─보기─────────────────────────────────┐
│ 소방대장은 화재, 재난·재해, 그 밖의 위급한 상황이 발생 │
│ 한 현장에 소방활동구역을 정하여 소방활동에 필요한 사람 │
│ 으로서 대통령령이 정하는 사람 외에는 그 구역의 출입을 │
│ 제한할 수 있다. │
└──────────────────────────────────────┘

① 소방활동구역 안에 있는 소방대상물의 소유자, 관리자 또는 점유자
② 전기, 가스, 수도, 통신, 교통의 업무에 종사하는 자로서 원활한 소방활동을 위하여 필요한 사람
③ 의사·간호사, 그 밖의 구조·구급 업무에 종사하는 자와 취재인력 등 보도 업무에 종사하는 사람
④ 소방대장의 출입허가를 받지 않은 소방대상물 소유자의 친척

해설

소방활동구역 출입자(영 제8조)
• 소방활동구역 안에 있는 소방대상물의 소유자, 관리자, 점유자
• 전기, 가스, 수도, 통신, 교통의 업무에 종사하는 자로서 원활한 소방활동을 위하여 필요한 사람
• 의사·간호사, 그 밖의 구조·구급 업무에 종사하는 사람
• 취재인력 등 보도 업무에 종사하는 사람
• 수사업무에 종사하는 사람
• 그 밖에 소방대장이 소방활동을 위하여 출입을 허가한 사람

033

다음 중 한국소방안전원의 업무에 해당하지 않는 것은?

① 소방용 기계·기구의 형식승인
② 소방업무에 관하여 행정기관이 위탁하는 업무
③ 화재 예방과 안전관리의식 고취를 위한 대국민 홍보
④ 소방기술과 안전관리에 관한 교육 및 조사·연구와 각종 간행물 발간

해설

한국소방안전원의 업무(법 제41조)
• 소방기술과 안전관리에 관한 교육 및 조사·연구
• 소방기술과 안전관리에 관한 각종 간행물 발간
• 화재 예방과 안전관리의식 고취를 위한 대국민 홍보
• 소방업무에 관하여 행정기관이 위탁하는 업무
• 소방안전에 관한 국제협력
• 그 밖에 회원에 대한 기술지원 등 정관으로 정하는 사항

034

소방기본법상 소방활동 종사로 인하여 사망하거나 부상을 입은 자에 대한 손실보상권자로 옳은 것은?

① 소방청장　　　　② 소방본부장
③ 소방서장　　　　④ 행정안전부장관

해설

손실보상(법 제49조의2)
• 손실보상권자 : 소방청장, 시·도지사
• 손실보상 대상자
  − 생활안전활동에 따른 조치로 인하여 손실을 입은 자
  − 소방활동 종사로 인하여 사망하거나 부상을 입은 자
  − 강제처분으로 인하여 손실을 입은 자. 다만, 법령을 위반하여 소방자동차의 통행과 소방활동에 방해가 된 경우는 제외한다.
  − 위험물시설 등에 대한 긴급조치로 인하여 손실을 입은 자
  − 그 밖에 소방기관 또는 소방대의 적법한 소방업무 또는 소방활동으로 인하여 손실을 입은 자

035

다음 중 5년 이하의 징역 또는 5,000만원 이하의 벌금에 처하는 행위가 아닌 것은?

① 위력을 사용하여 출동한 소방대의 구급활동을 방해하는 행위
② 화재진압을 마치고 소방서로 복귀 중인 소방자동차의 통행을 고의로 방해하는 행위
③ 출동한 소방대원에게 협박을 행사하여 구급활동을 방해하는 행위
④ 출동한 소방대의 소방장비를 파손하거나 그 효용을 해하여 구급활동을 방해하는 행위

해설

5년 이하의 징역 또는 5,000만원 이하의 벌금(법 제50조)
• 다음의 어느 하나에 해당하는 행위를 한 사람
  – 위력(威力)을 사용하여 출동한 소방대의 화재진압·인명구조 또는 구급활동을 방해하는 행위
  – 소방대가 화재진압·인명구조 또는 구급활동을 위하여 현장에 출동하거나 현장에 출입하는 것을 고의로 방해하는 행위
  – 출동한 소방대원에게 폭행 또는 협박을 행사하여 화재진압·인명구조 또는 구급활동을 방해하는 행위
  – 출동한 소방대의 소방장비를 파손하거나 그 효용을 해하여 화재진압·인명구조 또는 구급활동을 방해하는 행위
• 소방자동차의 출동을 방해한 사람
• 사람을 구출하는 일 또는 불을 끄거나 불이 번지지 않도록 하는 일을 방해한 사람
• 정당한 사유 없이 소방용수시설 또는 비상소화장치를 사용하거나 소방용수시설 또는 비상소화장치의 효용을 해치거나 그 정당한 사용을 방해한 사람

036

소방기본법상 5년 이하의 징역 또는 5,000만원 이하의 벌금에 해당하지 않는 것은?

① 소방자동차가 화재진압 및 구조·구급활동을 위하여 출동할 때 그 출동을 방해한 사람
② 사람을 구출하거나 불이 번지는 것을 막기 위하여 불이 번질 우려가 있는 소방대상물의 사용제한의 강제처분을 방해한 사람
③ 출동한 소방대의 소방장비를 파손하거나 그 효용을 해하여 화재진압·인명구조 또는 구급활동을 방해한 사람
④ 정당한 사유 없이 소방용수시설의 효용을 해치거나 그 정당한 사용을 방해한 사람

해설

사람을 구출하거나 불이 번지는 것을 막기 위하여 불이 번질 우려가 있는 소방대상물의 사용제한의 강제처분을 방해한 사람(법 제51조) : 3년 이하의 징역 또는 3,000만원 이하의 벌금

037

소방기본법상 관계인의 소방활동을 위반하여 정당한 사유 없이 소방대가 현장에 도착할 때까지 사람을 구출하는 조치 또는 불을 끄거나 불이 번지지 않도록 하는 조치를 하지 않은 자에 대한 벌칙기준으로 옳은 것은?

① 100만원 이하의 벌금
② 200만원 이하의 벌금
③ 300만원 이하의 벌금
④ 400만원 이하의 벌금

해설

100만원 이하의 벌금(법 제54조)
• 정당한 사유 없이 소방대의 생활안전활동을 방해한 자
• 정당한 사유 없이 소방대가 현장에 도착할 때까지 사람을 구출하는 조치 또는 불을 끄거나 불이 번지지 않도록 하는 조치를 하지 않은 사람
• 피난 명령을 위반한 사람
• 정당한 사유 없이 물의 사용이나 수도의 개폐장치의 사용 또는 조작을 하지 못하게 하거나 방해한 자

038

시장지역에서 화재로 오인할 만한 우려가 있는 불을 피우거나 연막 소독을 하려는 자가 신고를 하지 않아 소방자동차를 출동하게 한 경우에 대한 과태료 부과·징수권자는?

① 국무총리　　　　　　② 소방청장
③ 시·도지사　　　　　④ 소방서장

해설

20만원 이하의 과태료 부과권자(법 제57조) : 소방본부장, 소방서장

039

소방기본법상 한국119청소년단 또는 이와 유사한 명칭을 사용한 자의 과태료로 옳은 것은?

① 100만원 이하　　　　② 200만원 이하
③ 300만원 이하　　　　④ 500만원 이하

해설

200만원 이하의 과태료(법 제56조)
• 한국119청소년단 또는 이와 유사한 명칭을 사용한 자
• 소방자동차의 출동에 지장을 준 자
• 소방활동구역을 출입한 사람
• 한국소방안전원 또는 이와 유사한 명칭을 사용한 자

040

시장지역에서 화재로 오인할 만한 우려가 있는 불을 피우거나 연막 소독을 하려는 자가 소방본부장 또는 소방서장에게 신고를 하지 않아 소방자동차를 출동하게 한 자에 대한 과태료 부과금액 기준으로 옳은 것은?

① 20만원 이하　　　　② 50만원 이하
③ 100만원 이하　　　④ 200만원 이하

해설

과태료(법 제57조) : 소방서에 신고를 하지 않고 시장지역에서 화재로 오인할 만한 우려가 있는 불을 피우거나 연막 소독을 한 자는 20만원 이하의 과태료를 부과해야 한다.
※ 소방 관련 법령(4개) 중 가장 낮은 과태료 금액

화재의 예방 및 안전관리에 관한 법률, 영, 규칙

041

화재의 예방 및 안전관리에 관한 법률상 소방청장, 소방본부장 또는 소방서장은 관할구역에 있는 소방대상물에 대하여 화재안전조사 대상과 거리가 먼 것은?(단, 개인 주거에 대하여는 관계인의 승낙을 득한 경우이다)

① 화재예방강화지구 등 법령에서 화재안전조사를 하도록 규정되어 있는 경우
② 관계인이 법령에 따라 실시하는 소방시설 등, 방화시설, 피난시설 등에 대한 자체점검 등이 불성실하거나 불완전하다고 인정되는 경우
③ 화재가 발생할 우려는 없으나 소방대상물의 정기점검이 필요한 경우
④ 국가적 행사 등 주요 행사가 개최되는 장소 및 그 주변의 관계 지역에 대하여 소방안전관리 실태를 조사할 필요가 있는 경우

해설

화재안전조사를 실시할 수 있는 경우(법 제7조)
• 자체점검이 불성실하거나 불완전하다고 인정되는 경우
• 화재예방강화지구 등 법령에서 화재안전조사를 하도록 규정되어 있는 경우
• 화재예방안전진단이 불성실하거나 불완전하다고 인정되는 경우
• 국가적 행사 등 주요 행사가 개최되는 장소 및 그 주변의 관계 지역에 대하여 소방안전관리 실태를 조사할 필요가 있는 경우
• 화재가 자주 발생하였거나 발생할 우려가 뚜렷한 곳에 대한 조사가 필요한 경우
• 재난예측정보, 기상예보 등을 분석한 결과 소방대상물에 화재의 발생 위험이 크다고 판단되는 경우
• 위의 규정 외에 화재, 그 밖의 긴급한 상황이 발생할 경우 인명 또는 재산 피해의 우려가 현저하다고 판단되는 경우

042

화재안전조사를 실시하려는 경우에는 조사대상, 조사기간, 조사사유를 소방청, 소방본부, 소방서의 인터넷 홈페이지나 전산시스템을 통해 며칠 이상을 공개해야 하는가?

① 1일 이상　　　　② 3일 이상
③ 7일 이상　　　　④ 14일 이상

해설

화재안전조사(영 제8조) : 조사계획을 7일 이상 공개

043

화재안전조사의 연기를 신청하려는 자는 화재안전조사 시작 며칠 전까지 소방청장, 소방본부장 또는 소방서장에게 화재안전조사 연기신청서에 증명서류를 첨부하여 제출해야 하는가?(단, 천재지변 및 그 밖에 대통령령으로 정하는 사유로 화재안전조사를 받기 곤란한 경우이다)

① 3일 전　　　　② 5일 전
③ 7일 전　　　　④ 10일 전

해설

화재안전조사 연기신청서(규칙 제4조) : 화재안전조사의 연기를 신청하려는 관계인은 화재안전조사 시작 3일 전까지 화재안전조사 연기신청서(전자문서를 포함)에 화재안전조사를 받기가 곤란함을 증명할 수 있는 서류(전자문서를 포함)를 첨부하여 소방관서장(소방청장, 소방본부장 또는 소방서장)에게 제출해야 한다.

044

화재의 예방 및 안전관리에 관한 법률상 화재안전조사위원회의 위원에 해당하지 않는 사람은?

① 소방기술사
② 소방시설관리사
③ 소방 관련 분야의 석사 이상 학위를 취득한 사람
④ 소방 관련 법인 또는 단체에서 소방 관련 업무에 3년 이상 종사한 사람

해설

화재안전조사위원회의 위원(영 제11조)
• 과장급 직위 이상의 소방공무원
• 소방기술사
• 소방시설관리사
• 소방 관련 분야의 석사 이상 학위를 취득한 사람
• 소방 관련 법인 또는 단체에서 소방 관련 업무에 5년 이상 종사한 사람

045

소방대상물에 대한 화재안전조사 결과 화재가 발생하면 인명 또는 재산의 피해가 클 것으로 예상되는 때에 소방본부장 또는 소방서장이 소방대상물 관계인에게 조치를 명할 수 있는 사항과 가장 거리가 먼 것은?

① 이전명령　　　　② 개수명령
③ 사용금지명령　　　　④ 증축명령

해설

화재안전조사 결과에 따른 조치명령(법 제14조)
• 조치명령권자 : 소방관서장(소방청장, 소방본부장, 소방서장)
• 조사 대상 : 소방대상물의 위치·구조·설비 또는 관리의 상황
• 조치명령 : 개수(改修)·이전·제거, 사용의 금지 또는 제한, 사용폐쇄, 공사의 정지 또는 중지

046

화재가 발생하는 경우 인명 또는 재산의 피해가 클 것으로 예상되는 때 소방대상물의 개수·이전·제거, 사용금지 등의 필요한 조치를 명할 수 있는 자는?

① 시·도지사
② 의용소방대장
③ 기초자치단체장
④ 소방본부장 또는 소방서장

해설

화재안전조사에 따른 조치명령권자(법 제14조) : 소방관서장(소방청장, 소방본부장 또는 소방서장)

047

소방청장, 소방본부장 또는 소방서장이 화재안전조사 조치명령서를 해당 소방대상물의 관계인에게 발급하는 경우가 아닌 것은?

① 소방대상물의 신축   ② 소방대상물의 개수
③ 소방대상물의 이전   ④ 소방대상물의 제거

해설

화재안전조사 결과에 따른 조치명령(법 제14조) : 소방대상물의 개수(改修)·이전·제거, 사용의 금지 또는 제한, 사용폐쇄, 공사의 정지 또는 중지, 그 밖의 필요한 조치

048

화재안전조사 결과에 따른 조치명령으로 손실을 입어 손실을 보상하는 경우 그 손실을 입은 자는 누구와 손실보상을 협의해야 하는가?

① 소방서장   ② 시·도지사
③ 소방본부장   ④ 행정안전부장관

해설

화재안전조사 조치명령에 따른 손실보상(법 제15조) : 소방청장, 시·도지사

049

화재의 예방조치 등을 위한 옮긴 물건의 보관기간은 규정에 따라 소방본부나 소방서의 게시판에 공고한 후 어느 기간까지 보관해야 하는가?

① 공고기간 종료일 다음 날부터 5일까지
② 공고기간 종료일로부터 5일까지
③ 공고기간 종료일 다음 날부터 7일까지
④ 공고기간 종료일로부터 7일까지

해설

옮긴 물건 등의 보관기간 및 경과 후 처리(영 제17조)
• 공고권자 : 소방관서장
• 공고기간 : 옮긴 물건 등을 보관하는 경우에는 그날부터 14일 동안 해당 소방관서의 인터넷 홈페이지에 그 사실을 공고
• 보관기간 : 공고기간의 종료일 다음 날부터 7일까지

050

화재의 예방 및 안전관리에 관한 법률상 보일러, 난로, 건조설비, 가스·전기시설, 그 밖에 화재 발생 우려가 있는 설비 또는 기구 등의 위치·구조 및 관리와 화재 예방을 위하여 불을 사용할 때 지켜야 하는 사항은 무엇으로 정하는가?

① 총리령   ② 대통령령
③ 시·도의 조례   ④ 행정안전부령

해설

보일러, 난로, 건조설비, 가스·전기시설, 그 밖에 화재 발생 우려가 있는 대통령령으로 정하는 설비 또는 기구 등의 위치·구조 및 관리와 화재 예방을 위하여 불을 사용할 때 지켜야 하는 사항은 대통령령으로 정한다(법 제17조).

051

보일러 등의 위치·구조 및 관리와 화재예방을 위하여 불의 사용에 있어서 지켜야 하는 사항 중 보일러에 경유·등유 등 액체연료를 사용하는 경우에 연료탱크는 보일러 본체로부터 수평거리 최소 몇 [m] 이상 간격을 두어 설치해야 하는가?

① 0.5[m] 이상　　　　② 0.6[m] 이상
③ 1[m] 이상　　　　　④ 2[m] 이상

해설

연료탱크는 보일러 본체로부터 수평거리 1[m] 이상의 간격을 두어 설치할 것(영 별표 1)

052

화재의 예방 및 안전관리에 관한 법률상 불꽃을 사용하는 용접 또는 용단 작업장에서 지켜야 하는 사항 중 다음 [보기]의 (　　) 안에 알맞은 것은?

┤보기├
- 용접 또는 용단 작업장 주변 반경 (㉠)[m] 이내에 소화기를 갖추어 둘 것
- 용접 또는 용단 작업장 주변 반경 (㉡)[m] 이내에는 가연물을 쌓아두거나 놓아두지 말 것. 다만, 가연물의 제거가 곤란하여 방화포 등으로 방호조치를 한 경우는 제외한다.

① ㉠ 3, ㉡ 5　　　　② ㉠ 5, ㉡ 3
③ ㉠ 5, ㉡ 10　　　④ ㉠ 10, ㉡ 5

해설

불꽃을 사용하는 용접·용단 기구의 작업장에 지켜야 하는 사항(영 별표 1)
- 용접 또는 용단 작업장 주변 반경 5[m] 이내에 소화기를 갖추어 둘 것
- 용접 또는 용단 작업장 주변 반경 10[m] 이내에는 가연물을 쌓아두거나 놓아두지 말 것. 다만, 가연물의 제거가 곤란하여 방화포 등으로 방호조치를 한 경우는 제외한다.

053

화재의 예방 및 안전관리에 관한 법률상 일반음식점에서 조리를 위하여 불을 사용하는 설비를 설치하는 경우 지켜야 하는 사항 중 다음 [보기]의 (　　) 안에 알맞은 것은?

┤보기├
- 주방설비에 부속된 배출덕트는 (㉠)[mm] 이상의 아연도금강판 또는 이와 같거나 그 이상의 내식성 불연재료로 설치할 것
- 열을 발생하는 조리기구로부터 (㉡)[m] 이내의 거리에 있는 가연성 주요구조부는 단열성이 있는 불연재료로 덮어씌울 것

① ㉠ 0.5, ㉡ 0.15
② ㉠ 0.5, ㉡ 0.6
③ ㉠ 0.6, ㉡ 0.15
④ ㉠ 0.6, ㉡ 0.5

해설

일반음식점에서 조리를 위하여 불을 사용하는 설비를 설치하는 경우 기준(영 별표 1)
- 주방설비에 부속된 배출덕트(공기 배출통로)는 0.5[mm] 이상의 아연도금강판 또는 이와 같거나 그 이상의 내식성 불연재료로 설치할 것
- 주방시설에는 동물 또는 식물의 기름을 제거할 수 있는 필터 등을 설치할 것
- 열을 발생하는 조리기구는 반자 또는 선반으로부터 0.6[m] 이상 떨어지게 할 것
- 열을 발생하는 조리기구로부터 0.15[m] 이내의 거리에 있는 가연성 주요구조부는 단열성이 있는 불연재료로 덮어씌울 것

054

화재의 예방 및 안전관리에 관한 법률상 특수가연물의 품명별 수량 기준으로 틀린 것은?

① 고무류(발포시킨 것) : 20[m³] 이상
② 가연성 액체류 : 2[m³] 이상
③ 넝마 및 종이 부스러기 : 400[kg] 이상
④ 볏짚류 : 1,000[kg] 이상

해설

특수가연물의 품명별 수량 기준(영 별표 2)

품명		수량
면화류		200[kg] 이상
나무껍질 및 대팻밥		400[kg] 이상
넝마 및 종이 부스러기		1,000[kg] 이상
사류(絲類)		1,000[kg] 이상
볏짚류		1,000[kg] 이상
가연성 고체류		3,000[kg] 이상
석탄·목탄류		10,000[kg] 이상
가연성 액체류		2[m³] 이상
목재가공품 및 나무부스러기		10[m³] 이상
고무류·플라스틱류	발포시킨 것	20[m³] 이상
	그 밖의 것	3,000[kg] 이상

055

화재의 예방 및 안전관리에 관한 법률상 특수가연물의 수량 기준으로 옳은 것은?

① 면화류 : 200[kg] 이상
② 가연성 고체류 : 500[kg] 이상
③ 나무껍질 및 대팻밥 : 300[kg] 이상
④ 넝마 및 종이 부스러기 : 400[kg] 이상

해설

특수가연물의 품명별 수량 기준(영 별표 2)

품명	수량
면화류	200[kg] 이상
가연성 고체류	3,000[kg] 이상
나무껍질 및 대팻밥	400[kg] 이상
넝마 및 종이 부스러기	1,000[kg] 이상

056

다음 중 특수가연물에 해당되지 않는 물품으로 옳은 것은?

① 볏짚류(1,000[kg] 이상)
② 나무껍질(400[kg] 이상)
③ 목재가공품(10[m³] 이상)
④ 가연성 기체류(2[m³] 이상)

해설

특수가연물에는 가연성 고체류(3,000[kg] 이상)와 가연성 액체류(2[m³] 이상)가 있고 가연성 기체는 항목 자체가 없다(영 별표 2).

057

화재의 예방 및 안전관리에 관한 법률상 특수가연물의 저장 및 취급기준 중 다음 [보기]의 (   ) 안에 알맞은 것은?(단, 석탄 · 목탄류를 발전용으로 저장하는 경우는 제외한다)

┌─보기──────────────────────────┐
│ 살수설비를 설치하거나, 방사능력 범위에 해당 특수가연물 │
│ 이 포함되도록 대형수동식소화기를 설치하는 경우에는 쌓 │
│ 는 높이를 (㉠)[m] 이하, 석탄 · 목탄류의 경우에는 쌓는 │
│ 부분의 바닥면적을 (㉡)[m²] 이하로 할 수 있다. │
└──────────────────────────────┘

① ㉠ 10, ㉡ 50   ② ㉠ 10, ㉡ 200

③ ㉠ 15, ㉡ 200   ④ ㉠ 15, ㉡ 300

해설

특수가연물의 저장 및 취급기준(영 별표 3)
석탄, 목탄류는 발전용으로 저장하는 경우는 제외한다.
• 품명별로 구분하여 쌓을 것
• 쌓는 기준

구분	살수설비를 설치하거나 방사능력 범위에 해당 특수가연물이 포함되도록 대형수동식소화기를 설치하는 경우	그 밖의 경우
높이	15[m] 이하	10[m] 이하
쌓는 부분의 바닥면적	200[m²] (석탄 · 목탄류의 경우에는 300[m²]) 이하	50[m²] (석탄 · 목탄류의 경우에는 200[m²]) 이하

• 실외에 쌓아 저장하는 경우 쌓는 부분과 대지경계선, 도로 및 인접 건축물과 최소 6[m] 이상 간격을 둘 것. 다만, 쌓은 높이보다 0.9[m] 이상 높은 내화구조 벽체를 설치한 경우에는 그렇지 않다.
• 실내에 쌓아 저장하는 경우 주요구조부는 내화구조이면서 불연재료 여야 하고, 다른 종류의 특수가연물과 같은 공간에 보관하지 않을 것. 다만, 내화구조의 벽으로 분리하는 경우는 그렇지 않다.
• 쌓는 부분의 바닥면적 사이는 실내의 경우 1.2[m] 또는 쌓는 높이의 1/2 중 큰 값 이상으로 간격을 두어야 하며, 실외의 경우 3[m] 또는 쌓는 높이 중 큰 값 이상으로 간격을 둘 것
• 특수가연물을 저장 또는 취급하는 장소에는 품명, 최대저장수량, 단위부피당 질량 또는 단위체적당 질량, 관리책임자 성명 · 직책, 연락 처 및 화기취급의 금지표시가 포함된 특수가연물 표지를 설치해야 한다.

058

화재의 예방 및 안전관리에 관한 법률상 특수가연물의 저장 및 취급기준이 아닌 것은?(단, 살수설비를 설치하는 경우로서 석탄 · 목탄류를 발전용으로 저장하는 것은 아니다)

① 품명별로 구분하여 쌓는다.

② 쌓는 높이는 20[m] 이하가 되도록 한다.

③ 쌓는 부분의 바닥면적 사이는 실내의 경우 1.2[m] 이상이 되도록 한다.

④ 특수가연물을 저장 또는 취급하는 장소에는 품명, 최대저장수량 등 및 화기취급의 금지표시가 포함된 특수가연물 표지를 설치해야 한다.

해설

쌓는 높이는 15[m] 이하가 되도록 한다(영 별표 3).

059

특수가연물을 저장 또는 취급하는 장소에 설치하는 표지의 기재사항이 아닌 것은?

① 품명

② 안전관리자 성명

③ 최대저장수량

④ 화기취급의 금지표시

해설

특수가연물을 저장 또는 취급하는 장소의 표지 기재사항(영 별표 3)
• 품명
• 최대저장수량
• 단위부피당 질량 또는 단위체적당 질량
• 관리책임자 성명 · 직책, 연락처
• 화기취급의 금지표시가 포함된 특수가연물 표지

060

화재의 예방 및 안전관리에 관한 법률상 화재예방강화지구의 지정권자는?

① 소방서장
② 시·도지사
③ 소방본부장
④ 행정안전부장관

화재예방강화지구의 지정권자(법 제18조) : 시·도지사

061

화재의 예방 및 안전관리에 관한 법률상 시·도지사가 화재예방강화지구로 지정할 필요가 있는 지역을 화재예방강화지구로 지정하지 않는 경우 시·도지사에게 해당 지역의 화재예방강화지구 지정을 요청할 수 있는 자는?

① 행정안전부장관
② 소방청장
③ 소방본부장
④ 소방서장

시·도지사에게 해당 지역의 화재예방강화지구 지정을 요청할 수 있는 자(법 제18조) : 소방청장

062

다음 중 대통령령으로 정하는 화재예방강화지구의 지정 대상 지역으로 옳지 않은 것은?

① 소방 출동로가 있는 지역
② 목조건물이 밀집한 지역
③ 공장·창고가 밀집한 지역
④ 시장지역

화재예방강화지구의 지정대상 지역(법 제18조)
• 시장지역
• 공장·창고가 밀집한 지역
• 목조건물이 밀집한 지역
• 노후·불량건축물이 밀집한 지역
• 위험물의 저장 및 처리시설이 밀집한 지역
• 석유화학제품을 생산하는 공장이 있는 지역
• 산업단지
• 소방시설·소방용수시설 또는 소방 출동로가 없는 지역
• 물류단지

063

화재예방강화지구의 지정대상이 아닌 것은?

① 공장·창고가 밀집한 지역
② 목조건물이 밀집한 지역
③ 농촌지역
④ 시장지역

농촌지역은 화재예방강화지구의 지정대상이 아니다(법 제18조).

064

화재의 예방 및 안전관리에 관한 법률에 따른 화재예방강화지구의 관리 기준 중 다음 [보기]의 (   ) 안에 알맞은 것은?

┌보기┐
- 소방관서장은 화재예방강화지구 안의 소방대상물의 위치·구조 및 설비 등에 대한 화재안전조사를 (㉠)회 이상 실시해야 한다.
- 소방관서장은 소방상 필요한 훈련 및 교육을 실시하고자 하는 때에는 화재예방강화지구 안의 관계인에게 훈련 또는 교육 (㉡)일 전까지 그 사실을 통보해야 한다.

① ㉠ 월 1, ㉡ 7 　　　　② ㉠ 월 1, ㉡ 10
③ ㉠ 연 1, ㉡ 7 　　　　④ ㉠ 연 1, ㉡ 10

해설

화재예방강화지구의 관리(영 제20조)
- 소방관서장(소방청장, 소방본부장, 소방서장)은 화재예방강화지구 안의 소방대상물의 위치·구조 및 설비 등에 대한 화재안전조사를 연 1회 이상 실시해야 한다.
- 소방관서장은 화재예방강화지구 안의 관계인에 대하여 소방에 필요한 훈련 및 교육을 연 1회 이상 실시해야 한다.
- 소방관서장은 소방상 필요한 훈련 및 교육을 실시하고자 하는 때에는 화재예방강화지구 안의 관계인에게 훈련 또는 교육 10일 전까지 그 사실을 통보해야 한다.

065

특정소방대상물의 관계인이 소방안전관리자를 해임한 경우 재선임 신고를 해야 하는 기준은?(단, 해임한 날부터 기준일로 한다)

① 10일 이내 　　　　② 20일 이내
③ 30일 이내 　　　　④ 40일 이내

해설

소방안전관리자의 선임신고 등(법 제26조, 규칙 제14조)
- 해임신고 : 의무사항이 아니다.
- 재선임기간 : 해임 또는 퇴직한 날부터 30일 이내
- 선임신고 : 선임한 날부터 14일 이내
- 누구에게 : 소방본부장 또는 소방서장

066

다음 중 소방안전관리자를 두어야 할 특정소방대상물로서 1급 소방안전관리대상물이 아닌 것은?

① 지하구
② 연면적이 15,000[m²] 이상인 것
③ 지상층의 층수가 11층 이상인 것
④ 가연성 가스를 1,000[t] 이상 저장·취급하는 시설

해설

지하구, 29층 이하(지하층은 제외한다)인 아파트(영 별표 4) : 2급 소방안전관리대상물

067

1급 소방안전관리대상물에 대한 기준이 아닌 것은?

① 연면적 15,000[m²] 이상인 특정소방대상물(아파트는 제외)
② 150세대 이상으로서 승강기가 설치된 공동주택
③ 가연성 가스를 1,000[t] 이상 저장·취급하는 시설
④ 30층 이상(지하층은 제외)이거나 지상으로부터 높이가 120[m] 이상인 아파트

해설

1급 소방안전관리대상물(영 별표 4)
- 30층 이상(지하층은 제외한다)이거나 지상으로부터 높이가 120[m] 이상인 아파트
- 연면적 15,000[m²] 이상인 특정소방대상물(아파트 및 연립주택은 제외한다)
- 지상층의 층수가 11층 이상인 특정소방대상물(아파트는 제외한다)
- 가연성 가스를 1,000[t] 이상 저장·취급하는 시설

068

화재의 예방 및 안전관리에 관한 법률상 1급 소방안전관리대상물에 해당하는 건축물은?

① 지하구
② 층수가 15층인 공공업무시설
③ 연면적 10,000[m²] 이상인 동물원
④ 층수가 20층이고, 지상으로부터 높이가 100[m]인 아파트

해설

1급 소방안전관리대상물(영 별표 4) : 지상층의 층수가 11층 이상인 특정소방대상물(아파트는 제외)

069

1급 소방안전관리대상물의 가연성 가스를 저장·취급하는 기준으로 옳은 것은?

① 100[t] 미만
② 100[t] 이상 1,000[t] 미만
③ 500[t] 이상 1,000[t] 미만
④ 1,000[t] 이상

해설

소방안전관리대상물(영 별표 4)
• 1급 소방안전관리대상물 : 가연성 가스 1,000[t] 이상을 저장·취급하는 시설
• 2급 소방안전관리대상물 : 가연성 가스 100[t] 이상 1,000[t] 미만을 저장·취급하는 시설

070

2급 소방안전관리대상물의 소방안전관리자 선임 기준으로 틀린 것은?(단, 2급 소방안전관리자 자격증을 발급받은 사람이다)

① 위험물기능장 자격이 있는 사람
② 위험물산업기사 자격이 있는 사람
③ 소방공무원으로 2년 이상 근무한 경력이 있는 사람
④ 위험물기능사 자격이 있는 사람

해설

2급 소방안전관리대상물의 소방안전관리자 선임 기준(영 별표 4)
다음의 어느 하나에 해당하는 사람으로서 2급 소방안전관리자 자격증을 발급받은 사람, 특급 소방안전관리대상물 또는 1급 소방안전관리대상물의 소방안전관리자 자격증을 발급받은 사람
• 위험물기능장·위험물산업기사 또는 위험물기능사 자격이 있는 사람
• 소방공무원으로 3년 이상 근무한 경력이 있는 사람
• 소방청장이 실시하는 2급 소방안전관리대상물의 소방안전관리에 관한 시험에 합격한 사람
• 소방안전관리자로 선임된 사람(소방안전관리자로 선임된 기간으로 한정한다)

071

화재의 예방 및 안전관리에 관한 법률상 특정소방대상물의 관계인은 소방안전관리자를 기준일로부터 30일 이내에 선임해야 한다. 다음 중 기준일로 틀린 것은?

① 소방안전관리자를 해임한 경우 : 소방안전관리자를 해임한 날
② 특정소방대상물을 양수하여 관계인의 권리를 취득한 경우 : 해당 권리를 취득한 날
③ 신축으로 해당 특정소방대상물의 소방안전관리자를 신규로 선임해야 하는 경우 : 해당 특정소방대상물의 사용승인일
④ 증축으로 인하여 특정소방대상물이 소방안전관리 등급이 변경된 경우 : 증축 공사의 개시일

해설

소방안전관리자 선임 기준일(규칙 제14조)

구분	선임기준
신축·증축·개축·재축·대수선 또는 용도 변경으로 해당 특정소방대상물의 소방안전관리자를 신규로 선임해야 하는 경우	해당 특정소방대상물의 사용승인일
증축 또는 용도 변경으로 인하여 특정소방대상물이 영 제25조 제1항에 따른 소방안전관리대상물로 된 경우 또는 특정소방대상물의 소방안전관리 등급이 변경된 경우	증축 공사의 사용승인일 또는 용도 변경 사실을 건축물관리대장에 기재한 날
양수, 경매, 환가, 압류재산의 매각 그 밖에 이에 준하는 절차에 의하여 관계인의 권리를 취득한 경우	해당 권리를 취득한 날 또는 관할 소방서장으로부터 소방안전관리자 선임 안내를 받은 날
관리의 권원이 분리된 특정소방대상물의 경우	관리의 권원이 분리되거나 소방본부장 또는 소방서장이 관리의 권원을 조정한 날
소방안전관리자의 해임, 퇴직 등으로 해당 소방안전관리자의 업무가 종료된 경우	소방안전관리자가 해임된 날, 퇴직한 날 등 근무를 종료한 날
소방안전관리업무를 대행하는 자를 감독하는 사람을 소방안전관리자로 선임한 경우로서 그 업무대행 계약이 해지 또는 종료된 경우	소방안전관리업무 대행이 끝난 날
소방안전관리자 자격이 정지 또는 취소된 경우	소방안전관리자 자격이 정지 또는 취소된 날

072

신축·증축·개축·재축·대수선 또는 용도 변경으로 해당 특정소방대상물의 소방안전관리자를 신규로 선임하는 경우 해당 특정소방대상물의 관계인은 특정소방대상물의 사용승인일로부터 며칠 이내에 소방안전관리자를 선임해야 하는가?

① 7일 이내　　　　② 14일 이내
③ 30일 이내　　　　④ 60일 이내

해설

신축·증축·개축·재축·대수선 또는 용도 변경으로 소방안전관리자를 신규로 선임하는 경우(규칙 제14조) : 사용승인일로부터 30일 이내

073

소방안전관리대상물의 소방안전관리자로 선임된 자가 실시해야 할 업무가 아닌 것은?

① 소방계획서의 작성　　② 자위소방대의 구성
③ 소방시설 공사　　　　④ 소방훈련 및 교육

해설

특정소방대상물의 관계인과 소방안전관리자의 업무(법 제24조)

업무 내용	관련 업무	
	소방안전관리대상물 (소방안전관리자)	특정소방대상물의 관계인
① 피난계획에 관한 사항과 소방계획서의 작성 및 시행	○	−
② 자위소방대 및 초기대응체계의 구성, 운영 및 교육	○	−
③ 피난시설, 방화구획 및 방화시설의 관리	○	○
④ 소방시설이나 그 밖의 소방 관련 시설의 관리	○	○
⑤ 소방훈련 및 교육	○	−
⑥ 화기취급의 감독	○	○
⑦ 소방안전관리에 관한 업무수행에 관한 기록·유지(③, ④, ⑥의 업무를 말한다)	○	−
⑧ 화재 발생 시 초기대응	○	○
⑨ 그 밖에 소방안전관리에 필요한 업무	○	○

074

화재의 예방 및 안전관리에 관한 법률상 특정소방대상물의 관계인의 업무가 아닌 것은?

① 소방훈련 및 교육
② 피난시설, 방화구획 및 방화시설의 관리
③ 소방시설이나 그 밖의 소방 관련 시설의 관리
④ 화기취급의 감독

해설

소방훈련 및 교육은 소방안전관리대상물의 소방안전관리자의 업무이다 (법 제24조).

075

특정소방대상물 소방안전관리자의 업무가 아닌 것은?

① 소방시설이나 그 밖의 소방 관련 시설의 관리
② 의용소방대의 조직
③ 피난시설, 방화구획 및 방화시설의 관리
④ 화기취급의 감독

해설

자위소방대 및 초기대응체계의 구성, 운영 및 교육은 소방안전관리자의 업무이다(법 제24조).

076

화재의 예방 및 안전관리에 관한 법률상 소방안전관리대상물의 소방계획서에 포함되어야 하는 사항이 아닌 것은?

① 예방규정을 정하는 제조소 등의 위험물의 저장·취급에 관한 사항
② 소방시설·피난시설 및 방화시설의 점검·정비계획
③ 소방안전관리대상물의 근무자 및 거주자의 자위소방대 조직과 대원의 임무에 관한 사항
④ 방화구획, 제연구획, 건축물의 내부마감재료(불연재료·준불연재료 또는 난연재료로 사용된 것) 및 방염대상물품의 사용현황과 그 밖의 방화구조 및 설비의 유지·관리계획

해설

소방계획서의 포함사항(영 제27조)

• 소방안전관리대상물의 위치·구조·연면적·용도 및 수용인원 등 일반 현황
• 소방안전관리대상물에 설치한 소방시설, 방화시설, 전기시설, 가스시설 및 위험물시설의 현황
• 화재 예방을 위한 자체점검계획 및 대응대책
• 소방시설·피난시설 및 방화시설의 점검·정비계획
• 피난층 및 피난시설의 위치와 피난경로의 설정, 화재안전취약자의 피난계획 등을 포함한 피난계획
• 방화구획, 제연구획, 건축물의 내부마감재료 및 방염대상물품의 사용현황과 그 밖의 방화구조 및 설비의 유지·관리계획
• 관리의 권원이 분리된 특정소방대상물의 소방안전관리에 관한 사항
• 소방훈련·교육에 관한 계획
• 소방안전관리대상물의 근무자 및 거주자의 자위소방대 조직과 대원의 임무(화재안전취약자의 피난 보조 임무를 포함한다)에 관한 사항
• 화기 취급 작업에 대한 사전 안전조치 및 감독 등 공사 중 소방안전관리에 관한 사항
• 소화에 관한 사항과 연소 방지에 관한 사항
• 위험물의 저장·취급에 관한 사항(예방규정을 정하는 제조소 등은 제외한다)
• 소방안전관리에 대한 업무수행에 관한 기록 및 유지에 관한 사항
• 화재발생 시 화재경보, 초기소화 및 피난유도 등 초기대응에 관한 사항
• 그 밖에 소방본부장 또는 소방서장이 소방안전관리대상물의 위치·구조·설비 또는 관리 상황 등을 고려하여 소방안전관리에 필요하여 요청하는 사항

077

화재의 예방 및 안전관리에 관한 법률상 소방안전관리대
상물의 소방계획서에 포함되어야 하는 사항이 아닌 것은?

① 소화에 관한 사항과 연소 방지에 관한 사항
② 소방안전관리대상물의 근무자 및 거주자의 자체소
방대 조직과 대원의 임무
③ 소방훈련 · 교육에 관한 계획
④ 방화구획, 제연구획, 건축물의 내부마감재료 및 방
염대상물품의 사용현황과 그 밖의 방화구조 및 설비
의 유지 · 관리계획

해설

소방안전관리대상물의 근무자 및 거주자의 자위소방대 조직과 대원
의 임무(화재안전취약자의 피난 보조 임무를 포함)에 관한 사항은 소
방계획서의 포함사항이다(영 제27조).

078

소방안전관리자 및 소방안전관리보조자에 대한 실무교육
의 교육대상, 교육일정 등 실무교육에 필요한 계획을 수립
하여 매년 누구의 승인을 얻어 교육을 실시하는가?

① 한국소방안전원장   ② 소방본부장
③ 소방청장   ④ 시 · 도지사

해설

실무교육은 소방청장의 승인을 받아 한국소방안전원에서 실시한다
(법 제34조).

079

관리의 권원이 분리되어 있는 특정소방대상물의 경우 그
관리의 권원별로 소방안전관리자를 선임해야 할 특정소
방대상물의 기준으로 틀린 것은?

① 지하가
② 지하층을 포함한 층수가 11층 이상의 건축물
③ 연면적 30,000[m²] 이상인 복합건축물
④ 판매시설 중 도매시장 또는 소매시장

해설

관리의 권원이 분리되어 있는 권원별로 소방안전관리자 선임대상(법
제35조)

• 복합건축물(지하층을 제외한 층수가 11층 이상 또는 연면적 30,000[m²]
  이상인 건축물)
• 지하가(지하의 인공구조물 안에 설치된 상점 및 사무실, 그 밖에 이
  와 비슷한 시설이 연속하여 지하도에 접하여 설치된 것과 그 지하도
  를 합한 것을 말한다)
• 그 밖에 대통령령으로 정하는 특정소방대상물(영 제35조)
  − 판매시설 중 도매시장 및 소매시장
  − 판매시설 중 전통시장

080

화재의 예방 및 안전관리에 관한 법률상 특정소방대상물
의 관계인에게 불시에 소방훈련과 교육을 실시할 수 있는
대상에 해당되지 않는 것은?

① 의료시설   ② 교육연구시설
③ 노유자시설   ④ 업무시설

해설

불시 소방훈련 · 교육 대상(영 제39조)

• 의료시설
• 교육연구시설
• 노유자시설
• 그 밖에 화재 발생 시 불특정 다수의 인명피해가 예상되어 소방본부
  장 또는 소방서장이 소방훈련 · 교육이 필요하다고 인정하는 특정소
  방대상물

081

소방안전관리대상물의 관계인은 소방훈련과 교육을 실시한 때에는 그 실시결과를 소방훈련ㆍ교육실시 결과기록부에 기재하고 이를 몇 년간 보관해야 하는가?

① 1년 ② 2년
③ 3년 ④ 4년

해설

소방훈련ㆍ교육실시 결과기록부 보관기간(규칙 제36조) : 2년

082

화재의 예방 및 안전관리에 관한 법률상 소방안전 특별관리시설물의 대상 기준 중 틀린 것은?

① 수련시설
② 항만시설
③ 전력용 및 통신용 지하구
④ 지정문화유산 및 천연기념물 등인 시설

해설

소방안전 특별관리시설물의 대상 기준(법 제40조, 영 제41조)

• 공항시설
• 철도시설
• 도시철도시설
• 항만시설
• 지정문화유산 및 천연기념물 등인 시설(시설이 아닌 지정문화유산 및 천연기념물 등을 보호하거나 소장하고 있는 시설을 포함)
• 산업기술단지
• 산업단지
• 초고층 건축물 및 지하연계 복합건축물
• 영화상영관 중 수용인원 1,000명 이상인 영화상영관
• 전력용 및 통신용 지하구
• 석유비축시설
• 천연가스 인수기지 및 공급망
• 점포가 500개 이상인 전통시장
• 그 밖에 대통령령으로 정하는 시설물
 – 발전사업자가 가동 중인 발전소
 – 물류창고로서 연면적 10만[m²] 이상인 것
 – 가스공급시설

083

화재예방안전진단의 대상으로 대통령령으로 정하는 소방안전 특별관리시설물에 해당하지 않는 것은?

① 공항시설 중 여객터미널의 연면적이 1,000[m²] 이상인 공항시설
② 철도시설 중 역 시설의 연면적이 5,000[m²] 이상인 철도시설
③ 항만시설 중 여객이용시설 및 지원시설의 연면적이 5,000[m²] 이상인 항만시설
④ 발전소 중 연면적이 1,000[m²] 이상인 발전소

해설

화재예방안전진단의 대상(영 제43조)

• 공항시설 중 여객터미널의 연면적이 1,000[m²] 이상인 공항시설
• 철도시설 중 역 시설의 연면적이 5,000[m²] 이상인 철도시설
• 도시철도시설 중 역사 및 역 시설의 연면적이 5,000[m²] 이상인 도시철도시설
• 항만시설 중 여객이용시설 및 지원시설의 연면적이 5,000[m²] 이상인 항만시설
• 전력용 및 통신용 지하구 중 공동구
• 천연가스 인수기지 및 공급망 중 가스시설
• 발전소 중 연면적이 5,000[m²] 이상인 발전소
• 가스공급시설 중 가연성 가스 탱크의 저장용량의 합계가 100[t] 이상이거나 저장용량이 30[t] 이상인 가연성 가스 탱크가 있는 가스공급시설

084

화재의 예방 및 안전관리에 관한 법률상 정당한 사유 없이 화재안전조사 결과에 따른 조치명령을 위반한 자에 대한 벌칙으로 옳은 것은?

① 100만원 이하의 벌금
② 300만원 이하의 벌금
③ 1년 이하의 징역 또는 1,000만원 이하의 벌금
④ 3년 이하의 징역 또는 3,000만원 이하의 벌금

해설

화재안전조사 결과에 따른 조치명령을 위반한 자(법 제50조) : 3년 이하의 징역 또는 3,000만원 이하의 벌금

085

화재의 예방 및 안전관리에 관한 법률상 300만원 이하의 벌금에 해당하지 않는 것은?

① 화재안전조사를 정당한 사유 없이 거부·방해 또는 기피한 자

② 소방안전관리보조자를 선임하지 않은 자

③ 소방시설·피난시설 등이 법령에 위반된 것을 발견하였음에도 필요한 조치를 할 것을 요구하지 않은 소방안전관리자

④ 피난유도 안내정보를 제공하지 않은 자

해설

피난유도 안내정보를 제공하지 않은 자(법 제52조) : 300만원 이하의 과태료

086

소방안전관리자를 선임하지 않은 소방안전관리대상물의 관계인에 대한 벌칙으로 옳은 것은?

① 100만원 이하의 벌금

② 300만원 이하의 벌금

③ 1,000만원 이하의 벌금

④ 3,000만원 이하의 벌금

해설

소방안전관리자 미선임 시 벌칙(법 제50조) : 300만원 이하의 벌금
※ 위험물안전관리자 미선임 시 : 1,500만원 이하의 벌금

087

화재의 예방 및 안전관리에 관한 법률에 따른 소방안전관리 업무를 하지 않은 특정소방대상물의 관계인에게는 몇 만원 이하의 과태료를 부과하는가?

① 100만원 이하   ② 200만원 이하

③ 300만원 이하   ④ 500만원 이하

해설

소방안전관리업무 태만(법 제52조) : 300만원 이하의 과태료

088

다음 중 과태료 대상이 아닌 것은?

① 소방안전관리대상물의 소방안전관리자를 선임하지 않은 자

② 소방안전관리업무를 수행하지 않은 자

③ 특정소방대상물의 근무자 및 거주자에 대한 소방훈련 및 교육을 하지 않은 자

④ 전기, 가스, 위험물 등의 안전관리업무에 종사하며 소방안전관리를 겸한 자

해설

소방안전관리자 또는 소방안전관리보조자를 선임하지 않은 자(법 제50조) : 300만원 이하의 벌금
※ ②, ③, ④ : 300만원 이하의 과태료 처분

089

특수가연물의 저장 및 취급기준을 위반한 자가 2차 위반 시 과태료 금액은?

① 20만원　　　　② 50만원
③ 100만원　　　　④ 200만원

해설

과태료 부과기준(영 별표 9)

위반사항	근거 법조문	과태료 금액(만원)		
		1회 위반	2회 위반	3회 이상 위반
불을 사용할 때 지켜야 하는 사항 및 특수가연물의 저장 및 취급기준을 위반한 경우	법 제52조 제2항 제1호	200		
소방안전관리업무를 하지 않은 경우	법 제52조 제1항 제3호	100	200	300
소방훈련 및 교육을 하지 않은 경우	법 제52조 제1항 제7호	100	200	300

090

화재의 예방 및 안전관리에 관한 법률상 소방안전관리대상물의 소방안전관리자가 소방훈련 및 교육을 하지 않은 경우 2차 위반 시 과태료 금액 기준으로 옳은 것은?

① 100만원　　　　② 200만원
③ 300만원　　　　④ 50만원

해설

소방안전관리자가 소방훈련 및 교육을 하지 않은 경우 과태료 금액(영 별표 9)
• 1차 위반 : 100만원
• 2차 위반 : 200만원
• 3차 이상 위반 : 300만원

소방시설 설치 및 관리에 관한 법률, 영, 규칙

091

무창층을 정의할 때 사용되는 개구부의 요건과 거리가 먼 것은?

① 개구부의 크기는 지름 50[cm] 이상의 원이 통과할 수 있을 것
② 해당 층의 바닥면으로부터 개구부 밑부분까지의 높이가 1.2[m] 이내일 것
③ 개구부는 도로 또는 차량이 진입할 수 있는 빈터를 향할 것
④ 내부 또는 외부에서 쉽게 부수거나 열 수 없을 것

해설

무창층(영 제2조) : 지상층 중 다음의 요건을 모두 갖춘 개구부(건축물에서 채광 · 환기 · 통풍 또는 출입 등을 위하여 만든 창 · 출입구, 그 밖에 이와 비슷한 것을 말한다)의 면적의 합계가 해당 층의 바닥면적의 1/30 이하가 되는 층을 말한다.
• 크기는 지름 50[cm] 이상의 원이 통과할 수 있을 것
• 해당 층의 바닥면으로부터 개구부 밑부분까지의 높이가 1.2[m] 이내일 것
• 도로 또는 차량이 진입할 수 있는 빈터를 향할 것
• 화재 시 건축물로부터 쉽게 피난할 수 있도록 창살이나 그 밖의 장애물이 설치되지 않을 것
• 내부 또는 외부에서 쉽게 부수거나 열 수 있을 것

092

다음 중 물분무 등 소화설비에 해당되지 않는 것은?

① 포소화설비　　　　② 스프링클러설비
③ 할론소화설비　　　　④ 강화액소화설비

해설

스프링클러설비(영 별표 1) : 소화설비

093

소방시설의 종류 중 피난구조설비에 속하지 않는 것은?

① 제연설비   ② 공기안전매트

③ 유도등   ④ 공기호흡기

해설

피난구조설비 : 화재가 발생할 경우 피난하기 위하여 사용하는 기구 또는 설비(영 별표 1)

• 피난기구 : 피난사다리, 구조대, 완강기, 간이완강기, 그 밖에 화재안전기준으로 정하는 것
• 인명구조기구 : 방열복, 방화복(안전모, 보호장갑 및 안전화를 포함한다), 공기호흡기, 인공소생기
• 유도등 : 피난유도선, 피난구유도등, 통로유도등, 객석유도등, 유도표지
• 비상조명등 및 휴대용 비상조명등
※ 제연설비 : 소화활동설비

094

소방시설 중 화재를 진압하거나 인명구조 활동을 위하여 사용하는 설비로 나열된 것은?

① 상수도 소화용수설비, 연결송수관설비

② 연결살수설비, 제연설비

③ 연소방지설비, 피난구조설비

④ 무선통신보조설비, 통합감시시설

해설

소화활동설비 : 화재를 진압하거나 인명구조 활동을 위하여 사용하는 설비(영 별표 1)

• 제연설비
• 연결송수관설비
• 연결살수설비
• 비상콘센트설비
• 무선통신보조설비
• 연소방지설비

095

특정소방대상물 중 근린생활시설과 가장 거리가 먼 것은?

① 안마시술소   ② 찜질방

③ 한의원   ④ 무도학원

해설

위락시설(영 별표 2) : 무도장 및 무도학원

096

특정소방대상물의 근린생활시설에 해당되는 것은?

① 기원   ② 전시장

③ 기숙사   ④ 유치원

해설

특정소방대상물(영 별표 2)

대상물	기원	전시장	기숙사	유치원
분류	근린생활시설	문화 및 집회시설	공동주택	노유자시설

097

특정소방대상물의 근린생활시설에 해당되는 것은?

① 전시장   ② 연립주택

③ 유치원   ④ 의원

해설

특정소방대상물(영 별표 2)

대상물	전시장	연립주택	유치원	의원
분류	문화 및 집회시설	공동주택	노유자시설	근린생활시설

098

다음 중 특정소방대상물로서 의료시설에 해당되지 않는 것은?

① 마약진료소 ② 노인의료복지시설
③ 장애인 의료재활시설 ④ 한방병원

해설

의료시설(영 별표 2)
- 병원 : 종합병원, 병원, 치과병원, 한방병원, 요양병원
- 격리병원 : 전염병원, 마약진료소 및 그 밖에 이와 비슷한 것
- 정신의료기관
- 장애인 의료재활시설
※ 노인의료복지시설 : 노유자시설

099

다음 중 특정소방대상물로서 노유자시설에 속하지 않는 것은?

① 아동 관련 시설 ② 장애인 관련 시설
③ 노인 관련 시설 ④ 정신의료기관

해설

노유자시설(영 별표 2)
- 노인 관련 시설 : 노인주거복지시설, 노인의료복지시설, 노인여가복지시설, 주·야간보호서비스나 단기보호서비스를 제공하는 재가노인복지시설(장기요양기관을 포함한다), 노인보호전문기관, 노인일자리지원기관, 학대피해노인 전용쉼터
- 아동 관련 시설 : 아동복지시설, 어린이집, 유치원(병설유치원은 포함한다)
- 장애인 관련 시설 : 장애인 거주시설, 장애인 지역사회재활시설(장애인 심부름센터, 한국수어통역센터, 점자도서 및 녹음서 출판시설 등 장애인이 직접 그 시설 자체를 이용하는 것을 주된 목적으로 하지 않는 시설은 제외한다), 장애인직업재활시설
- 정신질환자 관련 시설 : 정신재활시설(생산품판매시설은 제외), 정신요양시설
- 노숙인 관련 시설 : 노숙인 복지시설(노숙인일시보호시설, 노숙인자활시설, 노숙인재활시설, 노숙인요양시설, 쪽방상담소), 노숙인종합지원센터
- 사회복지시설 중 결핵환자 또는 한센인 요양시설 등 다른 용도로 분류되지 않는 것
※ 정신의료기관 : 의료시설

100

소방시설 설치 및 관리에 관한 법률상 특정소방대상물 중 오피스텔에 해당하는 것은?

① 숙박시설 ② 업무시설
③ 공동주택 ④ 근린생활시설

해설

오피스텔(영 별표2) : 업무시설

101

특정소방대상물로서 관광휴게시설에 해당되지 않는 것은?

① 야외음악당 ② 어린이회관
③ 휴게소 ④ 유스호스텔

해설

유스호스텔(영 별표 2) : 수련시설

102

특정소방대상물에 소방시설이 화재안전기준에 따라 설치 또는 유지·관리되지 않을 때 특정소방대상물의 관계인에게 필요한 조치를 명할 수 있는 사람은?

① 소방본부장 또는 소방서장
② 소방청장
③ 시·도지사
④ 종합상황실의 실장

해설

특정소방대상물의 관계인에게 필요한 조치명령권자(법 제12조) : 소방본부장 또는 소방서장

103

소방시설 설치 및 관리에 관한 법률상 둘 이상의 특정소방대상물이 내화구조로 된 연결통로가 벽이 없는 구조로서 그 길이가 몇 [m] 이하일 때 하나의 특정소방대상물로 보는가?

① 6[m] 이하
② 9[m] 이하
③ 10[m] 이하
④ 12[m] 이하

해설

하나의 대상물과 별개의 대상물로 보는 경우(영 별표 2)

• 하나의 특정소방대상물로 보는 경우 : 둘 이상의 특정소방대상물이 다음의 어느 하나에 해당되는 구조의 복도 또는 통로(연결통로)로 연결된 경우에는 이를 하나의 특정소방대상물로 본다.
  - 내화구조로 된 연결통로가 다음의 어느 하나에 해당되는 경우
    ⓐ 벽이 없는 구조로서 그 길이가 6[m] 이하인 경우
    ⓑ 벽이 있는 구조로서 그 길이가 10[m] 이하인 경우. 다만, 벽 높이가 바닥에서 천장까지의 높이의 1/2 이상인 경우에는 벽이 있는 구조로 보고, 벽 높이가 바닥에서 천장까지의 높이의 1/2 미만인 경우에는 벽이 없는 구조로 본다.
  - 내화구조가 아닌 연결통로로 연결된 경우
  - 컨베이어로 연결되거나 플랜트설비의 배관 등으로 연결되어 있는 경우
  - 지하보도, 지하상가, 터널로 연결된 경우
  - 자동방화셔터 또는 60분+방화문이 설치되지 않은 피트(전기설비 또는 배관설비 등의 설치되는 공간을 말한다)로 연결된 경우
  - 지하구로 연결된 경우
• 별개의 특정소방대상물로 보는 경우 : 연결통로 또는 지하구와 특정소방대상물의 양쪽에 다음의 어느 하나에 해당하는 시설이 적합한 경우에는 각각 별개의 특정소방대상물로 본다.
  - 화재 시 경보설비 또는 자동소화설비의 작동과 연동하여 자동으로 닫히는 자동방화셔터 또는 60분+방화문이 설치된 경우
  - 화재 시 자동으로 방수되는 방식의 드렌처설비 또는 개방형 스프링클러헤드가 설치된 경우

104

건축허가 등을 할 때 미리 소방본부장 또는 소방서장의 동의를 받아야 하는 대상 건축물 등의 범위로서 옳지 않은 것은?

① 승강기 등 기계장치에 의한 주차시설로서 자동차 20대 이상을 주차할 수 있는 시설
② 지하층 또는 무창층이 있는 모든 건축물
③ 노유자시설 및 수련시설로서 연면적이 200[m²] 이상인 건축물
④ 항공기 격납고, 관망탑, 항공관제탑 등

해설

건축허가 등의 동의대상물의 범위(영 제7조)

• 연면적이 400[m²] 이상
  - 건축 등을 하려는 학교시설 : 100[m²] 이상
  - 특정소방대상물 중 노유자시설 및 수련시설 : 200[m²] 이상
  - 정신의료기관(입원실이 없는 정신건강의학과 의원은 제외) : 300[m²] 이상
  - 장애인 의료재활시설 : 300[m²] 이상
• 지하층 또는 무창층이 있는 건축물로서 바닥면적이 150[m²](공연장의 경우에는 100[m²]) 이상인 층이 있는 것
• 차고 · 주차장 또는 주차용도로 사용되는 시설로서 다음에 해당하는 것
  - 차고 · 주차장으로 사용되는 바닥면적이 200[m²] 이상인 층이 있는 건축물이나 주차시설
  - 승강기 등 기계장치에 의한 주차시설로서 자동차 20대 이상을 주차할 수 있는 시설
• 층수가 6층 이상인 건축물
• 항공기 격납고, 관망탑, 항공관제탑, 방송용 송수신탑
• 공동주택 · 의원(입원실 또는 인공신장실이 있는 것으로 한정한다) · 조산원 · 산후조리원, 숙박시설, 위험물 저장 및 처리시설, 풍력발전소, 전기저장시설, 지하구
• 노유자시설 중 다음에 해당하는 것
  - 노인주거복지시설, 노인의료복지시설, 재가노인복지시설
  - 학대피해노인 전용쉼터
  - 아동복지시설(아동상담소, 아동전용시설 및 지역아동센터는 제외한다)
  - 장애인 거주시설
  - 정신질환자 관련 시설
  - 노숙인자활시설, 노숙인재활시설, 노숙인요양시설
  - 결핵환자나 한센인이 24시간 생활하는 노유자시설
• 요양병원(의료재활시설은 제외한다)

105

소방시설 설치 및 관리에 관한 법률상 건축허가 등의 동의
대상물의 범위기준 중 틀린 것은?

① 건축 등을 하려는 학교시설 : 연면적 200[m²] 이상
② 특정소방대상물 중 노유자시설 : 연면적 200[m²]
  이상
③ 정신의료기관(입원실이 없는 정신건강의학과 의원
  은 제외) : 연면적 300[m²] 이상
④ 장애인 의료재활시설 : 연면적 300[m²] 이상

해설

건축 등을 하려는 학교시설(영 제7조) : 100[m²] 이상

106

건축허가 등에 있어서 미리 소방본부장 또는 소방서장의
동의를 받아야 하는 건축물 등의 범위기준이 아닌 것은?

① 특정소방대상물 중 노유자시설 및 수련시설로서 연
  면적 100[m²] 이상인 건축물
② 지하층 또는 무창층이 있는 건축물로서 바닥면적이
  150[m²] 이상인 층이 있는 것
③ 차고·주차장으로 사용되는 바닥면적이 200[m²]
  이상인 층이 있는 건축물이나 주차시설
④ 장애인 의료재활시설로서 연면적 300[m²] 이상인
  건축물

해설

특정소방대상물 중 노유자시설 및 수련시설(영 제7조) : 200[m²] 이상

107

소방시설 설치 및 관리에 관한 법률상 건축허가 등의 동의
를 요구하는 때 동의요구서에 첨부해야 하는 설계도서가
아닌 것은?(단, 소방시설공사 착공신고 대상에 해당하는
경우이다)

① 창호도
② 실내 전개도
③ 건축물의 주단면도
④ 소방자동차 진입 동선도 및 부서 공간 위치도(조경
  계획을 포함한다)

해설

동의요구서에 첨부서류(규칙 제3조)
• 건축허가신청서 및 건축허가서 또는 건축·대수선·용도변경신고
  서 등 건축허가 등을 확인할 수 있는 서류의 사본. 이 경우 동의 요구
  를 받은 담당 공무원은 특별한 사정이 있는 경우를 제외하고 행정정
  보의 공동이용을 통하여 건축허가서를 확인함으로써 첨부서류의 제
  출에 갈음해야 한다.
• 다음의 설계도서
  – 건축물 설계도서(착공신고 대상)
    ⓐ 건축물 개요 및 배치도
    ⓑ 주단면도 및 입면도(立面圖 : 물체를 정면에서 본 대로 그린
       그림을 말한다)
    ⓒ 층별 평면도(용도별 기준층 평면도를 포함한다)
    ⓓ 방화구획도(창호도를 포함한다)
    ⓔ 실내·실외 마감재료표
    ⓕ 소방자동차 진입 동선도 및 부서 공간 위치도(조경계획을 포
       함한다)
  – 소방시설 설계도서
    ⓐ 소방시설(기계·전기 분야의 시설을 말한다)의 계통도(시설
       별 계산서를 포함한다)
    ⓑ 소방시설별 층별 평면도(착공신고 대상)
    ⓒ 실내장식물 방염대상물품 설치 계획(건축물의 마감재료는 제
       외한다)
    ⓓ 소방시설의 내진설계 계통도 및 기준층 평면도(내진 시방서
       및 계산서 등 세부 내용이 포함된 상세설계도면은 포함한다)
       (착공신고 대상)
• 소방시설 설치계획표
• 임시소방시설 설치계획서(설치시기·위치·종류·방법 등 임시소
  방시설의 설치와 관련된 세부 사항을 포함한다)
• 소방시설설계업 등록증과 소방시설을 설계한 기술인력의 기술자격
  증 사본
• 소방시설설계 계약서 사본

108

소방본부장이나 소방서장은 건축허가 등의 동의요구서류를 접수한 날부터 며칠 이내에 건축허가 등의 동의 여부를 회신해야 하는가?(단, 허가 신청한 건축물 등은 특급 소방안전관리대상물이다)

① 7일 이내
② 10일 이내
③ 14일 이내
④ 30일 이내

해설

건축허가 동의 회신(규칙 제3조)
- 일반대상물 : 5일 이내
- 특급 소방안전관리대상물 : 10일 이내
※ 특급 소방안전관리대상물(화재예방법 영 별표 4)
   ㉠ 50층 이상(지하층은 제외)이거나 지상으로부터 높이가 200[m] 이상인 아파트
   ㉡ 30층 이상(지하층을 포함)이거나 지상으로부터 높이가 120[m] 이상인 특정소방대상물(아파트는 제외)
   ㉢ ㉡에 해당하지 않는 특정소방대상물로서 연면적이 10만[m²] 이상인 특정소방대상물(아파트는 제외)

109

대통령령으로 정하는 특정소방대상물의 소방시설 중 내진설계 대상이 아닌 것은?

① 옥내소화전설비
② 스프링클러설비
③ 미분무소화설비
④ 연결살수설비

해설

내진설계 대상(영 제8조) : 옥내소화전설비, 스프링클러설비, 물분무 등 소화설비
※ 물분무 등 소화설비 : 물분무, 미분무, 포, 이산화탄소, 할론, 할로겐화합물 및 불활성기체, 분말, 강화액, 고체에어로졸소화설비

110

성능위주설계를 실시해야 하는 특정소방대상물의 범위 기준으로 틀린 것은?

① 연면적 20만[m²] 이상인 특정소방대상물(아파트 등은 제외)
② 지하층을 포함한 층수가 30층 이상인 특정소방대상물(아파트 등은 제외)
③ 건축물의 높이가 120[m] 이상인 특정소방대상물(아파트 등은 제외)
④ 하나의 건축물에 영화상영관이 5개 이상인 특정소방대상물

해설

성능위주설계 대상(영 제9조)
- 연면적 20만[m²] 이상인 특정소방대상물(아파트 등은 제외)
- 50층 이상(지하층은 제외)이거나 지상으로부터 높이가 200[m] 이상인 아파트 등
- 30층 이상(지하층을 포함)이거나 지상으로부터 높이가 120[m] 이상인 특정소방대상물(아파트 등은 제외)
- 연면적 3만[m²] 이상인 특정소방대상물로서 다음의 어느 하나에 해당하는 특정소방대상물
  - 철도 및 도시철도 시설
  - 공항시설
- 창고시설 중 연면적 10만[m²] 이상인 것 또는 지하층의 층수가 2개 층 이상이고 지하층의 바닥면적의 합계가 3만[m²] 이상인 것
- 하나의 건축물에 영화상영관이 10개 이상인 특정소방대상물
- 지하연계 복합건축물에 해당하는 특정소방대상물
- 터널 중 수저(水底)터널 또는 길이가 5,000[m] 이상인 것

111

소방시설 설치 및 관리에 관한 법률상 주택의 소유자가 소방시설을 설치해야 하는 대상이 아닌 것은?

① 아파트   ② 연립주택

③ 다세대주택   ④ 다가구주택

해설

주택의 소방시설 설치자(법 제10조) : 다세대주택, 다가구주택, 연립주택

112

연면적이 33[m^2]가 되지 않아도 소화기구를 설치해야 하는 특정소방대상물은?

① 국가유산   ② 판매시설

③ 유흥주점영업소   ④ 변전실

해설

소화기구 및 자동소화장치의 설치기준(영 별표 4)

• 소화기구를 설치해야 하는 것

  – 연면적 33[m^2] 이상인 것

  – 가스시설, 발전시설 중 전기저장시설, 국가유산

  – 터널

  – 지하구

• 주거용 주방자동소화장치 : 아파트 등 및 오피스텔의 모든 층

• 상업용 주방자동소화장치 : 대규모 점포가 입점해 있는 일반음식점, 집단급식소

113

스프링클러설비를 설치해야 할 대상의 기준으로 옳지 않은 것은?

① 문화 및 집회시설로서 수용인원이 100명 이상인 것

② 판매시설, 운수시설로서 바닥면적의 합계가 5,000[m^2] 이상인 모든 층

③ 숙박이 가능한 수련시설로서 해당 용도로 사용되는 바닥면적의 합계가 600[m^2] 이상인 모든 층

④ 지하상가로서 연면적 800[m^2] 이상인 것

해설

지하상가로서 연면적 1,000[m^2] 이상인 것에는 스프링클러설비를 설치해야 한다(영 별표 4).

114

아파트로 층수가 20층인 특정소방대상물에서 스프링클러설비를 해야 하는 층수는?(단, 아파트는 신축을 실시하는 경우이다)

① 모든 층   ② 15층 이상

③ 11층 이상   ④ 6층 이상

해설

스프링클러설비의 설치대상(영 별표 4) : 6층 이상인 특정소방대상물의 경우에는 모든 층

115

소방시설 설치 및 관리에 관한 법률상 간이스프링클러설비를 설치해야 하는 특정소방대상물의 기준으로 옳은 것은?

① 근린생활시설로 사용하는 부분의 바닥면적 합계가 1,000[m²] 이상인 것은 모든 층

② 교육연구시설 내에 있는 합숙소로서 연면적 500[m²] 이상인 것

③ 의료재활시설을 제외한 요양병원으로 사용되는 바닥면적의 합계가 300[m²] 이상 600[m²] 미만인 것

④ 정신의료기관 또는 의료재활시설로 사용되는 바닥면적의 합계가 600[m²] 미만인 시설

해설

간이스프링클러설비의 설치대상(영 별표 4)
- 공동주택 중 연립주택 및 다세대주택(연립주택 및 다세대주택에 설치하는 간이스프링클러설비는 화재안전기준에 따른 주택전용 간이스프링클러설비를 설치한다)
- 근린생활시설 중 다음의 어느 하나에 해당하는 것
  - 근린생활시설로 사용하는 부분의 바닥면적 합계가 1,000[m²] 이상인 것은 모든 층
  - 의원, 치과의원 및 한의원으로서 입원실 또는 인공신장실이 있는 시설
  - 조산원 및 산후조리원으로서 연면적 600[m²] 미만인 시설
- 의료시설 중 다음의 어느 하나에 해당하는 시설
  - 종합병원, 병원, 치과병원, 한방병원 및 요양병원(의료재활시설은 제외한다)으로 사용되는 바닥면적의 합계가 600[m²] 미만인 시설
  - 정신의료기관 또는 의료재활시설로 사용되는 바닥면적의 합계가 300[m²] 이상 600[m²] 미만인 시설
  - 정신의료기관 또는 의료재활시설로 사용되는 바닥면적의 합계가 300[m²] 미만이고, 창살(철재·플라스틱 또는 목재 등으로 사람의 탈출 등을 막기 위하여 설치한 것을 말하며, 화재 시 자동으로 열리는 구조로 되어 있는 창살은 제외한다)이 설치된 시설
- 교육연구시설 내에 합숙소로서 연면적 100[m²] 이상인 경우에는 모든 층
- 노유자시설로서 다음의 어느 하나에 해당하는 시설
  - 노유자생활시설(단독주택 또는 공동주택에 설치되는 시설은 제외한다)
  - 위에 해당하지 않는 노유자시설로 해당 시설로 사용하는 바닥면적의 합계가 300[m²] 이상 600[m²] 미만인 시설
  - 위에 해당하지 않는 노유자시설로 해당 시설로 사용하는 바닥면적의 합계가 300[m²] 미만이고, 창살(철재·플라스틱 또는 목재 등으로 사람의 탈출 등을 막기 위하여 설치한 것을 말하며, 화재 시 자동으로 열리는 구조로 되어 있는 창살은 제외한다)이 설치된 시설
- 숙박시설로서 사용되는 바닥면적의 합계가 300[m²] 이상 600[m²] 미만인 시설
- 건물을 임차하여 보호시설로 사용하는 부분
- 복합건축물(별표 2 제30호 나목의 복합건축물만 해당한다)로서 연면적 1,000[m²] 이상인 것은 모든 층

116

면적이나 구조에 관계없이 물분무 등 소화설비를 반드시 설치해야 하는 특정소방대상물은?

① 통신기기실 ② 항공기 격납고
③ 전산실 ④ 주차용 건축물

해설

물분무 등 소화설비의 설치대상(가스시설, UPS의 시설 및 지하구는 제외)(영 별표 4)
- 항공기 및 자동차 관련 시설 중 항공기 격납고
- 차고, 주차용 건축물 또는 철골 조립식 주차시설. 이 경우 연면적 800[m²] 이상인 것만 해당한다.
- 건축물의 내부에 설치된 차고·주차장으로서 차고 또는 주차의 용도로 사용되는 면적의 합계가 200[m²] 이상인 경우 해당 부분(50세대 미만 연립주택 및 다세대주택은 제외한다)
- 기계장치에 의한 주차시설을 이용하여 20대 이상의 차량을 주차할 수 있는 시설
- 전기실·발전실·변전실(가연성 절연유를 사용하지 않는 변압기·전류차단기 등의 전기기기와 가연성 피복을 사용하지 않는 전선 및 케이블만을 설치한 전기실·발전실 및 변전실을 제외한다)·축전지실·통신기기실 또는 전산실로서 바닥면적이 300[m²] 이상인 것
- 소화수를 수집·처리하는 설비가 설치되어 있지 않은 중·저준위방사성폐기물의 저장시설. 이 시설에는 이산화탄소소화설비·할론소화설비 또는 할로겐화합물 및 불활성기체소화설비를 설치해야 한다.
- 지정문화유산(문화유산자료를 제외한다) 또는 천연기념물 등(자연유산자료를 제외한다)으로서 소방청장이 국가유산청장과 협의하여 정하는 것

117

경보설비 중 단독경보형 감지기를 설치해야 하는 특정소방대상물의 기준으로 틀린 것은?

① 공동주택 중 연립주택 및 다세대주택

② 연면적 400[m²] 미만의 유치원

③ 수련시설 내에 있는 연면적 2,000[m²] 미만의 기숙사

④ 교육연구시설 내에 있는 연면적 3,000[m²] 미만의 합숙소

해설

단독경보형 감지기의 설치대상(영 별표 4)

• 교육연구시설 내에 있는 기숙사 또는 합숙소로서 연면적 2,000[m²] 미만인 것

• 수련시설 내에 있는 기숙사 또는 합숙소로서 연면적 2,000[m²] 미만인 것

• 숙박시설이 있는 수련시설로서 수용인원 100명 미만인 경우에는 모든 층

• 연면적 400[m²] 미만의 유치원

• 공동주택 중 연립주택 및 다세대주택

118

소방시설 설치 및 관리에 관한 법률상 비상경보설비를 설치해야 할 특정소방대상물의 기준 중 옳은 것은?(단, 지하구, 모래·석재 등 불연재료 창고시설, 위험물 저장 및 처리 시설 중 가스시설은 제외한다)

① 지하층 또는 무창층의 바닥면적이 50[m²] 이상인 것

② 연면적 400[m²] 이상인 것

③ 터널로서 길이가 300[m] 이상인 것

④ 30명 이상의 근로자가 작업하는 옥내 작업장

해설

비상경보설비의 설치대상(영 별표 4)

모래·석재 등 불연재료 공장 및 창고시설, 위험물 저장 및 처리시설 중 가스시설, 사람이 거주하지 않거나 벽이 없는 축사 등 동물 및 식물 관련 시설 및 지하구는 제외한다.

• 연면적 400[m²] 이상인 것은 모든 층

• 지하층 또는 무창층의 바닥면적이 150[m²](공연장의 경우 100[m²]) 이상인 것은 모든 층

• 터널로서 길이가 500[m] 이상인 것

• 50명 이상의 근로자가 작업하는 옥내 작업장

119

소방시설 설치 및 관리에 관한 법률상 자동화재탐지설비를 설치해야 하는 특정소방대상물의 기준으로 틀린 것은?

① 문화 및 집회시설로서 연면적이 1,000[m²] 이상인 것
② 노유자 생활시설의 경우에는 모든 층
③ 의료시설(정신의료기관 또는 요양병원은 제외)로서 연면적 1,000[m²] 이상인 것
④ 터널로서 길이가 1,000[m] 이상인 것

해설

자동화재탐지설비의 설치대상(영 별표 4)
• 공동주택 중 아파트 등·기숙사 및 숙박시설의 경우에는 모든 층
• 층수가 6층 이상인 건축물의 경우에는 모든 층
• 근린생활시설(목욕장은 제외한다), 의료시설(정신의료기관 및 요양병원은 제외한다), 위락시설, 장례시설 및 복합건축물로서 연면적 600[m²] 이상인 경우에는 모든 층
• 근린생활시설 중 목욕장, 문화 및 집회시설, 종교시설, 판매시설, 운수시설, 운동시설, 업무시설, 공장, 창고시설, 위험물 저장 및 처리시설, 항공기 및 자동차 관련 시설, 교정 및 군사시설 중 국방·군사시설, 방송통신시설, 발전시설, 관광 휴게시설, 지하상가로서 연면적 1,000[m²] 이상인 경우에는 모든 층
• 교육연구시설(교육시설 내에 있는 기숙사 및 합숙소를 포함한다), 수련시설(수련시설 내에 있는 기숙사 및 합숙소를 포함하며, 숙박시설이 있는 수련시설은 제외한다), 동물 및 식물 관련 시설(기둥과 지붕만으로 구성되어 외부와 기류가 통하는 장소는 제외한다), 자원순환 관련 시설, 교정 및 군사시설(국방·군사시설은 제외한다) 또는 묘지 관련 시설로서 연면적 2,000[m²] 이상인 경우에는 모든 층
• 노유자 생활시설의 경우에는 모든 층
• 위에 해당하지 않는 노유자시설로서 연면적 400[m²] 이상인 노유자시설 및 숙박시설이 있는 수련시설로서 수용인원 100명 이상인 경우에는 모든 층
• 의료시설 중 정신의료기관 또는 요양병원으로서 다음의 어느 하나에 해당하는 시설
  – 요양병원(의료재활시설은 제외한다)
  – 정신의료기관 또는 의료재활시설로 사용되는 바닥면적의 합계가 300[m²] 이상인 시설
  – 정신의료기관 또는 의료재활시설로 사용되는 바닥면적의 합계가 300[m²] 미만이고, 창살(철재·플라스틱 또는 목재 등으로 사람의 탈출 등을 막기 위하여 설치한 것을 말하며, 화재 시 자동으로 열리는 구조로 되어 있는 창살은 제외한다)이 설치된 시설
• 판매시설 중 전통시장
• 터널로서 길이가 1,000[m] 이상인 것
• 지하구
• 위에 해당하지 않는 근린생활시설 중 조산원 및 산후조리원

• 위에 해당하지 않는 공장 및 창고시설로서 화재의 예방 및 안전관리에 관한 법률 시행령 별표 2에서 정하는 수량의 500배 이상의 특수가연물을 저장·취급하는 것
• 위에 해당하지 않는 발전시설 중 전기저장시설

120

소방시설 설치 및 관리에 관한 법률상 지하가 중 터널로서 길이가 1,000[m]일 때 설치하지 않아도 되는 소방시설은?

① 인명구조기구
② 옥내소화전설비
③ 연결송수관설비
④ 무선통신보조설비

해설

터널길이에 따른 소방시설의 설치대상(영 별표 4)

소방시설	터널 설치기준
인명구조기구	기준 없음
비상조명등, 무선통신보조설비, 비상콘센트설비	길이가 500[m] 이상
옥내소화전설비, 자동화재탐지설비, 연결송수관설비	길이가 1,000[m] 이상

121

교육연구시설 중 학교 지하층은 바닥면적의 합계가 몇 [m²] 이상인 경우 연결살수설비를 설치해야 하는가?

① 500[m²] 이상
② 600[m²] 이상
③ 700[m²] 이상
④ 1,000[m²] 이상

해설

연결살수설비의 설치대상(영 별표 4)
• 판매시설, 운수시설, 창고시설 중 물류터미널로서 해당 용도로 사용되는 부분의 바닥면적의 합계가 1,000[m²] 이상인 경우에는 해당시설
• 지하층으로서 바닥면적의 합계가 150[m²] 이상인 경우에는 지하층의 모든 층(단, 국민주택규모 이하인 아파트 등의 지하층과 교육연구시설 중 학교의 지하층으로서 700[m²] 이상인 것)
• 가스시설 중 지상에 노출된 탱크의 용량이 30[t] 이상인 탱크 시설

122

대통령령 또는 화재안전기준이 변경되어 그 기준이 강화되는 경우에 기존 특정소방대상물의 소방시설에 대하여 변경으로 강화된 기준을 적용해야 하는 소방시설은?

① 비상경보설비
② 비상콘센트설비
③ 비상방송설비
④ 옥내소화전설비

해설

대통령령 또는 화재안전기준의 변경으로 강화된 기준을 적용(소급적용 대상)(법 제13조)

• 다음 소방시설 중 대통령령 또는 화재안전기준으로 정하는 것
 – 소화기구
 – 비상경보설비
 – 자동화재탐지설비
 – 자동화재속보설비
 – 피난구조설비

• 다음 소방시설 중 대통령령 또는 화재안전기준으로 정하는 것(영 제13조)
 – 공동구 : 소화기, 자동소화장치, 자동화재탐지설비, 통합감시시설, 유도등, 연소방지설비
 – 전력 및 통신사업용 지하구 : 소화기, 자동소화장치, 자동화재탐지설비, 통합감시시설, 유도등, 연소방지설비
 – 노유자시설 : 간이스프링클러설비, 자동화재탐지설비, 단독경보형감지기
 – 의료시설 : 스프링클러설비, 간이스프링클러설비, 자동화재탐지설비, 자동화재속보설비

123

화재위험도가 낮은 특정소방대상물 중 석재, 불연성 금속을 저장하는 창고에 설치하지 않을 수 있는 소방시설은?

① 옥외소화전설비
② 옥내소화전설비
③ 연결송수관설비
④ 연소방지설비

해설

소방시설을 설치하지 않을 수 있는 특정소방대상물 및 소방시설의 범위(영 별표 6)

구분	특정소방대상물	설치하지 않을 수 있는 소방시설
화재위험도가 낮은 특정소방대상물	석재, 불연성 금속, 불연성 건축재료 등의 가공공장·기계조립공장 또는 불연성 물품을 저장하는 창고	옥외소화전 및 연결살수설비
화재안전기준을 적용하기 어려운 특정소방대상물	펄프공장의 작업장, 음료수 공장의 세정 또는 충전을 하는 작업장, 그 밖에 이와 비슷한 용도로 사용하는 것	스프링클러설비, 상수도소화용수설비 및 연결살수설비
	정수장, 수영장, 목욕장, 농예·축산·어류양식용 시설 그 밖에 이와 비슷한 용도로 사용되는 것	자동화재탐지설비, 상수도소화용수설비 및 연결살수설비
화재안전기준을 달리 적용해야 하는 특수한 용도 또는 구조를 가진 특정소방대상물	원자력발전소, 중·저준위 방사성폐기물의 저장시설	연결송수관설비 및 연결살수설비
위험물안전관리법 제19조에 따른 자체소방대가 설치된 특정소방대상물	자체소방대가 설치된 제조소 등에 부속된 사무실	옥내소화전설비, 소화용수설비, 연결살수설비 및 연결송수관설비

124

특정소방대상물의 증축 또는 용도 변경 시 소방시설기준 적용의 특례에 관한 설명 중 옳지 않은 것은?

① 증축되는 경우에는 기존 부분을 포함한 전체에 대하여 증축 당시의 소방시설의 설치에 관한 대통령령 또는 화재안전기준을 적용해야 한다.

② 증축 시 기존 부분과 증축되는 부분이 내화구조로 된 바닥과 벽으로 구획되어 있는 경우에는 기존 부분에 대하여는 증축 당시의 소방시설의 설치에 관한 대통령령 또는 화재안전기준을 적용하지 않는다.

③ 용도 변경되는 경우에는 기존 부분을 포함한 전체에 대하여 용도 변경 당시의 소방시설의 설치에 관한 대통령령 또는 화재안전기준을 적용한다.

④ 용도 변경 시 특정소방대상물의 구조·설비가 화재 연소 확대요인이 적어지거나 피난 또는 화재진압활동이 쉬워지도록 용도 변경되는 경우에는 전체에 용도 변경 전에 소방시설의 설치에 관한 대통령령 또는 화재안전기준을 적용한다.

해설

특정소방대상물의 증축 또는 용도 변경 시 소방시설기준 적용의 특례 (영 제15조)
- 소방본부장이나 소방서장은 특정소방대상물이 증축되는 경우에는 기존 부분을 포함한 특정소방대상물의 전체에 대하여 증축 당시의 소방시설의 설치에 관한 대통령령 또는 화재안전기준을 적용해야 한다. 다만, 다음의 어느 하나에 해당하는 경우에는 기존 부분에 대하여는 증축 당시의 소방시설의 설치에 관한 대통령령 또는 화재안전기준을 적용하지 않는다.
  - 기존 부분과 증축 부분이 내화구조로 된 바닥과 벽으로 구획된 경우
  - 기존 부분과 증축 부분이 자동방화셔터 또는 60분+방화문으로 구획되어 있는 경우
  - 자동차 생산공장 등 화재 위험이 낮은 특정소방대상물 내부에 연면적 33[m²] 이하의 직원 휴게실을 증축하는 경우
  - 자동차 생산공장 등 화재 위험이 낮은 특정소방대상물에 캐노피(기둥으로 받치거나 매달아 놓은 덮개를 말하며, 3면 이상에 벽이 없는 구조의 것을 말한다)를 설치하는 경우

- 소방본부장이나 소방서장은 특정소방대상물이 용도 변경되는 경우에는 용도 변경되는 부분에 대해서만 용도 변경 당시의 소방시설의 설치에 관한 대통령령 또는 화재안전기준을 적용한다. 다만, 다음의 어느 하나에 해당하는 경우에는 특정소방대상물 전체에 대하여 용도 변경되기 전에 해당 특정소방대상물에 적용되던 소방시설의 설치에 관한 대통령령 또는 화재안전기준을 적용한다.
  - 특정소방대상물의 구조·설비가 화재연소 확대요인이 적어지거나 피난 또는 화재진압활동이 쉬워지도록 변경되는 경우
  - 용도 변경으로 인하여 천장·바닥·벽 등에 고정되어 있는 가연성 물질의 양이 줄어드는 경우

125

특정소방대상물이 증축되는 경우 기존 부분에 대해서 증축 당시의 소방시설의 설치에 관한 대통령령 또는 화재안전기준을 적용하지 않는 경우가 아닌 것은?

① 증축으로 인하여 천장·바닥·벽 등에 고정되어 있는 가연성 물질의 양이 줄어드는 경우

② 자동차 생산공장 등 화재 위험이 낮은 특정소방대상물 내부에 연면적 33[m²] 이하의 직원 휴게실을 증축하는 경우

③ 기존 부분과 증축 부분이 자동방화셔터 또는 60분+방화문으로 구획되어 있는 경우

④ 자동차 생산공장 등 화재 위험이 낮은 특정소방대상물에 캐노피를 설치하는 경우

해설

용도 변경으로 인하여 천장·바닥·벽 등에 고정되어 있는 가연성 물질의 양이 줄어드는 경우에는 용도 변경되기 전에 해당 특정소방대상물에 적용되던 소방시설의 설치에 관한 대통령령 또는 화재안전기준을 적용한다(영 제15조).

126

자동화재탐지설비의 설치 면제기준에 관한 사항이다. 다음 [보기]의 (   ) 안에 들어갈 내용으로 알맞은 것은?

┌─보기┐

자동화재탐지설비의 기능(감지·수신·경보기능을 말한다)과 성능을 가진 (   )를 화재안전기준에 적합하게 설치한 경우에는 그 설비의 유효범위에서 자동화재탐지설비의 설치가 면제된다.

① 비상경보설비
② 연소방지설비
③ 단독경보형 감지기
④ 스프링클러설비

해설

특정소방대상물의 소방시설 설치의 면제기준(영 별표 5)

설치가 면제되는 소방시설	설치면제 요건
비상경보설비 또는 단독경보형 감지기	비상경보설비 또는 단독경보형 감지기를 설치해야 하는 특정소방대상물에 자동화재탐지설비 또는 화재알림설비를 화재안전기준에 적합하게 설치한 경우에는 그 설비의 유효범위에서 설치가 면제된다.
자동화재탐지설비	자동화재탐지설비의 기능(감지·수신·경보기능을 말한다)과 성능을 가진 화재알림설비, 스프링클러설비 또는 물분무 등 소화설비를 화재안전기준에 적합하게 설치한 경우에는 그 설비의 유효범위에서 설치가 면제된다.

127

특정소방대상물의 각 부분으로부터 수평거리 140[m] 이내에 공공의 소방을 위해 소화전이 화재안전기준이 정하는 바에 따라 적합하게 설치되어 있는 경우에 설치가 면제되는 것은?

① 옥외소화전설비
② 연결송수관설비
③ 연소방지설비
④ 상수도 소화용수설비

해설

특정소방대상물의 소방시설 설치의 면제기준(영 별표 5)

설치가 면제되는 소방시설	설치면제 요건
상수도 소화용수설비	• 상수도 소화용수설비를 설치해야 하는 특정소방대상물의 각 부분으로부터 수평거리 140[m] 이내에 공공의 소방을 위한 소화전이 화재안전기준에 적합하게 설치되어 있는 경우에는 설치가 면제된다. • 소방본부장 또는 소방서장이 상수도 소화용수설비의 설치가 곤란하다고 인정하는 경우로서 화재안전기준에 적합한 소화수조 또는 저수조가 설치되어 있거나 이를 설치하는 경우에는 그 설비의 유효범위에서 설치가 면제된다.
스프링클러설비	스프링클러설비를 설치해야 하는 특정소방대상물(발전시설 중 전기저장시설은 제외)에 적응성 있는 자동소화장치 또는 물분무 등 소화설비를 화재안전기준에 적합하게 설치한 경우에는 그 설비의 유효범위에서 설치가 면제된다.
물분무 등 소화설비	물분무 등 소화설비를 설치해야 하는 차고·주차장에 스프링클러설비를 화재안전기준에 적합하게 설치한 경우에는 그 설비의 유효범위에서 설치가 면제된다.

128

연소 우려가 있는 건축물의 구조에 대한 기준 중 다음 [보기]의 ( )에 들어갈 수치로 알맞은 것은?

┌보기┐

건축물대장의 건축물 현황도에 표시된 대지경계선 안에 둘 이상의 건축물이 있는 경우로서, 각각의 건축물이 다른 건축물의 외벽으로부터 수평거리가 1층의 경우에는 (㉠)[m] 이하, 2층 이상의 층의 경우에는 (㉡)[m] 이하이고, 개구부가 다른 건축물을 향하여 설치된 구조를 말한다.

① ㉠ 5, ㉡ 10
② ㉠ 6, ㉡ 10
③ ㉠ 10, ㉡ 5
④ ㉠ 10, ㉡ 6

해설

연소 우려가 있는 건축물의 구조(규칙 제17조)
• 건축물대장의 건축물 현황도에 표시된 대지경계선 안에 둘 이상의 건축물이 있는 경우
• 각각의 건축물이 다른 건축물의 외벽으로부터 수평거리가 1층의 경우에는 6[m] 이하, 2층 이상의 층의 경우에는 10[m] 이하인 경우
• 개구부가 다른 건축물을 향하여 설치되어 있는 경우

129

소방시설 설치 및 관리에 관한 법률에 따른 특정소방대상물의 수용인원의 산정방법 기준 중 틀린 것은?

① 침대가 있는 숙박시설의 경우는 해당 특정소방대상물의 종사자 수에 침대수(2인용 침대는 2개로 산정)를 합한 수
② 침대가 없는 숙박시설의 경우는 해당 특정소방대상물의 종사자 수에 숙박시설 바닥면적의 합계를 3[m²]로 나누어 얻은 수를 합한 수
③ 강의실 용도로 쓰이는 특정소방대상물의 경우는 해당 용도로 사용하는 바닥면적의 합계를 1.9[m²]로 나누어 얻은 수
④ 문화 및 집회시설의 경우는 해당 용도로 사용하는 바닥면적의 합계를 2.6[m²]로 나누어 얻은 수

해설

수용인원의 산정방법(영 별표 7)

특정소방대상물		산정방법
숙박시설이 있는 특정소방대상물	침대가 있는 숙박시설	종사자 수 + 침대 수 (2인용 침대는 2개로 산정한다)
	침대가 없는 숙박시설	종사자 수 + $\dfrac{\text{바닥면적의 합계}}{3[m^2]}$
그 외 특정소방대상물	강의실·교무실·상담실·실습실·휴게실 용도	$\dfrac{\text{바닥면적의 합계}}{1.9[m^2]}$
	강당, 문화 및 집회시설, 운동시설, 종교시설	$\dfrac{\text{바닥면적의 합계}}{4.6[m^2]}$ (관람석이 있는 경우 고정식 의자를 설치한 부분은 그 부분의 의자 수로 하고, 긴 의자의 경우에는 의자의 정면 너비를 0.45[m]로 나누어 얻은 수로 한다)
	그 밖의 특정소방대상물	$\dfrac{\text{바닥면적의 합계}}{3[m^2]}$

130

다음 [보기]에 따라 숙박시설이 있는 특정소방대상물의 수용인원 산정 수로 옳은 것은?

┌─보기├─────────────────────────────────┐
│ 침대가 있는 숙박시설로서 1인용 침대의 수는 20개이고, │
│ 2인용 침대의 수는 10개이며, 종업원의 수는 3명이다. │
└─────────────────────────────────────┘

① 33명   ② 10명
③ 43명   ④ 46명

해설

숙박시설이 있는 특정소방대상물 수용인원 산정 수(영 별표 7)
• 침대가 있는 숙박시설 : 해당 특정소방대상물의 종사자 수에 침대 수(2인용 침대는 2개로 산정)를 합한 수
• 침대가 없는 숙박시설 : 해당 특정소방대상물의 종사자 수에 숙박시설 바닥면적의 합계를 3[m²]로 나누어 얻은 수를 합한 수

∴ 3 + 20개(1인용 침대) + 20(2인용 침대) = 43명

131

건축물의 공사 현장에 설치해야 하는 임시소방시설과 기능 및 성능이 유사하여 임시소방시설을 설치한 것으로 보는 소방시설의 연결이 틀린 것은?(단, 임시소방시설 – 임시소방시설을 설치한 것으로 보는 소방시설 순이다)

① 간이소화장치 – 옥내소화전설비
② 간이피난유도선 – 유도표지
③ 비상경보장치 – 비상방송설비
④ 비상경보장치 – 자동화재탐지설비

해설

임시소방시설을 설치한 것으로 보는 소방시설(영 별표 8)
• 간이소화장치를 설치한 것으로 보는 소방시설 : 소방청장이 정하여 고시하는 기준에 맞는 소화기(연결송수관설비의 방수구 인근에 설치한 경우로 한정한다) 또는 옥내소화전설비
• 비상경보장치를 설치한 것으로 보는 소방시설 : 비상방송설비 또는 자동화재탐지설비
• 간이피난유도선을 설치한 것으로 보는 소방시설 : 피난유도선, 피난구유도등, 통로유도등 또는 비상조명등

132

소방시설 설치 및 관리에 관한 법률에 따른 임시소방시설 중 간이소화장치를 설치해야 하는 공사의 작업 현장의 규모의 기준 중 다음 [보기]의 (   ) 안에 알맞은 것은?

┌─보기├─────────────────────────────────┐
│ • 연면적 (㉠)[m²] 이상 │
│ • 지하층, 무창층 또는 (㉡)층 이상의 층. 이 경우 해당 │
│   층의 바닥면적이 (㉢)[m²] 이상인 경우만 해당 │
└─────────────────────────────────────┘

① ㉠ 1,000, ㉡ 6, ㉢ 150
② ㉠ 1,000, ㉡ 6, ㉢ 600
③ ㉠ 3,000, ㉡ 4, ㉢ 150
④ ㉠ 3,000, ㉡ 4, ㉢ 600

해설

간이소화장치의 설치기준(영 별표 8)
• 연면적 3,000[m²] 이상
• 지하층, 무창층 또는 4층 이상의 층. 이 경우 해당 층의 바닥면적이 600[m²] 이상인 경우만 해당한다.

133

중앙소방기술심의위원회의 심의사항이 아닌 것은?

① 화재안전기준에 관한 사항
② 소방시설의 구조와 원리 등에 있어서 공법이 특수한 설계 및 시공에 관한 사항
③ 소방시설의 설계 및 공사감리의 방법에 관한 사항
④ 소방시설에 대한 하자가 있는지의 판단에 관한 사항

해설

중앙소방기술심의위원회의 심의사항(법 제18조, 영 제20조)
- 화재안전기준에 관한 사항
- 소방시설의 구조 및 원리 등에서 공법이 특수한 설계 및 시공에 관한 사항
- 소방시설의 설계 및 공사감리의 방법에 관한 사항
- 소방시설공사의 하자를 판단하는 기준에 관한 사항
- 그 밖에 소방기술 등에 관하여 대통령령으로 정하는 사항
  - 연면적 10만[m²] 이상의 특정소방대상물에 설치된 소방시설의 설계·시공·감리의 하자 유무에 관한 사항
  - 새로운 소방시설과 소방용품 등의 도입 여부에 관한 사항
  - 그 밖에 소방기술과 관련하여 소방청장이 소방기술심의위원회의 심의에 부치는 사항

134

중앙소방기술심의위원회의 위원의 자격으로 잘못된 것은?

① 소방시설관리사
② 석사 이상의 소방 관련 학위를 소지한 사람
③ 소방 관련 단체에서 소방 관련 업무에 5년 이상 종사한 사람
④ 대학교 또는 연구소에서 소방과 관련된 교육이나 연구에 3년 이상 종사한 사람

해설

중앙소방기술심의위원회의 위원의 자격(영 제22조)
- 과장급 직위 이상의 소방공무원
- 소방기술사
- 석사 이상의 소방 관련 학위를 소지한 사람
- 소방시설관리사
- 소방 관련 법인·단체에서 소방 관련 업무에 5년 이상 종사한 사람
- 소방공무원 교육기관, 대학교 또는 연구소에서 소방과 관련된 교육이나 연구에 5년 이상 종사한 사람

135

방염성능기준 이상의 실내장식물 등을 설치해야 하는 특정소방대상물이 아닌 것은?

① 건축물 옥내에 있는 종교시설
② 방송통신시설 중 방송국 및 촬영소
③ 층수가 11층 이상인 아파트
④ 숙박이 가능한 수련시설

해설

방염성능기준 이상의 실내장식물 등을 설치해야 하는 특정소방대상물(영 제30조)
- 근린생활시설 중 의원, 치과의원, 한의원, 조산원, 산후조리원, 체력단련장, 공연장 및 종교집회장
- 건축물의 옥내에 있는 다음의 시설
  - 문화 및 집회시설
  - 종교시설
  - 운동시설(수영장은 제외한다)
- 의료시설
- 교육연구시설 중 합숙소
- 노유자시설
- 숙박이 가능한 수련시설
- 숙박시설
- 방송통신시설 중 방송국 및 촬영소
- 다중이용업의 영업소
- 위의 시설에 해당하지 않는 것으로서 층수가 11층 이상인 것(아파트 등은 제외한다)

136

방염성능기준 이상의 실내장식물 등을 설치해야 하는 특정소방대상물에 속하지 않는 것은?

① 숙박시설
② 노유자시설
③ 운동시설로서 실내수영장
④ 종합병원

해설

건축물의 옥내에 있는 운동시설로서 수영장은 제외한다(영 제30조).

137

다음 중 방염대상물품에 해당되지 않는 것은?

① 창문에 설치하는 블라인드
② 두께가 2[mm] 미만인 종이벽지
③ 카펫
④ 전시용 합판·목재 또는 섬유판

해설

방염대상물품(영 제31조)

• 제조 또는 가공 공정에서 방염처리를 한 다음의 물품
 – 창문에 설치하는 커튼류(블라인드를 포함한다)
 – 카펫
 – 벽지류(두께가 2[mm] 미만인 종이벽지는 제외한다)
 – 전시용 합판·목재 또는 섬유판, 무대용 합판·목재 또는 섬유판(합판·목재류의 경우 불가피하게 설치 현장에서 방염처리한 것을 포함한다)
 – 암막·무대막(영화상영관에 설치하는 스크린과 가상체험체육시설업에 설치하는 스크린을 포함한다)
 – 섬유류 또는 합성수지류 등을 원료로 하여 제작된 소파·의자(단란주점영업, 유흥주점영업 및 노래연습장업의 영업장에 설치하는 것으로 한정한다)
• 건축물 내부의 천장이나 벽에 부착하거나 설치하는 다음의 것. 다만, 가구류(옷장, 찬장, 식탁, 식탁용 의자, 사무용 책상, 사무용 의자 및 계산대, 그 밖에 이와 비슷한 것을 말한다)와 너비 10[cm] 이하인 반자돌림대 등과 내부마감재료는 제외한다.
 – 종이류(두께 2[mm] 이상인 것을 말한다)·합성수지류 또는 섬유류를 주원료로 한 물품
 – 합판이나 목재
 – 공간을 구획하기 위하여 설치하는 간이 칸막이(접이식 등 이동 가능한 벽체나 천장 또는 반자가 실내에 접하는 부분까지 구획하지 않는 벽체를 말한다)
 – 흡음(吸音)을 위하여 설치하는 흡음재(흡음용 커튼을 포함한다)
 – 방음(防音)을 위하여 설치하는 방음재(방음용 커튼을 포함한다)

138

특정소방대상물의 제조공정에서 방염처리한 다음 사용하는 물품으로 방염대상물품에 해당하지 않는 것은?

① 가구류
② 창문에 설치하는 커튼류
③ 무대용 합판
④ 벽지류(두께가 2[mm] 미만인 종이벽지는 제외한다)

해설

가구류는 방염대상물품의 권장사항이다(영 제31조).

139

특정소방대상물에서 사용하는 방염대상물품의 방염성능검사 방법과 검사 결과에 따른 합격표시 등에 필요한 사항은 무엇으로 정하는가?

① 대통령령
② 행정안전부령
③ 소방청령
④ 시·도의 조례

해설

방염대상물품의 방염성능검사 방법과 검사 결과에 따른 합격표시 등에 필요한 사항(법 제21조) : 행정안전부령

140

특정소방대상물의 방염성능기준으로 옳지 않은 것은?

① 버너의 불꽃을 제거한 때부터 불꽃을 올리지 않고 연소하는 상태가 그칠 때까지 시간은 30초 이내

② 탄화한 면적은 50[cm²] 이내, 탄화의 길이는 20[cm] 이내

③ 불꽃에 완전히 녹을 때까지 불꽃의 접촉횟수는 5회 이상

④ 버너의 불꽃을 제거한 때부터 불꽃을 올리며 연소하는 상태가 그칠 때까지 시간은 20초 이내

해설

방염성능기준(영 제31조)

• 버너의 불꽃을 제거한 때부터 불꽃을 올리며 연소하는 상태가 그칠 때까지 시간은 20초 이내

• 버너의 불꽃을 제거한 때부터 불꽃을 올리지 않고 연소하는 상태가 그칠 때까지 시간은 30초 이내

• 탄화한 면적은 50[cm²] 이내, 탄화한 길이는 20[cm] 이내

• 불꽃에 완전히 녹을 때까지 불꽃의 접촉횟수는 3회 이상

• 소방청장이 정하여 고시한 방법으로 발연량을 측정하는 경우 최대 연기밀도는 400 이하

141

소방시설 설치 및 관리에 관한 법률상 소방시설 등의 자체점검 중 종합점검을 받아야 하는 특정소방대상물 대상 기준으로 틀린 것은?

① 제연설비가 설치된 터널

② 스프링클러설비가 설치된 특정소방대상물

③ 공공기관 중 연면적이 1,000[m²] 이상인 것으로 옥내소화전설비 또는 자동화재탐지설비가 설치된 것 (단, 소방대가 근무하는 공공기관은 제외한다)

④ 호스릴 방식의 물분무 등 소화설비만이 설치된 연면적 5,000[m²] 이상인 특정소방대상물(단, 위험물제조소 등은 제외한다)

해설

종합점검(규칙 별표 3)

구분	내용
대상	• 특정소방대상물의 소방시설 등이 신설된 경우(최초점검) • 스프링클러설비가 설치된 특정소방대상물 • 물분무 등 소화설비(호스릴 방식은 제외)가 설치된 연면적 5,000[m²] 이상인 특정소방대상물(위험물제조소 등을 제외한다) • 단란주점영업, 유흥주점영업, 영화상영관, 비디오물감상실업, 복합영상물제공업, 노래연습장업, 산후조리업, 고시원업, 안마시술소의 다중이용업의 영업장이 설치된 특정소방대상물로서 연면적 2,000[m²] 이상인 것 • 제연설비가 설치된 터널 • 공공기관 중 연면적이 1,000[m²] 이상인 것으로서 옥내소화전설비 또는 자동화재탐지설비가 설치된 것
기술인력	• 관리업에 등록된 소방시설관리사 • 소방안전관리자로 선임된 소방시설관리사 및 소방기술사
점검횟수	• 연 1회 이상(30층 이상, 높이 120[m] 이상 또는 연면적 10만[m²] 이상인 특정소방대상물은 반기에 1회 이상) 실시한다. • 소방본부장 또는 소방서장은 소방청장이 소방안전관리가 우수하다고 인정한 특정소방대상물에 대해서는 3년의 범위 내에서 소방청장이 고시하거나 정한 기간 동안 종합점검을 면제할 수 있다. 다만, 면제기간 중 화재가 발생한 경우는 제외한다.
점검시기	• 신축 건축물은 건축물을 사용할 수 있게 된 날부터 60일 이내 실시한다. • 이외 특정소방대상물은 건축물의 사용승인일이 속하는 달에 실시한다. 다만, 학교의 경우에는 해당 건축물의 사용승인일이 1월에서 6월 사이에 있는 경우에는 6월 30일까지 실시할 수 있다. • 건축물 사용승인일 이후 종합점검 대상에 해당하게 된 경우에는 그다음 해부터 실시한다. • 하나의 대지경계선 안에 2개 이상의 자체점검 대상 건축물 등이 있는 경우에는 그 건축물 중 사용승인일이 가장 빠른 연도의 건축물의 사용승인일을 기준으로 점검할 수 있다.

142

소방시설 설치 및 관리에 관한 법률상 소방시설 등의 자체점검 시 점검인력 배치기준 중 종합점검에 대한 점검인력 1단위가 하루 동안 점검할 수 있는 특정소방대상물의 연면적 기준으로 옳은 것은?(단, 보조점검인력을 추가하는 경우는 제외한다)

① $3,500[m^2]$
② $7,000[m^2]$
③ $8,000[m^2]$
④ $10,000[m^2]$

해설

자체점검 시 점검인력 배치기준(규칙 별표 4)
점검 1단위 : 소방시설관리사 + 보조점검인력 2명

종류	일반건축물		아파트	
	기본면적	보조점검인력 1명 추가 시	기본세대 수	보조점검인력 1명 추가 시
작동점검	$10,000[m^2]$	$2,500[m^2]$	250세대	60세대
종합점검	$8,000[m^2]$	$2,000[m^2]$	250세대	60세대

143

작동점검을 실시한 자는 작동점검 실시결과 보고서를 며칠 이내에 소방본부장 또는 소방서장에게 보고해야 하는가?

① 7일 이내
② 10일 이내
③ 15일 이내
④ 20일 이내

해설

작동점검과 종합점검 결과보고(규칙 제23조) : 관리업자는 자체점검이 끝난 날부터 10일 이내에 점검대상업체 관계인에게 제출해야 한다. 제출받은 관계인은 점검이 끝난 날부터 15일 이내에 소방서장에게 제출해야 한다.
※ 보고기간에는 공휴일 또는 토요일은 산입하지 않는다.

144

다음 중 소방시설 설치 및 관리에 관한 법률상 소방시설관리업을 등록할 수 있는 자는?

① 피성년후견인
② 소방시설관리업의 등록이 취소된 날부터 2년이 경과된 자
③ 금고 이상의 형의 집행유예를 선고받고 그 유예기간 중에 있는 자
④ 금고 이상의 실형을 선고받고 그 집행이 면제된 날부터 2년이 지나지 않은 자

해설

소방시설관리업의 등록이 취소된 날부터 2년이 경과된 자는 소방시설관리업에 등록할 수 있다(법 제30조).

145

소방시설관리업자가 기술인력을 변경하는 경우 시 · 도지사에게 제출해야 하는 서류로 틀린 것은?

① 소방시설관리업 등록수첩
② 변경된 기술인력의 기술자격증(경력수첩)
③ 소방기술인력대장
④ 사업자등록증 사본

해설

소방시설관리업자의 등록사항 변경 시 첨부서류(규칙 제34조)
• 등록사항의 변경이 있는 때 : 변경일로부터 30일 이내에 소방시설관리업 등록사항 변경신고서를 첨부하여 시 · 도지사에게 제출
• 명칭 · 상호 또는 영업소 소재지를 변경하는 경우 : 소방시설관리업 등록증 및 등록수첩
• 대표자를 변경하는 경우 : 소방시설관리업 등록증 및 등록수첩
• 기술인력을 변경하는 경우
 – 소방시설관리업 등록수첩
 – 변경된 기술인력의 기술자격증(경력수첩을 포함한다)
 – 소방기술인력대장

146

소방시설 자체점검 장비 중 이산화탄소소화설비의 장비 기준이 아닌 것은?

① 캡스패너
② 절연저항계
③ 검량계
④ 전류전압측정계

해설

자체점검의 점검장비(규칙 별표 3)

소방시설	점검장비	규격
모든 소방시설	방수압력측정계, 절연저항계(절연저항측정기), 전류전압측정계	
소화기구	저울	
옥내소화전설비, 옥외소화전설비	소화전밸브압력계	
스프링클러설비, 포소화설비	헤드결합렌치(볼트, 너트, 나사 등을 죄거나 푸는 공구)	
이산화탄소소화설비, 분말소화설비, 할론소화설비, 할로겐화합물 및 불활성기체 소화설비	검량계, 기동관누설시험기, 그 밖에 소화약제의 저장량을 측정할 수 있는 점검기구	
자동화재탐지설비, 시각경보기	열감지기시험기, 연(煙)감지기시험기, 공기주입시험기, 감지기시험기연결막대, 음량계	
누전경보기	누전계	누전전류 측정용
무선통신보조설비	무선기	통화시험용
제연설비	풍속풍압계, 폐쇄력측정기, 차압계(압력차 측정기)	
통로유도등, 비상조명등	조도계(밝기 측정기)	최소 눈금이 0.1[lx] 이하인 것

147

소방시설관리업의 등록을 반드시 취소해야 하는 사유에 해당하지 않는 것은?

① 거짓으로 등록을 한 경우
② 등록기준에 미달하게 된 경우
③ 다른 사람에게 등록증을 빌려준 경우
④ 등록의 결격사유에 해당하게 된 경우

해설

등록기준에 미달하게 된 경우(법 제35조) : 6개월 이내의 시정이나 영업정지 처분

148

소방시설관리업의 기술인력으로 등록된 소방기술자가 받아야 하는 실무교육의 주기 및 횟수는?

① 매년 1회 이상
② 매년 2회 이상
③ 2년마다 1회 이상
④ 3년마다 1회 이상

해설

소방 기술인력의 실무교육(소방시설공사업법 제29조, 규칙 제26조)
• 실시권자 : 한국소방안전원장
• 주기 : 2년마다 1회 이상

149

소방시설 설치 및 관리에 관한 법률상 시 · 도지사는 관리업자에게 영업정지를 명하는 경우로서 그 영업정지가 국민에게 심한 불편을 주거나 그 밖에 공익을 해칠 우려가 있을 때에는 영업정지 처분을 갈음하여 얼마 이하의 과징금을 부과할 수 있는가?

① 1,000만원 이하
② 2,000만원 이하
③ 3,000만원 이하
④ 5,000만원 이하

해설

소방시설 설치 및 관리에 관한 법률의 영업정지 처분을 갈음하는 과징금(법 제36조) : 3,000만원 이하
※ 위험물안전관리법에서 사용정지 처분에 갈음하는 과징금(법 제13조) : 2억원 이하

150

소방용품이란 소방시설 등을 구성하거나 소방용으로 사용되는 기기를 말한다. 다음 중 피난구조설비를 구성하는 제품 또는 기기에 속하지 않는 것은?

① 피난사다리
② 소화기구
③ 공기호흡기
④ 유도등

해설

소방용품(영 별표 3)
• 소화설비를 구성하는 제품 또는 기기
 – 소화기구(소화약제 외의 것을 이용한 간이소화용구는 제외한다)
 – 자동소화장치
 – 소화설비를 구성하는 소화전, 관창(菅槍), 소방호스, 스프링클러헤드, 기동용 수압개폐장치, 유수제어밸브 및 가스관 선택밸브
• 경보설비를 구성하는 제품 또는 기기
 – 누전경보기 및 가스누설경보기
 – 경보설비를 구성하는 발신기, 수신기, 중계기, 감지기 및 음향장치(경종만 해당한다)
• 피난구조설비를 구성하는 제품 또는 기기
 – 피난사다리, 구조대, 완강기(지지대를 포함한다) 및 간이완강기(지지대를 포함한다)
 – 공기호흡기(충전기를 포함한다)
 – 피난구유도등, 통로유도등, 객석유도등 및 예비전원이 내장된 비상조명등
• 소화용으로 사용하는 제품 또는 기기
 – 소화약제(상업용 자동소화장치, 캐비닛형 자동소화장치와 포소화설비, 이산화탄소소화설비, 할론소화설비, 할로겐화합물 및 불활성기체소화설비, 분말소화설비, 강화액소화설비, 고체에어로졸소화설비만 해당한다)
 – 방염제(방염액·방염도료 및 방염성 물질)

151

소방시설 설치 및 관리에 관한 법률상 소방용품이 아닌 것은?

① 소화약제 외의 것을 이용한 간이소화용구
② 자동소화장치
③ 가스누설경보기
④ 소화용으로 사용하는 방염제

해설

소방용품(영 별표 3) : 소화설비 중 소화기구(소화약제 외의 것을 이용한 간이소화용구는 제외한다)

152

소방시설 설치 및 관리에 관한 법률상 소방용품에 포함되지 않는 것은?

① 구조대
② 완강기
③ 공기호흡기
④ 휴대용 비상조명등

해설

휴대용 비상조명등은 소방용품에서 제외된다(영 별표 3).

153

소방용품의 형식승인을 반드시 취소해야 하는 경우가 아닌 것은?

① 거짓이나 그 밖의 부정한 방법으로 형식승인을 받은 경우

② 시험시설의 시설기준에 미달되는 경우

③ 거짓이나 그 밖의 부정한 방법으로 제품검사를 받은 경우

④ 변경승인을 받지 않은 경우

해설

소방용품의 형식승인 취소사유(법 제39조)
• 거짓이나 그 밖의 부정한 방법으로 형식승인을 받은 경우
• 거짓이나 그 밖의 부정한 방법으로 제품검사를 받은 경우
• 변경승인을 받지 않거나 거짓이나 그 밖의 부정한 방법으로 변경승인을 받은 경우

154

소방용품 중 우수품질 제품에 대하여 우수품질 인증을 할 수 있는 사람은?

① 소방청장

② 한국소방안전원장

③ 소방본부장이나 소방서장

④ 시·도지사

해설

우수품질 인증권자 : 소방청장(법 제43조)

155

소방시설 설치 및 관리에 관한 법령상 분말형태의 소화약제를 사용하는 소화기의 내용연수로 옳은 것은?(단, 소방용품의 성능을 확인받아 그 사용기한을 연장하는 경우는 제외한다)

① 3년   ② 5년

③ 7년   ④ 10년

해설

소화기의 내용연수(영 제19조) : 10년

156

소방시설 설치 및 관리에 관한 법률상 특정소방대상물의 관계인이 소방시설에 폐쇄(잠금을 포함)·차단 등의 행위를 범하여 사람을 상해에 이르게 한 때에 대한 벌칙기준으로 옳은 것은?

① 10년 이하의 징역 또는 1억원 이하의 벌금

② 7년 이하의 징역 또는 7천만원 이하의 벌금

③ 5년 이하의 징역 또는 5천만원 이하의 벌금

④ 3년 이하의 징역 또는 3천만원 이하의 벌금

해설

벌칙(법 제56조)
• 소방시설에 폐쇄·차단 등의 행위를 한 자 : 5년 이하의 징역 또는 5천만원 이하의 벌금
• 소방시설에 폐쇄·차단 등의 행위의 죄를 범하여 사람을 상해에 이르게 한 때 : 7년 이하의 징역 또는 7천만원 이하의 벌금
• 소방시설에 폐쇄·차단 등의 행위를 하여 사람을 사망에 이르게 한 때 : 10년 이하의 징역 또는 1억원 이하의 벌금

157

소방시설 설치 및 관리에 관한 법률상 소방용품의 형식승인을 받지 않고 소방용품을 제조하거나 수입한 자에 대한 벌칙기준은?

① 100만원 이하의 벌금
② 300만원 이하의 벌금
③ 1년 이하의 징역 또는 1천만원 이하의 벌금
④ 3년 이하의 징역 또는 3천만원 이하의 벌금

해설

3년 이하의 징역 또는 3천만원 이하의 벌금(법 제57조)
• 정당한 사유 없이 피난시설, 방화구획 및 방화시설의 유지·관리에 필요한 조치 명령을 위반한 경우
• 관리업의 등록을 하지 않고 영업을 한 자
• 소방용품의 형식승인을 받지 않고 소방용품을 제조하거나 수입한 자 또는 거짓이나 그 밖의 부정한 방법으로 형식승인을 받은 자
• 소방용품을 판매·진열하거나 소방시설공사에 사용한 자
• 제품검사를 받지 않거나 합격표시를 하지 않은 소방용품을 판매·진열하거나 소방시설공사에 사용한 자

158

소방시설 등에 대한 자체점검을 하지 않거나, 관리업자 등으로 하여금 정기적으로 점검하게 하지 않은 자의 벌칙은?

① 3년 이하의 징역 또는 1천 500만원 이하의 벌금
② 300만원 이하의 벌금
③ 1년 이하의 징역 또는 1천만원 이하의 벌금
④ 6개월 이상의 징역 또는 1천만원 이하의 벌금

해설

1년 이하의 징역 또는 1천만원 이하의 벌금(법 제58조)
• 소방시설 등에 대하여 스스로 점검을 하지 않거나 관리업자 등으로 하여금 정기적으로 점검하게 하지 않은 자
• 소방시설관리사증을 다른 자에게 빌려주거나 빌리거나 이를 알선한 자
• 동시에 둘 이상의 업체에 취업한 자
• 자격정지 처분을 받고 그 자격정지 기간 중에 관리사의 업무를 한 자
• 관리업의 등록증이나 등록수첩을 다른 자에게 빌려주거나 빌리거나 이를 알선한 자
• 영업정지 처분을 받고 그 영업정지 기간 중에 관리업의 업무를 한 자
• 제품검사에 합격하지 않은 제품에 합격표시를 하거나 합격표시를 위조 또는 변조하여 사용한 자
• 형식승인의 변경승인을 받지 않은 자
• 성능인증의 변경인증을 받지 않은 자

159

소방시설 설치 및 관리에 관한 법률상 관리업자가 소방시설 등의 점검을 마친 후 점검기록표에 기록하고 이를 해당 특정소방대상물에 부착해야 하나 이를 위반하고 점검기록표를 기록하지 않거나 해당 특정소방대상물에 부착하지 않았을 경우 벌칙기준은?

① 100만원 이하의 과태료
② 200만원 이하의 과태료
③ 300만원 이하의 과태료
④ 500만원 이하의 과태료

해설

점검기록표를 기록하지 않거나 출입자가 쉽게 볼 수 있는 장소에 게시하지 않은 관계인(법 제61조) : 300만원 이하의 과태료

160

피난시설, 방화구획 또는 방화시설을 폐쇄·훼손·변경 등의 행위를 3차 이상 위반한 경우에 대한 과태료의 부과 기준으로 옳은 것은?

① 200만원　　　② 300만원

③ 500만원　　　④ 1,000만원

해설

과태료의 부과기준(영 별표 10)

위반행위	근거 법조문	과태료 금액(만원)		
		1차 위반	2차 위반	3차 이상 위반
법 제16조 제1항을 위반하여 피난시설, 방화구획 또는 방화시설을 폐쇄·훼손·변경하는 등의 행위를 한 경우	법 제61조 제1항 제3호	100	200	300

소방시설공사업법, 영, 규칙

161

소방시설공사업법에서 소방시설업에 포함되지 않는 것은?

① 소방시설설계업　　　② 소방시설공사업

③ 소방공사감리업　　　④ 소방시설점검업

해설

소방시설업(법 제2조)

• 소방시설설계업 : 소방시설공사에 기본이 되는 공사계획, 설계도면, 설계설명서, 기술계산서 및 이와 관련된 서류(설계도서)를 작성(설계)하는 영업
• 소방시설공사업 : 설계도서에 따라 소방시설을 신설, 증설, 개설, 이전 및 정비(시공)하는 영업
• 소방공사감리업 : 소방시설공사에 관한 발주자의 권한을 대행하여 소방시설공사가 설계도서 및 관계 법령에 따라 적법하게 시공되는지 확인하고 품질·시공관리에 대한 기술지도를 하는(감리) 영업
• 방염처리업 : 방염대상물품에 대하여 방염처리(방염)하는 영업

162

다음 중 방염처리업의 종류가 아닌 것은?

① 섬유류 방염업

② 합성수지류 방염업

③ 합판·목재류 방염업

④ 실내장식물류 방염업

해설

방염처리업의 종류(영 별표 1) : 섬유류 방염업, 합성수지류 방염업, 합판·목재류 방염업

163

소방시설업의 등록권자로 옳은 것은?

① 국무총리　　　② 시·도지사

③ 소방서장　　　④ 한국소방안전원장

해설

소방시설업의 등록권자(법 제4조) : 시·도지사

164

소방시설공사업의 등록기준이 되는 항목에 해당되지 않는 것은?

① 공사도급실적　　　② 자본금

③ 기술인력　　　　　④ 영업범위

해설

소방시설공사업의 등록기준(법 제4조, 영 별표 1)

• 항목 : 자본금(개인인 경우에는 자산평가액을 말한다), 기술인력, 영업범위
• 등록권자 : 시·도지사

165

소방시설공사업법에 따른 소방시설업 등록이 가능한 사람은?

① 피성년후견인

② 위험물안전관리법에 따른 금고 이상의 형의 집행유예를 선고받고 그 유예기간 중에 있는 사람

③ 등록하려는 소방시설업 등록이 취소된 날부터 3년이 지난 사람

④ 소방기본법에 따른 금고 이상의 실형을 선고받고 그 집행이 면제된 날부터 1년이 지난 사람

해설

방염처리업 등록의 결격사유(법 제5조)

• 피성년후견인

• 소방시설공사업법, 소방기본법, 화재의 예방 및 안전관리에 관한 법률, 소방시설 설치 및 관리에 관한 법률, 위험물안전관리법에 따른 금고 이상의 실형을 선고받고 그 집행이 끝나거나 이 면제된 날로부터 2년이 지나지 않은 사람

• 소방시설공사업법, 소방기본법, 화재의 예방 및 안전관리에 관한 법률, 소방시설 설치 및 관리에 관한 법률, 위험물안전관리법에 따른 금고 이상의 형의 집행유예를 선고받고 그 유예기간 중에 있는 사람

• 등록하려는 소방시설업 등록이 취소된 날로부터 2년이 지나지 않은 자

166

소방시설공사업법상 소방시설업 등록신청 신청서 및 첨부서류에 기재되어야 할 내용이 명확하지 않은 경우 서류의 보완 기간은 며칠 이내인가?

① 14일 이내   ② 10일 이내

③ 7일 이내   ④ 5일 이내

해설

소방시설업 등록신청 시 첨부서류의 보완 기간(규칙 제2조의2) : 10일 이내

167

소방시설공사업의 상호(명칭)이 변경된 경우 민원인이 반드시 제출해야 하는 서류는?

① 소방시설업 등록증 및 등록수첩

② 법인 등기부등본 및 소방기술인력 연명부

③ 기술인력의 기술자격증 및 자격수첩

④ 사업자등록증 및 기술인력의 기술자격증

해설

등록사항의 변경신고 등(규칙 제6조)

• 상호(명칭) 또는 영업소 소재지가 변경된 경우 : 소방시설업 등록증 및 등록수첩

• 대표자가 변경된 경우
  – 소방시설업 등록증 및 등록수첩
  – 변경된 대표자의 성명, 주민등록번호 및 주소지 등의 인적사항이 적힌 서류
  – 외국인인 경우에는 제2조 제1항 제5호의 어느 하나에 해당하는 서류

• 기술인력이 변경된 경우
  – 소방시설업 등록수첩
  – 기술인력 증빙서류

168

방염처리업자의 지위를 승계하려는 경우에는 그 상속일로부터 며칠 이내에 시·도지사에게 신고해야 하는가?

① 10일 이내   ② 15일 이내

③ 30일 이내   ④ 60일 이내

해설

방염처리업자의 지위승계(법 제7조) : 상속일, 양수일, 합병일로부터 30일 이내에 시·도지사에게 신고

169

소방시설공사업법상 소방시설업자가 소방시설공사 등을 맡긴 특정소방대상물의 관계인에게 지체 없이 그 사실을 알려야 하는 경우가 아닌 것은?

① 소방시설업자의 지위를 승계한 경우
② 소방시설업의 등록취소 처분 또는 영업정지 처분을 받은 경우
③ 휴업하거나 폐업한 경우
④ 소방시설업의 주소지가 변경된 경우

해설

소방시설업자가 관계인에게 지체 없이 그 사실을 알려야 하는 경우(법 제8조)
• 소방시설업자의 지위를 승계한 경우
• 소방시설업의 등록취소 처분 또는 영업정지 처분을 받은 경우
• 휴업하거나 폐업한 경우

170

소방시설공사업법상 반드시 등록취소를 해야 하는 경우는?

① 거짓이나 그 밖의 부정한 방법으로 등록한 경우
② 다른 자에게 등록증 또는 등록수첩을 빌려준 경우
③ 소속 소방기술자를 공사현장에 배치하지 않거나 거짓으로 한 경우
④ 등록을 한 후 정당한 사유 없이 1년이 지날 때까지 영업을 시작하지 않거나 계속하여 1년 이상 휴업한 때

해설

등록취소 사유(법 제9조)
• 거짓이나 그 밖의 부정한 방법으로 등록한 경우
• 등록 결격사유에 해당하게 된 경우
• 영업정지 기간 중에 소방시설공사 등을 한 경우

171

시·도지사가 소방시설업의 영업정지 처분에 갈음하여 부과할 수 있는 최대 과징금의 범위로 옳은 것은?

① 5,000만원 이하
② 1억원 이하
③ 2억원 이하
④ 3억원 이하

해설

소방시설업의 과징금(법 제10조) : 2억원 이하
※ 위험물안전관리법의 과징금(법 제13조) : 2억원 이하

172

일반 소방시설설계업(기계분야)의 영업범위는 연면적 몇 [m²] 미만의 특정소방대상물에 설치되는 기계분야 소방시설의 설계에 해당하는가?(단, 제연설비가 설치되는 특정소방대상물은 제외한다)

① 10,000[m²] 미만
② 20,000[m²] 미만
③ 30,000[m²] 미만
④ 40,000[m²] 미만

해설

일반 소방시설설계업(기계분야)의 영업범위(영 별표 1)
• 아파트에 설치되는 기계분야 소방시설(제연설비는 제외)의 설계
• 연면적 30,000[m²](공장의 경우에는 10,000[m²]) 미만의 특정소방대상물(제연설비가 설치된 특정소방대상물은 제외한다)에 설치되는 기계분야 소방시설의 설계
• 위험물제조소 등에 설치되는 기계분야 소방시설의 설계

173

전문 소방시설공사업의 법인 자본금으로 옳은 것은?

① 5천만원 이상
② 1억원 이상
③ 2억원 이상
④ 3억원 이상

해설

소방시설업의 업종별 등록기준 및 영업범위(영 별표 1)

종류		자본금(자산평가액)	
		법인	개인
전문 소방시설공사업		1억원 이상	자산평가액 1억원 이상
일반 소방시설공사업	기계분야	1억원 이상	자산평가액 1억원 이상
	전기분야	1억원 이상	자산평가액 1억원 이상

174

소방시설공사의 착공신고 시 첨부서류가 아닌 것은?

① 공사업자의 소방시설공사업 등록증 사본
② 공사업자의 소방시설공사업 등록수첩 사본
③ 해당 소방시설공사의 책임시공 및 기술관리를 하는 기술인력의 기술등급을 증명하는 서류 사본
④ 해당 소방시설을 설계한 기술인력의 기술자격증 사본

해설

착공신고(규칙 제12조) : 소방시설공사업자는 소방시설공사를 하려면 해당 소방시설공사의 착공 전까지 별지 제14호 서식의 소방시설공사 착공(변경)신고서[전자문서로 된 소방시설공사 착공(변경)신고서를 포함한다]에 다음의 서류(전자문서를 포함한다)를 첨부하여 소방본부장 또는 소방서장에게 신고해야 한다.
• 공사업자의 소방시설공사업 등록증 사본 1부 및 등록수첩 사본 1부
• 해당 소방시설공사의 책임시공 및 기술관리를 하는 기술인력의 기술등급을 증명하는 서류 사본 1부
• 소방시설공사 계약서 사본 1부
• 설계도서(설계설명서를 포함한다) 1부
• 소방시설공사를 하도급하는 경우 다음의 서류
  – 소방시설공사 등의 하도급통지서 사본 1부
  – 하도급대금 지급보증서 사본 1부

175

소방시설공사의 착공신고 대상이 아닌 것은?

① 무선통신보조설비의 증설공사
② 자동화재탐지설비의 경계구역이 증설되는 공사
③ 1개 이상의 옥외소화전설비를 증설하는 공사
④ 연결살수설비의 살수구역을 증설하는 공사

해설

소방시설공사의 착공신고 대상(영 제4조)
• 특정소방대상물에 다음의 어느 하나에 해당하는 설비를 신설하는 공사
  – 옥내소화전설비(호스릴 옥내소화전설비를 포함), 옥외소화전설비, 스프링클러설비·간이스프링클러설비(캐비닛형 간이스프링클러설비를 포함) 및 화재조기진압용 스프링클러설비(스프링클러설비 등), 물분무소화설비·포소화설비·이산화탄소소화설비·할론소화설비·할로겐화합물 및 불활성기체 소화설비·미분무소화설비·강화액소화설비 및 분말소화설비(물분무 등 소화설비), 연결송수관설비, 연결살수설비, 제연설비, 소화용수설비 또는 연소방지설비
  – 자동화재탐지설비, 비상경보설비, 비상방송설비, 비상콘센트설비 또는 무선통신보조설비
• 특정소방대상물에 다음의 어느 하나에 해당하는 설비 또는 구역 등을 증설하는 공사
  – 옥내·옥외소화전설비
  – 스프링클러설비·간이스프링클러설비 또는 물분무 등 소화설비의 방호구역, 자동화재탐지설비의 경계구역, 제연설비의 제연구역, 연결살수설비의 살수구역, 연결송수관설비의 송수구역, 비상콘센트설비의 전용회로, 연소방지설비의 살수구역
• 특정소방대상물에 설치된 소방시설 등을 구성하는 다음의 어느 하나에 해당하는 것의 전부 또는 일부를 개설(改設), 이전(移轉) 또는 정비(整備)하는 공사. 다만, 고장 또는 파손 등으로 인하여 작동시킬 수 없는 소방시설을 긴급히 교체하거나 보수해야 하는 경우에는 신고하지 않을 수 있다.
  – 수신반(受信盤)
  – 소화펌프
  – 동력(감시)제어반

176

대통령령으로 정하는 특정소방대상물 소방시설공사의 완공검사를 위하여 소방본부장이나 소방서장의 현장확인 대상 범위가 아닌 것은?

① 문화 및 집회시설

② 수계 소화설비가 설치되는 곳

③ 연면적 10,000[m²] 이상이거나 11층 이상인 특정소방대상물(아파트는 제외)

④ 가연성 가스를 제조・저장 또는 취급하는 시설 중 지상에 노출된 가연성 가스탱크의 저장용량 합계가 1,000[t] 이상인 시설

해설

현장확인 대상 범위(영 제5조)
• 문화 및 집회시설, 종교시설, 판매시설, 노유자(老幼者)시설, 수련시설, 운동시설, 숙박시설, 창고시설, 지하상가 및 다중이용업소
• 다음의 어느 하나에 해당하는 설비가 설치되는 특정소방대상물
 – 스프링클러설비 등[스프링클러설비, 간이스프링클러설비(캐비닛형 간이스프링클러설비를 포함), 화재조기진압용 스프링클러설비]
 – 물분무 등 소화설비(호스릴 방식의 소화설비는 제외한다)
• 연면적 10,000[m²] 이상이거나 11층 이상인 특정소방대상물(아파트는 제외한다)
• 가연성 가스를 제조・저장 또는 취급하는 시설 중 지상에 노출된 가연성 가스탱크의 저장용량 합계가 1,000[t] 이상인 시설

177

소방시설공사업법상 소방시설공사 완공검사를 위한 현장확인 대상 특정소방대상물의 범위가 아닌 것은?

① 위락시설   ② 판매시설
③ 운동시설   ④ 창고시설

해설

위락시설은 완공검사를 위한 현장확인 대상이 아니다(영 제5조).

178

소방시설공사가 완공된 후 누구에게 완공검사를 받아야 하는가?

① 소방시설 설계업자

② 소방시설 사용자

③ 소방본부장 또는 소방서장

④ 시・도지사

해설

완공검사(법 제14조) : 소방본부장 또는 소방서장

179

자동화재탐지설비 등 대통령령으로 정하는 소방시설에 하자가 있을 때 관계인에 의해 하자 발생에 관한 통보를 받은 공사업자는 며칠 이내에 이를 보수하거나 보수일정을 기록한 하자보수계획을 관계인에게 서면으로 알려야 하는가?

① 1일 이내   ② 3일 이내
③ 5일 이내   ④ 7일 이내

해설

관계인은 소방시설의 하자가 발생하였을 때에는 공사업자에게 그 사실을 알려야 하며 통보받은 공사업자는 3일 이내에 하자를 보수하거나 보수일정을 기록한 하자보수계획을 관계인에게 서면으로 알려야 한다(법 제15조).

180

소방시설공사업법상 하자를 보수해야 하는 소방시설과 소방시설별 하자보수 보증기간으로 옳은 것은?

① 유도등 : 3년

② 자동소화장치 : 3년

③ 자동화재탐지설비 : 2년

④ 상수도 소화용수설비 : 2년

해설

하자보수 보증기간(영 제6조)

보증기간	시설의 종류
2년	피난기구, 유도등, 유도표지, 비상경보설비, 비상조명등, 비상방송설비 및 무선통신보조설비
3년	자동소화장치, 옥내소화전설비, 스프링클러설비, 간이스프링클러설비, 물분무 등 소화설비, 옥외소화전설비, 자동화재탐지설비, 상수도 소화용수설비 및 소화활동설비(무선통신보조설비는 제외)

181

소방시설공사업법상 소방시설공사의 하자보수 보증기간이 3년이 아닌 것은?

① 자동소화장치

② 무선통신보조설비

③ 자동화재탐지설비

④ 간이스프링클러설비

해설

무선통신보조설비(영 제6조) : 2년

182

완공된 소방시설 등의 성능시험을 수행하는 자는?

① 소방시설공사업자

② 소방공사감리업자

③ 소방시설설계업자

④ 소방기구제조업자

해설

완공된 소방시설 등의 성능시험은 소방공사감리업자의 업무에 해당된다(법 제16조).

183

소방시설공사업법상 소방공사감리업을 등록한 자가 수행해야 할 업무가 아닌 것은?

① 완공된 소방시설 등의 성능시험

② 소방시설 등 설계 변경 사항의 적합성 검토

③ 소방시설 등의 설치계획표의 적법성 검토

④ 소방용품 형식승인 및 제품검사의 기술기준에 대한 적합성 검토

해설

감리업자의 업무(법 제16조)

• 소방시설 등의 설치계획표의 적법성 검토

• 소방시설 등 설계도서의 적합성(적법성과 기술상의 합리성을 말한다) 검토

• 소방시설 등 설계 변경 사항의 적합성 검토

• 소방용품의 위치·규격 및 사용 자재의 적합성 검토

• 공사업자가 한 소방시설 등의 시공이 설계도서와 화재안전기준에 맞는지에 대한 지도·감독

• 완공된 소방시설 등의 성능시험

• 공사업자가 작성한 시공 상세 도면의 적합성 검토

• 피난시설 및 방화시설의 적법성 검토

• 실내장식물의 불연화(不燃化)와 방염 물품의 적법성 검토

184

소방시설공사업법상 소방공사감리를 실시함에 있어 용도와 구조에서 특별히 안전성과 보안성이 요구되는 소방대상물로서 소방시설물에 대한 감리를 감리업자가 아닌 자가 감리할 수 있는 장소는?

① 정보기관의 청사

② 교도소 등 교정 관련 시설

③ 국방 관계시설 설치장소

④ 원자력안전법상 관계시설이 설치되는 장소

해설

용도와 구조에서 특별히 안전성과 보안성이 요구되는 소방대상물로서 대통령령으로 정하는 장소(원자력안전법에 관계시설이 설치되는 장소)에서 시공되는 소방시설물에 대한 감리는 감리업자가 아닌 자도 할 수 있다(법 제16조, 영 제8조).

185

소방시설공사업법상 공사감리자 지정대상 특정소방대상물의 범위가 아닌 것은?

① 캐비닛형 간이스프링클러설비를 신설·개설하거나 방호·방수구역을 증설할 때
② 물분무 등 소화설비(호스릴 방식의 소화설비는 제외)를 신설·개설하거나 방호·방수구역을 증설할 때
③ 제연설비를 신설·개설하거나 제연구역을 증설할 때
④ 연소방지설비를 신설·개설하거나 살수구역을 증설할 때

해설

공사감리자 지정대상 특정소방대상물의 범위(영 제10조)
• 옥내소화전설비, 옥외소화전설비를 신설·개설 또는 증설할 때
• 스프링클러설비 등(캐비닛형 간이스프링클러설비는 제외한다)을 신설·개설하거나 방호·방수구역을 증설할 때
• 물분무 등 소화설비(호스릴 방식의 소화설비는 제외한다)를 신설·개설하거나 방호·방수구역을 증설할 때
• 옥외소화전설비를 신설·개설 또는 증설할 때
• 자동화재탐지설비, 비상방송설비, 통합감시시설, 소화용수설비를 신설 또는 개설할 때
• 다음에 해당하는 소화활동설비를 시공할 때
  – 제연설비를 신설·개설하거나 제연구역을 증설할 때
  – 연결송수관설비를 신설 또는 개설할 때
  – 연결살수설비를 신설·개설하거나 송수구역을 증설할 때
  – 비상콘센트설비를 신설·개설하거나 전용회로를 증설할 때
  – 무선통신보조설비를 신설 또는 개설할 때
  – 연소방지설비를 신설·개설하거나 살수구역을 증설할 때

186

소방시설공사업법상 상주 공사감리 대상 기준 중 다음 [보기]의 (   ) 안에 알맞은 것은?

┌─보기─┐
• 연면적 (㉠)[m²] 이상의 특정소방대상물(아파트는 제외)에 대한 소방시설의 공사
• 지하층을 포함한 층수가 (㉡)층 이상으로서 (㉢)세대 이상인 아파트에 대한 소방시설의 공사
└────┘

① ㉠ 10,000, ㉡ 11, ㉢ 600
② ㉠ 10,000, ㉡ 16, ㉢ 500
③ ㉠ 30,000, ㉡ 11, ㉢ 600
④ ㉠ 30,000, ㉡ 16, ㉢ 500

해설

상주 공사감리 대상 기준(영 별표 3)
• 연면적 30,000[m²] 이상의 특정소방대상물(아파트는 제외)에 대한 소방시설의 공사
• 지하층을 포함한 층수가 16층 이상으로서 500세대 이상인 아파트에 대한 소방시설의 공사

187

소방시설공사업법상 감리업자는 소방시설공사가 설계도서 또는 화재안전기준에 적합하지 않은 때에 가장 먼저 누구에게 알려야 하는가?

① 감리업체 대표자
② 시공자
③ 관계인
④ 소방서장

해설

감리업자는 감리를 할 때 소방시설공사가 설계도서나 화재안전기준에 맞지 않은 때에는 관계인에게 알리고, 공사업자에게 그 공사의 시정 또는 보완 등을 요구해야 한다(법 제19조).

188

소방공사의 감리를 완료하였을 경우 공사감리 결과를 통보하는 대상으로 옳지 않은 것은?

① 특정소방대상물의 관계인
② 특정소방대상물의 설계업자
③ 소방시설공사의 도급인
④ 특정소방대상물의 공사를 감리한 건축사

해설

공사감리 결과의 통보(법 제20조)
• 특정소방대상물의 관계인
• 소방시설공사의 도급인
• 특정소방대상물의 공사를 감리한 건축사

189

연면적이 3만[m²] 이상 20만[m²] 미만인 특정소방대상물(아파트는 제외) 또는 지하층을 포함한 층수가 16층 이상 40층 미만인 특정소방대상물의 공사 현장의 경우 소방공사 책임감리원의 배치기준은?

① 행정안전부령으로 정하는 특급감리원 중 소방기술사
② 행정안전부령으로 정하는 특급감리원 이상의 소방공사 감리원(기계분야 및 전기분야)
③ 행정안전부령으로 정하는 고급감리원 이상의 소방공사 감리원(기계분야 및 전기분야)
④ 행정안전부령으로 정하는 중급감리원 이상의 소방공사 감리원(기계분야 및 전기분야)

해설

소방공사감리원의 배치기준(영 별표 4)

감리원의 배치기준		소방시설공사 현장의 기준
책임감리원	**보조감리원**	
행정안전부령으로 정하는 특급감리원 중 소방기술사	행정안전부령으로 정하는 초급감리원 이상의 소방공사 감리원(기계분야 및 전기분야)	• 연면적 20만[m²] 이상인 특정소방대상물의 공사 현장 • 지하층을 포함한 층수가 40층 이상인 특정소방대상물의 공사 현장
행정안전부령으로 정하는 특급감리원 이상의 소방공사 감리원(기계분야 및 전기분야)	행정안전부령으로 정하는 초급감리원 이상의 소방공사 감리원(기계분야 및 전기분야)	• 연면적 3만[m²] 이상 20만[m²] 미만인 특정소방대상물(아파트는 제외한다)의 공사 현장 • 지하층을 포함한 층수가 16층 이상 40층 미만인 특정소방대상물의 공사 현장
행정안전부령으로 정하는 고급감리원 이상의 소방공사 감리원(기계분야 및 전기분야)	행정안전부령으로 정하는 초급감리원 이상의 소방공사 감리원(기계분야 및 전기분야)	• 물분무 등 소화설비(호스릴 방식의 소화설비는 제외한다) 또는 제연설비가 설치되는 특정소방대상물의 공사 현장 • 연면적 3만[m²] 이상 20만[m²] 미만인 아파트의 공사 현장
행정안전부령으로 정하는 중급감리원 이상의 소방공사 감리원(기계분야 및 전기분야)		연면적 5천[m²] 이상 3만[m²] 미만인 특정소방대상물의 공사 현장
행정안전부령으로 정하는 초급감리원 이상의 소방공사 감리원(기계분야 및 전기분야)		• 연면적 5천[m²] 미만인 특정소방대상물의 공사 현장 • 지하구의 공사 현장

190

자동화재탐지설비의 일반공사 감리기간으로 포함시켜 산정할 수 있는 항목은?

① 고정금속구를 설치하는 기간
② 전선관의 매립을 하는 공사기간
③ 공기유입구의 설치기간
④ 소화약제 저장용기의 설치기간

해설

일반공사 감리기간(규칙 별표 3) : 자동화재탐지설비 · 시각경보기 · 비상경보설비 · 비상방송설비 · 통합감시시설 · 유도등 · 비상콘센트설비 및 무선통신보조설비의 경우 – 전선관의 매립, 감지기 · 유도등 · 조명등 및 비상콘센트의 설치, 증폭기의 접속, 누설동축케이블 등의 부설, 무선기기의 접속단자 · 분배기 · 증폭기의 설치 및 동력전원의 접속공사를 하는 기간

191

소방시설공사업법상 특정소방대상물의 관계인 또는 발주자가 해당 도급계약의 수급인을 도급계약 해지할 수 있는 경우의 기준 중 틀린 것은?

① 하도급계약의 적정성 심사 결과 하수급인 또는 하도급계약 내용의 변경 요구에 정당한 사유 없이 따르지 않는 경우
② 정당한 사유 없이 15일 이상 소방시설공사를 계속하지 않는 경우
③ 소방시설업이 등록취소되거나 영업정지된 경우
④ 소방시설업을 휴업하거나 폐업한 경우

해설

도급계약을 해지할 수 있는 경우(법 제23조)
• 소방시설업이 등록취소되거나 영업정지된 경우
• 소방시설업을 휴업하거나 폐업한 경우
• 정당한 사유 없이 30일 이상 소방시설공사를 계속하지 않는 경우
• 제22조의2 제2항에 따른 요구에 정당한 사유 없이 따르지 않는 경우
※ 제22조의2 제2항 : 발주자는 하수급인의 시공 및 수행능력 또는 하도급계약 내용이 적정하지 않는 경우 그 사유를 분명하게 밝혀 수급인에게 하수급인 또는 하도급계약 내용의 변경을 요구할 수 있다.

192

소방시설공사업자의 시공능력 평가방법에 대한 설명 중 틀린 것은?

① 시공능력평가액은 실적평가액 + 자본금평가액 + 기술력평가액 + 경력평가액 ± 신인도평가액으로 산출한다.
② 신인도평가액 산정 시 최근 1년간 국가기관으로부터 우수시공업자로 선정된 경우에는 3[%]를 가산한다.
③ 신인도평가액 산정 시 최근 1년간 부도가 발생된 사실이 있는 경우에는 2[%]를 감산한다.
④ 실적평가액은 최근 5년간의 연평균공사 실적액을 의미한다.

해설

시공능력 평가의 평가방법(규칙 별표 4)
• 시공능력평가액 = 실적평가액 + 자본금평가액 + 기술력평가액 + 경력평가액 ± 신인도평가액
• 실적평가액 = 연평균공사 실적액
  - 공사업을 한 기간이 산정일을 기준으로 3년 이상인 경우에는 최근 3년간의 공사실적을 합산하여 3으로 나눈 금액을 연평균공사 실적액으로 한다.
• 자본금평가액 = (실질자본금 × 실질자본금의 평점 + 소방청장이 지정한 금융회사 또는 소방산업공제조합에 출자·예치·담보한 금액) × 70/100
• 기술력평가액 = 전년도 공사업계의 기술자 1인당 평균생산액×보유 기술인력 가중치 합계 × 30/100 + 전년도 기술개발투자액
• 경력평가액 = 실적평가액 × 공사업 경영기간 평점 × 20/100
• 신인도평가액 = (실적평가액 + 자본금평가액 + 기술력평가액 + 경력평가액) × 신인도 반영비율 합계
※ 신인도 반영비율 가점요소
  ㉠ 최근 1년간 국가기관·지방자치단체·공공기관으로부터 우수시공업자로 선정된 경우(+3[%])
  ㉡ 최근 1년간 국가기관·지방자치단체·공공기관으로부터 공사업과 관련한 표창을 받은 경우(+3[%]) : 대통령 표창(+3[%]), 그 밖의 표창(+2[%])
  ㉢ 공사업자의 공사 시공상 환경관리 및 공사폐기물의 처리실태가 우수하여 환경부장관으로부터 시공능력의 증액 요청이 있는 경우(+2[%])
  ㉣ 소방시설공사업에 관한 국제품질경영인증(ISO)을 받은 경우(+2[%])
※ 신인도 반영비율 감점요소
  ㉠ 최근 1년간 국가기관·지방자치단체·공공기관으로부터 부정당업자로 제재처분을 받은 사실이 있는 경우(-3[%])
  ㉡ 최근 1년간 부도가 발생한 사실이 있는 경우(-2[%])
  ㉢ 최근 1년간 영업정지 처분 및 과징금 처분을 받은 사실이 있는 경우 : 1개월 이상 3개월 이하(-2[%]), 3개월 초과(-3[%])
  ㉣ 최근 1년간 과태료 처분을 받은 사실이 있는 경우(-2[%])
  ㉤ 최근 1년간 환경관리법령에 따른 과태료 처분, 영업정지 처분 및 과징금 처분을 받은 사실이 있는 경우(-2[%])

193

다음 중 고급기술자에 해당하는 학력·경력 기준으로 옳은 것은?

① 박사학위를 취득한 후 6개월 이상 소방 관련 업무를 수행한 사람

② 석사학위를 취득한 후 4년 이상 소방 관련 업무를 수행한 사람

③ 학사학위를 취득한 후 6년 이상 소방 관련 업무를 수행한 사람

④ 고등학교 소방학과를 졸업한 후 12년 이상 소방 관련 업무를 수행한 사람

해설

학력·경력 등에 따른 고급기술자 기술등급(규칙 별표 4의2)

학력·경력자	경력자
• 박사학위를 취득한 후 1년 이상 소방 관련 업무를 수행한 사람 • 석사학위를 취득한 후 4년 이상 소방 관련 업무를 수행한 사람 • 학사학위를 취득한 후 7년 이상 소방 관련 업무를 수행한 사람 • 전문 학사학위를 취득한 후 10년 이상 소방 관련 업무를 수행한 사람 • 고등학교 소방학과를 졸업한 후 13년 이상 소방 관련 업무를 수행한 사람 • 고등학교를 해당 학과 졸업한 후 15년 이상 소방 관련 업무를 수행한 사람	• 학사 이상의 학위를 취득한 후 12년 이상 소방 관련 업무를 수행한 사람 • 전문 학사학위를 취득한 후 15년 이상 소방 관련 업무를 수행한 사람 • 고등학교를 졸업한 후 18년 이상 소방 관련 업무를 수행한 사람 • 22년 이상 소방 관련 업무를 수행한 사람

194

소방시설공사업법상 소방시설업의 감독을 위하여 필요할 때에 소방시설업자나 관계인에게 필요한 보고나 자료 제출을 명할 수 있는 사람이 아닌 것은?

① 시·도지사   ② 119안전센터장

③ 소방서장   ④ 소방본부장

해설

시·도지사, 소방본부장 또는 소방서장은 소방시설업의 감독을 위하여 필요할 때에는 소방시설업자나 관계인에게 필요한 보고나 자료 제출을 명할 수 있고, 관계 공무원으로 하여금 소방시설업체나 특정소방대상물에 출입하여 관계 서류와 시설 등을 검사하거나 소방시설업자 및 관계인에게 질문하게 할 수 있다(법 제31조).

195

소방시설공사업법상 소방시설업 등록을 하지 않고 영업을 한 자에 대한 벌칙으로 옳은 것은?

① 500만원 이하의 벌금

② 1년 이하의 징역 또는 1,000만원 이하의 벌금

③ 3년 이하의 징역 또는 3,000만원 이하의 벌금

④ 5년 이하의 징역

해설

소방시설업 등록을 하지 않고 영업을 한 자(법 제35조) : 3년 이하의 징역 또는 3,000만원 이하의 벌금

196

소방시설공사업법상 도급을 받은 자가 제3자에게 소방시설공사의 시공을 하도급한 경우에 대한 벌칙기준으로 옳은 것은?(단, 대통령령으로 정하는 경우는 제외한다)

① 100만원 이하의 벌금
② 300만원 이하의 벌금
③ 1년 이하의 징역 또는 1,000만원 이하의 벌금
④ 3년 이하의 징역 또는 3,000만원 이하의 벌금

해설

1년 이하의 징역 또는 1,000만원 이하의 벌금(법 제36조)
• 영업정지 처분을 받고 그 영업정지 기간에 영업을 한 자
• 규정을 위반하여 설계나 시공을 한 자
• 규정을 위반하여 감리를 하거나 거짓으로 감리한 자
• 규정을 위반하여 공사감리자를 지정하지 않은 자
• 규정을 위반하여 소방시설업자가 아닌 자에게 소방시설공사 등을 도급한 자
• 규정을 위반하여 제3자에게 소방시설공사 시공을 다시 하도급한 자
• 제27조 제1항을 위반하여 같은 항에 따른 법 또는 명령을 따르지 않고 업무를 수행한 자

197

다음 중 300만원 이하의 벌금에 해당되지 않는 것은?

① 등록수첩을 다른 자에게 빌려준 자
② 소방시설공사의 완공검사를 받지 않은 자
③ 소방기술자가 동시에 둘 이상의 업체에 취업한 사람
④ 소방시설공사 현장에 감리원을 배치하지 않은 자

해설

300만원 이하의 벌금(법 제37조)
• 등록증이나 등록수첩을 다른 자에게 빌려준 자
• 소방시설공사 현장에 감리원을 배치하지 않은 자
• 공사감리 계약을 해지하거나 대가 지급을 거부하거나 지연시키거나 불이익을 준 자
• 자격수첩 또는 경력수첩을 빌려준 사람
• 소방기술자가 동시에 둘 이상의 업체에 취업한 사람
※ 소방시설공사의 완공검사를 받지 않은 자 : 200만원 이하의 과태료

198

소방시설공사업법상 소방시설업에 대한 행정처분기준에서 1차 행정처분 사항으로 등록취소에 해당하는 것은?

① 거짓이나 그 밖의 부정한 방법으로 등록한 경우
② 소방시설업자의 지위를 승계한 사실을 소방시설공사 등을 맡긴 특정소방대상물의 관계인에게 통지를 하지 않는 경우
③ 화재안전기준 등에 적합하게 설계·시공을 하지 않거나, 법에 따라 적합하게 감리를 하지 않는 경우
④ 등록을 한 후 정당한 사유 없이 1년이 지날 때까지 영업을 시작하지 않거나 계속하여 1년 이상 휴업한 때

해설

행정처분(규칙 별표 1)

위반사항	행정처분기준		
	1차	2차	3차
거짓이나 그 밖의 부정한 방법으로 등록한 경우	등록취소		
소방시설업자의 지위를 승계한 사실을 소방시설공사 등을 맡긴 특정소방대상물의 관계인에게 통지를 하지 않거나 관계서류를 보관하지 않은 경우	경고 (시정명령)	영업정지 1개월	등록취소
화재안전기준 등에 적합하게 설계·시공을 하지 않거나, 법에 따라 적합하게 감리를 하지 않는 경우	영업정지 1개월	영업정지 3개월	등록취소
등록을 한 후 정당한 사유 없이 1년이 지날 때까지 영업을 시작하지 않거나 계속하여 1년 이상 휴업한 때	경고 (시정명령)	등록취소	

199

방염업자가 다른 사람에게 등록증을 빌려준 경우 1차 행정처분으로 옳은 것은?

① 6개월 이내의 영업정지
② 9개월 이내의 영업정지
③ 12개월 이내의 영업정지
④ 24개월 이내의 영업정지

해설

소방시설업에 대한 행정처분기준(규칙 별표 1)

위반사항	근거 법조문	행정처분기준		
		1차	2차	3차
법 제8조 제1항을 위반하여 다른 자에게 자기의 성명이나 상호를 사용하여 소방시설공사 등을 수급 또는 시공하게 하거나 소방시설업의 등록증 또는 등록수첩을 빌려준 경우	법 제9조	영업 정지 6개월	등록 취소	

※ 소방시설업 : 소방시설설계업, 소방시설공사업, 소방공사감리업, 방염처리업

200

소방시설공사업법상 소방시설공사업자가 소속 소방기술자를 소방시설공사 현장에 배치하지 않았을 경우의 과태료 기준은?

① 100만원 이하
② 200만원 이하
③ 300만원 이하
④ 400만원 이하

해설

소방기술자를 소방시설공사 현장에 배치하지 않은 자(법 제40조) : 200만원 이하의 과태료

201

위험물안전관리법에서 정하는 용어에 대한 설명 중 틀린 것은?

① 위험물이란 인화성 또는 발화성 등의 성질을 가지는 것으로서 안전행정부령이 정하는 물품을 말한다.
② 지정수량이란 위험물의 종류별로 위험성을 고려하여 제조소 등의 설치허가 등에 있어서 최저의 기준이 되는 수량을 말한다.
③ 제조소란 위험물을 제조할 목적으로 지정수량 이상의 위험물을 취급하기 위하여 위험물 설치 허가를 받은 장소를 말한다.
④ 취급소란 지정수량 이상의 위험물을 제조 외의 목적으로 취급하기 위하여 위험물 설치 허가를 받은 장소를 말한다.

해설

위험물(법 제2조) : 인화성 또는 발화성 등의 성질을 가지는 것으로서 대통령령이 정하는 물품

202

위험물안전관리법상 위험물취급소의 구분에 해당하지 않는 것은?

① 이송취급소
② 관리취급소
③ 판매취급소
④ 일반취급소

해설

위험물취급소 : 일반취급소, 주유취급소, 이송취급소, 판매취급소

203

위험물안전관리법상 위험물 및 지정수량에 대한 기준 중 다음 [보기]의 (   ) 안에 알맞은 것은?

┤보기├

금속분이라 함은 알칼리금속·알칼리토류금속·철 및 마그네슘 외의 금속의 분말을 말하고, 구리분·니켈분 및 (㉠)[μm]의 체를 통과하는 것이 (㉡)[wt%] 미만인 것은 제외한다.

① ㉠ 150, ㉡ 50   ② ㉠ 53, ㉡ 50

③ ㉠ 50, ㉡ 150   ④ ㉠ 50, ㉡ 53

해설

금속분(영 별표 1) : 알칼리금속·알칼리토류금속·철 및 마그네슘 외의 금속의 분말(구리분·니켈분 및 150[μm]의 체를 통과하는 것이 50[wt%] 미만인 것은 제외한다)

205

위험물안전관리법상 제4류 위험물별 지정수량 기준의 연결이 옳지 않은 것은?

① 특수인화물 − 50[L]

② 알코올류 − 400[L]

③ 동식물유류 − 1,000[L]

④ 제4석유류 − 6,000[L]

해설

제4류 위험물별 지정수량

종류	특수인화물	알코올류	동식물유류	제4석유류
지정수량	50[L]	400[L]	10,000[L]	6,000[L]

204

다음 중 위험물별 성질로서 옳지 않은 것은?

① 제1류 : 산화성 고체

② 제2류 : 가연성 고체

③ 제4류 : 인화성 액체

④ 제6류 : 인화성 고체

해설

유별 성질(영 별표 1)

유별	제1류 위험물	제2류 위험물	제3류 위험물	제4류 위험물	제5류 위험물	제6류 위험물
성질	산화성 고체	가연성 고체	자연 발화성 및 금수성 물질	인화성 액체	자기 반응성 물질	산화성 액체

206

제4류 인화성 액체 위험물 중 품명 및 지정수량이 옳게 짝지어진 것은?

① 제1석유류(수용성 액체) − 100[L]

② 제2석유류(수용성 액체) − 500[L]

③ 제3석유류(수용성 액체) − 1,000[L]

④ 제4석유류 − 6,000[L]

해설

위험물의 지정수량(영 별표 1)

유별	제1석유류		제2석유류		제3석유류		제4석유류
	수용성	비수용성	수용성	비수용성	수용성	비수용성	
지정수량	400[L]	200[L]	2,000[L]	1,000[L]	4,000[L]	2,000[L]	6,000[L]

207

위험물안전관리법상 제6류 위험물로 옳은 것은?

① 황
② 칼륨
③ 황린
④ 질산

위험물의 분류(영 별표 1)

종류	황	칼륨	황린	질산
유별	제2류 위험물	제3류 위험물	제3류 위험물	제6류 위험물
성질	가연성 고체	자연발화성 및 금수성 물질	자연발화성 및 금수성 물질	산화성 액체

208

지정수량 미만인 위험물의 저장 또는 취급에 관한 기술상의 기준은 무엇으로 정하는가?

① 대통령령
② 행정안전부령
③ 소방청령
④ 시·도의 조례

저장 또는 취급에 관한 기술상의 기준(법 제4조)
• 지정수량 이상 : 위험안전관리법 적용
• 지정수량 미만 : 시·도의 조례

209

위험물안전관리법상 제조소 등이 아닌 장소에서 지정수량 이상의 위험물을 취급할 수 있는 기준 중 [보기]의 ( ) 안에 알맞은 것은?

┌─보기─────────────────────────────┐
│ 시·도의 조례가 정하는 바에 따라 관할 소방서장의 승인을 │
│ 받아 지정수량 이상의 위험물을 ( )일 이내의 기간동안 │
│ 임시로 저장 또는 취급하는 경우 │
└──────────────────────────────────┘

① 15
② 30
③ 60
④ 90

위험물 임시저장기간(법 제5조) : 90일 이내

210

경유의 저장량이 2,000[L], 중유의 저장량이 4,000[L], 등유의 저장량이 2,000[L]인 저장소에 있어서 지정수량의 배수는?

① 10배
② 6배
③ 3배
④ 2배

제4류 위험물의 지정수량(영 별표 1)

종류 \ 항목	경유	중유	등유
품명	제2석유류 (비수용성)	제3석유류 (비수용성)	제2석유류 (비수용성)
지정수량	1,000[L]	2,000[L]	1,000[L]

$$\therefore \text{지정수량의 배수} = \frac{\text{저장량}}{\text{지정수량}} + \frac{\text{저장량}}{\text{지정수량}} + \cdots$$

$$= \frac{2,000[L]}{1,000[L]} + \frac{4,000[L]}{2,000[L]} + \frac{2,000[L]}{1,000[L]} = 6\text{배}$$

211

위험물안전관리법상 위험물 시설의 설치 및 변경 등에 관한 기준 중 다음 [보기]의 ( ) 안에 들어갈 내용으로 옳은 것은?

┌─보기─────────────────────────────┐
│ 제조소 등의 위치·구조 또는 설비의 변경 없이 해당 제조소 │
│ 등에서 저장하거나 취급하는 위험물의 품명·수량 또는 │
│ 지정수량의 배수를 변경하고자 하는 자는 변경하고자 하는 │
│ 날의 (㉠)일 전까지 (㉡)이 정하는 바에 따라 (㉢)에게 │
│ 신고해야 한다. │
└──────────────────────────────────┘

① ㉠ : 1, ㉡ : 대통령령, ㉢ : 소방본부장
② ㉠ : 1, ㉡ : 행정안전부령, ㉢ : 시·도지사
③ ㉠ : 14, ㉡ : 대통령령, ㉢ : 소방서장
④ ㉠ : 14, ㉡ : 행정안전부령, ㉢ : 시·도지사

제조소 등의 위치·구조 또는 설비의 변경 없이 해당 제조소 등에서 저장하거나 취급하는 위험물의 품명·수량 또는 지정수량의 배수를 변경하고자 하는 자는 변경하고자 하는 날의 1일 전까지 행정안전부령이 정하는 바에 따라 시·도지사에게 신고해야 한다(법 제6조).

212

위험물 시설의 설치 및 변경 등에 있어서 허가를 받지 않고 해당 제조소 등을 설치하거나 그 위치·구조 또는 설비를 변경할 수 있으며, 신고를 하지 않고 위험물의 품명·수량 또는 지정수량의 배수를 변경할 수 있는 경우의 제조소 등으로 옳지 않은 것은?

① 주택의 난방시설을 위한 저장소 또는 취급소
② 공동주택의 중앙난방시설을 위한 저장소 또는 취급소
③ 수산용으로 필요한 건조시설을 위한 지정수량 20배 이하의 저장소
④ 농예용으로 필요한 난방시설을 위한 지정수량 20배 이하의 저장소

해설

다음에 해당하는 제조소 등의 경우에는 허가를 받지 않고 해당 제조소 등을 설치하거나 그 위치·구조 또는 설비를 변경할 수 있으며, 신고를 하지 않고 위험물의 품명·수량 또는 지정수량의 배수를 변경할 수 있다(법 제6조).
• 주택의 난방시설(공동주택의 중앙난방시설을 제외한다)을 위한 저장소 또는 취급소
• 농예용·축산용 또는 수산용으로 필요한 난방시설 또는 건조시설을 위한 지정수량 20배 이하의 저장소

213

옥외탱크저장소의 액체 위험물 탱크 중 그 용량이 몇 [L] 이상인 탱크가 기초·지반검사를 받아야 하는가?

① 10만[L] 이상
② 30만[L] 이상
③ 50만[L] 이상
④ 100만[L] 이상

해설

옥외탱크저장소의 액체 위험물 탱크 중 용량이 100만[L] 이상인 탱크는 기초·지반검사를 받아야 한다(영 제8조).

214

위험물안전관리법상 과징금 처분에서 위험물제조소 등에 대한 사용의 정지가 공익을 해칠 우려가 있을 때, 사용정지 처분에 갈음하여 얼마의 과징금을 부과할 수 있는가?

① 5천만원 이하
② 1억원 이하
③ 2억원 이하
④ 3억원 이하

해설

과징금
• 위험물안전관리법(제13조), 소방시설공사업법(제10조) : 2억원 이하
• 소방시설관리업(소방시설법 제36조) : 3,000만원 이하

215

위험물 시설의 설치 및 변경, 안전관리에 대한 설명으로 옳지 않은 것은?

① 제조소 등의 설치자의 지위를 승계한 자는 승계한 날로부터 30일 이내에 시·도지사에게 신고해야 한다.
② 제조소 등의 용도를 폐지한 때에는 폐지한 날부터 30일 이내에 시·도지사에게 신고해야 한다.
③ 위험물안전관리자가 퇴직한 때에는 퇴직한 날부터 30일 이내에 다시 위험물관리자를 선임해야 한다.
④ 위험물안전관리자를 선임한 때에는 선임한 날부터 14일 이내에 소방본부장이나 소방서장에게 신고해야 한다.

해설

위험물의 신고
• 제조소 등의 지위승계(법 제10조) : 승계한 날부터 30일 이내에 시·도지사에게 신고
• 제조소 등의 용도폐지(법 제11조) : 폐지한 날부터 14일 이내에 시·도지사에게 신고
• 위험물안전관리자 재선임(법 제15조) : 퇴직한 날부터 30일 이내에 안전관리자 재선임
• 위험물안전관리자 선임신고(법 제15조) : 선임한 날부터 14일 이내에 소방본부장이나 소방서장에게 신고

216

위험물안전관리법에 따라 위험물안전관리자를 해임하거나 퇴직한 때에는 해임하거나 퇴직한 날부터 며칠 이내에 다시 안전관리자를 선임해야 하는가?

① 30일 이내
② 35일 이내
③ 40일 이내
④ 55일 이내

해설

위험물안전관리자(법 제15조)
• 재선임 : 해임 또는 퇴직 시 사유가 발생한 날부터 30일 이내
• 선임신고 : 선임일로부터 14일 이내

217

위험물안전관리법상 제조소 등의 관계인은 위험물의 안전관리에 관한 직무를 수행하기 위하여 제조소 등마다 위험물의 취급에 관한 자격이 있는 자를 위험물안전관리자로 선임해야 한다. 이 경우 제조소 등의 관계인이 지켜야 할 기준으로 틀린 것은?

① 제조소 등의 관계인은 안전관리자를 해임하거나 퇴직한 날부터 15일 이내에 다시 안전관리자를 선임해야 한다.
② 제조소 등의 관계인이 안전관리자를 선임한 경우에는 선임한 날부터 14일 이내에 소방본부장 또는 소방서장에게 신고해야 한다.
③ 제조소 등의 관계인은 안전관리자가 여행·질병 그 밖의 사유로 인하여 일시적으로 직무를 수행할 수 없는 경우에는 국가기술자격법에 따른 위험물의 취급에 관한 자격취득자 또는 위험물 안전에 관한 기본지식과 경험이 있는 자를 대리자로 지정하여 그 직무를 대행하게 해야 한다. 이 경우 대행하는 기간은 30일을 초과할 수 없다.
④ 안전관리자는 위험물을 취급하는 작업을 하는 때에는 작업자에게 안전관리에 관한 필요한 지시를 하는 등 위험물의 취급에 관한 안전관리와 감독을 해야 하고 제조소 등의 관계인은 안전관리자의 위험물 안전관리에 관한 의견을 존중하고 그 권고에 따라야 한다.

해설

위험물안전관리자 재선임 기간(법 제15조) : 해임 또는 퇴직일로부터 30일 이내에 선임

218

다음 중 위험물 탱크안전성능시험자로 시·도지사에게 등록하기 위하여 갖추어야 할 사항이 아닌 것은?

① 자본금   ② 기술능력

③ 시설   ④ 장비

해설

위험물 탱크안전성능시험자의 등록사항(법 제16조)
- 기술능력
- 시설
- 장비

219

위험물안전관리법상 제조소 등의 완공검사 신청시기 기준으로 옳지 않은 것은?

① 지하탱크가 있는 제조소 등의 경우에는 해당 지하탱크를 매설하기 전

② 이동탱크저장소의 경우에는 이동저장탱크를 완공하고 상치장소를 확보한 후

③ 이송취급소의 경우에는 이송배관 공사의 전체 또는 일부 완료한 후

④ 배관을 지하에 설치하는 경우에는 소방서장이 지정하는 부분을 매몰하고 난 직후

해설

완공검사 신청시기(규칙 제20조)
- 지하탱크가 있는 제조소 등의 경우 : 해당 지하탱크를 매설하기 전
- 이동탱크저장소의 경우 : 이동저장탱크를 완공하고 상시설치장소(상치장소)를 확보한 후
- 이송취급소의 경우 : 이송배관 공사의 전체 또는 일부를 완료한 후. 다만, 지하·하천 등에 매설하는 이송배관의 공사의 경우에는 이송배관을 매설하기 전
- 전체 공사가 완료된 후에는 완공검사를 실시하기 곤란한 경우(다음에서 정하는 시기)
  - 위험물설비 또는 배관의 설치가 완료되어 기밀시험 또는 내압시험을 실시하는 시기
  - 배관을 지하에 설치하는 경우에는 시·도지사, 소방서장 또는 기술원이 지정하는 부분을 매몰하기 직전
  - 기술원이 지정하는 부분의 비파괴시험을 실시하는 시기
- 위에 해당하지 않는 제조소 등의 경우 : 제조소 등의 공사를 완료한 후

220

관계인이 예방규정을 정해야 하는 제조소 등의 기준이 아닌 것은?

① 지정수량의 10배 이상의 위험물을 취급하는 제조소

② 지정수량의 50배 이상의 위험물을 취급하는 옥외저장소

③ 지정수량의 150배 이상의 위험물을 취급하는 옥내저장소

④ 지정수량의 200배 이상의 위험물을 취급하는 옥외탱크저장소

해설

관계인이 예방규정을 정해야 하는 제조소 등(영 제15조)
- 지정수량의 10배 이상의 위험물을 취급하는 제조소, 일반취급소
- 지정수량의 100배 이상의 위험물을 저장하는 옥외저장소
- 지정수량의 150배 이상의 위험물을 저장하는 옥내저장소
- 지정수량의 200배 이상의 위험물을 저장하는 옥외탱크저장소
- 암반탱크저장소
- 이송취급소

221

지정수량의 몇 배 이상의 위험물을 취급하는 제조소는 관계인이 예방규정을 정해야 하는가?

① 10배 이상

② 100배 이상

③ 150배 이상

④ 200배 이상

해설

지정수량의 10배 이상의 위험물을 취급하는 제조소, 일반취급소(영 제15조) : 예방규정을 정해야 하는 제조소 등

222

정기점검의 대상인 제조소 등에 해당하지 않는 것은?

① 이송취급소　　　　② 이동탱크저장소
③ 암반탱크저장소　　④ 판매취급소

해설

정기점검의 대상인 제조소 등(영 제16조)
- 지정수량의 10배 이상의 위험물을 취급하는 제조소
- 지정수량의 100배 이상의 위험물을 저장하는 옥외저장소
- 지정수량의 150배 이상의 위험물을 저장하는 옥내저장소
- 지정수량의 200배 이상의 위험물을 저장하는 옥외탱크저장소
- 암반탱크저장소
- 이송취급소
- 지정수량의 10배 이상의 위험물을 취급하는 일반취급소
- 지하탱크저장소
- 이동탱크저장소
- 위험물을 취급하는 탱크로서 지하에 매설된 탱크가 있는 제조소 · 주유취급소 또는 일반취급소

223

위험물안전관리법상 정기검사를 받아야 하는 특정 · 준특정 옥외탱크저장소의 관계인은 특정 · 준특정 옥외탱크저장소의 설치허가에 따른 완공검사합격확인증을 발급받은 날부터 몇 년 이내에 정기검사를 받아야 하는가?

① 9년 이내　　　　② 10년 이내
③ 11년 이내　　　④ 12년 이내

해설

특정 · 준특정 옥외탱크저장소의 정기점검(규칙 제65조)
- 제조소 등의 설치허가에 따른 완공검사합격확인증을 발급받은 날부터 12년
- 최근의 정밀정기검사를 받은 날부터 11년
- 특정 · 준특정 옥외저장탱크에 안전조치를 한 후 구조안전점검시기 연장신청을 하여 해당 안전조치가 적정한 것으로 인정받은 경우에는 최근의 정밀정기검사를 받은 날부터 13년

224

액체 위험물을 저장 또는 취급하는 옥외탱크저장소 중 몇 [L] 이상의 옥외탱크저장소는 정기검사의 대상이 되는가?

① 1만[L] 이상　　　② 10만[L] 이상
③ 50만[L] 이상　　④ 1,000만[L] 이상

해설

50만[L] 이상의 옥외탱크저장소 정기검사 대상이다(영 제17조).

225

위험물안전관리법에 의하여 자체소방대을 두는 제조소로서 제4류 위험물의 최대 수량의 합이 지정수량 24만배 이상 48만배 미만인 경우 보유해야 할 화학소방자동차와 자체소방대원의 기준으로 옳은 것은?

① 1대, 5인　　　　② 2대, 10인
③ 3대, 15인　　　④ 4대, 20인

해설

자체소방대에 두는 화학소방자동차 및 인원(영 별표 8)

사업소의 구분	화학소방자동차	자체소방대원의 수
제조소 또는 일반취급소에서 취급하는 제4류 위험물의 최대 수량의 합이 지정수량의 3,000배 이상 12만배 미만인 사업소	1대	5인
제조소 또는 일반취급소에서 취급하는 제4류 위험물의 최대 수량의 합이 지정수량의 12만배 이상 24만배 미만인 사업소	2대	10인
제조소 또는 일반취급소에서 취급하는 제4류 위험물의 최대 수량의 합이 지정수량의 24만배 이상 48만배 미만인 사업소	3대	15인
제조소 또는 일반취급소에서 취급하는 제4류 위험물의 최대 수량의 합이 지정수량의 48만배 이상인 사업소	4대	20인
옥외탱크저장소에 저장하는 제4류 위험물의 최대 수량이 지정수량의 50만배 이상인 사업소	2대	10인

226

화학소방자동차의 소화능력 및 설비기준에서 분말 방사차의 분말 방사능력은 매초 몇 [kg] 이상이어야 하는가?

① 25[kg] 이상
② 30[kg] 이상
③ 35[kg] 이상
④ 40[kg] 이상

해설

화학소방자동차에 갖추어야 하는 소화능력 및 설비기준(규칙 별표 23)

화학소방 자동차의 구분	소화능력 및 설비기준
포수용액 방사차	포수용액의 방사능력이 매분 2,000[L] 이상일 것
	소화약액탱크 및 소화약액혼합장치를 비치할 것
	10만[L] 이상의 포수용액을 방사할 수 있는 양의 소화약제를 비치할 것
분말 방사차	분말의 방사능력이 매초 35[kg] 이상일 것
	분말탱크 및 가압용 가스설비를 비치할 것
	1,400[kg] 이상의 분말을 비치할 것
할로젠화합물 방사차	할로젠화합물의 방사능력이 매초 40[kg] 이상일 것
	할로젠화합물탱크 및 가압용 가스설비를 비치할 것
	1,000[kg] 이상의 할로젠화합물을 비치할 것
이산화탄소 방사차	이산화탄소의 방사능력이 매초 40[kg] 이상일 것
	이산화탄소저장용기를 비치할 것
	3,000[kg] 이상의 이산화탄소를 비치할 것
제독차	가성소다 및 규조토를 각각 50[kg] 이상 비치할 것

※ 위험물안전관리법 : 할로젠화합물
   소방 관련 법령 : 할로겐화합물

227

위험물안전관리법상 위험물의 안전관리와 관련된 업무를 수행하는 자로서 소방청장이 실시하는 안전교육대상자가 아닌 것은?

① 안전관리자로 선임된 자
② 탱크시험자의 기술인력으로 종사하는 자
③ 위험물운송자로 종사하는 자
④ 제조소 등의 관계인

해설

안전교육대상자(영 제20조)
• 안전관리자로 선임된 자
• 탱크시험자의 기술인력으로 종사하는 자
• 위험물운반자로 종사하는 자
• 위험물운송자로 종사하는 자

228

위험물안전관리법상 행정처분을 하고자 하는 경우 청문을 실시해야 하는 것은?

① 제조소 등 설치허가의 취소
② 제조소 등 영업정지 처분
③ 탱크시험자의 영업정지
④ 과징금 부과처분

해설

청문 실시대상(법 제29조)
• 제조소 등 설치허가의 취소
• 탱크시험자의 등록취소

229

업무상 과실로 제조소 등에서 위험물을 유출·방출 또는 확산시켜 사람의 생명·신체 또는 재산에 대하여 위험을 발생시킨 자에 대한 벌칙기준으로 옳은 것은?

① 10년 이하의 징역 또는 금고나 1억원 이하의 벌금
② 7년 이하의 금고 또는 7천만원 이하의 벌금
③ 5년 이하의 징역 또는 1억원 이하의 벌금
④ 3년 이하의 징역 또는 3천원 이하의 벌금

해설

벌칙(법 제33조, 제34조)

- 1년 이상 10년 이하의 징역 : 제조소 등에서 위험물을 유출·방출 또는 확산시켜 사람의 생명·신체 또는 재산에 대하여 위험을 발생시킨 자
- 무기 또는 3년 이상의 징역 : 위의 죄를 범하여 사람을 상해에 이르게 한 때
- 무기 또는 5년 이상의 징역 : 위의 죄를 범하여 사람을 사망에 이르게 한 때
- 7년 이하의 금고 또는 7,000만원 이하의 벌금 : 업무상 과실로 제조소 등에서 위험물을 유출·방출 또는 확산시켜 사람의 생명·신체 또는 재산에 대하여 위험을 발생시킨 자
- 10년 이하의 징역 또는 금고나 1억원 이하의 벌금 : 업무상 과실로 제조소 등에서 위험물을 유출·방출 또는 확산시켜 사람을 사상(死傷)에 이르게 한 자

230

위험물운송자 자격을 취득하지 않은 자가 위험물 이동탱크저장소 운전 시의 벌칙으로 옳은 것은?

① 100만원 이하의 벌금
② 300만원 이하의 벌금
③ 400만원 이하의 벌금
④ 1,000만원 이하의 벌금

해설

1,000만원 이하의 벌금(법 제37조)

- 위험물의 취급에 관한 안전관리와 감독을 하지 않은 자
- 안전관리자 또는 그 대리자가 참여하지 않은 상태에서 위험물을 취급한 자
- 변경한 예방규정을 제출하지 않은 관계인으로서 제6조 제1항의 규정에 따른 허가를 받은 자
- 위험물의 운반에 관한 중요기준에 따르지 않은 자
- 요건을 갖추지 않은 위험물운반자
- 규정을 위반한 위험물운송자
- 관계인의 정당한 업무를 방해하거나 출입·검사 등을 수행하면서 알게 된 비밀을 누설한 자

231

위험물안전관리법상 다음 [보기]의 규정을 위반하여 위험물의 운송에 관한 기준을 따르지 않은 자에 대한 과태료 기준은?

┌ 보기 ┐

위험물운송자는 이동탱크저장소에 의하여 위험물을 운송하는 때에는 행정안전부령으로 정하는 기준을 준수하는 등 해당 위험물의 안전확보를 위하여 세심한 주의를 기울여야 한다.

① 100만원 이하
② 200만원 이하
③ 300만원 이하
④ 500만원 이하

해설

500만원 이하의 과태료(법 제39조)
• 임시저장기간의 규정에 따른 승인을 받지 않은 자
• 위험물의 저장 또는 취급에 관한 세부기준을 위반한 자
• 품명 등의 변경신고를 기간 이내에 하지 않거나 허위로 한 자
• 지위승계신고를 기간 이내에 하지 않거나 허위로 한 자
• 제조소 등의 폐지신고 또는 안전관리자의 선임신고를 기간 이내에 하지 않거나 허위로 한 자
• 등록사항의 변경신고를 기간 이내에 하지 않거나 허위로 한 자
• 점검결과를 기록·보존하지 않은 자
• 기간 이내에 점검결과를 제출하지 않은 자
• 규정을 위반하여 흡연을 한 자
• 제조소 등에서 흡연금지 시정명령을 따르지 않은 자
• 위험물의 운반에 관한 세부기준을 위반한 자
• 위험물의 운송에 관한 기준을 따르지 않은 자

232

위험물을 저장 또는 취급하는 탱크 용적의 산정기준에서 탱크의 용량은?

① 해당 탱크의 내용적에서 공간용적을 더한 용적
② 해당 탱크의 내용적에서 공간용적을 뺀 용적
③ 해당 탱크의 내용적에서 공간용적을 곱한 용적
④ 해당 탱크의 내용적에서 공간용적을 나눈 용적

해설

탱크의 용량 = 탱크의 내용적 − 공간용적(탱크 내용적의 5/100 이상 10/100 이하)(규칙 제5조)

233

영화상영관, 어린이집은 제조소 등과의 수평거리를 몇 [m] 이상 유지해야 하는가?

① 20[m] 이상   ② 30[m] 이상
③ 50[m] 이상   ④ 70[m] 이상

해설

제조소 등의 안전거리(규칙 별표 4) : 건축물의 외벽 또는 공작물의 외측으로부터 해당 제조소의 외벽 또는 이에 상당하는 공작물의 외측까지의 수평거리를 안전거리라 한다.

건축물	안전거리
사용전압 7,000[V] 초과 35,000[V] 이하의 특고압 가공전선	3[m] 이상
사용전압 35,000[V] 초과의 특고압 가공전선	5[m] 이상
주거용으로 사용되는 것(제조소가 설치된 부지 내에 있는 것을 제외)	10[m] 이상
고압가스, 액화석유가스, 도시가스를 저장 또는 취급하는 시설	20[m] 이상
학교, 병원급 의료기관(종합병원, 병원, 치과병원, 한방병원 및 요양병원), 극장, 공연장, 영화상영관, 수용인원 300명 이상, 복지시설(아동복지시설, 노인복지시설, 장애인복지시설, 한부모가족복지시설), 어린이집, 성매매피해자 등을 위한 지원시설, 정신건강증진시설, 가정폭력피해자 보호시설 수용인원 20명 이상의 인원을 수용할 수 있는 것	30[m] 이상
지정문화유산 및 천연기념물 등	50[m] 이상

※ 문화재 : 소방시설법상 국가유산으로 개정됨

234

위험물안전관리법상 취급하는 위험물의 최대 수량이 지정수량의 10배 이하인 경우 공지의 너비 기준은?

① 2[m] 이하   ② 2[m] 이상

③ 3[m] 이하   ④ 3[m] 이상

해설

보유공지(규칙 별표 4)

취급하는 위험물의 최대 수량	공지의 너비
지정수량의 10배 이하	3[m] 이상
지정수량의 10배 초과	5[m] 이상

235

위험물제조소 게시판의 바탕 및 문자의 색이 옳게 연결된 것은?

① 바탕 – 백색, 문자 – 청색

② 바탕 – 청색, 문자 – 흑색

③ 바탕 – 흑색, 문자 – 백색

④ 바탕 – 백색, 문자 – 흑색

해설

제조소의 표지(규칙 별표 4)

• 크기 : 한 변의 길이가 0.3[m] 이상, 다른 한 변의 길이가 0.6[m] 이상인 직사각형

• 색상 : 표지의 바탕은 백색, 문자는 흑색

236

위험물안전관리법상 제조소에서 게시판의 주의사항으로 잘못된 것은?

① 제2류 위험물(인화성 고체 제외) : 화기주의

② 제3류 위험물 중 자연발화성 물질 : 화기엄금

③ 제4류 위험물 : 화기주의

④ 제5류 위험물 : 화기엄금

해설

게시판의 주의사항(규칙 별표 4)

위험물의 종류	주의사항	게시판의 색상
제1류 위험물 중 알칼리금속의 과산화물 제3류 위험물 중 금수성 물질	물기엄금	청색바탕에 백색문자
제2류 위험물(인화성 고체는 제외)	화기주의	적색바탕에 백색문자
제2류 위험물 중 인화성 고체 제3류 위험물 중 자연발화성 물질 제4류 위험물 제5류 위험물	화기엄금	적색바탕에 백색문자

237

제4류 위험물을 저장하는 위험물제조소의 주의사항을 표시한 게시판의 내용으로 적합한 것은?

① 화기엄금   ② 물기엄금

③ 화기주의   ④ 물기주의

해설

제4류 위험물(규칙 별표 4) : 화기엄금

238

제조소 등의 위치·구조 및 설비기준 중 위험물을 취급하는 건축물의 환기설비 설치기준으로 다음 [보기]의 (   ) 안에 알맞은 것은?

┌─보기──────────────────────────┐
급기구는 해당 급기구가 설치된 실의 바닥면적 (㉠)[m²] 마다 1개 이상으로 하되, 급기구의 크기는 (㉡)[cm²] 이상 으로 할 것
└──────────────────────────────┘

① ㉠ 100, ㉡ 800
② ㉠ 150, ㉡ 800
③ ㉠ 100, ㉡ 1,000
④ ㉠ 150, ㉡ 1,000

해설

환기설비의 설치기준(규칙 별표 4)
• 환기는 자연배기방식으로 할 것
• 급기구는 해당 급기구가 설치된 실의 바닥면적 150[m²]마다 1개 이 상으로 하되, 급기구의 크기는 800[cm²] 이상으로 할 것. 다만 바닥 면적이 150[m²] 미만인 경우에는 다음의 크기로 해야 한다.

바닥면적	급기구의 면적
60[m²] 미만	150[cm²] 이상
60[m²] 이상 90[m²] 미만	300[cm²] 이상
90[m²] 이상 120[m²] 미만	450[cm²] 이상
120[m²] 이상 150[m²] 미만	600[cm²] 이상

• 급기구는 낮은 곳에 설치하고 가는 눈의 구리망 등으로 인화방지망 을 설치할 것
• 환기구는 지붕 위 또는 지상 2[m] 이상의 높이에 회전식 고정벤틸레 이터 또는 루프팬방식(지붕에 설치하는 배기장치)으로 설치할 것

239

위험물을 취급함에 있어서 정전기가 발생할 우려가 있는 설비는 공기 중의 상대습도를 몇 [%] 이상으로 해야 정전기를 유효하게 제거할 수 있는가?

① 30[%] 이상
② 55[%] 이상
③ 70[%] 이상
④ 90[%] 이상

해설

정전기 제거설비(규칙 별표 4)
• 접지에 의한 방법
• 상대습도를 70[%] 이상으로 하는 방법
• 공기를 이온화하는 방법

240

위험물제조소의 옥외에 있는 위험물취급탱크 용량이 100 [m³] 및 180[m³]인 2개의 취급탱크 주위에 하나의 방유제 를 설치하는 경우 방유제의 최소 용량은 몇 [m³]이어야 하는가?

① 100[m³]
② 140[m³]
③ 180[m³]
④ 280[m³]

해설

옥외에 있는 위험물취급탱크 방유제의 용량(규칙 별표 4)
방유제의 용량 = (최대용량 × 0.5) + (나머지 탱크용량 합계 × 0.1)
= (180[m³] × 0.5) + (100[m³] × 0.1) = 100[m³]

241

옥내저장소의 위치·구조 및 설비기준 중 지정수량의 몇 배 이상의 저장창고(제6류 위험물의 저장창고 제외)에 피뢰침을 설치해야 하는가?(단, 저장창고 주위의 상황이 안전상 지장이 없는 경우는 제외한다)

① 10배 이상　　　　② 20배 이상
③ 30배 이상　　　　④ 40배 이상

해설

피뢰설비(규칙 별표 5) : 지정수량의 10배 이상(제6류 위험물은 제외)

242

위험물안전관리법에 따른 인화성 액체 위험물(이황화탄소를 제외)의 옥외탱크저장소의 탱크 주위에 설치하는 방유제의 설치기준 중 옳은 것은?

① 방유제의 높이는 0.5[m] 이상 2[m] 이하로 할 것
② 방유제 내의 면적은 100,000[m²] 이하로 할 것
③ 방유제의 용량은 방유제 안에 설치된 탱크가 2기 이상인 때에는 그 탱크 중 용량이 최대인 것의 용량의 120[%] 이상으로 할 것
④ 높이가 1[m]를 넘는 방유제 및 간막이 둑의 안팎에는 방유제 내에 출입하기 위한 계단 또는 경사로를 약 50[m]마다 설치할 것

해설

방유제의 설치기준(규칙 별표 6)
• 방유제는 높이 0.5[m] 이상 3[m] 이하, 두께 0.2[m] 이상, 지하매설 깊이 1[m] 이상으로 할 것
• 방유제 내의 면적은 8만[m²] 이하로 할 것
• 방유제의 용량은 방유제 안에 설치된 탱크가 하나인 때에는 그 탱크 용량의 110[%] 이상, 2기 이상인 때에는 그 탱크 중 용량이 최대인 것의 용량의 110[%] 이상으로 할 것
• 높이가 1[m]를 넘는 방유제 및 간막이 둑의 안팎에는 방유제 내에 출입하기 위한 계단 또는 경사로를 약 50[m]마다 설치할 것

243

위험물안전관리법상 인화성 액체위험물(이황화탄소는 제외)의 옥외탱크저장소의 탱크 주위에 설치해야 하는 방유제의 설치기준 중 틀린 것은?

① 방유제 내의 면적은 60,000[m²] 이하로 해야 한다.
② 방유제는 높이 0.5[m] 이상 3[m] 이하, 두께 0.2[m] 이상, 지하매설깊이 1[m] 이상으로 할 것. 다만, 방유제와 옥외저장탱크 사이의 지반면 아래에 불침윤성 구조물을 설치하는 경우에는 지하매설깊이를 해당 불침윤성 구조물까지로 할 수 있다.
③ 방유제의 용량은 방유제 안에 설치된 탱크가 하나인 때에는 그 탱크 용량의 110[%] 이상, 2기 이상인 때에는 그 탱크 중 용량이 최대인 것의 용량의 110[%] 이상으로 해야 한다.
④ 방유제는 철근콘크리트로 하고, 방유제와 옥외저장탱크 사이의 지표면은 불연성과 불침윤성이 있는 구조(철근콘크리트 등)로 할 것. 다만, 누출된 위험물을 수용할 수 있는 전용유조 및 펌프 등의 설비를 갖춘 경우에는 방유제와 옥외저장탱크 사이의 지표면을 흙으로 할 수 있다.

해설

방유제 내의 면적(규칙 별표 6) : 80,000[m²] 이하

244

위험물 간이저장탱크의 설비기준에 대한 설명으로 옳은 것은?

① 통기관은 지름 최소 40[mm] 이상으로 한다.
② 용량은 600[L] 이하여야 한다.
③ 탱크의 주위에 너비는 최소 1.5[m] 이상의 공지를 두어야 한다.
④ 수압시험은 50[kPa]의 압력으로 10분간 실시하여 새거나 변형되지 않아야 한다.

해설

간이저장탱크의 설비기준(규칙 별표 9)
• 통기관은 지름 최소 25[mm] 이상으로 한다.
• 간이저장탱크의 용량은 600[L] 이하여야 한다.
• 탱크의 주위에 너비는 최소 1[m] 이상의 공지를 두어야 한다.
• 간이저장탱크의 두께는 3.2[mm] 이상의 강판으로 흠이 없도록 제작해야 하며, 70[kPa]의 압력으로 10분간의 수압시험을 실시하여 새거나 변형되지 않아야 한다.

245

소화난이도등급 Ⅰ의 제조소 등에 설치해야 하는 소화설비기준 중 황만을 저장·취급하는 옥내탱크저장소에 설치해야 하는 소화설비는?

① 옥내소화전설비
② 옥외소화전설비
③ 물분무소화설비
④ 고정식 포소화설비

해설

소화난이도등급 Ⅰ의 옥내탱크저장소(규칙 별표 17)
• 기준
 – 액표면적이 40[m²] 이상인 것(제6류 위험물을 저장하는 것 및 고인화점위험물만을 100[℃] 미만의 온도에서 저장하는 것은 제외)
 – 바닥면으로부터 탱크 옆판의 상단까지 높이가 6[m] 이상인 것(제6류 위험물을 저장하는 것 및 고인화점위험물만을 100[℃] 미만의 온도에서 저장하는 것은 제외)
 – 탱크전용실이 단층건물 외의 건축물에 있는 것으로서 인화점 38[℃] 이상 70[℃] 미만의 위험물을 지정수량의 5배 이상 저장하는 것(내화구조로 개구부 없이 구획된 것은 제외한다)
• 설치해야 하는 소화설비
 – 황만을 저장·취급하는 것 : 물분무소화설비
 – 인화점 70[℃] 이상의 제4류 위험물만을 저장·취급하는 것 : 물분무소화설비, 고정식 포소화설비, 이동식 이외의 불활성가스소화설비, 이동식 이외의 할로젠화합물소화설비 또는 이동식 이외의 분말소화설비
 – 그 밖의 것 : 고정식 포소화설비, 이동식 이외의 불활성가스소화설비, 이동식 이외의 할로젠화합물소화설비 또는 이동식 이외의 분말소화설비

244 ② 245 ③ **정답**

246

소화난이도등급Ⅲ인 지하탱크저장소에 설치해야 하는 소화설비의 설치기준으로 옳은 것은?

① 능력단위 수치가 3 이상의 소형수동식소화기 등 1개 이상
② 능력단위 수치가 3 이상의 소형수동식소화기 등 2개 이상
③ 능력단위 수치가 2 이상의 소형수동식소화기 등 1개 이상
④ 능력단위 수치가 2 이상의 소형수동식소화기 등 2개 이상

해설

소화난이도등급Ⅲ인 지하탱크저장소에 설치하는 소화기(규칙 별표 17) : 능력단위 수치가 3 이상의 소형수동식소화기 등 2개 이상

247

규정에 의한 지정수량 10배 이상의 위험물을 저장 또는 취급하는 제조소 등에 설치하는 경보설비로 옳지 않은 것은?

① 자동화재탐지설비
② 자동화재속보설비
③ 비상경보설비
④ 확성장치

해설

제조소 등별로 설치해야 하는 경보설비의 종류(규칙 별표 17)

제조소 등의 구분	제조소 등의 규모, 저장 또는 취급하는 위험물의 종류 및 최대 수량 등	경보설비
제조소 및 일반취급소	• 연면적 500[m²] 이상인 것 • 옥내에서 지정수량의 100배 이상을 취급하는 것 (고인화점 위험물만을 100[℃] 미만의 온도에서 취급하는 것을 제외한다)	자동화재 탐지설비
옥내저장소	• 지정수량의 100배 이상을 저장 또는 취급하는 것(고인화점위험물만을 저장 또는 취급하는 것을 제외한다) • 저장창고의 연면적이 150[m²]를 초과하는 것[연면적 150[m²] 이내마다 불연재료의 격벽으로 개구부 없이 완전히 구획된 저장창고와 제2류 위험물(인화성 고체는 제외한다) 또는 제4류의 위험물(인화점이 70[℃] 미만인 것은 제외한다)만을 저장 또는 취급하는 저장창고는 그 연면적이 500[m²] 이상인 것을 말한다] • 처마높이가 6[m] 이상인 단층건물의 것	
옥내탱크저장소	단층 건물 외의 건축물에 설치된 옥내탱크저장소로서 소화난이도등급Ⅰ에 해당하는 것	
주유취급소	옥내주유취급소	
옥외탱크저장소	특수인화물, 제1석유류 및 알코올류를 저장 또는 취급하는 탱크의 용량이 1,000만[L] 이상인 것	자동화재 탐지설비, 자동화재 속보설비
자동화재탐지설비 설치대상에 해당하지 않는 제조소 등(이송취급소는 제외)	지정수량의 10배 이상을 저장 또는 취급하는 것	자동화재 탐지설비, 비상경보설비, 확성장치 또는 비상방송설비 중 1종 이상

248

제조소 등에 설치해야 할 자동화재탐지설비의 설치기준으로 옳지 않은 것은?

① 하나의 경계구역의 면적은 600[m²] 이하로 하고, 그 한 변의 길이는 50[m] 이하로 한다.

② 경계구역은 건축물 그 밖의 공작물의 2 이상의 층에 걸치지 않도록 한다.

③ 건축물의 그 밖의 공작물의 주요한 출입구에서 그 내부의 전체를 볼 수 있는 경우에 경계구역의 면적을 1,000[m²] 이하로 할 수 있다.

④ 계단·경사로·승강기의 승강로, 그 밖에 이와 유사한 장소에 열감지기를 설치하는 경우 3개의 층에 걸쳐 경계구역을 설정할 수 있다.

해설

자동화재탐지설비의 설치기준(규칙 별표 17)

• 자동화재탐지설비의 경계구역(화재가 발생한 구역을 다른 구역과 구분하여 식별할 수 있는 최소 단위의 구역을 말한다)은 건축물 그 밖의 공작물의 2 이상의 층에 걸치지 않도록 할 것. 다만, 하나의 경계구역의 면적이 500[m²] 이하이면서 해당 경계구역이 두 개의 층에 걸치는 경우이거나 계단·경사로·승강기의 승강로, 그 밖에 이와 유사한 장소에 연기감지기를 설치하는 경우에는 그렇지 않다.

• 하나의 경계구역의 면적은 600[m²] 이하로 하고, 그 한 변의 길이는 50[m](광전식분리형 감지기를 설치할 경우에는 100[m]) 이하로 할 것. 다만, 해당 건축물 그 밖의 공작물의 주요한 출입구에서 그 내부의 전체를 볼 수 있는 경우에 있어서는 그 면적을 1,000[m²] 이하로 할 수 있다.

• 자동화재탐지설비의 감지기(옥외탱크저장소에 설치하는 감지기는 제외)는 지붕(상층이 있는 경우에는 상층의 바닥) 또는 벽의 옥내에 면한 부분(천장이 있는 경우에는 천장 또는 벽의 옥내에 면한 부분 및 천장의 뒷 부분)에 유효하게 화재의 발생을 감지할 수 있도록 설치할 것

• 자동화재탐지설비에는 비상전원을 설치할 것

249

옥내주유취급소에 있어 해당 사무소 등의 출입구 및 피난구와 해당 피난구로 통하는 통로·계단 및 출입구에 설치해야 하는 피난설비는?

① 유도등 ② 구조대
③ 피난사다리 ④ 완강기

해설

통로·계단 및 출입구(규칙 별표 17) : 유도등 설치

250

위험물안전관리법상 유별을 달리하는 위험물을 혼재하여 저장할 수 있는 것으로 짝지어진 것은?

① 제1류 – 제2류 ② 제2류 – 제3류
③ 제3류 – 제4류 ④ 제5류 – 제6류

해설

위험물 운반 시 혼재 가능(규칙 별표 19)

위험물의 구분	제1류	제2류	제3류	제4류	제5류	제6류
제1류		×	×	×	×	○
제2류	×		×	○	○	×
제3류	×	×		○	×	×
제4류	×	○	○		○	×
제5류	×	○	×	○		×
제6류	○	×	×	×	×	

CHAPTER
04 소방기계시설의 구조 및 원리

소화기구 및 자동소화장치(NFTC 101)

001

소화기구 및 자동소화장치의 화재안전기준상 대형소화기의 정의 중 다음 [보기]의 (   ) 안에 알맞은 것은?

┌ 보기 ┐

화재 시 사람이 운반할 수 있도록 운반대와 바퀴가 설치되어 있고 능력단위가 A급 (㉠)단위 이상, B급 (㉡)단위 이상인 소화기를 말한다.

① ㉠ 20, ㉡ 10
② ㉠ 10, ㉡ 20
③ ㉠ 10, ㉡ 5
④ ㉠ 5, ㉡ 10

해설

대형소화기 : 화재 시 사람이 운반할 수 있도록 운반대와 바퀴가 설치되어 있고 능력단위가 A급 10단위 이상, B급 20단위 이상인 소화기

002

소화기구 및 자동소화장치의 화재안전기준상 타고 나서 재가 남는 일반화재에 해당하는 일반가연물은?

① 고무
② 타르
③ 솔벤트
④ 유성도료

해설

일반화재(A급 화재) : 나무, 섬유, 종이, 고무, 플라스틱류와 같은 일반가연물이 타고 나서 재가 남는 화재를 말한다. 일반화재에 대한 소화기의 적응 화재별 표시는 'A'로 표시한다.

003

소화기구 및 자동소화장치의 화재안전기준에 따른 용어에 대한 정의로 틀린 것은?

① 소화약제란 소화기구 및 자동소화장치에 사용되는 소화성능이 있는 고체·액체 및 기체의 물질을 말한다.
② 대형소화기란 화재 시 사람이 운반할 수 있도록 운반대와 바퀴가 설치되어 있고 능력단위가 A급 20단위 이상, B급 10단위 이상인 소화기를 말한다.
③ 전기화재(C급 화재)란 전류가 흐르고 있는 전기기기, 배선과 관련된 화재를 말한다.
④ 능력단위란 소화기 및 소화약제에 따른 간이소화용구에 있어서는 소방시설 설치 및 관리에 관한 법령에 따라 형식승인된 수치를 말한다.

해설

대형소화기 : 화재 시 사람이 운반할 수 있도록 운반대와 바퀴가 설치되어 있고 능력단위가 A급 10단위 이상, B급 20단위 이상인 소화기

004

소방시설 설치 및 관리에 관한 법률상 [보기]에서 자동소화장치를 모두 고른 것은?

┌─보기─────────────────────────┐
│ ㉠ 분말 자동소화장치   │
│ ㉡ 액체 자동소화장치   │
│ ㉢ 고체에어로졸 자동소화장치   │
│ ㉣ 공업용 자동소화장치   │
│ ㉤ 캐비닛형 자동소화장치   │
└──────────────────────────┘

① ㉠, ㉡
② ㉠, ㉢, ㉣
③ ㉠, ㉢, ㉤
④ ㉠, ㉡, ㉢, ㉣, ㉤

해설

자동소화장치의 종류(영 별표 1)
• 주거용 주방자동소화장치
• 상업용 주방자동소화장치
• 캐비닛형 자동소화장치
• 가스 자동소화장치
• 분말 자동소화장치
• 고체에어로졸 자동소화장치

005

소화기구 및 자동소화장치의 화재안전기준상 소화기구의 소화약제별 적응성 중 C급 화재에 적응성이 없는 소화약제는?

① 마른 모래
② 할로겐화합물 및 불활성기체 소화약제
③ 이산화탄소 소화약제
④ 중탄산염류 소화약제

해설

전기화재(C급 화재)에 적응성이 있는 약제 : 이산화탄소, 할론, 할로겐화합물 및 불활성기체, 분말(인산염류, 중탄산염류), 고체에어로졸화합물

006

난방설비가 없는 교육 장소에 비치하는 소화기로 가장 적합한 것은?(단, 교육 장소의 겨울 최저온도는 −15[℃]이다)

① 화학포소화기
② 기계포소화기
③ 산알칼리소화기
④ ABC 분말소화기

해설

소화기의 사용온도
• 강화액소화기 : −20[℃] 이상 40[℃] 이하
• 분말소화기 : −20[℃] 이상 40[℃] 이하
• 그 밖의 소화기 : 0[℃] 이상 40[℃] 이하

007

대형소화기를 설치할 때 특정소방대상물의 각 부분으로부터 1개의 소화기까지의 보행거리가 몇 [m] 이내가 되도록 배치해야 하는가?

① 20[m] 이내
② 25[m] 이내
③ 30[m] 이내
④ 40[m] 이내

해설

소화기의 배치기준
• 소형소화기 : 보행거리 20[m] 이내
• 대형소화기 : 보행거리 30[m] 이내가 되도록 배치할 것

008

다음 중 소화기구의 설치에서 이산화탄소 소화기를 설치할 수 없는 곳의 설치기준으로 옳은 것은?

① 밀폐된 거실로서 바닥면적이 35[m²] 미만인 곳
② 무창층 또는 밀폐된 거실로서 바닥면적이 20[m²] 미만인 곳
③ 밀폐된 거실로서 바닥면적이 25[m²] 미만인 곳
④ 무창층 또는 밀폐된 거실로서 바닥면적이 30[m²] 미만인 곳

해설

이산화탄소 또는 할론을 방출하는 소화기구(자동확산소화기는 제외)를 설치할 수 없는 장소
• 지하층
• 무창층
• 밀폐된 거실로서 그 바닥면적이 20[m²] 미만의 장소

009

축압식 분말소화기 지시압력계의 정상 압력 범위 중 상한 값은?

① 0.68[MPa] ② 0.78[MPa]
③ 0.88[MPa] ④ 0.98[MPa]

해설

축압식 분말소화기 지시압력계의 정상범위 : 0.7 ~ 0.98[MPa]

010

소화기에 호스를 부착하지 않을 수 있는 기준 중 옳은 것은?

① 소화약제의 중량이 2[kg] 이하인 이산화탄소 소화기
② 소화약제의 중량이 3[L] 이하의 액체계 소화약제 소화기
③ 소화약제의 중량이 3[kg] 이하인 할론 소화기
④ 소화약제의 중량이 4[kg] 이하의 분말소화기

해설

호스를 부착하지 않을 수 있는 기준
• 소화약제의 중량이 2[kg] 이하의 분말소화기
• 소화약제의 중량이 3[kg] 이하인 이산화탄소 소화기
• 소화약제의 중량이 4[kg] 이하인 할론 소화기
• 소화약제의 중량이 3[L] 이하의 액체계 소화약제 소화기

011

아파트의 각 세대별로 주방에 설치되는 주거용 주방자동소화장치의 설치기준에 적합하지 않은 것은?

① 감지부는 형식승인 받은 유효한 높이 및 위치에 설치할 것

② 탐지부는 수신부와 분리하여 설치하여 설치하되, 공기보다 가벼운 가스를 사용하는 경우에는 천장면으로부터 30[cm] 이하의 위치에 설치할 것

③ 가스차단장치는 주방배관의 개폐밸브로부터 5[m] 이하의 위치에 설치할 것

④ 수신부는 주위의 열기류 또는 습기 등과 주위온도에 영향을 받지 않고 사용자가 상시 볼 수 있는 장소에 설치할 것

해설

주거용 주방자동소화장치의 설치기준

• 소화약제 방출구는 환기구(주방에서 발생하는 열기류 등을 밖으로 배출하는 장치를 말한다)의 청소부분과 분리되어 있어야 하며, 형식승인 받은 유효설치 높이 및 방호면적에 따라 설치할 것

• 감지부는 형식승인 받은 유효한 높이 및 위치에 설치할 것

• 차단장치(전기 또는 가스)는 상시 확인 및 점검이 가능하도록 설치할 것

• 가스용 주방자동소화장치를 사용하는 경우 탐지부는 수신부와 분리하여 설치하되, 공기보다 가벼운 가스(LNG)를 사용하는 경우에는 천장면으로부터 30[cm] 이하의 위치에 설치하고, 공기보다 무거운 가스(LPG)를 사용하는 장소에는 바닥면으로부터 30[cm] 이하의 위치에 설치할 것

• 수신부는 주위의 열기류 또는 습기 등과 주위온도에 영향을 받지 않고 사용자가 상시 볼 수 있는 장소에 설치할 것

012

액화천연가스(LNG)를 사용하는 아파트 주방에 주거용 주방자동소화장치를 설치할 경우 탐지부의 설치위치로 옳은 것은?

① 바닥면으로부터 30[cm] 이하의 위치

② 천장면으로부터 30[cm] 이하의 위치

③ 가스차단장치로부터 30[cm] 이상의 위치

④ 소화약제 분사 노즐로부터 30[cm] 이상의 위치

해설

탐지부의 설치기준(수신부와 분리하여 설치)

• 공기보다 가벼운 가스(LNG)를 사용하는 경우 : 천장면으로부터 30[cm] 이하에 설치

• 공기보다 무거운 가스(LPG)를 사용하는 경우 : 바닥면으로부터 30[cm] 이하에 설치

※ LPG : 프로페인($C_3H_8 = 44$)과 뷰테인($C_4H_{10} = 58$)이 주성분

 • 프로페인의 증기비중 $= \dfrac{분자량}{29} = \dfrac{44}{29} = 1.517$(공기보다 1.52배 무겁다)

 • 뷰테인의 증기비중 $= \dfrac{분자량}{29} = \dfrac{58}{29} = 2.0$(공기보다 2.0배 무겁다)

※ LNG : 메테인($CH_4 = 16$)이 주성분

 메테인의 증기비중 $= \dfrac{분자량}{29} = \dfrac{16}{29} = 0.55$(공기보다 0.55배 가볍다)

013

대형소화기에 충전하는 최소 소화약제의 기준 중 다음 [보기]의 (   ) 안에 알맞은 것은?

┌보기┐
- 분말소화기 : (㉠)[kg] 이상
- 물소화기 : (㉡)[L] 이상
- 이산화탄소 소화기 : (㉢)[kg] 이상
└─────┘

① ㉠ 30, ㉡ 80, ㉢ 50
② ㉠ 30, ㉡ 50, ㉢ 60
③ ㉠ 20, ㉡ 80, ㉢ 50
④ ㉠ 20, ㉡ 50, ㉢ 60

해설
대형소화기
- A급 화재 : 10단위 이상
- B급 화재 : 20단위 이상
- 다음 표에서 정한 수량 이상

종별	소화약제의 충전량
포소화기	20[L] 이상
강화액소화기	60[L] 이상
물소화기	80[L] 이상
분말소화기	20[kg] 이상
할로겐화합물(할론) 소화기	30[kg] 이상
이산화탄소 소화기	50[kg] 이상

014

대형소화기의 능력단위 기준 및 보행거리 배치기준이 적절하게 표시된 것은?

① A급 화재 : 10단위 이상, B급 화재 : 20단위 이상, 보행거리 : 30[m] 이내
② A급 화재 : 20단위 이상, B급 화재 : 20단위 이상, 보행거리 : 30[m] 이내
③ A급 화재 : 10단위 이상, B급 화재 : 20단위 이상, 보행거리 : 40[m] 이내
④ A급 화재 : 20단위 이상, B급 화재 : 20단위 이상, 보행거리 : 40[m] 이내

해설
소화기의 기준

구분	능력단위 기준	보행거리의 배치기준
대형 소화기	• A급 화재 : 10단위 이상 • B급 화재 : 20단위 이상	보행거리 30[m] 이내
소형 소화기	대형소화기 미만	보행거리 20[m] 이내

015

소화약제 외의 것을 이용한 간이소화용구의 능력단위 기준 중 다음 (   ) 안에 알맞은 것은?

간이소화용구		능력단위
팽창질석 또는 팽창진주암	삽을 상비한 (㉠)[L] 이상의 것 1포	0.5단위
마른모래	삽을 상비한 (㉡)[L] 이상의 것 1포	

① ㉠ 80, ㉡ 50   ② ㉠ 50, ㉡ 160
③ ㉠ 100, ㉡ 80   ④ ㉠ 100, ㉡ 160

해설
소화약제 외의 것을 이용한 간이소화용구의 능력단위

간이소화용구		능력단위
팽창질석 또는 팽창진주암	삽을 상비한 80[L] 이상의 것 1포	0.5단위
마른모래	삽을 상비한 50[L] 이상의 것 1포	

016

특정소방대상물별 소화기구의 능력단위 기준 중 다음 ( ) 안에 알맞은 것은?

특정소방대상물	소화기구의 능력단위
장례식장 및 의료시설	해당 용도의 바닥면적 (㉠)[m²]마다 능력단위 1단위 이상
노유자시설	해당 용도의 바닥면적 (㉡)[m²]마다 능력단위 1단위 이상
위락시설	해당 용도의 바닥면적 (㉢)[m²]마다 능력단위 1단위 이상

① ㉠ 30, ㉡ 50, ㉢ 100

② ㉠ 30, ㉡ 100, ㉢ 50

③ ㉠ 50, ㉡ 100, ㉢ 30

④ ㉠ 50, ㉡ 30, ㉢ 100

해설

특정소방대상물별 소화기구의 능력단위 기준

특정소방대상물	소화기구의 능력단위
위락시설	해당 용도의 바닥면적 30[m²]마다 능력단위 1단위 이상
공연장 · 집회장 · 관람장 · 문화재(국가유산) · 장례식장 및 의료시설	해당 용도의 바닥면적 50[m²]마다 능력단위 1단위 이상
근린생활시설 · 판매시설 · 운수시설 · 숙박시설 · 노유자시설 · 전시장 · 공동주택 · 업무시설 · 방송통신시설 · 공장 · 창고시설 · 항공기 및 자동차 관련 시설 및 관광휴게시설	해당 용도의 바닥면적 100[m²]마다 능력단위 1단위 이상
그 밖의 것	해당 용도의 바닥면적 200[m²]마다 능력단위 1단위 이상

[비고] 소화기구의 능력단위를 산출함에 있어서 건축물의 주요구조부가 내화구조이고, 벽 및 반자의 실내에 면하는 부분이 불연재료 · 준불연재료 또는 난연재료로 된 특정소방대상물에 있어서는 위 표의 바닥면적의 2배를 해당 특정소방대상물의 기준면적으로 한다.

017

바닥면적이 1,300[m²]인 관람장에 소화기구를 설치할 경우 소화기구의 최소 능력단위는?(단, 주요구조부가 내화구조이고, 벽 및 반자의 실내에 면하는 부분이 불연재료이다)

① 7단위

② 9단위

③ 10단위

④ 13단위

해설

소화기구의 능력단위 기준

특정소방대상물	소화기구의 능력단위
공연장 · 집회장 · 관람장 · 문화재(국가유산) · 장례식장 및 의료시설	해당 용도의 바닥면적 50[m²]마다 능력단위 1단위 이상

[비고] 소화기구의 능력단위를 산출함에 있어서 건축물의 주요구조부가 내화구조이고, 벽 및 반자의 실내에 면하는 부분이 불연재료 · 준불연재료 또는 난연재료로 된 특정소방대상물에 있어서는 위 표의 바닥면적의 2배를 해당 특정소방대상물의 기준면적으로 한다.

$$\therefore \ 능력단위 = \frac{바닥면적}{기준면적} = \frac{1,300[m^2]}{50[m^2] \times 2} = 13단위$$

018

다음 [보기]와 같이 간이소화용구를 비치하였을 경우 능력단위의 합은?

┌ 보기 ┐
- 삽을 상비한 마른모래 50[L]포 2개
- 삽을 상비한 팽창질석 160[L]포 1개

① 1단위

② 2단위

③ 2.5단위

④ 3단위

해설

간이소화용구의 능력단위

간이소화용구		능력단위
마른모래	삽을 상비한 50[L] 이상의 것 1포	0.5단위
팽창질석 또는 팽창진주암	삽을 상비한 80[L] 이상의 것 1포	

- 삽을 상비한 마른모래 50[L] 포 2개 = 0.5단위 × 2 = 1단위
- 삽을 상비한 팽창질석 80[L] 1포가 0.5단위이므로 160[L] 포 1개 = 1단위
- ∴ 합계 = 1단위 + 1단위 = 2단위

019

부속용도로 사용하고 있는 통신기기실의 경우 몇 [m²]마다 소화기 1개 이상을 추가로 비치해야 하는가?

① 30[m²]마다　　　　② 40[m²]마다
③ 50[m²]마다　　　　④ 60[m²]마다

해설

부속용도별로 추가해야 할 소화기구

용도별	소화기구의 능력단위
1. 다음의 시설. 다만, 스프링클러설비·간이스프링클러설비·물분무 등 소화설비 또는 상업용 주방자동소화장치가 설치된 경우에는 자동확산소화기를 설치하지 않을 수 있다. 　가. 보일러실·건조실·세탁소·대량화기취급소 　나. 음식점(지하가의 음식점을 포함한다)·다중이용업소·호텔·기숙사·노유자시설·의료시설·업무시설·공장·장례식장·교육연구시설·교정 및 군사시설의 주방. 다만, 의료시설·업무시설 및 공장의 주방은 공동취사를 위한 것에 한한다. 　다. 관리자의 출입이 곤란한 변전실·송전실·변압기실 및 배전반실(불연재료로 된 상자 안에 장치된 것을 제외한다)	1. 해당 용도의 바닥면적 25[m²]마다 능력단위 1단위 이상의 소화기로 할 것 이 경우 나목의 주방에 설치하는 소화기 중 1개 이상은 주방화재용 소화기(K급)로 설치해야 한다. 2. 자동확산소화기는 해당 용도의 바닥면적을 기준으로 10[m²] 이하는 1개, 10[m²] 초과는 2개 이상을 설치하되 보일러, 조리기구, 변전설비 등 방호대상에 유효하게 분사될 수 있는 위치에 배치될 수 있는 수량으로 설치할 것
2. 발전실·변전실·송전실·변압기실·배전반실·통신기기실·전산기기실·기타 이와 유사한 시설이 있는 장소. 다만, 제1호 다목의 장소를 제외한다.	해당 용도의 바닥면적 50[m²]마다 적응성이 있는 소화기 1개 이상 또는 유효설치 방호체적 이내의 가스·분말·고체에어로졸 자동소화장치, 캐비닛형 자동소화장치(다만, 통신기기실·전자기기실을 제외한 장소에 있어서는 교류 600[V] 또는 직류 750[V] 이상의 것에 한한다)
3. 마그네슘 합금 칩을 저장 또는 취급하는 장소	금속화재용 소화기(D급) 1개 이상을 금속재료로부터 보행거리 20[m] 이내로 설치할 것

020

소화기구 및 자동소화장치의 화재안전기준상 바닥면적이 280[m²]인 발전실에 부속용도별로 추가해야 할 적응성이 있는 소화기의 최소 수량은 몇 개인가?

① 2개　　　　② 4개
③ 6개　　　　④ 12개

해설

발전실, 변전실, 송전실, 변압기실, 배전반실, 통신기기실, 전산기기실에 추가로 설치해야 소화기는 해당 용도의 바닥면적 50[m²]마다 적응성이 있는 소화기 1개 이상 설치해야 한다.

$$\therefore \text{소화기 개수} = \frac{\text{바닥면적}}{\text{기준면적}}$$
$$= \frac{280[m^2]}{50[m^2]} = 5.6 \fallingdotseq 6\text{개}$$

021

보일러실의 경우에 어떤 소방시설이 있으면 자동확산소화기를 설치하지 않을 수 있다. 이에 해당되지 않는 것은?

① 스프링클러설비
② 이산화탄소소화설비
③ 상업용 주방자동소화장치
④ 옥내소화전설비

해설

보일러실의 경우에는 스프링클러설비·간이스프링클러설비·물분무 등 소화설비 또는 상업용 주방자동소화장치가 설치된 경우에는 자동확산소화기를 설치하지 않을 수 있다.

022

옥내소화전설비의 수원을 산출된 유효수량 외에 유효수량의 1/3 이상을 옥상에 설치해야 하는 기준으로 틀린 것은?

① 지하층만 있는 건축물
② 건축물의 높이가 지표면으로부터 15[m] 이하인 경우
③ 수원이 건축물의 최상층에 설치된 방수구보다 높은 위치에 설치된 경우
④ 주펌프와 동등 이상의 성능이 있는 별도의 펌프로서 내연기관의 기동과 연동하여 작동되거나 비상전원을 연결하여 설치한 경우

해설

유효수량의 1/3 이상을 옥상에 설치하지 않아도 되는 경우
• 지하층만 있는 건축물
• 고가수조를 가압송수장치로 설치한 경우
• 수원이 건축물의 최상층에 설치된 방수구보다 높은 위치에 설치된 경우
• 건축물의 높이가 지표면으로부터 10[m] 이하인 경우
• 주펌프와 동등 이상의 성능이 있는 별도의 펌프로서 내연기관의 기동과 연동하여 작동되거나 비상전원을 연결하여 설치한 경우
• 학교·공장·창고시설(옥상수조를 설치한 대상은 제외한다)으로서 동결의 우려가 있는 장소에 있어서는 기동스위치에 보호판을 부착하여 옥내소화전함 내에 설치하는 경우(ON-OFF 방식)
• 가압수조를 가압송수장치로 설치한 경우

023

옥내소화전설비의 화재안전기준상 옥내소화전설비용 펌프의 풋밸브를 소방용 설비 외의 다른 설비의 풋밸브보다 낮은 위치에 설치한 경우의 유효수량으로 옳은 것은?(단, 옥내소화전설비와 다른 설비 수원을 저수조로 겸용하여 사용한 경우이다)

① 저수조의 바닥면과 상단 사이의 전체 수량
② 옥내소화전설비의 풋밸브와 소방용 설비 외의 다른 설비의 풋밸브 사이의 수량
③ 옥내소화전설비의 풋밸브와 저수조 상단 사이의 수량
④ 저수조의 바닥면과 소방용 설비 외의 다른 설비의 풋밸브 사이의 수량

해설

저수량을 산정함에 있어서 다른 설비와 겸용하여 옥내소화전설비용 수조를 설치하는 경우에는 옥내소화전설비의 풋밸브·흡수구 또는 수직배관의 급수구와 다른 설비의 풋밸브·흡수구 또는 수직배관의 급수구와의 사이의 수량을 그 유효수량으로 한다.

024

국내 규정상 단위 옥내소화전설비 가압송수장치의 최소 시설기준으로 다음과 같은 항목을 맞게 열거한 것은?(단, 순서는 법정 최소 방사량[L/min] – 법정 최소 방수압력 [MPa] – 법정 최소 방수시간(분)이다)

① 130[L/min] – 1.0[MPa] – 30분
② 350[L/min] – 2.5[MPa] – 30분
③ 130[L/min] – 0.17[MPa] – 20분
④ 350[L/min] – 3.5[MPa] – 20분

해설

소화설비의 방수량, 방수압력 등(29층 이하의 건축물)

항목 구분	방수량	방수압력	토출량	수원	비상전원
옥내소화전설비	130[L/min]	0.17[MPa]	N(최대 2개)×130[L/min]	N(최대 2개)×2.6[m³] (130[L/min]×20[min])	20분
옥외소화전설비	350[L/min]	0.25[MPa]	N(최대 2개)×350[L/min]	N(최대 2개)×7[m³] (350[L/min]×20[min])	–
스프링클러설비	80[L/min]	0.1[MPa]	헤드수×80[L/min]	헤드수×1.6[m³] (80[L/min]×20[min])	20분

025

옥내소화전이 1층에 4개, 2층에 4개, 3층에 2개가 설치된 특정소방대상물이 있다. 옥내소화전설비를 위해 필요한 최소 수원의 수량은?

① 2.6[m³]
② 5.2[m³]
③ 13[m³]
④ 36[m³]

해설

옥내소화전의 수원 = N(소화전의 수, 최대 2개) × 2.6[m³]
= 2 × 2.6[m³] = 5.2[m³]

026

옥내소화전설비의 화재안전기준상 가압송수장치를 기동용 수압개폐장치로 사용할 경우 압력챔버의 용적 기준은?

① 50[L] 이상
② 100[L] 이상
③ 150[L] 이상
④ 200[L] 이상

해설

압력챔버의 용적 : 100[L] 이상

027

옥내소화전설비 배관의 설치기준 중 다음 [보기]의 (   ) 안에 알맞은 것은?

┤보기├

연결송수관설비의 배관과 겸용할 경우의 주배관은 구경 (㉠)[mm] 이상, 방수구로 연결되는 배관의 구경은 (㉡)[mm] 이상의 것으로 해야 한다.

① ㉠ 80, ㉡ 65
② ㉠ 80, ㉡ 50
③ ㉠ 100, ㉡ 65
④ ㉠ 125, ㉡ 80

해설

옥내소화전설비의 배관 구경
• 연결송수관설비의 배관과 겸용할 경우의 주배관 : 구경 100[mm] 이상
• 방수구로 연결되는 배관의 구경 : 65[mm] 이상

028

옥내소화전설비의 화재안전기준상 배관 등에 관한 설명으로 옳은 것은?

① 펌프의 토출 측 주배관의 구경은 유속이 5[m/s] 이하가 될 수 있는 크기 이상으로 해야 한다.

② 연결송수관설비의 배관과 겸용할 경우의 주배관은 구경 80[mm] 이상, 방수구로 연결되는 배관의 구경은 65[mm] 이상의 것으로 해야 한다.

③ 성능시험배관은 펌프의 토출 측에 설치된 개폐밸브 이전에서 분기하여 직선으로 설치하고, 유량측정장치를 기준으로 전단 직관부에 개폐밸브를 후단 직관부에는 유량조절밸브를 설치해야 한다.

④ 가압송수장치의 체절운전 시 수온의 상승을 방지하기 위하여 체크밸브와 펌프 사이에서 분기한 구경 20[mm] 이상의 배관에 체절압력 이상에서 개방되는 릴리프밸브를 설치해야 한다.

해설

옥내소화전설비의 배관기준
- 토출 측 주배관의 구경은 유속 : 4[m/s] 이하
- 연결송수관설비의 배관과 겸용할 경우의 주배관은 구경 100[mm] 이상, 방수구로 연결되는 배관의 구경은 65[mm] 이상으로 할 것
- 성능시험배관은 펌프의 토출 측에 설치된 개폐밸브 이전에서 분기하여 직선으로 설치하고, 유량측정장치를 기준으로 전단 직관부에 개폐밸브를 후단 직관부에는 유량조절밸브를 설치할 것
- 가압송수장치의 체절운전 시 수온의 상승을 방지하기 위하여 체크밸브와 펌프 사이에서 분기한 구경 20[mm] 이상의 배관에 체절압력 미만에서 개방되는 릴리프밸브를 설치할 것

029

옥내소화전설비 배관의 설치기준 중 틀린 것은?

① 옥내소화전 방수구와 연결되는 가지배관의 구경은 40[mm] 이상으로 한다.

② 연결송수관설비의 배관과 겸용할 경우 주배관의 구경은 100[mm] 이상으로 한다.

③ 펌프의 토출 측 주배관의 구경은 유속이 4[m/s] 이하가 될 수 있는 크기 이상으로 한다.

④ 유량측정장치는 펌프의 정격토출량의 175[%] 이하로 측정할 수 있어야 한다.

해설

유량측정장치 : 펌프의 정격토출량의 175[%] 이상까지 측정할 수 있는 성능이 있을 것

030

스프링클러설비 또는 옥내소화전설비에 사용되는 밸브에 대한 설명으로 옳지 않은 것은?

① 펌프의 토출 측 체크밸브는 배관 내 압력이 가압송수장치로 역류되는 것을 방지한다.

② 가압송수장치의 풋밸브는 펌프의 위치가 수원의 수위보다 높을 때 설치한다.

③ 입상관에 사용되는 스윙체크밸브는 아래에서 위로 송수하는 경우에만 사용된다.

④ 펌프의 흡입 측 배관에는 버터플라이밸브의 개폐표시형밸브를 설치해야 한다.

해설

펌프의 흡입 측 배관에는 버터플라이밸브 외의 개폐표시형밸브를 설치해야 한다.

031

옥내·옥외소화전 노즐에 사용되는 적합한 호스 결합금 속구의 호칭 구경은 각각 몇 [mm] 이상으로 해야 하는가?

① 40[mm] 이상, 50[mm] 이상

② 40[mm] 이상, 65[mm] 이상

③ 50[mm] 이상, 55[mm] 이상

④ 50[mm] 이상, 60[mm] 이상

해설

결합금속구의 구경

• 옥내소화전설비의 구경 : 40[mm] 이상

• 옥외소화전설비의 구경 : 65[mm] 이상

033

옥내소화전설비의 화재안전기준에 따라 옥내소화전설비의 표시등 설치기준으로 옳은 것은?

① 가압송수장치의 기동을 표시하는 표시등은 옥내소화전함의 상부 또는 그 직근에 설치한다.

② 가압송수장치의 기동을 표시하는 표시등은 녹색등으로 한다.

③ 자체소방대를 구성하여 운영하는 경우 가압송수장치의 기동표시등을 반드시 설치해야 한다.

④ 옥내소화전설비의 위치를 표시하는 표시등은 함의 하부에 설치하되, 표시등의 성능인증 및 제품검사의 기술기준에 적합한 것으로 한다.

해설

옥내소화전설비의 표시등 설치기준

• 옥내소화전설비의 위치를 표시하는 표시등은 함의 상부에 설치하되, 소방청장이 고시하는 표시등의 성능인증 및 제품검사의 기술기준에 적합한 것으로 할 것

• 가압송수장치의 기동을 표시하는 표시등은 옥내소화전함의 상부 또는 그 직근에 설치하되 적색등으로 할 것. 다만, 자체소방대를 구성하여 운영하는 경우 가압송수장치의 기동표시등을 설치하지 않을 수 있다.

032

옥내소화전 방수구는 특정소방대상물의 층마다 설치하되, 해당 특정소방대상물의 각 부분으로부터 하나의 옥내소화전 방수구까지의 수평거리가 몇 [m] 이하가 되도록 하는가?

① 20[m] 이하

② 25[m] 이하

③ 30[m] 이하

④ 40[m] 이하

해설

방수구까지의 수평거리

• 옥내소화전설비 : 25[m] 이하

• 옥외소화전설비 : 40[m] 이하

034

다음 중 옥내소화전 방수구를 반드시 설치해야 하는 곳은?

① 냉장창고의 냉장실

② 식물원

③ 수영장의 관람석

④ 수족관

해설

옥내소화전 방수구의 설치제외

• 냉장창고 중 온도가 영하인 냉장실 또는 냉동창고의 냉동실

• 고온의 노가 설치된 장소 또는 물과 격렬하게 반응하는 물품의 저장 또는 취급 장소

• 발전소·변전소 등으로서 전기시설이 설치된 장소

• 식물원·수족관·목욕실·수영장(관람석 부분은 제외), 그 밖의 이와 비슷한 장소

• 야외음악당·야외극장 또는 그 밖의 이와 비슷한 장소

035

전동기 또는 내연기관에 따른 펌프를 이용하는 옥외소화전설비의 가압송수장치의 설치기준 중 다음 [보기]의 ( ) 안에 알맞은 것은?

┌─┤보기├─────────────────────────────
│ 특정소방대상물에 설치된 옥외소화전(2개 이상 설치된 경
│ 우에는 2개의 옥외소화전)을 동시에 사용할 경우 각 옥외소
│ 화전의 노즐 선단에서의 방수압력이 (㉠)[MPa] 이상이
│ 고, 방수량이 (㉡)[L/min] 이상이 되는 성능의 것으로
│ 할 것
└──────────────────────────────────

① ㉠ 0.17, ㉡ 350   ② ㉠ 0.25, ㉡ 350

③ ㉠ 0.17, ㉡ 130   ④ ㉠ 0.25, ㉡ 130

해설

옥외소화전설비
- 방수압력 : 0.25[MPa] 이상
- 방수량 : 350[L/min] 이상

037

옥외소화전설비에서 성능시험배관에 설치된 유량측정장치는 펌프 정격토출량의 몇 [%] 이상까지 측정할 수 있는 성능이 있어야 하는가?

① 175[%] 이상   ② 150[%] 이상

③ 75[%] 이상   ④ 50[%] 이상

해설

성능시험배관에 설치된 유량측정장치는 펌프의 정격토출량의 175[%] 이상까지 측정할 수 있는 성능이 있을 것

036

11층 건축물의 주위에 옥외소화전이 5개 설치되어 있다. 이때 필요한 수원의 저수량은?

① 7[m³]   ② 14[m³]

③ 28[m³]   ④ 35[m³]

해설

수원의 양 = 옥외소화전수(최대 2개) × 350[L/min] × 20[min]
= 2 × 7,000[L] = 14,000[L] = 14[m³]

038

옥외소화전설비에는 옥외소화전마다 그로부터 몇 [m] 이내에 소화전함을 설치해야 하는가?

① 5[m] 이내   ② 6[m] 이내

③ 7[m] 이내   ④ 8[m] 이내

해설

옥외소화전설비에는 옥외소화전마다 5[m] 이내에 소화전함을 설치해야 한다.

039

배관 내에 헤드까지 물이 항상 차 있어 가압된 상태에 있는 스프링클러설비는?

① 폐쇄형 습식　　　② 폐쇄형 건식

③ 개방형 습식　　　④ 개방형 건식

해설

폐쇄형 습식 : 배관 내에 헤드까지 물이 항상 차 있어 가압된 상태에 있는 설비

040

스프링클러헤드의 방수구에서 유출되는 물을 세분시키는 작용을 하는 것은?

① 클래퍼　　　② 워터모터공

③ 리타딩챔버　　　④ 디플렉터

해설

반사판(디플렉터) : 스프링클러헤드의 방수구에서 유출되는 물을 세분시키는 작용을 하는 것

041

스프링클러헤드에서 이융성 금속으로 융착되거나 이융성 물질에 의하여 조립된 것은?

① 프레임(Frame)

② 디플렉터(Deflector)

③ 유리벌브(Glass Bulb)

④ 퓨지블링크(Fusible Link)

해설

퓨지블링크 : 감열체 중 이융성 금속으로 융착되거나 이융성 물질에 의하여 조립된 것

042

소화설비의 누수로 인한 유수검지장치의 오작동을 방지하기 위한 목적으로 설치되는 것은?

① 솔레노이드　　　② 리타딩챔버

③ 물올림장치　　　④ 성능시험배관

해설

리타딩챔버 : 유수검지장치의 오작동 방지

043

랙식 창고에 습식의 라지드롭형 스프링클러헤드가 설치되어 있다면 이 설비에 필요한 수원의 양은 얼마 이상이어야 하는가?

① 32[m³] 이상　　　② 48[m³] 이상

③ 96[m³] 이상　　　④ 288[m³] 이상

해설

스프링클러헤드의 기준개수

스프링클러설비의 설치장소			기준개수
지하층을 제외한 층수가 10층 이하인 특정소방대상물	공장	특수가연물을 저장·취급하는 것	30
		그 밖의 것	20
	근린생활시설·판매시설, 운수시설 또는 복합건축물	판매시설 또는 복합건축물(판매시설이 설치된 복합건축물을 말한다)	30
		그 밖의 것	20
	그 밖의 것	헤드의 부착높이가 8[m] 이상인 것	20
		헤드의 부착높이가 8[m] 미만인 것	10
지하층을 제외한 층수가 11층 이상인 특정소방대상물·지하가 또는 지하역사			30
아파트(공동주택의 화재안전기술기준)		아파트	10
		각 동이 주차장으로 서로 연결된 경우의 주차장	30
창고시설(랙식 창고를 포함한다. 라지드롭형 스프링클러헤드 사용)			30

∴ 랙식 창고의 수원 = N(헤드 수) × 160[L/min] × 60[min]

$\quad$ = 30개 × 9,600[L] = 30개 × 9.6[m³]

$\quad$ = 288[m³]

044

지하층을 제외한 층수가 11층 이상인 특정소방대상물로서 폐쇄형 스프링클러헤드의 설치개수가 40개일 때의 수원은 몇 [m³] 이상이어야 하는가?

① 16[m³] 이상
② 32[m³] 이상
③ 48[m³] 이상
④ 64[m³] 이상

수원 = 30개 × 80[L/min] × 20[min] = 4,800[L] = 48[m³]

※ 층수가 11층 이상인 경우 설치개수 30개 이상은 30개로 계산함

046

스프링클러설비의 가압송수장치의 정격토출압력은 하나의 헤드 선단에 얼마의 방수압력이 되어야 하는가?

① 0.01[MPa] 이상 0.05[MPa] 이하
② 0.1[MPa] 이상 1.2[MPa] 이하
③ 1.5[MPa] 이상 2.0[MPa] 이하
④ 2.5[MPa] 이상 3.3[MPa] 이하

소화설비의 비교

항목 구분	방사압력	토출량	수원
옥내소화전 설비	0.17[MPa] 이상 0.7[MPa] 이하	N(최대 2개) × 130[L/min]	N(최대 2개) × 2.6[m³] (130[L/min] × 20[min])
옥외소화전 설비	0.25[MPa] 이상 0.7[MPa] 이하	N(최대 2개) × 350[L/min]	N(최대 2개) × 7[m³] (350[L/min] × 20[min])
스프링클러 설비	0.1[MPa] 이상 1.2[MPa] 이하	헤드수 × 80[L/min]	헤드수 × 1.6[m³] (80[L/min] × 20[min])

045

16층의 아파트에 각 세대마다 12개의 폐쇄형 스프링클러헤드를 설치하였다. 이때 소화 펌프의 토출량은 몇 [L/min] 이상인가?

① 800[L/min] 이상
② 960[L/min] 이상
③ 1,600[L/min] 이상
④ 2,400[L/min] 이상

아파트의 토출량(아파트의 헤드의 기준개수 : 10개)

∴ 토출량 $Q = N$(헤드 수) × 80[L/min]
　　　　　 = 10 × 80[L/min] = 800[L/min]

047

스프링클러설비의 펌프실 점검 시 펌프의 토출 측 배관에 설치되는 부속장치 중에서 펌프와 체크밸브(또는 개폐밸브) 사이에 설치할 필요가 없는 배관은?

① 기동용 압력챔버 배관
② 성능시험 배관
③ 물올림장치 배관
④ 릴리프밸브 배관

부속장치 설치위치
• 기동용 압력챔버 배관 : 펌프 토출 측 개폐밸브 이후
• 성능시험 배관 : 펌프 토출 측 체크밸브 이전
• 물올림장치 배관 : 펌프 토출 측 체크밸브 이전
• 릴리프밸브 배관 : 펌프와 체크밸브 사이

048

스프링클러설비 가압송수장치의 설치기준 중 고가수조를 이용한 가압송수장치에 설치하지 않아도 되는 것은?

① 수위계 ② 배수관
③ 오버플로관 ④ 압력계

해설

고가수조를 이용한 가압송수장치에 설치하는 부속품 : 수위계, 배수관, 급수관, 오버플로관, 맨홀
※ 압력계 : 압력수조에 설치

049

스프링클러설비의 화재안전기준상 폐쇄형 스프링클러헤드의 방호구역 · 유수검지장치에 대한 기준으로 틀린 것은?

① 하나의 방호구역에는 1개 이상의 유수검지장치를 설치하되, 화재 시 접근이 쉽고 점검하기 편리한 장소에 설치할 것
② 하나의 방호구역은 2개 층에 미치지 않도록 할 것. 다만, 복층형 구조의 공동주택에는 3개 층 이내로 할 수 있다.
③ 송수구를 통하여 스프링클러헤드에 공급되는 물은 유수검지장치 등을 지나도록 할 것
④ 조기반응형 스프링클러헤드를 설치하는 경우에는 습식 유수검지장치 또는 부압식 스프링클러설비를 설치할 것

해설

폐쇄형 스프링클러헤드의 방호구역 · 유수검지장치에 대한 설치기준
• 하나의 방호구역에는 1개 이상의 유수검지장치를 설치하되, 화재 시 접근이 쉽고 점검하기 편리한 장소에 설치할 것
• 하나의 방호구역은 2개 층에 미치지 않도록 할 것. 다만, 1개 층에 설치하는 스프링클러헤드의 수가 10개 이하인 경우와 복층형 구조의 공동주택에는 3개 층 이내로 할 수 있다.
• 스프링클러헤드에 공급되는 물은 유수검지장치를 지나도록 할 것. 다만, 송수구를 통하여 공급되는 물은 그렇지 않다.
• 조기반응형 스프링클러헤드를 설치하는 경우에는 습식 유수검지장치 또는 부압식 스프링클러설비를 설치할 것

050

개방형 스프링클러설비의 방수구역 및 일제개방밸브에서 하나의 방수구역을 담당하는 헤드의 기준개수는 몇 개 이하인가?

① 30개 이하 ② 40개 이하
③ 50개 이하 ④ 60개 이하

해설

개방형 스프링클러설비의 하나의 방수구역을 담당하는 헤드의 수 : 50개 이하(다만, 2개 이상의 방수구역으로 나눌 경우에는 하나의 방수구역을 담당하는 헤드의 개수는 25개 이상으로 해야 한다)

051

스프링클러설비의 배관 내 압력이 얼마 이상일 때 압력배관용 탄소 강관을 사용해야 하는가?

① 0.1[MPa] 이상 ② 0.5[MPa] 이상
③ 0.8[MPa] 이상 ④ 1.2[MPa] 이상

해설

스프링클러설비의 배관 사용
• 배관 내 사용압력이 1.2[MPa] 미만일 경우
  - 배관용 탄소 강관(KS D 3507)
  - 이음매 없는 구리 및 구리합금관(KS D 5301). 다만, 습식의 배관에 한한다.
  - 배관용 스테인리스 강관(KS D 3576) 또는 일반배관용 스테인리스강관(KS D 3595)
  - 덕타일 주철관(KS D 4311)
• 배관 내 사용압력이 1.2[MPa] 이상일 경우
  - 압력배관용 탄소 강관(KS D 3562)
  - 배관용 아크용접 탄소강 강관(KS D 3583)

052

스프링클러설비의 배관에 대한 내용 중 잘못된 것은?

① 습식 설비의 청소용으로 교차배관 끝에 설치하는 개폐밸브는 40[mm] 이상으로 해야 한다.

② 급수배관 중 가지배관의 배열은 토너먼트 배관 방식이 아니어야 한다.

③ 수직배수배관의 구경은 65[mm] 이상으로 해야 한다.

④ 습식 스프링클러설비 외의 설비에는 헤드를 향하여 상향으로 가지배관의 기울기를 1/250 이상으로 한다.

해설

스프링클러설비의 배관기준

• 교차배관은 가지배관과 수평으로 설치하거나 또는 가지배관 밑에 설치하고, 그 구경은 최소 구경이 40[mm] 이상이 되도록 할 것

• 가지배관의 배열은 토너먼트(Tournament) 배관 방식이 아닐 것

• 수직배수배관의 구경은 50[mm] 이상으로 해야 한다.

• 습식 스프링클러설비 또는 부압식 스프링클러설비 외의 설비에는 헤드를 향하여 상향으로 수평주행배관의 기울기를 1/500 이상, 가지배관의 기울기를 1/250 이상으로 할 것

053

스프링클러설비의 배관에 대한 내용 중 잘못된 것은?

① 수직배수배관의 구경은 50[mm] 이상으로 해야 한다.

② 급수배관 중 가지배관의 배열은 토너먼트 방식이 아니어야 한다.

③ 교차배관의 청소구는 교차배관 끝에 40[mm] 이상의 개폐밸브를 설치한다.

④ 습식 스프링클러설비 외의 설비에는 헤드를 향하여 상향으로 수평주행배관의 기울기를 1/250 이상으로 한다.

해설

습식 스프링클러설비 또는 부압식 스프링클러설비 외의 설비에는 헤드를 향하여 상향으로 수평주행배관의 기울기를 1/500 이상, 가지배관의 기울기를 1/250 이상으로 할 것

054

스프링클러설비 배관의 설치기준으로 틀린 것은?

① 교차배관의 구경은 40[mm] 이상으로 한다.

② 수직배수배관의 구경은 50[mm] 이상으로 한다.

③ 지하매설배관은 소방용 합성수지배관으로 설치할 수 있다.

④ 교차배관의 최소 구경은 65[mm] 이상으로 한다.

해설

스프링클러설비의 배관 규격

• 시험장치의 배관 : 25[mm] 이상

• 교차배관의 구경 : 40[mm] 이상

• 수직배수배관 : 50[mm] 이상

055

스프링클러설비의 교차배관에서 분기되는 기점으로 한쪽 가지배관에 설치되는 헤드수는 몇 개 이하로 설치해야 하는가?(단, 수리학적 배관 방식의 경우는 제외한다.

① 8개 이하

② 10개 이하

③ 12개 이하

④ 18개 이하

해설

스프링클러설비의 한쪽 가지배관에 설치하는 헤드 수 : 8개 이하

056

스프링클러설비 배관의 설치기준으로 틀린 것은?

① 급수배관의 구경은 수리계산에 따르는 경우 가지배관의 유속은 6[m/s], 그 밖의 배관의 유속은 10[m/s]를 초과할 수 없다.

② 수평주행배관에는 4.5[m] 이내마다 1개 이상 설치할 것

③ 수직배수배관의 구경은 50[mm] 이상으로 해야 한다.

④ 가지배관에는 헤드의 설치지점 사이마다 1개 이상의 행거를 설치하되, 헤드 간의 거리가 4.5[m]를 초과하는 경우에는 4.5[m] 이내마다 1개 이상 설치해야 한다.

해설

배관에 설치되는 행거 기준

• 가지배관에는 헤드의 설치지점 사이마다 1개 이상의 행거를 설치하되, 헤드 간의 거리가 3.5[m]를 초과하는 경우에는 3.5[m] 이내마다 1개 이상 설치할 것. 이 경우 상향식헤드와 행거 사이에는 8[cm] 이상의 간격을 두어야 한다.

• 교차배관에는 가지배관과 가지배관 사이마다 1개 이상의 행거를 설치하되, 가지배관 사이의 거리가 4.5[m]를 초과하는 경우에는 4.5[m] 이내마다 1개 이상 설치할 것

• 수평주행배관에는 4.5[m] 이내마다 1개 이상 설치할 것

057

유수검지장치를 사용하는 습식스프링클러설비에 시험할 수 있는 시험장치의 설치기준으로 옳은 것은?

① 유수검지장치 2차 측에 연결하여 설치할 것

② 교차배관의 중간부분에 연결하여 설치할 것

③ 유수검지장치의 측면배관에 연결하여 설치할 것

④ 유수검지장치에서 가장 먼 교차배관의 끝으로부터 연결하여 설치할 것

해설

시험장치의 설치기준

• 습식 스프링클러설비 및 부압식 스프링클러설비에 있어서는 유수검지장치 2차 측 배관에 연결하여 설치하고 건식 스프링클러설비인 경우 유수검지장치에서 가장 먼 거리에 위치한 가지배관의 끝으로부터 연결하여 설치할 것. 이 경우 유수검지장치 2차 측 설비의 내용적이 2,840[L]를 초과하는 건식 스프링클러설비는 시험장치 개폐밸브를 완전 개방 후 1분 이내에 물이 방사되어야 한다.

• 시험장치 배관의 구경은 25[mm] 이상으로 하고, 그 끝에 개폐밸브 및 개방형헤드 또는 스프링클러헤드와 동등한 방수성능을 가진 오리피스를 설치할 것. 이 경우 개방형헤드는 반사판 및 프레임을 제거한 오리피스만으로 설치할 수 있다.

• 시험배관의 끝에는 물받이 통 및 배수관을 설치하여 시험 중 방사된 물이 바닥에 흘러내리지 않도록 할 것. 다만, 목욕실·화장실 또는 그 밖의 곳으로서 배수처리가 쉬운 장소에 시험배관을 설치한 경우에는 그렇지 않다.

058

개방형 스프링클러헤드 30개를 설치하는 경우 급수관의 구경은 몇 [mm]로 해야 하는가?

① 65[mm]
② 80[mm]
③ 90[mm]
④ 100[mm]

스프링클러헤드 수별 급수관의 구경

급수관의 구경 [mm] 구분	25	32	40	50	65	80	90	100	125	150
가	2	3	5	10	30	60	80	100	160	161 이상
나	2	4	7	15	30	60	65	100	160	161 이상
다	1	2	5	8	15	27	40	55	90	91 이상

※ 개방형 스프링클러헤드를 설치하는 경우 하나의 방수구역이 담당하는 헤드의 개수가 30개 이하일 때는 "다"란의 헤드수에 의하고, 30개를 초과할 때는 수리계산 방법에 따를 것

059

다음 중 스프링클러설비의 화재안전기준상 음향장치에 대한 설명으로 옳은 것은?

① 경종으로 음향장치를 해야 하고, 사이렌은 음향장치로 사용할 수 없다.
② 사이렌으로 음향장치를 해야 하고, 경종은 음향장치로 사용할 수 없다.
③ 주음향장치는 수신기의 내부 또는 그 직근에 설치할 수 없다.
④ 경종 또는 사이렌으로 하되, 다른 용도의 경보와 구별이 가능하게 설치한다.

음향장치 및 기동장치의 설치기준
• 습식 유수검지장치 또는 건식 유수검지장치를 사용하는 설비에 있어서는 헤드가 개방되면 유수검지장치가 화재신호를 발신하고 그에 따라 음향장치가 경보되도록 할 것

• 준비작동식 유수검지장치 또는 일제개방밸브를 사용하는 설비에는 화재감지기의 감지에 따라 음향장치가 경보되도록 할 것. 이 경우 화재감지기회로를 교차회로방식(하나의 준비작동식 유수검지장치 또는 일제개방밸브의 담당구역 내에 2 이상의 화재감지기회로를 설치하고 인접한 2 이상의 화재감지기가 동시에 감지되는 때에 준비작동식 유수검지장치 또는 일제개방밸브가 개방·작동되는 방식을 말한다)으로 하는 때에는 하나의 화재감지기회로가 화재를 감지하는 때에도 음향장치가 경보되도록 해야 한다.
• 음향장치는 유수검지장치 및 일제개방밸브 등의 담당구역마다 설치하되 그 구역의 각 부분으로부터 하나의 음향장치까지의 수평거리는 25[m] 이하가 되도록 할 것
• 음향장치는 경종 또는 사이렌(전자식 사이렌을 포함한다)으로 하되, 주위의 소음 및 다른 용도의 경보와 구별이 가능한 음색으로 할 것. 이 경우 경종 또는 사이렌은 자동화재탐지설비·비상벨설비 또는 자동식 사이렌설비의 음향장치와 겸용할 수 있다.
• 주음향장치는 수신기의 내부 또는 그 직근에 설치할 것
• 층수가 11층(공동주택의 경우에는 16층) 이상의 특정소방대상물에 경보를 발해야 하는 층

발화층	경보를 발해야 하는 층
2층 이상의 층	발화층, 그 직상 4개층
1층	발화층, 그 직상 4개층, 지하층
지하층	발화층, 그 직상층, 기타의 지하층

• 음향장치는 다음의 기준에 따른 구조 및 성능의 것으로 할 것
 – 정격전압의 80[%] 전압에서 음향을 발할 수 있는 것으로 할 것
 – 음향의 크기는 부착된 음향장치의 중심으로부터 1[m] 떨어진 위치에서 90[dB] 이상이 되는 것으로 할 것

060

스프링클러헤드의 설치에 있어 층고가 낮은 사무실의 양측 측면 상단에 측벽형 스프링클러헤드를 설치하여 방호하려고 한다. 사무실의 폭이 몇 [m] 이하일 때 헤드의 포용이 가능한가?

① 9[m] 이하
② 10.8[m] 이하
③ 12.6[m] 이하
④ 15.5[m] 이하

스프링클러헤드는 특정소방대상물의 천장·반자·천장과 반자사이·덕트·선반 기타 이와 유사한 부분(폭이 1.2[m]를 초과하는 것에 한한다)에 설치해야 한다. 다만, 폭이 9[m] 이하인 실내에 있어서는 측벽에 설치할 수 있다.

061

특수가연물을 저장 또는 취급하는 랙식 창고의 경우에는 라지드롭형 스프링클러헤드를 설치하는 천장·반자·천장과 반자 사이·덕트 선반 등의 각 부분으로부터 하나의 스프링클러헤드까지의 수평거리 기준은 몇 [m] 이하인가?(단, 성능이 별도로 인정된 스프링클러헤드를 수리계산에 따라 설치하는 경우는 제외한다)

① 1.7[m] 이하

② 2.5[m] 이하

③ 3.2[m] 이하

④ 4[m] 이하

스프링클러헤드의 배치기준

설치장소		설치기준
폭 1.2[m]를 초과하는 천장, 반자, 천장과 반자 사이, 덕트, 선반, 기타 이와 유사한 부분	무대부, 특수가연물을 저장·취급하는 장소	수평거리 1.7[m] 이하
	내화구조	수평거리 2.3[m] 이하
	기타구조	수평거리 2.1[m] 이하
아파트 등의 세대(NFTC 608)		수평거리 2.6[m] 이하
랙식 창고	라지드롭형 스프링클러헤드 / 특수가연물을 저장·취급	수평거리 1.7[m] 이하
	내화구조	수평거리 2.3[m] 이하
	기타구조	수평거리 2.1[m] 이하
	라지드롭형 스프링클러헤드(습식, 건식 외의 것)	랙 높이 3[m] 이하마다

062

스프링클러헤드를 설치하는 천장·반자·천장과 반자 사이·덕트·선반 등의 각 부분으로부터 하나의 스프링클러헤드까지의 수평거리 기준으로 틀린 것은?

① 무대부에 있어서는 1.7[m] 이하

② 랙식 창고(특수가연물 저장)에 있어서는 2.5[m] 이하

③ 공동주택(아파트) 세대 내에 있어서는 2.6[m] 이하

④ 내화구조에 있어서는 2.3[m] 이하

랙식 창고(라지드롭형 스프링클러헤드)에 특수가연물을 저장 또는 취급하는 장소 : 수평거리 1.7[m] 이하

063

스프링클러헤드의 감도를 반응시간지수(RTI) 값에 따라 구분할 때 RTI 값이 51 초과 80 이하일 때의 헤드 감도는?

① Fast Response

② Special Response

③ Standard Response

④ Quick Response

반응시간지수(RTI) 값(우수품질인증 기술기준 제11조)

헤드 구분	RTI
조기반응(Fast Response)	50 이하
특수반응(Special Response)	51 초과 80 이하
표준반응(Standard Response)	80 초과 350 이하

064

스프링클러헤드의 설치기준 중 옳은 것은?

① 살수가 방해되지 않도록 스프링클러헤드로부터 반경 30[cm] 이상의 공간을 보유할 것

② 스프링클러헤드와 그 부착면과의 거리는 60[cm] 이하로 할 것

③ 측벽형 스프링클러헤드를 설치하는 경우 긴 변의 한쪽 벽에 일렬로 설치하고 3.2[m] 이내마다 설치할 것

④ 연소할 우려가 있는 개구부에는 그 상하좌우에 2.5[m] 간격으로 스프링클러헤드를 설치하되, 스프링클러헤드와 개구부의 내측면으로부터 직선거리는 15[cm] 이하가 되도록 할 것

해설

스프링클러헤드의 설치기준

- 살수가 방해되지 않도록 스프링클러헤드로부터 반경 60[cm] 이상의 공간을 보유할 것. 다만, 벽과 스프링클러헤드 간의 공간은 10[cm] 이상으로 한다.
- 스프링클러헤드와 그 부착면(상향식헤드의 경우에는 그 헤드의 직상부의 천장·반자 또는 이와 비슷한 것을 말한다)과의 거리는 30[cm] 이하로 할 것
- 배관·행거 및 조명기구 등 살수를 방해하는 것이 있는 경우에는 위의 조건에도 불구하고 그로부터 아래에 설치하여 살수에 장애가 없도록 할 것. 다만, 스프링클러헤드와 장애물과의 이격거리를 장애물 폭의 3배 이상 확보한 경우에는 그렇지 않다.
- 스프링클러헤드의 반사판은 그 부착면과 평행하게 설치할 것. 다만, 측벽형헤드 또는 연소할 우려가 있는 개구부에 설치하는 스프링클러헤드의 경우에는 그렇지 않다.
- 천장의 기울기가 1/10을 초과하는 경우에는 가지관을 천장의 마루와 평행하게 설치하고, 스프링클러헤드는 다음 어느 하나에 적합하게 설치할 것
  - 천장의 최상부에 스프링클러헤드를 설치하는 경우에는 최상부에 설치하는 스프링클러헤드의 반사판을 수평으로 설치할 것
  - 천장의 최상부를 중심으로 가지관을 서로 마주보게 설치하는 경우에는 최상부의 가지관 상호 간의 거리가 가지관상의 스프링클러헤드 상호 간의 거리의 1/2 이하(최소 1[m] 이상이 되어야 한다)가 되게 스프링클러헤드를 설치하고, 가지관의 최상부에 설치하는 스프링클러헤드는 천장의 최상부로부터의 수직거리가 90[cm] 이하가 되도록 할 것. 톱날지붕, 둥근지붕 기타 이와 유사한 지붕의 경우에도 이에 준한다.

- 연소할 우려가 있는 개구부에는 그 상하좌우에 2.5[m] 간격으로(개구부의 폭이 2.5[m] 이하인 경우에는 그 중앙에) 스프링클러헤드를 설치하되, 스프링클러헤드와 개구부의 내측면으로부터 직선거리는 15[cm] 이하가 되도록 할 것. 이 경우 사람이 상시 출입하는 개구부로서 통행에 지장이 있는 때에는 개구부의 상부 또는 측면(개구부의 폭이 9[m] 이하인 경우에 한한다)에 설치하되, 헤드 상호 간의 간격은 1.2[m] 이하로 설치해야 한다.
- 습식 스프링클러설비 및 부압식 스프링클러설비 외의 설비에는 상향식 스프링클러헤드를 설치할 것. 다만, 다음의 어느 하나에 해당하는 경우에는 그렇지 않다.
  - 드라이펜던트 스프링클러헤드를 사용하는 경우
  - 스프링클러헤드의 설치장소가 동파의 우려가 없는 곳인 경우
  - 개방형 스프링클러헤드를 사용하는 경우
- 측벽형 스프링클러헤드를 설치하는 경우 긴 변의 한쪽 벽에 일렬로 설치(폭이 4.5[m] 이상 9m 이하인 실에 있어서는 긴 변의 양쪽에 각각 일렬로 설치하되 마주보는 스프링클러헤드가 나란히꼴이 되도록 설치)하고 3.6[m] 이내마다 설치할 것
- 상부에 설치된 헤드의 방출수에 따라 감열부에 영향을 받을 우려가 있는 헤드에는 방출수를 차단할 수 있는 유효한 차폐판을 설치할 것

065

하향식 폐쇄형 스프링클러헤드는 살수에 방해가 되지 않도록 헤드 주위로 반경 몇 [cm] 이상의 살수공간을 확보해야 하는가?

① 40[cm] 이상

② 45[cm] 이상

③ 50[cm] 이상

④ 60[cm] 이상

해설

하향식 폐쇄형 스프링클러헤드는 살수에 방해가 되지 않도록 헤드로부터 반경 60[cm] 이상의 공간을 확보해야 한다. 다만, 벽과 스프링클러헤드 간의 공간은 10[cm] 이상으로 한다.

066

천장의 기울기가 1/10을 초과할 경우 가지관의 최상부에 설치되는 톱날지붕의 스프링클러헤드는 천장의 최상부로부터의 수직거리가 몇 [cm] 이하가 되도록 설치해야 하는가?

① 50[cm] 이하
② 70[cm] 이하
③ 90[cm] 이하
④ 120[cm] 이하

해설

천장의 기울기가 1/10을 초과할 경우 가지관의 최상부에 설치되는 톱날지붕, 둥근지붕의 스프링클러헤드는 천장의 최상부로부터의 수직거리가 90[cm] 이하가 되도록 설치해야 한다.

067

폐쇄형 스프링클러헤드 퓨지블링크형의 표시온도가 121~162[℃]인 경우 프레임의 색별로 옳은 것은?(단, 폐쇄형 헤드이다)

① 파랑
② 빨강
③ 초록
④ 흰색

해설

표시온도(형식승인 및 제품검사의 기술기준 제12조의6)

유리벌브형		퓨지블링크형	
표시온도[℃]	액체의 색별	표시온도[℃]	액체의 색별
57[℃]	오렌지	77[℃] 미만	색 표시안함
68[℃]	빨강	78~120[℃]	흰색
79[℃]	노랑	121~162[℃]	파랑
93[℃]	초록	163~203[℃]	빨강
141[℃]	파랑	204~259[℃]	초록
182[℃]	연한자주	260~319[℃]	오렌지
227[℃] 이상	검정	320[℃] 이상	검정

068

조기반응형 스프링클러헤드를 설치해야 하는 대상이 아닌 것은?

① 공동주택의 거실
② 수련시설의 침실
③ 오피스텔의 침실
④ 병원의 입원실

해설

조기반응형 스프링클러헤드 설치대상
• 공동주택 · 노유자시설의 거실
• 오피스텔 · 숙박시설의 침실
• 병원 · 의원의 입원실

069

폐쇄형 스프링클러헤드에서 그 설치장소의 평상시 최고 주위온도와 표시온도의 관계에 대한 설명으로 옳은 것은?

① 설치장소의 최고 주위온도보다 표시온도가 높은 것을 선택
② 설치장소의 최고 주위온도보다 표시온도가 낮은 것을 선택
③ 설치장소의 최고 주위온도와 표시온도가 같은 것을 선택
④ 설치장소의 최고 주위온도와 표시온도는 관계없음

해설

폐쇄형 스프링클러헤드의 설치장소의 최고 주위온도보다 표시온도가 높은 것을 선택한다.

070

폐쇄형 스프링클러헤드를 최고 주위온도 40[℃]인 장소에 설치할 경우 표시온도는 몇 [℃]의 것을 설치해야 하는가?

① 79[℃] 미만
② 79[℃] 이상 121[℃] 미만
③ 121[℃] 이상 162[℃] 미만
④ 162[℃] 이상

폐쇄형 스프링클러헤드의 표시온도

설치장소의 최고 주위온도	표시온도
39[℃] 미만	79[℃] 미만
39[℃] 이상 64[℃] 미만	79[℃] 이상 121[℃] 미만
64[℃] 이상 106[℃] 미만	121[℃] 이상 162[℃] 미만
106[℃] 이상	162[℃] 이상

071

스프링클러헤드를 설치하지 않을 수 있는 장소로만 나열된 것은?

① 계단, 병실, 목욕실, 냉동창고의 냉동실, 아파트(대피공간 제외)
② 발전실, 수술실, 응급처치실, 통신기기실, 관람석이 없는 테니스장
③ 냉장창고의 냉장실, 변전실, 병실, 목욕실, 수영장 관람석
④ 수술실, 관람석이 없는 테니스장, 변전실, 발전실, 아파트(대피공간 제외)

스프링클러헤드의 설치제외 장소
- 계단실(특별피난계단의 부속실을 포함한다) · 경사로 · 승강기의 승강로 · 비상용승강기의 승강장 · 파이프덕트 및 덕트피트 · 목욕실 · 수영장(관람석 부분을 제외한다) · 화장실 · 직접 외기에 개방되어 있는 복도 · 기타 이와 유사한 장소
- 통신기기실 · 전자기기실 · 기타 이와 유사한 장소
- 발전실 · 변전실 · 변압기 · 기타 이와 유사한 전기설비가 설치되어 있는 장소

- 병원의 수술실 · 응급처치실 · 기타 이와 유사한 장소
- 천장과 반자 양쪽이 불연재료로 되어 있는 경우로서 그 사이의 거리 및 구조가 다음의 어느 하나에 해당하는 부분
  - 천장과 반자 사이의 거리가 2[m] 미만인 부분
  - 천장과 반자 사이의 벽이 불연재료이고 천장과 반자 사이의 거리가 2[m] 이상으로서 그 사이에 가연물이 존재하지 않는 부분
- 천장 · 반자 중 한쪽이 불연재료로 되어있고 천장과 반자 사이의 거리가 1[m] 미만인 부분
- 천장 및 반자가 불연재료 외의 것으로 되어 있고 천장과 반자 사이의 거리가 0.5[m] 미만인 부분
- 펌프실 · 물탱크실 · 엘리베이터 권상기실 그 밖의 이와 비슷한 장소
- 현관 또는 로비 등으로서 바닥으로부터 높이가 20[m] 이상인 장소
- 영하의 냉장창고의 냉장실 또는 냉동창고의 냉동실
- 고온의 노가 설치된 장소 또는 물과 격렬하게 반응하는 물품의 저장 또는 취급장소
- 불연재료로 된 특정소방대상물(정수장, 오물처리장, 펄프 공장의 작업장, 음료수 공장의 세정 또는 충전하는 작업장, 불연성의 금속 · 석재 등의 가공공장으로서 가연성 물질을 저장 또는 취급하지 않는 장소, 방풍실)
- 실내에 설치된 테니스장, 게이트볼, 정구장으로서 실내 바닥, 벽, 천장이 불연재료 또는 준불연재료로 구성되어 있고 가연물이 존재하지 않는 장소로서 관람석이 없는 운동시설(지하층은 제외)

072

스프링클러설비를 설치해야 할 특정소방대상물에 있어서 스프링클러헤드를 설치하지 않을 수 있는 기준 중 틀린 것은?

① 천장과 반자 양쪽이 불연재료로 되어 있고 천장과 반자 사이의 거리가 2.5[m] 미만인 부분
② 천장 및 반자가 불연재료 외의 것으로 되어 있고 천장과 반자 사이의 거리가 0.5[m] 미만인 부분
③ 천장 · 반자 중 한쪽이 불연재료로 되어 있고 천장과 반자 사이의 거리가 1[m] 미만인 부분
④ 현관 또는 로비 등으로서 바닥으로부터 높이가 20[m] 이상인 장소

천장과 반자 양쪽이 불연재료로 되어 있고 천장과 반자 사이의 거리가 2[m] 미만인 부분은 스프링클러설비헤드 설치제외 대상이다.

073

다음 중 스프링클러헤드를 설치해야 되는 곳은?

① 발전실
② 보일러실
③ 병원의 수술실
④ 직접 외기에 개방된 복도

해설

보일러실은 스프링클러헤드 설치대상이다.

074

스프링클러설비의 화재안전기준에 따라 연소할 우려가 있는 개구부에 드렌처설비를 설치한 경우 해당 개구부에 한하여 스프링클러헤드를 설치하지 않을 수 있다. 다음 관련 기준에 대한 내용으로 틀린 것은?

① 드렌처헤드는 개구부 위 측에 2.5[m] 이내마다 1개를 설치할 것
② 제어밸브는 특정소방대상물 층마다에 바닥면으로부터 0.5[m] 이상 1.5[m] 이하의 위치에 설치할 것
③ 드렌처헤드가 가장 많이 설치된 제어밸브에 설치된 드렌처헤드를 동시에 사용하는 경우에 각 헤드선단에 방수압력이 0.1[MPa] 이상이 되도록 할 것
④ 드렌처헤드가 가장 많이 설치된 제어밸브에 설치된 드렌처헤드를 동시에 사용하는 경우에 각 헤드 선단에 방수량은 80[L/min] 이상이 되도록 할 것

해설

드렌처설비의 설치기준

• 드렌처헤드는 개구부 위 측에 2.5[m] 이내마다 1개를 설치할 것
• 제어밸브(일제개방밸브·개폐표시형밸브 및 수동조작부를 합한 것을 말한다)는 특정소방대상물 층마다에 바닥면으로부터 0.8[m] 이상 1.5[m] 이하의 위치에 설치할 것
• 수원의 수량은 드렌처헤드가 가장 많이 설치된 제어밸브의 드렌처헤드의 설치개수에 1.6[m³]를 곱하여 얻은 수치 이상이 되도록 할 것
• 드렌처설비는 드렌처헤드가 가장 많이 설치된 제어밸브에 설치된 드렌처헤드를 동시에 사용하는 경우에 각각의 헤드 선단에 방수압력이 0.1[MPa] 이상, 방수량이 80[L/min] 이상이 되도록 할 것
• 수원에 연결하는 가압송수장치는 점검이 쉽고 화재 등의 재해로 인한 피해 우려가 없는 장소에 설치할 것

간이스프링클러설비(NFTC 103A)

075

간이스프링클러설비의 배관 및 밸브 등의 설치순서로 옳은 것은?

① 상수도직결형은 수도용계량기, 급수차단장치, 개폐표시형밸브, 체크밸브, 압력계, 유수검지장치, 2개의 시험밸브의 순으로 설치할 것
② 펌프 설치 시 수원, 연성계 또는 진공계, 펌프 또는 압력수조, 압력계, 체크밸브, 개폐표시형밸브, 유수검지장치, 2개의 시험밸브의 순으로 설치할 것
③ 가압수조를 이용 시에는 수원, 가압수조, 압력계, 체크밸브, 개폐표시형밸브, 유수검지장치, 1개의 시험밸브의 순으로 설치할 것
④ 캐비닛형인 경우 수원, 펌프 또는 압력수조, 압력계, 체크밸브, 연성계 또는 진공계, 개폐표시형밸브 순으로 설치할 것

해설

간이스프링클러설비의 배관 및 밸브 등의 설치순서

• 상수도직결형 : 수도용계량기 → 급수차단장치 → 개폐표시형밸브 → 체크밸브 → 압력계 → 유수검지장치(압력스위치 등 유수검지장치와 동등 이상의 기능과 성능이 있는 것을 포함) → 2개의 시험밸브
• 펌프 등의 가압송수장치 : 수원 → 연성계 또는 진공계(수원이 펌프보다 높은 경우를 제외한다) → 펌프 또는 압력수조 → 압력계 → 체크밸브 → 성능시험배관 → 개폐표시형밸브 → 유수검지장치 → 시험밸브
• 가압수조를 가압송수장치 : 수원 → 가압수조 → 압력계 → 체크밸브 → 성능시험배관 → 개폐표시형밸브 → 유수검지장치 → 2개의 시험밸브
• 캐비닛형의 가압송수장치 : 수원 → 연성계 또는 진공계(수원이 펌프보다 높은 경우를 제외한다) → 펌프 또는 압력수조 → 압력계 → 체크밸브 → 개폐표시형밸브 → 2개의 시험밸브

076

다음 중 화재조기진압용 스프링클러설비 설치장소의 구조 기준으로 틀린 것은?

① 창고 내의 선반의 형태는 하부로 물이 침투되는 구조로 할 것

② 천장의 기울기가 168/1,000을 초과하지 않아야 하고, 이를 초과하는 경우에는 반자를 지면과 수평으로 설치할 것

③ 천장은 평평해야 하며 철재나 목재트러스 구조인 경우, 철재나 목재의 돌출부분이 102[mm]를 초과하지 않을 것

④ 해당 층의 높이가 10[m] 이하일 것. 다만, 3층 이상일 경우에는 해당 층의 바닥을 내화구조로 하고 다른 부분과 방화구획할 것

해설

화재조기진압용 스프링클러설비의 설치장소의 구조
• 해당 층의 높이가 13.7[m] 이하일 것. 다만, 2층 이상일 경우에는 해당 층의 바닥을 내화구조로 하고 다른 부분과 방화구획할 것
• 천장의 기울기가 168/1,000을 초과하지 않아야 하고, 이를 초과하는 경우에는 반자를 지면과 수평으로 설치할 것
• 천장은 평평해야 하며 철재나 목재트러스 구조인 경우, 철재나 목재의 돌출 부분이 102[mm]를 초과하지 않을 것
• 보로 사용되는 목재·콘크리트 및 철재 사이의 간격이 0.9[m] 이상 2.3[m] 이하일 것. 다만, 보의 간격이 2.3[m] 이상인 경우에는 화재조기진압용 스프링클러헤드의 동작을 원활히 하기 위해 보로 구획된 부분의 천장 및 반자의 넓이가 28[m²]를 초과하지 않을 것
• 창고 내의 선반의 형태는 하부로 물이 침투되는 구조로 할 것

077

화재조기진압용 스프링클러설비의 수원은 화재 시 기준압력과 기준수량 및 천장높이 조건에서 몇 분간 방사할 수 있어야 하는가?

① 20분　　　　② 30분
③ 40분　　　　④ 60분

해설

화재조기진압용 스프링클러설비의 수원은 수리학적으로 가장 먼 가지배관 3개에 각각 4개의 스프링클러헤드가 동시에 개방되었을 때 헤드 선단의 압력이 표 2.2.1(생략)에 따른 값 이상으로 60분간 방사할 수 있는 양으로 계산식은 다음과 같다.

$$Q = 12 \times 60 \times K\sqrt{10p}$$

여기서, Q : 수원의 양[L]

K : 상수[L/min·MPa^{1/2}]

p : 헤드 선단의 압력[MPa]

078

화재조기진압용 스프링클러설비헤드의 기준 중 다음 [보기]의 (　) 안에 알맞은 것은?

┤보기├

하나의 방호구역의 바닥면적은 (　)[m²]를 초과하지 않을 것

① 1,000

② 2,000

③ 3,000

④ 5,000

해설

하나의 방호구역의 바닥면적은 3,000[m²]를 초과하지 않을 것

079

화재조기진압용 스프링클러설비 가지배관의 배열기준 중 천장의 높이가 9.1[m] 이상 13.7[m] 이하인 경우 가지배관 사이의 거리 기준으로 옳은 것은?

① 2.4[m] 이상 3.1[m] 이하
② 2.4[m] 이상 3.7[m] 이하
③ 6.0[m] 이상 8.5[m] 이하
④ 6.0[m] 이상 9.3[m] 이하

해설

화재조기진압용 스프링클러설비의 가지배관과 헤드의 기준
• 가지배관 사이의 거리
  – 천장의 높이가 9.1[m] 미만 : 2.4[m] 이상 3.7[m] 이하
  – 천장의 높이가 9.1[m] 이상 13.7[m] 이하인 경우 : 2.4[m] 이상 3.1[m] 이하
• 가지배관과 헤드 사이의 거리
  – 천장의 높이가 9.1[m] 미만 : 2.4[m] 이상 3.7[m] 이하
  – 천장의 높이가 9.1[m] 이상 13.7[m] 이하인 경우 : 3.1[m] 이하

물분무소화설비(NFTC 104)

080

특고압의 전기시설을 보호하기 위한 물소화설비로서는 물분무소화설비가 가능하다. 그 주된 이유로서 옳은 것은?

① 물분무설비는 다른 물소화설비에 비하여 신속한 소화를 보여주기 때문이다.
② 물분무설비는 다른 물소화설비에 비하여 물의 소모량이 적기 때문이다.
③ 분무상태의 물은 전기적으로 비전도성이기 때문이다.
④ 물분무입자 역시 물이므로 전기전도성이 있으나 전기시설물을 젖게 하지 않기 때문이다.

해설

분무상태의 물은 전기적으로 비전도성이기 때문에 전기시설에 소화가 가능하다.

081

소화설비용 헤드의 성능인증 및 제품검사의 기술기준상 소화설비용 헤드의 분류 중 수류를 살수판에 충돌하여 미세한 물방울을 만드는 물분무헤드 형식은?

① 디플렉터형
② 충돌형
③ 슬리트형
④ 분사형

해설

용어의 정의
• 충돌형 : 유수와 유수의 충돌에 의해 미세한 물방울을 만드는 물분무헤드
• 분사형 : 소구경의 오리피스로부터 고압으로 분사하여 미세한 물방울을 만드는 물분무헤드
• 선회류형 : 선회류에 의해 확산 방출하든 선회류와 직선류의 충돌에 의해 확산 방출하여 미세한 물방울로 만드는 물분무헤드
• 디플렉터형 : 수류를 살수판에 충돌하여 미세한 물방울을 만드는 물분무헤드
• 슬리트형 : 수류를 슬리트에 의해 방출하여 수막상의 분무를 만드는 물분무헤드

082

물분무소화설비의 수원은 특수가연물을 저장 또는 취급하는 특정소방대상물 또는 그 부분에 있어서 그 최대 방수구역의 바닥면적 1[m²]에 대하여 분당 몇 [L]로 20분간 방사할 수 있는 양 이상이어야 하는가?

① 5[L/min · m²] 이상

② 10[L/min · m²] 이상

③ 15[L/min · m²] 이상

④ 20[L/min · m²] 이상

해설

물분무소화설비의 수원의 양 산출

특정소방 대상물	펌프의 토출량[L/min]	수원의 양[L]
특수가연물 저장, 취급	바닥면적(50[m²] 이하는 50[m²]로)×10[L/min · m²]	바닥면적(50[m²] 이하는 50[m²]로)× 10[L/min · m²]×20[min]
차고, 주차장	바닥면적(50[m²] 이하는 50[m²]로)×20[L/min · m²]	바닥면적(50[m²] 이하는 50[m²]로)× 20[L/min · m²]×20[min]
절연유 봉입변압기	표면적(바닥부분 제외)× 10[L/min · m²]	표면적(바닥부분 제외)× 10[L/min · m²]×20[min]
케이블 트레이, 덕트	투영된 바닥면적× 12[L/min · m²]	투영된 바닥면적× 12[L/min · m²]×20[min]
컨베이어 벨트	벨트부분의 바닥면적× 10[L/min · m²]	벨트 부분의 바닥면적× 10[L/min · m²]×20[min]

083

물분무소화설비의 화재안전기준에서 차고 또는 주차장에서의 방수량은 바닥면적 1[m²]에 대하여 매 분당 얼마 이상이어야 하는가?

① 10[L/min · m²] 이상

② 20[L/min · m²] 이상

③ 30[L/min · m²] 이상

④ 40[L/min · m²] 이상

해설

차고 또는 주차장의 방수량 : 20[L/min · m²]

084

케이블트레이에 물분무소화설비를 설치할 때 저장해야 할 수원의 양은 몇 [m³]인가?(단, 케이블트레이에 투영된 바닥면적은 70[m²]이다)

① 28[m³]　　② 12.4[m³]

③ 14[m³]　　④ 16.8[m³]

해설

수원의 양 = 투영된 바닥면적×12[L/min · m²]×20[min]
= 70[m²]×12[L/min · m²]×20[min]
= 16,800[L] = 16.8[m³]

085

물분무소화설비에서 압력수조를 이용한 가압송수장치의 압력수조에 설치해야 하는 것이 아닌 것은?

① 맨홀　　② 수위계

③ 급기관　　④ 수동식 공기압축기

해설

압력수조에 설치하는 부속물
• 수위계
• 급수관
• 배수관
• 급기관
• 맨홀
• 압력계
• 안전장치
• 자동식 공기압축기

086

물분무소화설비의 가압송수장치로 압력수조의 필요 압력을 산출할 때 필요한 것이 아닌 것은?

① 낙차의 환산수두압
② 물분무헤드의 설계압력
③ 배관의 마찰손실수두압
④ 소방용 호스의 마찰손실수두압

해설

물분무소화설비의 가압송수장치 압력수조의 압력

$P = P_1 + P_2 + P_3$

여기서, P : 필요한 압력[MPa]

$\quad\quad P_1$: 물분무헤드의 설계압력[MPa]

$\quad\quad P_2$: 배관의 마찰손실수두압[MPa]

$\quad\quad P_3$: 낙차의 환산수두압[MPa]

087

물분무소화설비의 배관 재료로서 가장 부적합한 재료는?

① 연관
② 배관용 탄소 강관(KS D 3507)
③ 배관용 스테인리스 강관(KS D 3576)
④ 압력배관용 탄소 강관(KS D 3562)

해설

물분무소화설비의 배관 재료

• 배관 내 사용압력이 1.2[MPa] 미만일 경우
  – 배관용 탄소 강관(KS D 3507)
  – 이음매 없는 구리 및 구리합금관(KS D 5301). 다만, 습식의 배관에 한한다.
  – 배관용 스테인리스 강관(KS D 3576) 또는 일반배관용 스테인리스강관(KS D 3595)
  – 덕타일 주철관(KS D 4311)

• 배관 내 사용압력이 1.2[MPa] 이상일 경우
  – 압력배관용 탄소 강관(KS D 3562)
  – 배관용 아크용접 탄소강 강관(KS D 3583)

088

물분무소화설비의 화재안전기준상 배관의 설치기준으로 틀린 것은?

① 펌프 흡입 측 배관은 공기 고임이 생기지 않는 구조로 하고 여과장치를 설치한다.
② 펌프 흡입 측 배관은 수조가 펌프보다 낮게 설치된 경우에는 각 펌프(충압펌프를 포함한다)마다 수조로부터 별도로 설치한다.
③ 성능시험배관에 설치하는 유량측정장치는 펌프의 정격토출량의 175[%]까지 측정할 수 있는 성능이 있을 것
④ 가압송수장치의 체절운전 시 수온의 상승을 방지하기 위하여 체크밸브와 펌프 사이에서 분기한 구경 20[mm] 이상의 배관에 체절압력 이하에서 개방되는 릴리프밸브를 설치해야 한다.

해설

가압송수장치의 체절운전 시 수온의 상승을 방지하기 위하여 체크밸브와 펌프 사이에서 분기한 구경 20[mm] 이상의 배관에 체절압력 미만에서 개방되는 릴리프밸브를 설치해야 한다.

089

다음 중 물분무소화설비 송수구의 설치기준으로 옳지 않은 것은?

① 송수구에는 이물질을 막기 위한 마개를 씌울 것
② 지면으로부터 높이가 0.8[m] 이상 1.5[m] 이하의 위치에 설치할 것
③ 송수구의 부근에는 자동배수밸브 및 체크밸브를 설치할 것
④ 송수구는 하나의 층의 바닥면적이 3,000[m²]를 넘을 때마다 1개 이상을 설치할 것

해설

송수구의 설치기준
- 송수구는 화재 층으로부터 지면으로 떨어지는 유리창 등이 송수 및 그 밖의 소화작업에 지장을 주지 않는 장소에 설치할 것. 이 경우 가연성 가스의 저장·취급시설에 설치하는 송수구는 그 방호대상물로부터 20[m] 이상의 거리를 두거나 방호대상물에 면하는 부분이 높이 1.5[m] 이상, 폭 2.5[m] 이상의 철근콘크리트 벽으로 가려진 장소에 설치할 것
- 송수구로부터 물분무소화설비의 주배관에 이르는 연결배관에 개폐밸브를 설치한 때에는 그 개폐상태를 쉽게 확인 및 조작할 수 있는 옥외 또는 기계실 등의 장소에 설치할 것
- 송수구는 구경 65[mm]의 쌍구형으로 할 것
- 송수구에는 그 가까운 곳의 보기 쉬운 곳에 송수압력범위를 표시한 표지를 할 것
- 송수구는 하나의 층의 바닥면적이 3,000[m²]를 넘을 때마다 1개 이상(5개를 넘을 경우에는 5개로 한다)을 설치할 것
- 지면으로부터 높이가 0.5[m] 이상 1[m] 이하의 위치에 설치할 것
- 송수구의 부근에는 자동배수밸브(또는 직경 5[mm]의 배수공) 및 체크밸브를 설치할 것. 이 경우 자동배수밸브는 배관 안의 물이 잘 빠질 수 있는 위치에 설치하되, 배수로 인하여 다른 물건 또는 장소에 피해를 주지 않아야 한다.
- 송수구에는 이물질을 막기 위한 마개를 씌울 것

090

물분무소화설비 송수구의 설치기준 중 틀린 것은?

① 구경 65[mm]의 쌍구형으로 할 것
② 지면으로부터 높이가 0.5[m] 이상 1[m] 이하의 위치에 설치할 것
③ 가연성 가스의 저장·취급시설에 설치하는 송수구는 그 방호대상물에 면하는 부분이 높이 1.5[m] 이상, 폭 2.5[m] 이상의 철근콘크리트 벽으로 가려진 장소에 설치할 것
④ 송수구는 하나의 층의 바닥면적이 1,500[m²]를 넘을 때마다 1개 이상(5개를 넘을 경우에는 5개로 한다) 이상을 설치할 것

해설

물분무소화설비 송수구는 하나의 층의 바닥면적이 3,000[m²]를 넘을 때마다 1개 이상(5개를 넘을 경우에는 5개로 한다)을 설치할 것

091

고압의 전기기기가 있는 장소에 있어서 전기의 절연을 위한 전기기기와 물분무헤드 사이의 최소 이격거리 기준 중 옳은 것은?

① 66[kV] 이하 – 60[cm] 이상
② 66[kV] 초과 77[kV] 이하 – 80[cm] 이상
③ 77[kV] 초과 110[kV] 이하 – 100[cm] 이상
④ 110[kV] 초과 154[kV] 이하 – 140[cm] 이상

해설

전기기기와 물분무헤드 사이의 최소 이격거리

전압[kV]	거리[cm]	전압[kV]	거리[cm]
66 이하	70 이상	154 초과 181 이하	180 이상
66 초과 77 이하	80 이상	181 초과 220 이하	210 이상
77 초과 110 이하	110 이상	220 초과 275 이하	260 이상
110 초과 154 이하	150 이상	–	–

092

물분무소화설비의 화재안전기준상 110[kV] 초과 154[kV] 이하의 고압 전기기기와 물분무헤드 사이의 이격거리는 최소 몇 [cm] 이상이어야 하는가?

① 110[cm] 이상 ② 150[cm] 이상
③ 180[cm] 이상 ④ 210[cm] 이상

해설

110[kV] 초과 154[kV] 이하일 때 이격거리 : 150[cm] 이상

093

물분무소화설비의 배수설비를 차고 및 주차장에 설치하고자 할 때 설치기준에 맞지 않는 것은?

① 차량이 주차하는 장소의 적당한 곳에 높이 10[cm] 이상의 경계턱으로 배수구를 설치할 것
② 길이 50[m] 이하마다 집수관·소화피트 등 기름분리장치를 설치할 것
③ 차량이 주차하는 바닥은 배수구를 향하여 2/100 이상의 기울기를 유지할 것
④ 배수설비는 가압송수장치의 최대송수능력의 수량을 유효하게 배수할 수 있는 크기 및 기울기로 할 것

해설

물분무소화설비(차고, 주차장)의 배수설비 설치기준

• 차량이 주차하는 장소의 적당한 곳에 높이 10[cm] 이상의 경계턱으로 배수구를 설치할 것
• 배수구에는 새어나온 기름을 모아 소화할 수 있도록 길이 40[m] 이하마다 집수관·소화피트 등 기름분리장치를 설치할 것
• 차량이 주차하는 바닥은 배수구를 향하여 2/100 이상의 기울기를 유지할 것
• 배수설비는 가압송수장치의 최대송수능력의 수량을 유효하게 배수할 수 있는 크기 및 기울기로 할 것

094

물분무소화설비를 설치하는 주차장의 배수설비 설치기준 중 차량이 주차하는 바닥은 배수구를 향하여 얼마 이상의 기울기를 유지해야 하는가?

① 1/100 이상 ② 2/100 이상
③ 3/100 이상 ④ 5/100 이상

해설

물분무소화설비를 설치하는 주차장의 배수설비 기울기 : 2/100 이상

095

물분무헤드를 설치하지 않을 수 있는 장소의 기준 중 다음 [보기]의 (   ) 안에 알맞은 것은?

┌보기┐
운전 시 표면의 온도가 (   )[℃] 이상으로 되는 등 직접 분무를 하는 경우 그 부분에 손상을 입힐 우려가 있는 기계장치 등이 있는 장소

① 160 ② 200
③ 260 ④ 300

해설

물분무헤드의 설치제외 장소

• 물에 심하게 반응하는 물질 또는 물과 반응하여 위험한 물질을 생성하는 물질을 저장 또는 취급하는 장소
• 고온의 물질 및 증류범위가 넓어 끓어 넘치는 위험이 있는 물질을 저장 또는 취급하는 장소
• 운전 시 표면의 온도가 260[℃] 이상으로 되는 등 직접 분무를 하는 경우 그 부분에 손상을 입힐 우려가 있는 기계장치 등이 있는 장소

096

미분무소화설비의 용어 정의 중 다음 [보기]의 (   ) 안에 알맞은 것은?

┤보기├

미분무란 물만을 사용하여 소화하는 방식으로 최소설계압력에서 헤드로부터 방출되는 물입자 중 99[%]의 누적체적분포가 (㉠)[μm] 이하로 분무되고 (㉡)급 화재에 적응성을 갖는 것을 말한다.

① ㉠ 400, ㉡ A, B, C
② ㉠ 400, ㉡ B, C
③ ㉠ 200, ㉡ A, B, C
④ ㉠ 200, ㉡ B, C

해설

미분무 : 물만을 사용하여 소화하는 방식으로 최소설계압력에서 헤드로부터 방출되는 물입자 중 99[%]의 누적체적분포가 400[μm] 이하로 분무되고 A, B, C급 화재에 적응성을 갖는 것

097

미분무소화설비의 화재안전기준에 따라 최저사용압력이 몇 [MPa]을 초과할 때 고압 미분무소화설비로 분류하는가?

① 1.2[MPa]
② 2.5[MPa]
③ 3.5[MPa]
④ 4.2[MPa]

해설

사용압력에 따른 미분무소화설비
• 저압 미분무소화설비 : 최고사용압력이 1.2[MPa] 이하인 미분무소화설비
• 중압 미분무소화설비 : 사용압력이 1.2[MPa]을 초과하고 3.5[MPa] 이하인 미분무소화설비
• 고압 미분무소화설비 : 최저사용압력이 3.5[MPa]을 초과하는 미분무소화설비

098

미분무소화설비의 화재안전기준상 미분무소화설비의 성능을 확인하기 위하여 하나의 발화원을 가정한 설계도서 작성 시 고려해야 할 인자를 [보기]에서 모두 고른 것은?

┤보기├

㉠ 화재 위치
㉡ 점화원의 형태
㉢ 시공 유형과 내장재 유형
㉣ 초기 점화되는 연료 유형
㉤ 공기조화설비, 자연형(문, 창문) 및 기계형 여부
㉥ 문과 창문의 초기상태(열림, 닫힘) 및 시간에 따른 변화 상태

① ㉠, ㉢, ㉥
② ㉠, ㉡, ㉢, ㉣
③ ㉠, ㉡, ㉣, ㉤, ㉥
④ ㉠, ㉡, ㉢, ㉣, ㉤, ㉥

해설

하나의 발화원을 가정한 설계도서 작성 시 고려할 인자 : 전부 다 해당

099

미분무소화설비의 배관의 배수를 위한 기울기 중 다음 [보기]의 (   ) 안에 알맞은 것은?(단, 배관의 구조상 기울기를 줄 수 없는 경우는 제외한다)

┤보기├

개방형 미분무소화설비에는 헤드를 향하여 상향으로 수평주행배관의 기울기를 (㉠) 이상, 가지배관의 기울기를 (㉡) 이상으로 할 것

① ㉠ 1/100, ㉡ 1/100
② ㉠ 1/500, ㉡ 1/100
③ ㉠ 1/250, ㉡ 1/500
④ ㉠ 1/500, ㉡ 1/250

해설

미분무설비 배관의 배수를 위한 기울기 기준
• 폐쇄형 미분무소화설비의 배관을 수평으로 할 것. 다만, 배관의 구조상 소화수가 남아 있는 곳에는 배수밸브를 설치해야 한다.
• 개방형 미분무소화설비에는 헤드를 향하여 상향으로 수평주행배관의 기울기를 1/500 이상, 가지배관의 기울기를 1/250 이상으로 할 것. 다만, 배관의 구조상 기울기를 줄 수 없는 경우에는 배수를 원활하게 할 수 있도록 배수밸브를 설치해야 한다.

100

다음 설명은 미분무소화설비의 화재안전기준에 따른 미분무소화설비 기동장치의 화재감지기 회로에서 발신기 설치기준이다. [보기]의 (   ) 안에 알맞은 내용은?(단, 자동화재탐지설비의 발신기가 설치된 경우는 제외한다)

┌─보기─────────────────────────────┐
│ • 조작이 쉬운 장소에 설치하고, 스위치는 바닥으로부터
│   0.8[m] 이상 (㉠)[m] 이하의 높이에 설치할 것
│ • 소방대상물의 층마다 설치하되, 해당 소방대상물의 각
│   부분으로부터 하나의 발신기까지의 수평거리가 (㉡)
│   [m] 이하가 되도록 할 것
│ • 발신기의 위치를 표시하는 표시등을 함의 상부에 설치하
│   되, 그 불빛은 부착면으로부터 15° 이상의 범위 안에서
│   부착지점으로부터 (㉢)[m] 이내의 어느 곳에서도 쉽게
│   식별할 수 있는 적색등으로 할 것
└──────────────────────────────────┘

① ㉠ 1.5, ㉡ 20, ㉢ 10
② ㉠ 1.5, ㉡ 25, ㉢ 10
③ ㉠ 2.0, ㉡ 20, ㉢ 15
④ ㉠ 2.0, ㉡ 25, ㉢ 15

해설

미분무소화설비 기동장치의 화재감지기 회로에 발신기 설치기준
• 조작이 쉬운 장소에 설치하고, 스위치는 바닥으로부터 0.8[m] 이상 1.5[m] 이하의 높이에 설치할 것
• 소방대상물의 층마다 설치하되, 해당 소방대상물의 각 부분으로부터 하나의 발신기까지의 수평거리가 25[m] 이하가 되도록 할 것
• 발신기의 위치를 표시하는 표시등을 함의 상부에 설치하되, 그 불빛은 부착면으로부터 15° 이상의 범위 안에서 부착지점으로부터 10[m] 이내의 어느 곳에서도 쉽게 식별할 수 있는 적색등으로 할 것

포소화설비(NFTC 105)

101

특정소방대상물에 따라 적응하는 포소화설비의 종류 및 적응성에 관한 설명으로 틀린 것은?

① 특수가연물을 저장·취급하는 공장에는 호스릴포화설비를 설치한다.
② 완전 개방된 옥상주차장으로 주된 벽이 없고 기둥뿐이거나 주위가 위해방지용 철주 등으로 둘러싸인 부분에는 호스릴포소화설비 또는 포소화전설비를 설치할 수 있다.
③ 차고에는 포워터스프링클러설비·포헤드설비 또는 고정포방출설비, 압축공기포소화설비를 설치한다.
④ 항공기 격납고에는 포워터스프링클러설비·포헤드설비 또는 고정포방출설비, 압축공기포소화설비를 설치한다.

해설

적응하는 포소화설비의 종류
• 특수가연물을 저장·취급하는 공장 또는 창고 : 포워터스프링클러설비·포헤드설비 또는 고정포방출설비, 압축공기포소화설비
• 완전 개방된 옥상주차장 또는 고가 밑의 주차장으로 주된 벽이 없고 기둥뿐이거나 주위가 위해방지용 철주 등으로 둘러싸인 부분 : 호스릴포소화설비 또는 포소화전설비
• 차고 또는 주차장 : 포워터스프링클러설비·포헤드설비 또는 고정포방출설비, 압축공기포소화설비
• 항공기 격납고 : 포워터스프링클러설비·포헤드설비 또는 고정포방출설비, 압축공기포소화설비
• 발전기실, 엔진펌프실, 변압기, 전기케이블실, 유압설비 : 바닥면적의 합계가 300[m²] 미만의 장소에는 고정식 압축공기포소화설비

102

특정소방대상물에 따라 적응하는 포소화설비의 설치기준 중 발전기실, 엔진펌프실, 변압기, 전기케이블실, 유압설비 바닥면적의 합계가 300[m²] 미만의 장소에 설치할 수 있는 것은?

① 포헤드설비

② 호스릴포소화설비

③ 포워터스프링클러설비

④ 고정식 압축공기포소화설비

해설

발전기실, 엔진펌프실, 변압기, 전기케이블실, 유압설비 등 바닥면적의 합계가 300[m²] 미만의 장소에는 고정식 압축공기포소화설비를 설치할 수 있다.

103

다음 중 차고 또는 주차장에 호스릴포소화설비를 설치할 수 없는 기준으로 틀린 내용은?

① 완전 개방된 옥상주차장

② 지상 1층으로서 지붕이 없는 부분

③ 지상에서 수동 또는 원격조작에 따라 개방이 가능한 개구부의 유효면적의 합계가 바닥면적의 10[%] 이상인 부분

④ 고가 밑의 주차장 등으로서 주된 벽이 없고 기둥뿐인 부분

해설

차고·주차장의 부분에 호스릴포소화설비 또는 포소화전설비를 설치할 수 있는 경우

• 완전 개방된 옥상주차장 또는 고가 밑의 주차장으로서 주된 벽이 없고 기둥뿐이거나 주위가 위해방지용 철주 등으로 둘러싸인 부분

• 지상 1층으로서 지붕이 없는 부분

104

포소화설비의 화재안전기준에서 포소화설비에 소방용 합성수지배관을 설치할 수 있는 경우로 틀린 것은?

① 배관을 지하에 매설하는 경우

② 다른 부분과 내화구조로 구획된 덕트 또는 피트의 내부에 설치하는 경우

③ 동결방지조치를 하거나 동결의 우려가 없는 경우

④ 천장과 반자를 불연재료 또는 준불연재료로 설치하고 소화배관 내부에 항상 소화수가 채워진 상태로 설치하는 경우

해설

소방용 합성수지배관을 설치할 수 있는 경우

• 배관을 지하에 매설하는 경우

• 다른 부분과 내화구조로 구획된 덕트 또는 피트의 내부에 설치하는 경우

• 천장(상층이 있는 경우에는 상층바닥의 하단을 포함한다)과 반자를 불연재료 또는 준불연재료로 설치하고 소화배관 내부에 항상 소화수가 채워진 상태로 설치하는 경우

105

포소화설비의 배관에 대한 설명으로 틀린 것은?

① 송액관은 적당한 기울기를 유지하고 그 낮은 부분에 배액밸브를 설치한다.
② 포헤드설비의 가지배관의 배열은 토너먼트 방식으로 한다.
③ 송액관은 전용으로 한다.
④ 포워터스프링클러설비의 한쪽 가지배관에 설치하는 헤드의 수는 8개 이하로 한다.

해설

포소화설비의 배관
• 송액관은 포의 방출 종료 후 배관 안의 액을 배출하기 위하여 적당한 기울기를 유지하도록 하고 그 낮은 부분에 배액밸브를 설치해야 한다.
• 포워터스프링클러설비 또는 포헤드설비의 가지배관의 배열은 토너먼트 방식이 아니어야 하며, 교차배관에서 분기하는 지점을 기점으로 한쪽 가지배관에 설치하는 헤드의 수는 8개 이하로 한다.
  ※ 압축공기포소화설비의 배관은 토너먼트 방식으로 해야 하고 소화약제가 균일하게 방출되는 등 거리 배관 구조로 설치해야 한다.
• 송액관은 전용으로 해야 한다.

106

다음은 포소화설비의 설치기준에 관한 내용이다. [보기]의 (   ) 안에 들어갈 내용으로 옳은 것은?

┌─┤보기├─
│ 펌프의 성능은 체절운전 시 정격토출압력의 (㉠)[%]를
│ 초과하지 않고 정격토출량의 150[%]로 운전 시 정격토출압
│ 력의 (㉡)[%] 이상이 되어야 한다.
└─

① ㉠ 120, ㉡ 65　　　　② ㉠ 120, ㉡ 75
③ ㉠ 140, ㉡ 65　　　　④ ㉠ 140, ㉡ 75

해설

포소화설비 펌프의 성능 : 펌프의 성능은 체절운전 시 정격토출압력의 140[%]를 초과하지 않고 정격토출량의 150[%]로 운전 시 정격토출압력의 65[%] 이상이 되어야 하며 펌프의 성능을 시험할 수 있는 성능시험배관을 설치할 것. 다만, 충압펌프의 경우에는 그렇지 않다.

107

포소화설비의 화재안전기준에서 고정포방출구 방식으로 소화약제를 방출하기 위하여 필요한 양을 산출하는 다음 공식에 대한 설명으로 틀린 것은?

$$Q = A \times Q_1 \times T \times S$$

① Q : 포소화약제의 양[L]
② T : 방출시간[min]
③ A : 저장탱크의 체적[m^3]
④ S : 포소화약제의 사용농도[%]

해설

A : 저장탱크의 액표면적[m^2]

108

포소화설비의 화재안전기준에 따라 바닥면적이 180[m^2]인 건축물 내부에 호스릴 방식의 포소화설비를 설치할 경우 가능한 포소화약제의 최소 필요량은 몇 [L]인가?(단, 호스접결구 : 2개, 약제농도 : 3[%])

① 180[L]　　　　　　　② 270[L]
③ 650[L]　　　　　　　④ 720[L]

해설

옥내포소화전방식 또는 호스릴 방식의 포약제량
$Q = N \times S \times 6,000$[L]
여기서, Q : 포소화약제의 양[L]
　　　　N : 호스접결구 개수(5개 이상은 5개)
　　　　S : 포소화약제의 사용농도[%]
바닥면적이 200[m^2] 미만일 때 호스릴 방식의 약제량
∴ $Q = 2 \times 0.03 \times 6,000 \times 0.75$
　　　$= 270$[L]

109

포소화약제 저장량 계산 시 가장 먼 탱크까지의 송액관에 충전하기 위한 필요량을 계산에 반영하지 않는 경우는?

① 송액관의 내경이 75[mm] 이하인 경우
② 송액관의 내경이 80[mm] 이하인 경우
③ 송액관의 내경이 85[mm] 이하인 경우
④ 송액관의 내경이 100[mm] 이하인 경우

해설

가장 먼 탱크까지의 송액관에 충전하기 위한 필요량 계산에서 송액관의 내경이 75[mm] 이하이면 제외

110

차고 및 주차장에 단백포소화약제를 사용하는 포소화설비를 하려고 한다. 바닥면적 1[m²]에 대한 포소화약제의 1분당 방사량의 기준은?

① 5.0[L] 이상 ② 6.5[L] 이상
③ 8.0[L] 이상 ④ 3.7[L] 이상

해설

포소화약제의 1분당 방사량

특정소방대상물	포소화약제의 종류	바닥면적 1[m²]당 방사량
차고·주차장 및 항공기 격납고	단백포소화약제	6.5[L] 이상
	합성계면활성제 포소화약제	8.0[L] 이상
	수성막포소화약제	3.7[L] 이상
화재의 예방 및 안전관리에 관한 법률 시행령 별표 2의 특수가연물을 저장·취급하는 특정소방대상물	단백포소화약제	6.5[L] 이상
	합성계면활성제 포소화약제	6.5[L] 이상
	수성막포소화약제	6.5[L] 이상

111

항공기 격납고 포헤드의 1분당 방사량은 바닥면적 1[m²]당 최소 몇 [L] 이상이어야 하는가?(단, 수성막포소화약제를 사용한다)

① 3.7[L/min · m²] 이상
② 6.5[L/min · m²] 이상
③ 8.0[L/min · m²] 이상
④ 10[L/min · m²] 이상

해설

항공기 격납고 포헤드의 1분당 방사량 : 3.7[L/min · m²] 이상

112

굽도리판이 탱크 벽면으로부터 내부로 0.5[m] 떨어져서 설치된 직경 20[m]의 플로팅루프탱크에 고정포방출구가 설치되어 있다. 고정포방출구로부터의 포방출량은 약 몇 [L/min] 이상이어야 하는가?(단, 포방출량은 탱크 벽면과 굽도리판 사이의 환상면적 1[m²]당 4[L/min] 이상을 기준으로 한다)

① 1,134.5[L/min] 이상
② 1,256.5[L/min] 이상
③ 91.5[L/min] 이상
④ 122.5[L/min] 이상

해설

• 탱크의 표면적 $= \pi r^2 = 3.14 \times (10)^2 = 314[m^2]$
• 포를 방출해야 할 면적 $= 314[m^2] - (3.14 \times 9.5 \times 9.5)[m^2]$
  $= 30.61[m^2]$
• 포방출량 $= 30.61[m^2] \times 4[L/min \cdot m^2]$
  $= 122.46[L/min] ≒ 122.5[L/min]$

113

포소화설비의 화재안전기준상 포헤드를 소방대상물의 천장 또는 반자에 설치해야 할 경우 헤드 1개가 방호해야 할 바닥면적은 최대 몇 [m²]인가?

① 3[m²]　　　　　　② 5[m²]
③ 7[m²]　　　　　　④ 9[m²]

해설

포헤드의 설치기준

구분 ＼ 항목	설치장소	설치면적
포헤드	천장 또는 반자	바닥면적 9[m²]마다 1개 이상 설치
포워터스프링클러헤드	천장 또는 반자	바닥면적 8[m²]마다 1개 이상 설치

115

포헤드를 정방형으로 설치 시 헤드와 벽과의 최대 이격거리는 약 몇 [m]인가?

① 1.48[m]　　　　　② 1.62[m]
③ 1.76[m]　　　　　④ 1.91[m]

해설

정방형으로 배치한 경우

$S = 2r\cos 45°$

여기서, S : 포헤드 상호 간의 거리
　　　　 r : 유효반경(2.1[m])

$S = 2 \times 2.1 \times \cos 45°$
　 $= 2.9698[m]$

헤드와 벽과의 최대 이격거리는 $\dfrac{S}{2}$ 의 거리를 둔다.

∴ 2.9698[m]/2 = 1.48[m]

114

포소화설비의 포헤드를 설치하고자 한다. 특정소방대상물의 바닥면적이 40[m²]일 때 필요한 최소 포헤드 수는?

① 4개　　　　　　② 5개
③ 6개　　　　　　④ 8개

해설

포헤드의 설치기준

• 포워터스프링클러헤드 : 바닥면적 8[m²]마다 1개 이상 설치
• 포헤드 : 바닥면적 9[m²]마다 1개 이상 설치
∴ 최소 포헤드 수 = 40[m²] ÷ 9[m²] = 4.44 ≒ 5개

116

포헤드의 설치기준 중 다음 [보기]의 (　　) 안에 알맞은 것은?

┌─ 보기 ──────────────────────────┐
│ 압축공기포소화설비의 분사헤드는 천장 또는 반자에 설치 │
│ 하되 방호대상물에 따라 측벽에 설치할 수 있으며 유류탱크 │
│ 주위에는 바닥면적 (㉠)[m²]마다 1개 이상, 특수가연물 │
│ 저장소에는 바닥면적 (㉡)[m²]마다 1개 이상으로 해당 │
│ 방호대상물의 화재를 유효하게 소화할 수 있도록 할 것 │
└──────────────────────────────┘

① ㉠ 8, ㉡ 9　　　　② ㉠ 9, ㉡ 8
③ ㉠ 9.3, ㉡ 13.9　④ ㉠ 13.9, ㉡ 9.3

해설

포헤드의 설치기준 : 압축공기포소화설비의 분사헤드는 천장 또는 반자에 설치하되 방호대상물에 따라 측벽에 설치할 수 있으며 유류탱크 주위에는 바닥면적 13.9[m²]마다 1개 이상, 특수가연물 저장소에는 바닥면적 9.3[m²]마다 1개 이상으로 해당 방호대상물의 화재를 유효하게 소화할 수 있도록 할 것

117

전역방출방식 고발포용 고정포방출구의 설치기준으로 옳은 것은?(단, 해당 방호구역에서 외부로 새는 양 이상의 포수용액을 유효하게 추가하여 방출하는 설비가 있는 경우는 제외한다)

① 고정포방출구는 바닥면적 600[m²]마다 1개 이상으로 할 것
② 고정포방출구는 방호대상물의 최고 부분보다 낮은 위치에 설치할 것
③ 개구부에 자동폐쇄장치를 설치할 것
④ 특정소방대상물 및 포의 팽창비에 따른 종별에 관계없이 해당 방호구역의 관포체적 1[m³]에 대한 1분당 포수용액 방출량은 1[L] 이상으로 할 것

해설

고발포용 고정포방출구의 설치기준
• 고정포방출구는 바닥면적 500[m²]마다 1개 이상으로 할 것
• 고정포방출구는 방호대상물의 최고 부분보다 높은 위치에 설치할 것
• 개구부에 자동폐쇄장치를 설치할 것
• 특정소방대상물 및 포의 팽창비에 따른 종별에 따라 해당 방호구역의 관포체적 1[m³]에 대하여 1분당 방출량이 표(표2.9.4.1.2)에 따른 양 이상이 되도록 할 것

118

제1석유류의 옥외탱크저장소의 저장탱크 및 포방출구로 가장 적합한 것은?

① 부상식 루프탱크(Floating Roof Tank), 특형 방출구
② 부상식 루프탱크, Ⅱ형 방출구
③ 원추형 루프탱크(Cone Roof Tank), 특형 방출구
④ 원추형 루프탱크, Ⅰ형 방출구

해설

특형(위험물안전관리에 관한 세부기준 제133조) : 부상지붕구조의 탱크(Floating Roof Tank)에 상부포주입법을 이용하는 것으로 부상지붕의 부상 부분상에 높이 0.9[m] 이상의 금속제의 칸막이를 탱크옆판의 내측으로부터 1.2[m] 이상 이격하여 설치하고 탱크 옆판과 칸막이에 의하여 형성된 환상 부분에 포를 주입하는 것이 가능한 구조의 반사판을 갖는 포방출구로서 인화점이 낮은 제4류 위험물의 특수인화물이나 제1석유류에 적합하다.

119

펌프의 토출관에 압입기를 설치하여 포소화약제 압입용 펌프로 소화약제를 압입시켜 혼합하는 방식은?

① 라인 프로포셔너 방식
② 펌프 프로포셔너 방식
③ 프레셔 프로포셔너 방식
④ 프레셔 사이드 프로포셔너 방식

해설

포소화약제의 혼합방식
• 펌프 프로포셔너 방식(Pump Proportioner, 펌프혼합방식) : 펌프의 토출관과 흡입관 사이의 배관 도중에 설치한 흡입기에 펌프에서 토출된 물의 일부를 보내고, 농도조정밸브에서 조정된 포소화약제의 필요량을 포소화약제 저장탱크에서 펌프 흡입 측으로 보내어 약제를 혼합하는 방식
• 라인 프로포셔너 방식(Line Proportioner, 관로혼합방식) : 펌프와 발포기의 중간에 설치된 벤투리관의 벤투리작용에 따라 포소화약제를 흡입·혼합하는 방식
• 프레셔 프로포셔너 방식(Pressure Proportioner, 차압혼합방식) : 펌프와 발포기의 중간에 설치된 벤투리관의 벤투리작용과 펌프 가압수의 포소화약제 저장탱크에 대한 압력에 따라 포소화약제를 흡입·혼합하는 방식
• 프레셔 사이드 프로포셔너 방식(Pressure Side Proportioner, 압입혼합방식) : 펌프의 토출관에 압입기를 설치하여 포소화약제 압입용 펌프로 포소화약제를 압입시켜 혼합하는 방식

120

펌프의 토출관과 흡입관 사이의 배관 도중에 설치한 흡입기에 펌프 토출량의 일부를 보내고 농도조정밸브에서 조정된 포소화약제의 필요량을 포소화약제 저장탱크에서 펌프 흡입 측으로 보내어 조합하는 방식은?

① 프레셔 사이드 프로포셔너 방식
② 라인 프로포셔너 방식
③ 프레셔 프로포셔너 방식
④ 펌프 프로포셔너 방식

해설

펌프 프로포셔너 방식 : 펌프의 토출관과 흡입관 사이의 배관 도중에 설치한 흡입기에 펌프 토출량의 일부를 보내고 농도조정밸브에서 조정된 포소화약제의 필요량을 포소화약제 저장탱크에서 펌프 흡입 측으로 보내어 조합하는 방식

121

포소화설비의 유지관리에 관한 기준으로 틀린 것은?

① 수동식 기동장치의 조작부는 바닥으로부터 높이 0.8[m] 이상 1.5[m] 이하의 위치에 설치할 것

② 기동장치의 조작부에는 가까운 곳의 보기 쉬운 곳에 "기동장치의 조작부"라고 표시한 표지를 설치할 것

③ 항공기 격납고의 경우 수동식 기동장치는 각 방사구역마다 1개 이상 설치할 것

④ 호스접결구에는 가까운 곳의 보기 쉬운 곳에 "접결구"라고 표시한 표지를 설치할 것

해설

포소화설비의 수동식 기동장치 설치기준
- 직접조작 또는 원격조작에 따라 가압송수장치·수동식개방밸브 및 소화약제 혼합장치를 기동할 수 있는 것으로 할 것
- 2 이상의 방사구역을 가진 포소화설비에는 방사구역을 선택할 수 있는 구조로 할 것
- 기동장치의 조작부는 화재 시 쉽게 접근할 수 있는 곳에 설치하되, 바닥으로부터 0.8[m] 이상 1.5[m] 이하의 위치에 설치하고, 유효한 보호장치를 설치할 것
- 기동장치의 조작부 및 호스접결구에는 가까운 곳의 보기 쉬운 곳에 각각 "기동장치의 조작부" 및 "접결구"라고 표시한 표지를 설치할 것
- 차고 또는 주차장에 설치하는 포소화설비의 수동식 기동장치는 방사구역마다 1개 이상 설치할 것
- 항공기 격납고에 설치하는 포소화설비의 수동식 기동장치는 각 방사구역마다 2개 이상을 설치하되, 그중 1개는 각 방사구역으로부터 가장 가까운 곳 또는 조작에 편리한 장소에 설치하고, 1개는 화재감지기의 수신기를 설치한 감시실 등에 설치할 것

122

포소화설비의 자동식 기동장치 설치기준에 대한 내용으로 다음 [보기]의 ( ) 안에 알맞은 것은?

┤보기├

폐쇄형 스프링클러헤드를 사용하는 경우 부착면의 높이는 바닥으로부터 (㉠)[m] 이하로 하고, 1개의 스프링클러헤드의 경계면적은 (㉡)[m²] 이하로 할 것

① ㉠ 5, ㉡ 18
② ㉠ 5, ㉡ 20
③ ㉠ 4, ㉡ 18
④ ㉠ 4, ㉡ 20

해설

포소화설비의 자동식 기동장치 설치기준
- 폐쇄형 스프링클러헤드를 사용하는 경우
  - 표시온도가 79[℃] 미만인 것을 사용하고, 1개의 스프링클러헤드의 경계면적은 20[m²] 이하로 할 것
  - 부착면의 높이는 바닥으로부터 5[m] 이하로 하고, 화재를 유효하게 감지할 수 있도록 할 것
  - 하나의 감지장치 경계구역은 하나의 층이 되도록 할 것
- 화재감지기를 사용하는 경우
  - 화재감지기는 자동화재탐지설비 및 시각경보기의 화재안전기준 (NFTC 203) 2.4(감지기)의 기준에 따라 설치할 것
  - 화재감지기 회로에는 다음 기준에 따른 발신기를 설치할 것
    ⓐ 조작이 쉬운 장소에 설치하고, 스위치는 바닥으로부터 0.8[m] 이상 1.5[m] 이하의 높이에 설치할 것
    ⓑ 특정소방대상물의 층마다 설치하되, 해당 특정소방대상물의 각 부분으로부터 수평거리가 25[m] 이하가 되도록 할 것. 다만, 복도 또는 별도로 구획된 실로서 보행거리가 40[m] 이상일 경우에는 추가로 설치해야 한다.
    ⓒ 발신기의 위치를 표시하는 표시등은 함의 상부에 설치하되, 그 불빛은 부착면으로부터 15° 이상의 범위 안에서 부착지점으로부터 10[m] 이내의 어느 곳에서도 쉽게 식별할 수 있는 적색등으로 할 것
- 동결의 우려가 있는 장소의 포소화설비의 자동식 기동장치는 자동화재탐지설비와 연동으로 할 것

123

포소화설비의 자동식 기동장치로 폐쇄형 스프링클러헤드를 사용하는 경우의 설치기준 중 다음 [보기]의 (   ) 안에 알맞은 것은?

┤보기├

- 표시온도가 (㉠)[℃] 미만의 것을 사용하고 1개의 스프링클러헤드의 경계면적은 (㉡)[m²] 이하로 할 것
- 부착면의 높이는 바닥으로부터 (㉢)[m] 이하로 하고 화재를 유효하게 감지할 수 있도록 할 것

① ㉠ 60, ㉡ 10, ㉢ 7   ② ㉠ 60, ㉡ 20, ㉢ 7
③ ㉠ 79, ㉡ 10, ㉢ 5   ④ ㉠ 79, ㉡ 20, ㉢ 5

해설

포소화설비의 자동식 기동장치로 폐쇄형 스프링클러헤드를 사용하는 경우
- 표시온도가 79[℃] 미만인 것을 사용하고, 1개의 스프링클러헤드의 경계면적은 20[m²] 이하로 할 것
- 부착면의 높이는 바닥으로부터 5[m] 이하로 하고, 화재를 유효하게 감지할 수 있도록 할 것

124

포소화설비의 자동식 기동장치의 설치기준 중 다음 [보기]의 (   ) 안에 알맞은 것은?(단, 화재감지기를 사용하는 경우이며, 자동화재탐지설비의 수신기가 설치된 장소에 상시 사람이 근무하고 있고, 화재 시 즉시 해당 조작부를 작동시킬 수 있는 경우에는 제외한다)

┤보기├

화재감지기 회로에는 다음의 기준에 따른 발신기를 설치할 것. 특정소방대상물의 층마다 설치하되, 해당 특정소방대상물의 각 부분으로부터 수평거리가 (㉠)[m] 이하가 되도록 할 것. 다만, 복도 또는 별도로 구획된 실로서 보행거리가 (㉡)[m] 이상일 경우에는 추가로 설치해야 한다.

① ㉠ 25, ㉡ 30   ② ㉠ 25, ㉡ 40
③ ㉠ 15, ㉡ 30   ④ ㉠ 15, ㉡ 40

해설

122번 해설 참고

125

이산화탄소 소화약제의 저장용기에 관한 일반적인 설명으로 옳지 않은 것은?

① 방호구역 내의 장소에 설치하되, 피난구 부근을 피하여 설치할 것
② 온도가 40[℃] 이하이고, 온도 변화가 작은 곳에 설치할 것
③ 직사광선 및 빗물이 침투할 우려가 없는 곳에 설치할 것
④ 용기 간의 간격은 점검에 지장이 없도록 3[cm] 이상의 간격을 유지할 것

해설

이산화탄소 소화약제의 저장용기 설치기준
- 방호구역 외의 장소에 설치할 것. 다만, 방호구역 내에 설치할 경우에는 피난 및 조작이 용이하도록 피난구 부근에 설치해야 한다.
- 온도가 40[℃] 이하이고, 온도 변화가 작은 곳에 설치할 것
- 직사광선 및 빗물이 침투할 우려가 없는 곳에 설치할 것
- 방화문으로 구획된 실에 설치할 것
- 용기의 설치장소에는 해당 용기가 설치된 곳임을 표시하는 표지를 할 것
- 용기 간의 간격은 점검에 지장이 없도록 3[cm] 이상의 간격을 유지할 것
- 저장용기와 집합관을 연결하는 연결배관에는 체크밸브를 설치할 것. 다만, 저장용기가 하나의 방호구역만을 담당하는 경우에는 그렇지 않다.

126

이산화탄소 소화약제의 저장용기 설치기준 중 옳은 것은?

① 저장용기의 충전비는 고압식은 1.9 이상 2.3 이하, 저압식은 1.5 이상 1.9 이하로 할 것

② 저압식 저장용기에는 액면계 및 압력계와 2.1[MPa] 이상 1.9[MPa] 이하의 압력에서 작동하는 압력경보 장치를 설치할 것

③ 저장용기 고압식은 25[MPa] 이상, 저압식은 3.5 [MPa] 이상의 내압시험압력에 합격한 것으로 할 것

④ 저압식 저장용기에는 내압시험압력의 1.8배의 압력 에서 작동하는 안전밸브와 내압시험압력의 0.8배 부터 내압시험압력에서 작동하는 봉판을 설치할 것

해설

이산화탄소 소화약제의 저장용기 설치기준

• 저장용기의 충전비

고압식	저압식
1.5 이상 1.9 이하	1.1 이상 1.4 이하

• 저압식 저장용기에는 액면계 및 압력계와 2.3[MPa] 이상 1.9[MPa] 이하의 압력에서 작동하는 압력경보장치를 설치할 것

• 저장용기 고압식은 25[MPa] 이상, 저압식은 3.5[MPa] 이상의 내압 시험압력에 합격한 것으로 할 것

• 저압식 저장용기에는 내압시험압력의 0.64배부터 0.8배의 압력에 서 작동하는 안전밸브와 내압시험압력의 0.8배부터 내압시험압력 에서 작동하는 봉판을 설치할 것

127

이산화탄소 소화약제 저압식 저장용기의 충전비로 옳은 것은?

① 0.9 이상 1.1 이하

② 1.1 이상 1.4 이하

③ 1.4 이상 1.7 이하

④ 1.5 이상 1.9 이하

해설

이산화탄소 소화약제 저장용기의 충전비

고압식	저압식
1.5 이상 1.9 이하	1.1 이상 1.4 이하

128

이산화탄소소화설비의 화재안전기준상 저장용기와 선택 밸브 또는 개폐밸브 사이에 설치하는 안전장치의 작동압 력은 얼마인가?

① 배관의 최소사용설계압력

② 배관의 최대허용압력

③ 배관의 최소사용설계압력과 최대허용압력 사이의 압력

④ 내압시험압력의 1.5배의 압력

해설

이산화탄소 소화약제 저장용기와 선택밸브 또는 개폐밸브 사이에는 배관의 최소사용설계압력과 최대허용압력 사이의 압력에서 작동하는 안전장치를 설치해야 하며, 안전장치를 통하여 나온 소화가스는 전용 의 배관 등을 통하여 건축물 외부로 배출될 수 있도록 해야 한다. 이 경우 안전장치로 용전식을 사용해서는 안 된다.

129

유압기기를 제외한 전기설비, 케이블실에 이산화탄소소화설비를 전역방출방식으로 설치할 경우, 방호구역의 체적이 600[m³]이라면 이산화탄소 소화약제 저장량은 몇 [kg]인가?(단, 이때 설계농도는 50[%]이고, 개구부 면적은 무시한다)

① 780[kg]

② 960[kg]

③ 1,200[kg]

④ 1,620[kg]

해설

심부화재 방호대상물(종이, 목재, 석탄, 섬유류, 합성수지류 등)

탄산가스 저장량[kg] = 방호구역 체적[m³] × 소요가스양[kg/m³]
    + 개구부 면적[m²] × 가산량(10[kg/m²])

전역방출방식의 소요가스양(심부화재)

방호대상물	소요가스양	설계농도
유압기기를 제외한 전기설비, 케이블실	1.3[kg/m³]	50[%]
체적 55[m³] 미만의 전기설비	1.6[kg/m³]	50[%]
서고, 전자제품창고, 목재가공품창고, 박물관	2.0[kg/m³]	65[%]
고무류, 면화류창고, 모피창고, 석탄창고, 집진설비	2.7[kg/m³]	75[%]

∴ 소화약제 저장량 = 방호구역 체적[m³] × 필요가스양[kg/m³]
    = 600[m³] × 1.3[kg/m³] = 780[kg]

130

모피창고에 이산화탄소소화설비를 전역방출방식으로 설치할 경우 방호구역의 체적이 600[m³]라면 이산화탄소 소화약제의 최소 저장량은 몇 [kg]인가?(단, 설계농도는 75[%]이고, 개구부 면적은 무시한다)

① 780[kg]

② 960[kg]

③ 1,200[kg]

④ 1,620[kg]

해설

심부화재 방호대상물(종이, 목재, 석탄, 섬유류, 합성수지류 등)

∴ 소화약제 저장량 = 방호구역 체적[m³] × 소요가스양[kg/m³]
    = 600[m³] × 2.7[kg/m³]
    = 1,620[kg]

131

호스릴 이산화탄소소화설비에 있어서는 하나의 노즐에 대하여 몇 [kg] 이상 저장해야 하는가?

① 45[kg] 이상

② 60[kg] 이상

③ 90[kg] 이상

④ 120[kg] 이상

해설

호스릴 이산화탄소소화설비

• 저장량 : 90[kg] 이상

• 방출량 : 60[kg/min] 이상

132

이산화탄소소화설비의 자동식 기동장치 설치기준으로 적합하지 않은 것은?

① 기동장치는 자동화재탐지설비의 감지기의 작동과 연동해야 할 것

② 자동식 기동장치에는 수동으로도 기동할 수 있는 구조로 할 것

③ 가스압력식 기동용 가스용기의 체적은 5[L] 이상으로 할 것

④ 기동용 가스용기에 저장하는 이산화탄소 등의 불연성기체는 6.0[MPa] 이상(21[℃] 기준)의 압력으로 충전할 것

해설

기동용 가스용기에 저장하는 질소 등의 비활성기체는 6.0[MPa] 이상 (21[℃] 기준)의 압력으로 충전할 것

133

이산화탄소소화설비의 화재안전기준에 따른 이산화탄소 소화설비의 기동장치의 설치기준으로 옳은 것은?

① 가스압력식 기동장치 기동용 가스용기의 체적은 3[L] 이상으로 한다.

② 수동식 기동장치는 전역방출방식에 있어서 방호대상물마다 설치한다.

③ 수동식 기동장치의 부근에는 소화약제의 방출을 지연시킬 수 있는 방출지연스위치를 설치해야 한다.

④ 전기식 기동장치로서 5병 이상의 저장용기를 동시에 개방하는 설비는 2병 이상의 저장용기에 전자개방밸브를 부착해야 한다.

해설

이산화탄소소화설비의 기동장치의 설치기준

• 가스압력식 자동식 기동장치의 기준
  - 기동용 가스용기 및 해당 용기에 사용하는 밸브는 25[MPa] 이상의 압력에 견딜 수 있는 것으로 할 것
  - 기동용 가스용기에는 내압시험압력의 0.8배부터 내압시험압력 이하에서 작동하는 안전장치를 설치할 것
  - 기동용 가스용기의 체적은 5[L] 이상으로 하고, 해당 용기에 저장하는 질소 등의 비활성기체는 6.0[MPa] 이상(21[℃] 기준)의 압력으로 충전할 것
  - 질소 등의 비활성기체 기동용 가스용기에는 충전여부를 확인할 수 있는 압력게이지를 설치할 것

• 수동식 기동장치의 설치기준 : 이 경우 수동식 기동장치의 부근에는 소화약제의 방출을 지연시킬 수 있는 방출지연스위치(자동복귀형 스위치로서 수동식 기동장치의 타이머를 순간 정지시키는 기능의 스위치를 말한다)를 설치해야 한다.
  - 전역방출방식은 방호구역마다, 국소방출방식은 방호대상물마다 설치할 것
  - 해당 방호구역의 출입구 부분 등 조작을 하는 자가 쉽게 피난할 수 있는 장소에 설치할 것
  - 기동장치의 조작부는 바닥으로부터 높이 0.8[m] 이상 1.5[m] 이하의 위치에 설치하고, 보호판 등에 따른 보호장치를 설치할 것
  - 기동장치 인근의 보기 쉬운 곳에 "이산화탄소소화설비 수동식 기동장치"라고 표시한 표지를 할 것
  - 전기를 사용하는 기동장치에는 전원표시등을 설치할 것
  - 기동장치의 방출용 스위치는 음향경보장치와 연동하여 조작될 수 있는 것으로 할 것
  - 기동장치에는 보호장치를 설치해야 하며, 보호장치를 개방하는 경우 기동장치에 설치된 버저 또는 벨 등에 의하여 경고음을 발할 것

  - 기동장치를 옥외에 설치하는 경우 빗물 또는 외부 충격의 영향을 받지 않도록 설치할 것
• 전기식 기동장치로서 7병 이상의 저장용기를 동시에 개방하는 설비는 2병 이상의 저장용기에 전자개방밸브를 부착할 것

134

이산화탄소소화설비의 화재안전기준상 전역방출방식의 이산화탄소소화설비의 분사헤드 방출압력은 저압식인 경우 최소 몇 [MPa] 이상이어야 하는가?

① 0.5[MPa] 이상
② 1.05[MPa] 이상
③ 1.4[MPa] 이상
④ 2.0[MPa] 이상

해설

전역방출방식 이산화탄소소화설비의 분사헤드 방출압력

• 저압식 : 1.05[MPa] 이상
• 고압식 : 2.1[MPa] 이상

135

이산화탄소소화설비 배관의 구경은 이산화탄소의 소요량이 몇 분 이내에 방출되어야 하는가?(단, 전역방출방식에 있어서 합성수지류의 심부화재 방호대상물의 경우이다)

① 1분 이내
② 3분 이내
③ 5분 이내
④ 7분 이내

해설

방출시간

구분		방출시간
전역 방출 방식	가연성 액체 또는 가연성 가스 등 표면화재 방호대상물	1분
	종이, 목재, 석탄, 섬유류, 합성수지류 등 심부화재 방호대상물(2분 이내에 설계농도의 30[%] 도달)	7분
국소방출방식		30초

136

이산화탄소소화설비 설명 중 옳은 것은?

① 강관을 사용하는 경우 고압식 스케줄 80 이상, 저압식 스케줄 50 이상의 것을 사용할 것

② 동관을 사용하는 경우 고압식은 16.5[MPa] 이상, 저압식은 3.75[MPa] 이상의 압력에 견딜 수 있는 것을 사용할 것

③ 이산화탄소 소요량이 합성수지류, 목재류 등 심부화재 방호대상물을 저장하는 경우에는 5분 이내에 방사할 수 있을 것

④ 전역방출방식 분사헤드의 방출압력이 1[MPa](저압식은 0.9[MPa]) 이상의 것으로 할 것

해설

이산화탄소소화설비

• 강관 사용 : 압력배관용 탄소 강관(KS D 3562) 중 스케줄 80(저압식에 있어서는 스케줄 40) 이상

• 동관 사용 : 배관은 이음이 없는 동 및 동합금관(KS D 5301)으로서 고압식은 16.5[MPa] 이상, 저압식 3.75[MPa] 이상의 압력에 견딜 수 있는 것을 사용할 것

• 이산화탄소 소요량이 종이, 목재, 석탄, 섬유류, 합성수지류 등 심부화재 방호대상물을 저장하는 경우에는 7분 이내에 방사할 수 있을 것

• 전역방출방식 분사헤드의 방출압력이 2.1[MPa](저압식은 1.05[MPa]) 이상의 것으로 할 것

137

이산화탄소소화설비의 배관의 설치기준 중 다음 [보기]의 (   ) 안에 알맞은 것은?

┌ 보기 ┐

고압식의 1차 측(개폐밸브 또는 선택밸브 이전) 배관부속의 최소사용설계압력은 (㉠)[MPa]로 하고, 고압식의 2차 측과 저압식의 배관부속의 최소사용설계압력은 (㉡)[MPa] 할 것

① ㉠ 8.5, ㉡ 4.5

② ㉠ 9.5, ㉡ 4.5

③ ㉠ 8.5, ㉡ 5.0

④ ㉠ 9.5, ㉡ 5.0

해설

고압식의 1차 측(개폐밸브 또는 선택밸브 이전) 배관부속의 최소사용설계압력은 9.5[MPa]로 하고, 고압식의 2차 측과 저압식의 배관부속의 최소사용설계압력은 4.5[MPa]로 할 것

138

할론소화약제의 저장용기에서 가압용 가스용기는 질소가스가 충전된 것으로 하고, 그 압력은 21[℃]에서 최대 얼마의 압력으로 축압되어야 하는가?

① 2.2[MPa]
② 3.2[MPa]
③ 4.2[MPa]
④ 5.2[MPa]

해설

가압용 가스용기는 질소가스가 충전된 것으로 하고, 그 압력은 21[℃]에서 2.5[MPa] 또는 4.2[MPa]이 되도록 해야 한다.

139

할론소화설비의 화재안전기준에 따른 할론 1301 소화약제의 저장용기에 대한 설명으로 틀린 것은?

① 저장용기의 충전비는 0.9 이상 1.6 이하로 할 것
② 동일 집합관에 접속되는 저장용기의 소화약제 충전량은 동일 충전비의 것으로 할 것
③ 저장용기의 개방밸브는 안전장치가 부착된 것으로 하며 수동으로 개방되지 않도록 할 것
④ 축압식 용기의 경우에는 20[℃]에서 2.5[MPa] 또는 4.2[MPa]의 압력이 되도록 질소가스로 축압할 것

해설

할론 소화약제 저장용기의 개방밸브는 전기식, 가스압력식, 기계식에 따라 자동으로 개방되고 수동으로도 개방되는 것으로서 안전장치가 부착된 것으로 해야 한다.

140

체적 55[m³]의 통신기기실에 전역방출방식의 할론소화설비를 설치하고자 하는 경우에 할론 1301의 저장량은 최소 몇 [kg]이어야 하는가?(단, 통신기기실의 총 개구부 크기는 4[m²]이며 자동폐쇄장치는 설치되어 있지 않다)

① 26.2[kg]
② 27.2[kg]
③ 28.2[kg]
④ 29.2[kg]

해설

자동폐쇄장치는 설치되어 있지 않은 약제 저장량
저장량[kg] = 방호체적[m³] × 소요가스양[kg/m³]
　　　　　　+ 개구부의 면적[m²] × 가산량[kg/m²]

소방대상물 또는 그 부분	소화약제	소요가스양	가산량 (자동폐쇄장치 미설치 시)
차고 · 주차장 · 전기실 · 통신기기실, 전산실 등	할론 1301	0.32~0.64 [kg/m³]	2.4[kg/m²]
가연성 고체류 · 가연성 액체류	할론 2402	0.40~1.1 [kg/m³]	3.0[kg/m²]
	할론 1211	0.36~0.71 [kg/m³]	2.7[kg/m²]
	할론 1301	0.32~0.64 [kg/m³]	2.4[kg/m²]
면화류 · 나무껍질 및 대팻밥 · 넝마 및 종이부스러기 · 사류 · 볏짚류 · 목재가공품 및 나무부스러기	할론 1211	0.60~0.71 [kg/m³]	4.5[kg/m²]
	할론 1301	0.52~0.64 [kg/m³]	3.9[kg/m²]
합성수지류	할론 1211	0.36~0.71 [kg/m³]	2.7[kg/m²]
	할론 1301	0.32~0.64 [kg/m³]	2.4[kg/m²]

∴ 저장량[kg] = 방호체적[m³] × 소요가스양[kg/m³]
　　　　　　+ 개구부의 면적[m²] × 가산량[kg/m²]
　　　　　= 55[m³] × 0.32[kg/m³] + 4[m²] × 2.4[kg/m²]
　　　　　= 27.2[kg]

141

할론소화설비에서 국소방출방식의 경우 할론소화약제의 양을 산출하는 식은 다음과 같다. 여기서 A는 무엇을 의미하는가?(단, 가연물이 비산할 우려가 있는 경우로 가정한다)

$$Q = X - Y \frac{a}{A}$$

① 방호공간의 벽면적의 합계
② 창문이나 문의 틈새면적의 합계
③ 개구부 면적의 합계
④ 방호대상물의 주위에 설치된 벽면적의 합계

해설

국소방출방식

$$Q = X - Y \frac{a}{A}$$

여기서, Q : 방호공간 $1[m^3]$에 대한 할론소화약제의 양$[kg/m^3]$
$\quad\quad\quad X$, Y : 수치(생략)
$\quad\quad\quad a$: 방호대상물의 주위에 설치된 벽면적의 합계$[m^2]$
$\quad\quad\quad A$: 방호공간의 벽면적의 합계$[m^2]$

142

전역방출방식의 할론소화설비의 분사헤드를 설치할 때 기준저장량의 소화약제를 방출하기 위한 시간은 몇 초 이내인가?

① 20초 이내　　　　② 15초 이내
③ 10초 이내　　　　④ 5초 이내

해설

할론소화설비의 분사헤드의 방출시간
• 전역방출방식 : 10초 이내
• 국소방출방식 : 10초 이내

할로겐화합물 및 불활성기체소화설비(NFTC 107A)

143

할로겐화합물 및 불활성기체 소화설비 전역방출방식의 분사헤드에 관한 내용으로 틀린 것은?

① 할론 2402를 방출하는 분사헤드는 해당 소화약제가 무상(霧狀)으로 분무되는 것으로 할 것
② 할론 1211의 방사압력은 0.2[MPa] 이상으로 할 것
③ 할론 1301의 방사압력은 0.3[MPa] 이상으로 할 것
④ 할론 2402의 방사압력은 0.1[MPa] 이상으로 할 것

해설

분사헤드의 방출압력

약제의 종류	할론 2402	할론 1211	할론 1301
방출압력	0.1[MPa] 이상	0.2[MPa] 이상	0.9[MPa] 이상

144

할로겐화합물 및 불활성기체소화설비를 설치할 수 없는 장소의 기준 중 옳은 것은?(단, 소화성능이 인정되는 위험물은 제외한다)

① 제1류 위험물 및 제2류 위험물 사용
② 제2류 위험물 및 제4류 위험물 사용
③ 제3류 위험물 및 제5류 위험물 사용
④ 제4류 위험물 및 제6류 위험물 사용

해설

할로겐화합물 및 불활성기체소화설비를 설치할 수 없는 장소
• 사람이 상주하는 곳으로써 최대허용설계농도를 초과하는 장소
• 제3류 위험물 및 제5류 위험물을 저장·보관·사용하는 장소. 다만, 소화성능이 인정되는 위험물은 제외한다.

145

할로겐화합물 및 불활성기체소화설비 저장용기의 설치기준 설명 중 틀린 것은?

① 방화문으로 구획된 실에 설치한다.
② 용기 간의 간격은 3[cm] 이상의 간격으로 유지한다.
③ 온도가 40[℃] 이하이고, 온도 변화가 작은 곳에 설치한다.
④ 저장용기와 집합관을 연결하는 연결배관에는 체크밸브를 설치한다.

해설

할로겐화합물 및 불활성기체소화설비 저장용기의 설치기준
• 방호구역 외의 장소에 설치할 것. 다만, 방호구역 내에 설치할 경우에는 피난 및 조작이 용이하도록 피난구 부근에 설치해야 한다.
• 온도가 55[℃] 이하이고 온도 변화가 작은 곳에 설치할 것
• 직사광선 및 빗물이 침투할 우려가 없는 곳에 설치할 것
• 저장용기를 방호구역 외에 설치한 경우에는 방화문으로 구획된 실에 설치할 것
• 용기의 설치장소에는 해당 용기가 설치된 곳임을 표시하는 표지를 할 것
• 용기 간의 간격은 점검에 지장이 없도록 3[cm] 이상의 간격을 유지할 것
• 저장용기와 집합관을 연결하는 연결배관에는 체크밸브를 설치할 것. 다만, 저장용기가 하나의 방호구역만을 담당하는 경우에는 그렇지 않다.

146

할로겐화합물 및 불활성기체소화설비 중 약제의 저장용기 내에서 저장상태가 기체상태의 압축가스인 소화약제는?

① IG 541
② HCFC BLEND A
③ HFC-227ea
④ HFC-23

해설

저장 시 기체상태 : IG 01, IG 100, IG 55, IG 541

147

할로겐화합물 및 불활성기체소화설비에서 불활성기체 저장용기의 경우 약제 재충전 또는 저장용기의 교체시기로 옳은 것은?

① 약제량 손실이 5[%] 초과할 경우
② 압력손실이 5[%] 초과할 경우
③ 약제량 손실이 10[%] 초과할 경우
④ 압력손실이 10[%] 초과할 경우

해설

재충전 또는 저장용기 교체시기
• 할로겐화합물 소화약제 : 약제량 손실이 5[%] 초과하거나 압력손실이 10[%] 초과할 경우
• 불활성기체 소화약제 : 압력손실이 5[%] 초과할 경우

148

할로겐화합물 및 불활성기체소화설비의 수동식 기동장치의 설치기준 중 틀린 것은?

① 50[N] 이상의 힘을 가하여 기동할 수 있는 구조로 할 것

② 전기를 사용하는 기동장치에는 전원표시등을 설치할 것

③ 기동장치의 방출용 스위치는 음향경보장치와 연동하여 조작될 수 있는 것으로 할 것

④ 해당 방호구역의 출입구 부근 등 조작을 하는 자가 쉽게 피난할 수 있는 장소에 설치할 것

해설

수동식 기동장치의 설치기준

• 방호구역마다 설치할 것

• 해당 방호구역의 출입구 부근 등 조작을 하는 자가 쉽게 피난할 수 있는 장소에 설치할 것

• 기동장치의 조작부는 바닥으로부터 0.8[m] 이상 1.5[m] 이하의 위치에 설치하고 보호판 등에 따른 보호장치를 설치할 것

• 기동장치 인근의 보기 쉬운 곳에 "할로겐화합물 및 불활성기체 소화설비 수동식 기동장치"라는 표지를 할 것

• 전기를 사용하는 기동장치에는 전원표시등을 설치할 것

• 기동장치의 방출용 스위치는 음향경보장치와 연동하여 조작될 수 있는 것으로 할 것

• 50[N] 이하의 힘을 가하여 기동할 수 있는 구조로 할 것

• 기동장치에는 보호장치를 설치해야 하며, 보호장치를 개방하는 경우 기동장치에 설치된 버저 또는 벨 등에 의하여 경고음을 발할 것

• 기동장치를 옥외에 설치하는 경우 빗물 또는 외부 충격의 영향을 받지 않도록 설치할 것

149

할로겐화합물 및 불활성기체소화설비의 분사헤드에 대한 설치기준 중 다음 [보기]의 ( ) 안에 알맞은 것은?(단, 분사헤드의 성능인증 범위 내에서 설치하는 경우는 제외한다)

┤보기├

분사헤드의 설치높이는 방호구역의 바닥으로부터 최소 (㉠)[m] 이상 최대 (㉡)[m] 이하로 해야 한다.

① ㉠ 0.2, ㉡ 3.7 ② ㉠ 0.8, ㉡ 1.5

③ ㉠ 1.5, ㉡ 2.0 ④ ㉠ 2.0, ㉡ 2.5

해설

할로겐화합물 및 불활성기체소화설비의 분사헤드 높이 : 최소 0.2[m] 이상 최대 3.7[m] 이하

150

할로겐화합물 및 불활성기체소화설비에 설치한 특정소방대상물 또는 그 부분에 대한 자동폐쇄장치의 설치기준 중 다음 [보기]의 ( ) 안에 알맞은 것은?

┤보기├

개구부가 있거나 천장으로부터 (㉠)[m] 이상의 아랫부분 또는 바닥으로부터 해당 층의 높이의 (㉡) 이내의 부분에 통기구가 있어 소화약제의 유출에 따라 소화 효과를 감소시킬 우려가 있는 것은 소화약제가 방출되기 전에 해당 개구부 및 통기구를 폐쇄할 수 있도록 할 것

① ㉠ 1, ㉡ 2/3 ② ㉠ 2, ㉡ 2/3

③ ㉠ 1, ㉡ 1/2 ④ ㉠ 2, ㉡ 1/2

해설

할로겐화합물 및 불활성기체소화설비에 설치한 자동폐쇄장치 설치기준

• 환기장치 등을 설치한 것은 소화약제가 방출되기 전에 해당 환기장치가 정지될 수 있도록 할 것

• 개구부가 있거나 천장으로부터 1[m] 이상의 아랫부분 또는 바닥으로부터 해당 층의 높이의 2/3 이내의 부분에 통기구가 있어 소화약제의 유출에 따라 소화 효과를 감소시킬 우려가 있는 것은 소화약제가 방출되기 전에 해당 개구부 및 통기구를 폐쇄할 수 있도록 할 것

• 자동폐쇄장치는 방호구역 또는 방호대상물이 있는 구획의 밖에서 복구할 수 있는 구조로 하고, 그 위치를 표시하는 표지를 할 것

151

차고 또는 주차장에 설치하는 분말소화설비의 소화약제는?

① 탄산수소나트륨을 주성분으로 한 분말
② 탄산수소칼륨을 주성분으로 한 분말
③ 인산염을 주성분으로 한 분말
④ 탄산수소칼륨과 요소가 화합된 분말

해설

차고, 주차장에 설치하는 분말소화설비 : 제3종 분말(인산염)

153

분말소화약제 저장용기의 설치기준으로 틀린 것은?

① 설치장소의 온도가 40[℃] 이하이고, 온도 변화가 작은 곳에 설치할 것
② 용기 간의 간격은 점검에 지장이 없도록 5[cm] 이상의 간격을 유지할 것
③ 저장용기의 충전비는 0.8 이상으로 할 것
④ 저장용기에는 가압식은 최고사용압력의 1.8배 이하, 축압식은 용기의 내압시험압력의 0.8배 이하의 압력에서 작동하는 안전밸브를 설치할 것

해설

분말소화약제 저장용기의 설치기준
• 방호구역 외의 장소에 설치할 것. 다만, 방호구역 내에 설치할 경우에는 피난 및 조작이 용이하도록 피난구 부근에 설치해야 한다.
• 온도가 40[℃] 이하이고, 온도 변화가 작은 곳에 설치할 것
• 직사광선 및 빗물이 침투할 우려가 없는 곳에 설치할 것
• 방화문으로 방화구획된 실에 설치할 것
• 용기의 설치장소에는 해당 용기가 설치된 곳임을 표시하는 표지를 할 것
• 용기 간의 간격은 점검에 지장이 없도록 3[cm] 이상의 간격을 유지할 것
• 저장용기와 집합관을 연결하는 연결배관에는 체크밸브를 설치할 것. 다만, 저장용기가 하나의 방호구역만을 담당하는 경우에는 그렇지 않다.
• 저장용기에는 가압식은 최고사용압력의 1.8배 이하, 축압식은 용기의 내압시험압력의 0.8배 이하의 압력에서 작동하는 안전밸브를 설치할 것
• 저장용기에는 저장용기의 내부압력이 설정압력으로 되었을 때 주밸브를 개방하는 정압작동장치를 설치할 것
• 저장용기의 충전비는 0.8 이상으로 할 것
• 저장용기 및 배관에는 잔류 소화약제를 처리할 수 있는 청소장치를 설치할 것

152

다음 중 분말소화설비에서 사용하지 않는 밸브는?

① 드라이밸브   ② 클리닝밸브
③ 안전밸브   ④ 배기밸브

해설

드라이밸브(건식밸브) : 스프링클러설비의 유수검지장치

154

인산염을 주성분으로 한 분말소화약제를 사용하는 분말 소화설비의 소화약제 저장용기의 내용적은 소화약제 1[kg]당 얼마이어야 하는가?

① 0.8[L/kg]
② 0.92[L/kg]
③ 1[L/kg]
④ 1.25[L/kg]

해설

분말소화약제의 충전비

소화약제의 종별	충전비
제1종 분말	0.80[L/kg]
제2종 분말	1.00[L/kg]
제3종 분말(인산염)	1.00[L/kg]
제4종 분말	1.25[L/kg]

$\therefore$ 충전비 = $\dfrac{\text{용기의 내용적[L]}}{\text{약제의 중량[kg]}}$

156

분말소화약제의 가압용 가스용기의 설치기준에 대한 설명으로 틀린 것은?

① 가압용 가스는 질소가스 또는 이산화탄소로 한다.
② 가압용 가스용기를 3병 이상 설치한 경우에는 2개 이상의 용기에 전자개방밸브를 부착한다.
③ 분말소화약제의 가스용기는 분말소화약제의 저장용기에 접속하여 설치한다.
④ 분말소화약제의 가압용 가스용기에는 2.5[MPa] 이상의 압력에서 조정이 가능한 압력조정기를 설치한다.

해설

분말소화약제의 가압용 가스용기에는 2.5[MPa] 이하의 압력에서 조정이 가능한 압력조정기를 설치한다.

155

주차장에 분말소화약제 120[kg]을 저장하려고 한다. 이때 필요한 저장용기의 최소 내용적은?

① 96[L]
② 120[L]
③ 150[L]
④ 180[L]

해설

충전비 = $\dfrac{\text{용기의 내용적[L]}}{\text{약제의 중량[kg]}}$

$\therefore$ 용기의 내용적 = 충전비 × 약제의 중량

$\qquad$ = 1.0[L/kg] × 120[kg] = 120[L]

※ 제3종 분말(주차장, 차고)의 충전비 : 1.0

157

분말소화약제의 가압용 가스 또는 축압용 가스의 설치기준 중 틀린 것은?

① 가압용 가스에 이산화탄소를 사용하는 것의 이산화탄소는 소화약제 1[kg]에 대하여 20[g]에 배관의 청소에 필요한 양을 가산한 양 이상으로 할 것

② 가압용 가스에 질소가스를 사용하는 것의 질소가스는 소화약제 1[kg]마다 40[L](35[℃]에서 1기압의 압력상태로 환산한 것) 이상으로 할 것

③ 축압용 가스에 이산화탄소를 사용하는 것의 이산화탄소는 소화약제 1[kg]에 대하여 20[g]에 배관의 청소에 필요한 양을 가산한 양 이상으로 할 것

④ 축압용 가스에 질소가스를 사용하는 것의 질소가스는 소화약제 1[kg]마다 40[L](35[℃]에서 1기압의 압력상태로 환산한 것) 이상으로 할 것

해설

가압용 가스 또는 축압용 가스의 설치기준

• 가압용 가스 또는 축압용 가스는 질소가스 또는 이산화탄소로 할 것
• 가압용 가스에 질소가스를 사용하는 것의 질소가스는 소화약제 1[kg]마다 40[L](35[℃]에서 1기압의 압력상태로 환산한 것) 이상, 이산화탄소를 사용하는 것의 이산화탄소는 소화약제 1[kg]에 대하여 20[g]에 배관의 청소에 필요한 양을 가산한 양 이상으로 할 것
• 축압용 가스에 질소가스를 사용하는 것의 질소가스는 소화약제 1[kg]에 대하여 10[L](35[℃]에서 1기압의 압력상태로 환산한 것) 이상, 이산화탄소를 사용하는 것의 이산화탄소는 소화약제 1[kg]에 대하여 20[g]에 배관의 청소에 필요한 양을 가산한 양 이상으로 할 것
• 저장용기 및 배관의 청소에 필요한 양의 가스는 별도의 용기에 저장할 것

158

분말소화설비의 배관 청소용 가스는 어떻게 저장·유지 관리해야 하는가?

① 축압용 가스용기에 가산 저장·유지
② 가압용 가스용기에 가산 저장·유지
③ 별도 용기에 저장·유지
④ 필요시에만 사용하므로 평소에 저장 불필요

해설

배관 청소용 가스는 별도 용기에 저장해야 한다.

159

소방대상물 내의 보일러실에 제1종 분말소화약제를 사용하여 전역방출방식인 분말소화설비를 설치할 때 필요한 약제량[kg]으로서 옳은 것은?(단, 방호구역의 개구부에 자동개폐장치를 설치하지 않은 경우로 방호구역의 체적은 120[m³], 개구부의 면적은 20[m²]이다)

① 84[kg] ② 120[kg]
③ 140[kg] ④ 162[kg]

해설

전역방출방식인 분말소화설비

소화약제 저장량[kg] = 방호구역 체적[m³] × 소요약제량[kg/m³] + 개구부 면적[m²] × 가산량[kg/m²]

※ 개구부의 면적은 자동폐쇄장치가 설치되어 있지 않은 면적이다.

약제의 종류	소요약제량	가산량
제1종 분말	0.60[kg/m³]	4.5kg/[m²]
제2종 또는 제3종 분말	0.36[kg/m³]	2.7kg/[m²]
제4종 분말	0.24[kg/m³]	1.8kg/[m²]

∴ 소화약제 저장량[kg] = 120[m³] × 0.6[kg/m³] + 20[m²] × 4.5[kg/m²]
= 162[kg]

160

전역방출방식의 분말소화설비에 있어서 방호구역의 용적이 500[m³]일 때 적합한 분사헤드의 수는?(단, 제1종 분말이며 체적 1[m³]당 소화약제 양은 0.60[kg]이며, 분사헤드 1개의 분당 표준방사량은 18[kg]이다)

① 34개　　　　　② 134개

③ 17개　　　　　④ 30개

해설

소화약제량 = 방호구역 × 0.6[kg/m³] = 500[m³] × 0.6[kg/m³]
　　　　　 = 300[kg]

∴ 분사헤드의 수 = 300[kg] ÷ 18[kg/분·개]×2 = 33.3개 ≒ 34개

※ 계산식에서 2는 30초 이내에 방사해야 하므로 분(min)으로 환산하면 2로 계산된다.

161

전역방출방식의 분말소화설비에서 방호구역의 개구부에 자동폐쇄장치를 설치하지 않은 경우 개구부의 면적 1[m²]에 대한 분말소화약제의 가산량으로 잘못 연결된 것은?

① 제1종 분말 – $4.5[\text{kg/m}^2]$

② 제2종 분말 – $2.7[\text{kg/m}^2]$

③ 제3종 분말 – $2.5[\text{kg/m}^2]$

④ 제4종 분말 – $1.8[\text{kg/m}^2]$

해설

분말소화설비의 소화약제 가산량

약제의 종류	소화약제량	가산량
제1종 분말	0.60[kg/m³]	4.5[kg/m²]
제2종 또는 제3종 분말	0.36[kg/m³]	2.7[kg/m²]
제4종 분말	0.24[kg/m³]	1.8[kg/m²]

162

호스릴 방식의 분말소화설비에 있어서 약제의 종류와 약제량 연결이 틀린 것은?

① 제1종 분말 – 50[kg]

② 제2종 분말 – 30[kg]

③ 제3종 분말 – 25[kg]

④ 제4종 분말 – 20[kg]

해설

호스릴 방식의 소요약제량

소화약제의 종별	소요약제의 양
제1종 분말	50[kg]
제2종 분말 또는 제3종 분말	30[kg]
제4종 분말	20[kg]

163

분말소화설비의 수동식 기동장치의 부근에 설치하는 방출지연스위치에 대한 설명으로 옳은 것은?

① 자동복귀형 스위치로서 수동식 기동장치의 타이머를 순간 정지시키는 기능의 스위치를 말한다.
② 자동복귀형 스위치로서 수동식 기동장치가 수신기를 순간 정지시키는 기능의 스위치를 말한다.
③ 수동복귀형 스위치로서 수동식 기동장치의 타이머를 순간 정지시키는 기능의 스위치를 말한다.
④ 수동복귀형 스위치로서 수동식 기동장치가 수신기를 순간 정지시키는 기능의 스위치를 말한다.

해설

분말소화설비의 수동식 기동장치의 설치기준
이 경우 수동식 기동장치의 부근에는 소화약제의 방출을 지연시킬 수 있는 방출지연스위치(자동복귀형 스위치로서 수동식 기동장치의 타이머를 순간 정지시키는 기능의 스위치)를 설치해야 한다.
• 전역방출방식은 방호구역마다, 국소방출방식은 방호대상물마다 설치할 것
• 해당 방호구역의 출입구 부분 등 조작을 하는 자가 쉽게 피난할 수 있는 장소에 설치할 것
• 기동장치의 조작부는 바닥으로부터 높이 0.8[m] 이상 1.5[m] 이하의 위치에 설치하고, 보호판 등에 따른 보호장치를 설치할 것
• 기동장치 인근의 보기 쉬운 곳에 "분말소화설비 수동식 기동장치"라는 표지를 할 것
• 전기를 사용하는 기동장치에는 전원표시등을 설치할 것
• 기동장치의 방출용스위치는 음향경보장치와 연동하여 조작될 수 있는 것으로 할 것

164

자동화재탐지설비의 감지기의 작동과 연동하는 분말소화설비 자동식 기동장치의 설치기준 중 다음 [보기]의 (　) 안에 알맞은 것은?

┤보기├
• 전기식 기동장치로서 (㉠)병 이상의 저장용기를 동시에 개방하는 설비는 2병 이상의 저장용기에 전자개방밸브를 부착할 것
• 가스압력식 기동장치의 기동용 가스용기 및 해당 용기에 사용하는 밸브는 (㉡)[MPa] 이상의 압력에 견딜 수 있는 것으로 할 것

① ㉠ 3, ㉡ 2.5
② ㉠ 7, ㉡ 2.5
③ ㉠ 3, ㉡ 25
④ ㉠ 7, ㉡ 25

해설

분말소화설비의 자동식 기동장치의 설치기준
• 자동식 기동장치에는 수동으로도 기동할 수 있는 구조로 할 것
• 전기식 기동장치로서 7병 이상의 저장용기를 동시에 개방하는 설비는 2병 이상의 저장용기에 전자개방밸브를 부착할 것
• 가스압력식 기동장치의 설치기준
  – 기동용 가스용기 및 해당 용기에 사용하는 밸브는 25[MPa] 이상의 압력에 견딜 수 있는 것으로 할 것
  – 기동용 가스용기에는 내압시험압력의 0.8배부터 내압시험압력 이하에서 작동하는 안전장치를 설치할 것
  – 기동용 가스용기의 체적은 5[L] 이상으로 하고, 해당 용기에 저장하는 질소 등의 비활성기체는 6.0[MPa] 이상(21[℃] 기준)의 압력으로 충전할 것. 다만, 기동용 가스용기의 체적을 1[L] 이상으로 하고 해당 용기에 저장하는 이산화탄소의 양은 0.6[kg] 이상으로 하며, 충전비는 1.5 이상 1.9 이하의 기동용 가스용기로 할 수 있다.
• 기계식 기동장치는 저장용기를 쉽게 개방할 수 있는 구조로 할 것

165

국소방출방식의 분말소화설비 분사헤드는 기준 저장량의 소화약제를 몇 초 이내에 방출할 수 있는 것이어야 하는가?

① 60초 이내　　　　　② 30초 이내

③ 20초 이내　　　　　④ 10초 이내

전역방출방식이나 전역방출방식의 방출시간 : 30초 이내

166

화재 시 연기가 찰 우려가 없는 장소로서 호스릴 분말소화설비를 설치할 수 있는 기준 중 다음 [보기]의 (　) 안에 알맞은 것은?

┌ 보기 ┐
- 지상 1층 및 피난층에 있는 부분으로서 지상에서 수동 또는 원격조작에 따라 개방할 수 있는 개구부의 유효면적의 합계가 바닥면적의 (㉠)[%] 이상이 되는 부분
- 전기설비가 설치되어 있는 부분 또는 다량의 화기를 사용하는 부분의 바닥면적이 해당 설비가 설치되어 있는 구획의 바닥면적의 (㉡) 미만이 되는 부분

① ㉠ 15, ㉡ 1/5　　　② ㉠ 15, ㉡ 1/2

③ ㉠ 20, ㉡ 1/5　　　④ ㉠ 20, ㉡ 1/2

화재 시 연기가 찰 우려가 없는 장소로서 호스릴 분말소화설비를 설치할 수 있는 기준(다만, 차고 또는 주차의 용도로 사용되는 장소는 제외한다)
- 지상 1층 및 피난층에 있는 부분으로서 지상에서 수동 또는 원격조작에 따라 개방할 수 있는 개구부의 유효면적의 합계가 바닥면적의 15[%] 이상이 되는 부분
- 전기설비가 설치되어 있는 부분 또는 다량의 화기를 사용하는 부분의 바닥면적이 해당 설비가 설치되어 있는 구획의 바닥면적의 1/5 미만이 되는 부분

167

분말소화설비의 배관과 선택밸브의 설치기준에 대한 내용으로 옳지 않은 것은?

① 배관은 겸용으로 설치할 것

② 강관은 아연도금에 따른 배관용 탄소 강관을 사용할 것

③ 동관은 고정압력 또는 최고사용압력의 1.5배 이상의 압력에 견딜 수 있는 것을 사용할 것

④ 선택밸브는 방호구역 또는 방호대상물마다 설치할 것

분말소화설비의 설치기준
- 배관의 설치기준
  - 배관은 전용으로 할 것
  - 강관을 사용하는 경우의 배관은 아연도금에 따른 배관용 탄소 강관(KS D 3507)이나 이와 동등 이상의 강도·내식성 및 내열성을 가진 것으로 할 것. 다만, 축압식 분말소화설비에 사용하는 것 중 20[℃]에서 압력이 2.5[MPa] 이상 4.2[MPa] 이하인 것에 있어서는 압력배관용 탄소 강관(KS D 3562)중 이음이 없는 스케줄 40 이상의 것 또는 이와 동등 이상의 강도를 가진 것으로서 아연도금으로 방식처리된 것을 사용해야 한다.
  - 동관을 사용하는 경우의 배관은 고정압력 또는 최고사용압력의 1.5배 이상의 압력에 견딜 수 있는 것을 사용할 것
  - 밸브류는 개폐위치 또는 개폐방향을 표시한 것으로 할 것
  - 배관의 관부속 및 밸브류는 배관과 동등 이상의 강도 및 내식성이 있는 것으로 할 것
- 선택밸브 : 하나의 특정소방대상물 또는 그 부분에 2 이상의 방호구역 또는 방호대상물이 있어 소화약제 저장용기를 공용하는 경우에는 다음의 기준에 따라 선택밸브를 설치해야 한다.
  - 방호구역 또는 방호대상물마다 설치할 것
  - 각 선택밸브에는 해당 방호구역 또는 방호대상물을 표시할 것

168

분말소화설비의 호스릴 방식에 있어서 하나의 노즐당 1분간에 방출하는 약제량으로 옳지 않은 것은?

① 제1종 분말은 45[kg]

② 제2종 분말은 27[kg]

③ 제3종 분말은 27[kg]

④ 제4종 분말은 20[kg]

해설

호스릴의 노즐당 방사량

소화약제의 종별	1분당 방출량
제1종 분말	45[kg]
제2종 분말 또는 제3종 분말	27[kg]
제4종 분말	18[kg]

169

호스릴 분말소화설비 설치 시 하나의 노즐이 1분당 방출하는 제3종 분말소화약제의 기준량은 몇 [kg]인가?

① 45[kg]

② 27[kg]

③ 18[kg]

④ 9[kg]

해설

호스릴 분말소화설비의 약제 저장량과 방출량

소화약제의 종별	약제 저장량	1분당 방출량
제1종 분말	50[kg]	45[kg]
제2종 분말 또는 제3종 분말	30[kg]	27[kg]
제4종 분말	20[kg]	18[kg]

170

분말소화설비의 화재안전기준상 분말소화설비의 배관으로 동관을 사용하는 경우에는 최고사용압력의 최소 몇 배 이상의 압력에 견딜 수 있는 것을 사용해야 하는가?

① 1배 이상

② 1.5배 이상

③ 2배 이상

④ 2.5배 이상

해설

분말소화설비의 배관으로 동관을 사용하는 경우에는 고정압력 또는 최고사용압력의 1.5배 이상의 압력에 견딜 수 있는 것을 사용해야 한다.

171

분말소화설비가 작동한 후 배관 내 잔여분말의 청소용(Cleaning)으로 사용되는 가스로 옳게 연결된 것은?

① 질소, 건조공기

② 질소, 이산화탄소

③ 이산화탄소, 아르곤

④ 건조공기, 아르곤

해설

분말소화설비의 청소용 가스 : 질소, 이산화탄소

172

분말소화설비의 저장용기에 설치된 밸브 중 잔압 방출 시 개방·폐쇄 상태로 옳은 것은?

① 가스도입밸브 – 폐쇄

② 주밸브(방출밸브) – 개방

③ 배기밸브 – 패쇄

④ 클리닝밸브 – 개방

해설

잔압 방출 시 개방·폐쇄 상태

가스도입밸브	주밸브	배기밸브	클리닝밸브
폐쇄	폐쇄	개방	폐쇄

173

호스릴 방식의 분말소화설비에서 방호대상물의 각 부분으로부터 하나의 호스접결구까지의 수평거리는 몇 [m] 이하가 되어야 하는가?

① 10[m] 이하
② 15[m] 이하
③ 20[m] 이하
④ 30[m] 이하

해설

호스릴 방식의 분말소화설비 수평거리 : 15[m] 이하

피난구조설비(NFTC 301, NFTC 302)

174

완강기의 형식승인 및 제품검사의 기술기준상 완강기 및 간이완강기의 구성으로 적합한 것은?

① 속도조절기, 속도조절기의 연결부, 하부지지장치, 연결금속구, 벨트
② 속도조절기, 속도조절기의 연결부, 로프, 연결금속구, 벨트
③ 속도조절기, 가로봉 및 세로봉, 로프, 연결금속구, 벨트
④ 속도조절기, 가로봉 및 세로봉, 로프, 하부지지장치, 벨트

해설

완강기 및 간이완강기의 구성(형식승인 및 제품검사의 기술기준 제3조) : 속도조절기, 속도조절기의 연결부, 로프, 연결금속구, 벨트

175

소방대상물의 설치장소별 피난기구 중 의료시설, 노유자시설, 근린생활시설 중 입원실이 있는 의원 등의 시설에 적응성이 가장 떨어지는 피난기구는?

① 피난교
② 구조대(수직강하식)
③ 피난사다리(금속제)
④ 미끄럼대

해설

피난기구의 적응성

설치장소별＼층별	1층	2층	3층	4층 이상 10층 이하
노유자 시설	미끄럼대, 구조대, 피난교, 다수인피난장비, 승강식 피난기	미끄럼대, 구조대, 피난교, 다수인피난장비, 승강식 피난기	미끄럼대, 구조대, 피난교, 다수인피난장비, 승강식 피난기	구조대, 피난교, 다수인피난장비, 승강식 피난기
의료시설·근린생활시설 중 입원실이 있는 의원·접골원·조산원	–	–	미끄럼대, 구조대, 피난교, 피난용 트랩, 다수인피난장비, 승강식 피난기	구조대, 피난교, 피난용 트랩, 다수인피난장비, 승강식 피난기
다중이용업소로서 영업장의 위치가 4층 이하인 다중이용업소	–	미끄럼대, 피난사다리, 구조대, 완강기, 다수인피난장비, 승강식 피난기	미끄럼대, 피난사다리, 구조대, 완강기, 다수인피난장비, 승강식 피난기	미끄럼대, 피난사다리, 구조대, 완강기, 다수인피난장비, 승강식 피난기
그 밖의 것	–	–	미끄럼대, 피난사다리, 구조대, 완강기, 피난교, 피난용트랩, 간이완강기, 공기안전매트, 다수인피난장비, 승강식 피난기	피난사다리, 구조대, 완강기, 피난교, 간이완강기, 공기안전매트, 다수인피난장비, 승강식 피난기

176

의료시설에 미끄럼대를 설치할 때 적응성이 있는 층은?

① 2층
② 3층
③ 4층
④ 10층

해설

의료시설, 입원실이 있는 의원 · 접골원 · 조산원 : 3층에만 미끄럼대를 설치할 수 있다.

178

숙박시설 · 노유자시설 및 의료시설로 사용되는 층에 있어서 피난기구는 그 층의 바닥면적이 몇 [m²]마다 1개 이상을 설치해야 하는가?

① 300[m²]마다
② 500[m²]마다
③ 800[m²]마다
④ 1,000[m²]마다

해설

피난기구의 개수 설치기준(층마다 설치하되 아래 기준에 의하여 설치)

특정소방대상물	설치기준(1개 이상)
숙박시설, 노유자시설 및 의료시설	바닥면적 500[m²]마다
위락시설, 문화 및 집회시설, 운동시설, 판매시설	바닥면적 800[m²]마다
계단실형 아파트	각 세대마다
그 밖의 용도의 층	바닥면적 1,000[m²]마다

※ 숙박시설(휴양콘도미니엄은 제외)의 경우에는 추가로 객실마다 완강기 또는 2 이상의 간이완강기를 설치할 것

177

백화점의 7층에 적응성이 없는 피난기구는?

① 구조대
② 피난용 트랩
③ 피난교
④ 완강기

해설

7층(4층 이상 10층 이하)인 백화점에 설치하는 피난기구의 적응성
• 피난사다리
• 구조대
• 완강기
• 피난교
• 다수인피난장비
• 승강식 피난기

179

완강기의 최대사용자수 기준 중 다음 [보기]의 (   ) 안에 알맞은 것은?

┌보기┐

최대사용자수(1회에 강하할 수 있는 사용자의 최대수)는 최대사용하중을 (   )[N]으로 나누어서 얻은 값으로 한다.

① 250
② 500
③ 780
④ 1,500

해설

최대사용하중 및 최대사용자수(형식승인 및 제품검사의 기술기준 제4조)
완강기의 최대사용자수 = 최대사용하중 ÷ 1,500[N]

180

다음과 같은 소방대상물의 부분에 완강기를 설치할 경우 부착 금속구의 부착위치로서 가장 적합한 위치는?

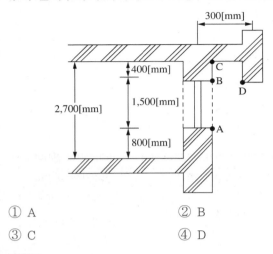

① A   ② B
③ C   ④ D

완강기를 설치할 경우 부착 금속구의 부착위치는 하강 시 장애물이 없는 D가 적합하다.

181

피난기구의 설치기준으로 옳지 않은 것은?

① 피난기구는 특정소방대상물의 기둥·바닥·보 기타 구조상 견고한 부분에 볼트조임·매입·용접 기타의 방법으로 견고하게 부착할 것

② 2층 이상의 층에 피난사다리(하향식 피난구용 내림식사다리는 제외한다)를 설치하는 경우에는 금속성 고정사다리를 설치하고, 피난에 방해되지 않도록 노대는 설치되지 않아야 할 것

③ 승강식피난기 및 하향식 피난구용 내림식사다리는 설치경로가 설치 층에서 피난층까지 연계될 수 있는 구조로 설치할 것. 다만, 건축물의 구조 및 설치 여건상 불가피한 경우에는 그렇지 않다.

④ 승강식피난기 및 하향식 피난구용 내림식사다리의 하강구 내측에는 기구의 연결 금속구 등이 없어야 하며 전개된 피난기구는 하강구 수평투영면적 공간 내의 범위를 침범하지 않는 구조이어야 할 것. 다만, 직경 60[cm] 크기의 범위를 벗어난 경우이거나, 직하층의 바닥면으로부터 높이 50[cm] 이하의 범위는 제외한다.

피난기구의 설치기준
- 피난기구는 특정소방대상물의 기둥·바닥·보 기타 구조상 견고한 부분에 볼트조임·매입·용접 기타의 방법으로 견고하게 부착할 것
- 4층 이상의 층에 피난사다리(하향식 피난구용 내림식사다리는 제외한다)를 설치하는 경우에는 금속성 고정사다리를 설치하고, 해당 고정사다리에는 쉽게 피난할 수 있는 구조의 노대를 설치할 것
- 승강식피난기 및 하향식 피난구용 내림식사다리는 설치경로가 설치 층에서 피난층까지 연계될 수 있는 구조로 설치할 것. 다만, 건축물의 구조 및 설치 여건상 불가피한 경우에는 그렇지 않다.
- 승강식피난기 및 하향식 피난구용 내림식사다리의 하강구 내측에는 기구의 연결 금속구 등이 없어야 하며 전개된 피난기구는 하강구 수평투영면적 공간 내의 범위를 침범하지 않는 구조이어야 할 것. 다만, 직경 60[cm] 크기의 범위를 벗어난 경우이거나, 직하층의 바닥면으로부터 높이 50[cm] 이하의 범위는 제외한다.

182

다수인 피난장비의 설치기준 중 틀린 것은?

① 사용 시에 보관실 외측 문이 먼저 열리고 탑승기가 외측으로 자동으로 전개될 것
② 보관실의 문은 상시 개방 상태를 유지하도록 할 것
③ 하강 시에 탑승기가 건물 외벽이나 돌출물에 충돌하지 않도록 설치할 것
④ 피난층에는 해당 층에 설치된 피난기구가 착지에 지장이 없도록 충분한 공간을 확보할 것

해설

다수인 피난장비의 설치기준
- 피난에 용이하고 안전하게 하강할 수 있는 장소에 적재 하중을 충분히 견딜 수 있도록 건축물의 구조기준 등에 관한 규칙 제3조에서 정하는 구조안전의 확인을 받아 견고하게 설치할 것
- 다수인피난장비 보관실은 건물 외측보다 돌출되지 않고, 빗물·먼지 등으로부터 장비를 보호할 수 있는 구조일 것
- 사용 시에 보관실 외측 문이 먼저 열리고 탑승기가 외측으로 자동으로 전개될 것
- 하강 시에 탑승기가 건물 외벽이나 돌출물에 충돌하지 않도록 설치할 것
- 상·하층에 설치할 경우에는 탑승기의 하강경로가 중첩되지 않도록 할 것
- 하강 시에는 안전하고 일정한 속도를 유지하도록 하고 전복, 흔들림, 경로 이탈 방지를 위한 안전조치를 할 것
- 보관실의 문에는 오작동 방지조치를 하고, 문 개방 시에는 해당 특정소방대상물에 설치된 경보설비와 연동하여 유효한 경보음을 발하도록 할 것
- 피난층에는 해당 층에 설치된 피난기구가 착지에 지장이 없도록 충분한 공간을 확보할 것

183

완강기 벨트의 강도는 늘어뜨린 방향으로 1개에 대하여 몇 [N]의 인장하중을 가하는 시험에서 끊어지거나 현저한 변형이 생기지 않아야 하는가?

① 1,500[N]
② 3,900[N]
③ 5,000[N]
④ 6,500[N]

해설

강도(완강기의 형식승인 및 제품검사의 기술기준 제6조) : 완강기 벨트의 강도는 늘어뜨린 방향으로 1개에 대하여 6,500[N]의 인장하중을 가하는 시험에서 끊어지거나 현저한 변형이 생기지 않아야 한다.

184

수직강하식 구조대가 구조적으로 갖추어야 할 조건으로 옳지 않은 것은?(단, 건물 내부의 별실에 설치하는 경우는 제외한다)

① 수직구조대의 포지는 외부포지와 내부포지로 구성한다.
② 포지는 사용 시 충격을 흡수하도록 수직방향으로 현저하게 늘어나야 한다.
③ 수직구조대는 연속하여 강하할 수 있는 구조이어야 한다.
④ 입구틀 및 고정틀의 입구는 지름 60[cm] 이상의 구체가 통과할 수 있어야 한다.

해설

수직강하식 구조대의 구조(구조대의 형식승인 및 제품검사의 기술기준 제17조)
- 수직구조대는 안전하고 쉽게 사용할 수 있는 구조이어야 한다.
- 수직구조대의 포지는 외부포지와 내부포지로 구성하되, 외부포지와 내부포지의 사이에 충분한 공기층을 두어야 한다. 다만, 건물 내부의 별실에 설치하는 것은 외부포지를 설치하지 않을 수 있다.
- 입구틀 및 고정틀의 입구는 지름 60[cm] 이상의 구체가 통과할 수 있는 것이어야 한다.
- 수직구조대는 연속하여 강하할 수 있는 구조이어야 한다.
- 포지는 사용 시 수직방향으로 현저하게 늘어나지 않아야 한다.
- 포지, 지지틀, 고정틀 그 밖의 부속장치 등은 견고하게 부착되어야 한다.

185

경사강하식 구조대의 구조에 대한 설명으로 틀린 것은?

① 경사구조대 본체는 강하방향으로 봉합부가 설치되어야 한다.

② 입구틀 및 고정틀의 입구는 지름 60[cm] 이상의 구체가 통과할 수 있어야 한다.

③ 손잡이는 출구 부근에 좌우 각 3개 이상 균일한 간격으로 견고하게 부착해야 한다.

④ 경사구조대 본체의 활강부는 낙하방지를 위해 포를 이중구조로 하거나 또는 망목의 변의 길이가 8[cm] 이하인 망을 설치해야 한다.

해설

경사강하식 구조대의 구조(구조대의 형식승인 및 제품검사의 기술기준 제3조)
- 연속하여 활강할 수 있는 구조로 안전하고 쉽게 사용할 수 있어야 한다.
- 입구틀 및 고정틀의 입구는 지름 60[cm] 이상의 구체가 통과할 수 있어야 한다.
- 포지는 사용 시 수직방향으로 현저하게 늘어나지 않아야 한다.
- 포지, 지지틀, 고정틀 그 밖의 부속장치 등은 견고하게 부착되어야 한다.
- 경사구조대 본체는 강하방향으로 봉합부가 설치되지 않아야 한다.
- 경사구조대 본체의 활강부는 낙하방지를 위해 포를 이중구조로 하거나 또는 망목의 변의 길이가 8[cm] 이하인 망을 설치해야 한다. 다만, 구조상 낙하방지의 성능을 갖고 있는 경사구조대의 경우에는 그렇지 않다.
- 본체의 포지는 하부지지장치에 인장력이 균등하게 걸리도록 부착해야 하며 하부지지장치는 쉽게 조작할 수 있어야 한다.
- 손잡이는 출구 부근에 좌우 각 3개 이상 균일한 간격으로 견고하게 부착해야 한다.
- 경사구조대 본체의 끝부분에는 길이 4[m] 이상, 지름 4[mm] 이상의 유도선을 부착해야 하며, 유도선 끝에는 중량 3[N] 이상의 모래주머니 등을 설치해야 한다.
- 땅에 닿을 때 충격을 받는 부분에는 완충장치로서 받침포 등을 부착해야 한다.

186

다음 중 피난사다리 하부지지점에 미끄럼 방지장치를 설치하는 것은?

① 내림식 사다리 ② 올림식 사다리
③ 수납식 사다리 ④ 신축식 사다리

해설

올림식 사다리 설치기준(피난사다리의 형식승인 및 제품검사의 기술기준 제5조)
- 상부지지점(끝부분으로부터 60[cm] 이내의 임의의 부분으로 한다)에 미끄러지거나 넘어지지 않도록 하기 위하여 안전장치를 설치해야 한다.
- 하부지지점에는 미끄러짐을 막는 장치를 설치해야 한다.
- 신축하는 구조인 것은 사용할 때 자동적으로 작동하는 축제방지장치를 설치해야 한다.
- 접어지는 구조인 것은 사용할 때 자동적으로 작동하는 접힘방지장치를 설치해야 한다.

187

피난기구의 설치 및 유지에 관한 사항 중 옳지 않은 것은?

① 피난기구를 설치하는 개구부는 동일직선상의 위치에 있을 것

② 설치장소에는 피난기구의 위치를 표시하는 발광식 또는 축광식 표지와 그 사용방법을 표시한 표지를 부착할 것

③ 피난기구는 특정소방대상물의 기둥·바닥·보 기타 구조상 견고한 부분에 볼트조임·매입·용접 기타의 방법으로 견고하게 부착할 것

④ 피난기구는 계단·피난구 기타 피난시설로부터 적당한 거리에 있는 안전한 구조로 된 피난 또는 소화활동상 유효한 개구부에 고정하여 설치할 것

해설

피난기구를 설치하는 개구부는 서로 동일직선상이 아닌 위치에 있을 것. 다만, 피난교·피난용트랩·간이완강기·아파트에 설치되는 피난기구(다수인 피난장비는 제외한다) 기타 피난상 지장이 없는 것에 있어서는 그렇지 않다.

188

다음 중 피난기구를 설치하지 않아도 되는 특정소방대상물(피난기구 설치제외 대상)이 아닌 것은?

① 갓복도식 아파트 또는 건축법 시행령 제46조 제5항에 해당하는 구조 또는 시설을 설치하여 인접(수평 또는 수직)세대로 피난할 수 있는 아파트

② 주요구조부가 내화구조로서 거실의 각 부분으로부터 직접 복도로 피난할 수 있는 학교의 강의실 용도로 사용되는 층

③ 무인공장 또는 자동창고로서 사람의 출입이 금지된 장소

④ 문화 및 집회시설, 운동시설, 판매시설 및 영업시설 또는 노유자시설의 용도로 사용되는 층으로서 그 층의 바닥면적이 1,000[m²] 이상인 곳

해설

피난기구 설치제외 대상[숙박시설(휴양콘도미니엄을 제외)에 설치되는 완강기 및 간이완강기는 제외]

• 주요구조부가 내화구조이고 지하층을 제외한 층수가 4층 이하이며 소방사다리차가 쉽게 통행할 수 있는 도로 또는 공지에 면하는 부분에 영 제2조 제1호 각 목의 기준에 적합한 개구부가 2 이상 설치되어 있는 층(문화 및 집회시설, 운동시설·판매시설 및 영업시설 또는 노유자시설의 용도로 사용되는 층으로서 그 층의 바닥면적이 1,000[m²] 이상인 것을 제외한다)

• 갓복도식 아파트 또는 건축법 시행령 제46조 제5항에 해당하는 구조 또는 시설을 설치하여 인접(수평 또는 수직)세대로 피난할 수 있는 아파트

• 주요구조부가 내화구조로서 거실의 각 부분으로 직접 복도로 피난할 수 있는 학교(강의실 용도로 사용되는 층에 한한다)

• 무인공장 또는 자동창고로서 사람의 출입이 금지된 장소(관리를 위하여 일시적으로 출입하는 장소를 포함한다)

• 건축물의 옥상부분으로 거실에 해당하지 않고 층수로 산정된 층으로 사람이 근무하거나 거주하지 않는 장소

189

피난기구의 화재안전기준상 피난기구를 설치해야 할 특정소방대상물 중 피난기구의 1/2을 감소할 수 있는 조건이 아닌 것은?

① 주요구조부가 내화구조로 되어 있을 것

② 비상용 엘리베이터(Elevator)가 설치되어 있을 것

③ 직통계단인 피난계단이 2 이상 설치되어 있을 것

④ 직통계단인 특별피난계단이 2 이상 설치되어 있을 것

해설

피난기구의 1/2로 감소할 수 있는 조건

• 주요구조부가 내화구조로 되어 있을 것

• 직통계단인 피난계단 또는 특별피난계단이 2 이상 설치되어 있을 것

190

주요구조부가 내화구조이고 건널 복도가 설치된 층의 피난기구 수의 설치 감소방법으로 적합한 것은?

① 피난기구를 설치하지 않을 수 있다.

② 피난기구의 수에서 1/2을 감소한 수로 한다.

③ 원래의 수에서 건널 복도 수를 더한 수로 한다.

④ 피난기구의 수에서 해당 건널 복도 수의 2배수의 수를 뺀 수로 한다.

해설

피난기구의 감소 : 주요구조부가 내화구조이고 다음 기준에 적합한 건널 복도에 설치된 층에는 피난기구의 수에서 해당 건널 복도 수의 2배의 수를 뺀 수로 한다.

• 내화구조 또는 철골조로 되어있을 것

• 건널 복도 양단의 출입구에 자동폐쇄장치를 한 60분+방화문 또는 60분 방화문(방화셔터 제외)이 설치되어 있을 것

• 피난·통행 또는 운반의 전용 용도일 것

191

다음 중 인명구조기구의 종류가 아닌 것은?

① 방열복
② 구조대
③ 공기호흡기
④ 인공소생기

인명구조기구 : 방열복, 방화복(안전모, 보호장갑, 안전화 포함), 공기
호흡기, 인공소생기
※ 구조대 : 피난기구

인명구조기구의 설치기준

특정소방대상물	인명구조기구의 종류	설치 수량
지하층을 포함하는 층수가 7층 이상인 관광호텔 및 5층 이상인 병원	• 방열복 또는 방화복(안전모, 보호장갑 및 안전화를 포함한다) • 공기호흡기 • 인공소생기	각 2개 이상 비치할 것. 다만, 병원의 경우에는 인공소생기를 설치하지 않을 수 있다.
• 문화 및 집회시설 중 수용인원 100명 이상의 영화상영관 • 판매시설 중 대규모 점포 • 운수시설 중 지하역사 • 지하상가	공기호흡기	층마다 2개 이상 비치할 것. 다만, 각 층마다 갖추어 두어야 할 공기호흡기 중 일부를 직원이 상주하는 인근 사무실에 갖추어 둘 수 있다.
물분무 등 소화설비 중 이산화탄소소화설비를 설치해야 하는 특정소방대상물	공기호흡기	이산화탄소소화설비가 설치된 장소의 출입구 외부 인근에 1개 이상 비치할 것

192

특정소방대상물의 용도 및 장소별로 설치해야 할 인명구조기구의 기준으로 틀린 것은?

① 지하상가는 인공소생기를 층마다 2개 이상 비치할 것
② 판매시설 중 대규모 점포는 공기호흡기를 층마다 2개 이상 비치할 것
③ 지하층을 포함하는 층수가 7층 이상인 관광호텔은 방열복, 공기호흡기, 인공소생기를 각 2개 이상 비치할 것
④ 물분무 등 소화설비 중 이산화탄소소화설비를 설치해야 하는 특정소방대상물은 공기호흡기를 이산화탄소소화설비가 설치된 장소의 출입구 외부 인근에 1개 이상 비치할 것

193

특정소방대상물의 용도 및 장소별로 설치해야 할 인명구조기구 종류의 기준 중 다음 [보기]의 (   ) 안에 알맞은 것은?

┤보기├

인명구조기구의 공기호흡기를 설치해야 하는 특정소방대상물은 화재안전기준에 따라 물분무 등 소화설비 중 (   )를 설치해야 한다.

① 이산화탄소소화설비
② 분말소화설비
③ 할론소화설비
④ 할로겐화합물 및 불활성기체소화설비

물분무 등 소화설비 중 이산화탄소소화설비를 설치해야 하는 특정소방대상물 : 공기호흡기 설치

상수도 소화용수설비(NFTC 401)

194

상수도 소화용수설비 소화전의 설치기준 중 다음 [보기]의 ( ) 안에 알맞은 것은?

┌보기┐
- 호칭지름 (㉠)[mm] 이상의 수도배관에 호칭지름 (㉡)[mm] 이상의 소화전을 접속할 것
- 소화전은 특정소방대상물의 수평투영면의 각 부분으로부터 (㉢)[m] 이하가 되도록 설치할 것
└─────┘

① ㉠ 65, ㉡ 120, ㉢ 160

② ㉠ 75, ㉡ 100, ㉢ 140

③ ㉠ 80, ㉡ 90, ㉢ 120

④ ㉠ 100, ㉡ 100, ㉢ 180

해설

상수도 소화용수설비 소화전의 설치기준
- 호칭지름 75[mm] 이상의 수도배관에 호칭지름 100[mm] 이상의 소화전을 접속할 것
- 소화전은 소방자동차 등의 진입이 쉬운 도로변 또는 공지에 설치할 것
- 소화전은 특정소방대상물의 수평투영면의 각 부분으로부터 140[m] 이하가 되도록 설치할 것
- 지상식 소화전의 호스접결구는 지면으로부터 높이가 0.5[m] 이상 1[m] 이하가 되도록 설치할 것

소화수조 및 저수조(NFTC 402)

195

소화수조 및 저수조의 화재안전기준에 따라 소화수조의 채수구는 소방차가 최대 몇 [m] 이내의 지점까지 접근할 수 있도록 설치해야 하는가?

① 1[m] 이내   ② 2[m] 이내

③ 4[m] 이내   ④ 5[m] 이내

해설

소화수조 및 저수조의 채수구 또는 흡수관 투입구는 소방차가 2[m] 이내의 지점까지 접근할 수 있는 위치에 설치할 것

196

소화수조 및 저수조의 화재안전기준상 연면적이 40,000[m²]인 특정소방대상물에 소화용수설비를 설치하는 경우 소화수조의 최소 저수량은 몇 [m³]인가?(단, 지상 1층 및 2층의 바닥면적 합계가 15,000[m²]) 이상인 경우이다)

① 53.3[m³]   ② 60[m³]

③ 106.7[m³]   ④ 120[m³]

해설

- 저수량 $= \dfrac{연면적}{기준면적} = \dfrac{40,000[m^2]}{7,500[m^2]} = 5.33 ≒ 6$

- 기준면적

소방대상물의 구분	기준면적
1층 및 2층의 바닥면적의 합계가 15,000[m²] 이상인 소방대상물	7,500[m²]
위에 해당되지 않는 그 밖의 소방대상물	12,500[m²]

∴ 최소 저수량 $= 6 \times 20[m^3] = 120[m^3]$

197

소화수조 및 저수조의 화재안전기준에 따라 소화용수설비를 설치해야 할 특정소방대상물에 있어서 유수의 양이 최소 몇 [m³/min] 이상인 유수를 사용할 수 있는 경우에 소화수조를 설치하지 않을 수 있는가?

① 0.8[m³/min] 이상

② 1[m³/min] 이상

③ 1.5[m³/min] 이상

④ 2[m³/min] 이상

해설

소화용수설비를 설치해야 할 특정소방대상물에 있어서 유수의 양이 0.8[m³/min] 이상인 유수를 사용할 수 있는 경우에는 소화수조를 설치하지 않을 수 있다.

198

소화용수설비에 설치하는 채수구의 설치기준 중 다음 [보기]의 ( ) 안에 알맞은 것은?

┌ 보기 ┐
채수구는 지면으로부터의 높이가 (㉠)[m] 이상 (㉡)[m] 이하의 위치에 설치하고 "채수구"라고 표시한 표지를 할 것

① ㉠ 0.5, ㉡ 1.0 ② ㉠ 0.5, ㉡ 1.5
③ ㉠ 0.8, ㉡ 1.0 ④ ㉠ 0.8, ㉡ 1.5

해설

채수구의 설치위치 : 0.5[m] 이상 1.0[m] 이하

199

소화수조 및 저수조의 가압송수장치 설치기준 중 다음 [보기]의 ( ) 안에 알맞은 것은?

┌ 보기 ┐
소화수조가 옥상 또는 옥탑의 부분에 설치된 경우에는 지상에 설치된 채수구에서의 압력이 ( )[MPa] 이상이 되도록 해야 한다.

① 0.1 ② 0.15
③ 0.17 ④ 0.25

해설

소화수조가 옥상 또는 옥탑의 부분에 설치된 경우에는 지상에 설치된 채수구에서의 압력이 0.15[MPa] 이상이 되도록 해야 한다.

200

소화용수가 지표면으로부터 내부수조 바닥까지의 깊이가 몇 [m] 이상인 지하에 있는 경우에 가압송수장치를 설치해야 하는가?

① 4[m] 이상 ② 4.5[m] 이상
③ 5[m] 이상 ④ 5.5[m] 이상

해설

소화수조 또는 저수조가 지표면으로부터의 깊이(수조 내부바닥까지 길이)가 4.5[m] 이상인 지하에 있는 경우에는 가압송수장치를 설치해야 한다.

201

소화용수설비의 저수조 소요수량이 120[m³]인 경우 가압송수장치의 분당 양수량[L]은?

① 1,100[L] ② 2,200[L]
③ 3,300[L] ④ 4,400[L]

해설

소화용수량과 가압송수장치 분당 양수량

소요수량	20[m³] 이상 40[m³] 미만	40[m³] 이상 100[m³] 미만	100[m³] 이상
채수구의 수	1개	2개	3개
가압송수장치의 1분당 양수량	1,100[L] 이상	2,200[L] 이상	3,300[L] 이상

202

소화용수설비에 설치하는 채수구의 수는 소요수량이 40[m³] 이상 100[m³] 미만인 경우 몇 개를 설치해야 하는가?

① 1개 ② 2개
③ 3개 ④ 4개

해설

소요수량에 따른 채수구의 수와 양수량

소요수량	20[m³] 이상 40[m³] 미만	40[m³] 이상 100[m³] 미만	100[m³] 이상
채수구의 수	1개	2개	3개
가압송수장치의 1분당 양수량	1,100[L] 이상	2,200[L] 이상	3,300[L] 이상

제연설비(NFTC 501)

203

다음 [보기]에서 설명하는 기계제연방식은?

┌ 보기 ┐

화재 시 배출기만 작동하여 화재장소의 내부압력을 낮추어 연기를 배출시키며 송풍기는 설치하지 않고 연기를 배출시킬 수 있으나 연기량이 많으면 배출이 완전하지 못한 설비로 화재초기에 유리하다.

① 제1종 기계제연방식 ② 제2종 기계제연방식
③ 제3종 기계제연방식 ④ 스모크타워제연방식

해설

제3종 기계제연방식

• 제연팬으로 배기를 하고 자연급기를 하는 제연방식
• 특성 : 화재 시 배출기만 작동하여 화재장소의 내부압력을 낮추어 연기를 배출시키며 송풍기는 설치하지 않고 연기를 배출시킬 수 있으나 연기량이 많으면 배출이 완전하지 못한 설비로 화재초기에 유리하다.

204

제연설비의 설치장소에 따른 제연구역의 구획으로서 그 기준에 옳지 않은 것은?

① 거실과 통로는 각각 제연구획할 것
② 하나의 제연구역의 면적은 600[m²] 이내로 할 것
③ 하나의 제연구역은 직경 60[m] 원 내에 들어갈 수 있을 것
④ 하나의 제연구역은 2 이상 층에 미치지 않도록 할 것

해설

제연구역의 구획기준

• 하나의 제연구역의 면적은 1,000[m²] 이내로 할 것
• 거실과 통로(복도를 포함한다)는 각각 제연구획할 것
• 통로상의 제연구역은 보행중심선의 길이가 60[m]를 초과하지 않을 것
• 하나의 제연구역은 직경 60[m] 원 내에 들어갈 수 있을 것
• 하나의 제연구역은 2 이상 층에 미치지 않도록 할 것. 다만, 층의 구분이 불분명한 부분은 그 부분을 다른 부분과 별도로 제연구획해야 한다.

205

제연설비의 화재안전기준상 제연설비의 제연구역 구획에 대한 내용 중 틀린 것은?

① 통로상의 제연구역은 보행중심선의 길이가 60[m]를 초과하지 않을 것
② 하나의 제연구역은 직경이 최대 50[m]인 원 안에 들어갈 수 있을 것
③ 하나의 제연구역 면적은 1,000[m²] 이내로 할 것
④ 거실과 통로는 각각 제연구획할 것

해설

하나의 제연구역은 직경 60[m] 원 내에 들어갈 수 있을 것

206

제연설비의 설치장소에 따른 제연구역의 구획에 대한 내용 중 틀린 것은?

① 하나의 제연구역의 면적은 1,000[m²] 이내로 할 것
② 하나의 제연구역은 3 이상 층에 미치지 않도록 할 것
③ 통로상의 제연구역은 보행중심선의 길이가 60[m]를 초과하지 않을 것
④ 하나의 제연구역은 직경 60[m] 원 내에 들어갈 수 있을 것

해설

하나의 제연구역은 2 이상 층에 미치지 않도록 할 것. 다만, 층의 구분이 불분명한 부분은 그 부분을 다른 부분과 별도로 제연구획해야 한다.

207

거실제연설비 설계 중 배출량 선정에 있어서 고려하지 않아도 되는 사항은?

① 예상제연구역의 수직거리
② 예상제연구역의 바닥면적
③ 제연설비의 배출방식
④ 자동식 소화설비 및 피난구조설비의 설치 유무

해설

배출량 산정 시 고려 사항
• 예상제연구역의 수직거리
• 예상제연구역의 바닥면적
• 제연설비의 배출방식

208

다음은 거실제연설비의 배출량 기준이다. [보기]의 (   ) 안에 알맞는 것은?

┤보기├

거실의 바닥면적이 400[m²] 미만으로 구획된 예상제연구역에 대한 배출량은 바닥면적 1[m²]당 (㉠)[m³/min] 이상으로 하되, 예상제연구역에 대한 최소 배출량은 (㉡) [m³/h] 이상으로 할 것

① ㉠ 0.5, ㉡ 10,000
② ㉠ 1, ㉡ 5,000
③ ㉠ 1.5, ㉡ 15,000
④ ㉠ 2, ㉡ 5,000

해설

거실의 바닥면적이 400[m²] 미만으로 구획된 예상제연구역(제연경계구역에 따른 구획을 제외한다. 다만, 거실과 통로와의 구획은 그렇지 않다)된 예상제연구역에 대한 배출량은 바닥면적 1[m²]당 1[m³/min] 이상으로 하되, 예상제연구역에 대한 최소 배출량은 5,000[m³/h] 이상으로 할 것

209

제연설비가 설치된 부분의 거실 바닥면적이 400[m²] 이상이고 수직거리가 2[m] 이하일 때 예상제연구역이 직경 40[m]인 원의 범위를 초과한다면, 예상제연구역의 배출량[m³/h]은 얼마 이상이어야 하는가?

① 25,000[m³/h] 이상

② 30,000[m³/h] 이상

③ 40,000[m³/h] 이상

④ 45,000[m³/h] 이상

해설

거실의 바닥면적이 400[m²] 이상인 예상제연구역의 배출량
• 제연구역이 직경 40[m] 안에 있을 경우 : 40,000[m³/h] 이상

수직거리	배출량
2[m] 이하	40,000[m³/h] 이상
2[m] 초과 2.5[m] 이하	45,000[m³/h] 이상
2.5[m] 초과 3[m] 이하	50,000[m³/h] 이상
3[m] 초과	60,000[m³/h] 이상

• 제연구역이 직경 40[m]를 초과할 경우 : 45,000[m³/h] 이상

수직거리	배출량
2[m] 이하	45,000[m³/h] 이상
2[m] 초과 2.5[m] 이하	50,000[m³/h] 이상
2.5[m] 초과 3[m] 이하	55,000[m³/h] 이상
3[m] 초과	65,000[m³/h] 이상

210

제연설비의 배출구를 설치할 때 예상제연구역의 각 부분으로부터 하나의 배출구까지의 수평거리는 몇 [m] 이내가 되어야 하는가?

① 5[m] 이내

② 10[m] 이내

③ 15[m] 이내

④ 20[m] 이내

해설

제연설비의 배출구는 예상제연구역의 각 부분으로부터 하나의 배출구까지의 수평거리는 10[m] 이내이어야 한다.

211

예상제연구역의 공기유입량이 시간당 30,000[m³]이고 유입구를 60[cm] × 60[cm]의 크기로 사용할 때 공기유입구의 최소 설치수량은 몇 개인가?

① 4개

② 5개

③ 6개

④ 7개

해설

예상제연구역에 대한 공기유입구의 크기는 해당 예상제연구역 배출량 1[m³/min]에 대하여 35[cm²] 이상으로 해야 한다.

$$\frac{30,000[m^3]}{1[h]} = \frac{30,000[m^3]}{60[min]} = 500[m^3/min]$$

1[m³/min]일 때 35[cm²] 이상이므로

1[m³/min] : 35[cm²] = 500[m³/min] : x

$x = 17,500[cm^2]$

∴ 공기유입구의 설치수량 = $\dfrac{17,500[cm^2]}{(60 \times 60)[cm^2]}$ = 4.86개 ≒ 5개

212

제연설비의 배출기와 배출풍도에 관한 설명 중 틀린 것은?

① 배출기와 배출풍도의 접속부분에 사용하는 캔버스는 내열성이 있는 것으로 할 것

② 배출기의 전동기 부분과 배풍기 부분은 분리하여 설치할 것

③ 배출기 흡입 측 풍도 안의 풍속은 15[m/s] 이상으로 할 것

④ 배출기 배출 측 풍도 안의 풍속은 20[m/s] 이하로 할 것

해설

배출기 및 배출풍도
• 배출기
  – 배출기와 배출풍도의 접속부분에 사용하는 캔버스는 내열성(석면 재료는 제외)이 있는 것으로 할 것
  – 배출기의 전동기 부분과 배풍기 부분은 분리하여 설치해야 하며, 배풍기 부분은 유효한 내열처리를 할 것
• 배출풍도
  – 배출풍도는 아연도금강판 등 내식성·내열성이 있는 것으로 할 것
  – 배출기 흡입 측 풍도 안의 풍속은 15[m/s] 이하로 하고, 배출 측의 풍속은 20[m/s] 이하로 할 것

213

배출풍도의 설치기준 중 다음 [보기]의 (   ) 안에 알맞은 것은?

┤보기├
배출기 흡입 측 풍도 안의 풍속은 (㉠)[m/s] 이하로 하고 배출 측 풍속은 (㉡)[m/s] 이하로 할 것

① ㉠ 15, ㉡ 10
② ㉠ 10, ㉡ 15
③ ㉠ 20, ㉡ 15
④ ㉠ 15, ㉡ 20

해설

배출풍도의 설치기준
• 배출기 흡입 측 풍도 안의 풍속 : 15[m/s] 이하
• 배출 측 풍속 : 20[m/s] 이하

특별피난계단의 계단실 및 부속실 제연설비(NFTC 501A)

214

특별피난계단의 계단실 및 부속실 제연설비의 차압 등에 관한 기준 중 다음 [보기]의 (   ) 안에 알맞은 것은?

┤보기├
제연설비가 가동되었을 경우 출입문의 개방에 필요한 힘은 (   )[N] 이하로 해야 한다.

① 12.5
② 40
③ 70
④ 110

해설

특별피난계단의 계단실 및 부속실 제연설비의 차압 등에 관한 기준
• 제연구역과 옥내와의 사이에 유지해야 하는 최소 차압 : 40[Pa](스프링클러설비가 설치된 경우에는 12.5[Pa]) 이상으로 해야 한다.
• 제연설비가 가동되었을 경우 출입문의 개방에 필요한 힘은 110[N] 이하로 해야 한다.
• 출입문이 일시적으로 개방되는 경우 개방되지 않은 제연구역과 옥내와의 차압은 위의 기준에도 불구하고 위의 기준에 따른 차압의 70[%] 이상이어야 한다.
• 계단실과 부속실을 동시에 제연하는 경우 부속실의 기압은 계단실과 같게 하거나 계단실의 기압보다 낮게 할 경우에는 부속실과 계단실의 압력 차이는 5[Pa] 이하가 되도록 해야 한다.

215

제연구역의 선정방식 중 계단실 및 그 부속실을 동시에 제연하는 것의 방연풍속은 몇 [m/s] 이상이어야 하는가?

① 0.5[m/s] 이상
② 0.7[m/s] 이상
③ 1[m/s] 이상
④ 1.5[m/s] 이상

해설

방연풍속

제연구역		방연풍속
계단실 및 그 부속실을 동시에 제연하는 것 또는 계단실만 단독으로 제연하는 것		0.5[m/s] 이상
부속실만 단독으로 제연하는 것	부속실 또는 승강장이 면하는 옥내가 거실인 경우	0.7[m/s] 이상
	부속실이 면하는 옥내가 복도로서 그 구조가 방화구조(내화시간이 30분 이상인 구조를 포함한다)인 것	0.5[m/s] 이상

216

급기가압방식으로 실내를 가압할 때 그 실의 문 틈새를 통하여 누출되는 공기의 양에 대한 설명 중 옳은 것은?

① 문의 틈새면적에 비례한다.
② 문을 경계로 한 실내외의 가압차에 비례한다.
③ 문의 틈새면적에 반비례한다.
④ 문을 경계로 한 실내외의 가압차에 반비례한다.

해설

실내를 가압할 때 그 실의 문 틈새를 통하여 누출되는 공기의 양은 문의 틈새면적에 비례한다.

217

특별피난계단의 계단실 및 부속실 제연설비의 화재안전기준상 수직풍도에 따른 배출기준 중 각 층의 옥내와 면하는 수직풍도의 관통부에 설치해야 하는 배출댐퍼 설치기준으로 틀린 것은?

① 화재 층에 설치된 화재감지기의 동작에 따라 해당 층의 댐퍼가 개방될 것
② 풍도의 배출댐퍼는 이·탈착구조가 되지 않도록 설치할 것
③ 개폐여부를 해당 장치 및 제어반에서 확인할 수 있는 감지기능을 내장하고 있을 것
④ 배출댐퍼는 두께 1.5[mm] 이상의 강판 또는 이와 동등 이상의 성능이 있는 것으로 설치해야 하며, 비내식성 재료의 경우에는 부식방지조치를 할 것

각 층의 옥내와 면하는 수직풍도의 관통부에 설치해야 하는 배출댐퍼 설치기준
• 배출댐퍼는 두께 1.5[mm] 이상의 강판 또는 이와 동등 이상의 성능이 있는 것으로 설치해야 하며, 비내식성 재료의 경우에는 부식방지조치를 할 것
• 풍도의 내부마감상태에 대한 점검 및 댐퍼의 정비가 가능한 이·탈착구조로 할 것
• 개폐여부를 해당 장치 및 제어반에서 확인할 수 있는 감지기능을 내장하고 있을 것
• 화재 층에 설치된 화재감지기의 동작에 따라 해당 층의 댐퍼가 개방될 것

218

특별피난계단의 계단실 및 부속실 제연설비의 화재안전기준 중 급기풍도 단면의 긴 변의 길이가 1,300[mm]인 경우, 강판의 두께는 몇 [mm] 이상이어야 하는가?

① 0.6[mm] 이상
② 0.8[mm] 이상
③ 1.0[mm] 이상
④ 1.2[mm] 이상

강판의 두께

풍도단면의 긴 변 또는 직경의 크기	450[mm] 이하	450[mm] 초과 750[mm] 이하	750[mm] 초과 1,500[mm] 이하	1,500[mm] 초과 2,250[mm] 이하	2,250[mm] 초과
강판 두께	0.5[mm]	0.6[mm]	0.8[mm]	1.0[mm]	1.2[mm]

219

특별피난계단의 부속실 등에 설치하는 급기가압방식 제연설비의 측정, 시험, 조정 항목을 열거한 것이다. 이에 속하지 않는 것은?

① 배연구의 설치위치 및 크기의 적정 여부 확인
② 화재감지기 동작에 의한 제연설비의 작동 여부 확인
③ 모든 출입문 등의 크기와 열리는 방향이 설계 시와 동일한 지 여부 확인
④ 비상전원을 작동시켜 급기 및 배기용 송풍기의 성능이 정상인지 확인

급기가압방식 제연설비의 측정, 시험, 조정 항목
• 화재감지기 동작에 의한 제연설비의 작동 여부 확인
• 모든 출입문 등의 크기와 열리는 방향이 설계 시와 동일한지 여부 확인
• 비상전원을 작동시켜 급기 및 배기용 송풍기의 성능이 정상인지 확인

220

건축물의 층수가 40층인 특별피난계단의 계단실 및 부속실 제연설비의 비상전원은 몇 분 이상 유효하게 작동할 수 있어야 하는가?

① 20분 이상

② 30분 이상

③ 40분 이상

④ 60분 이상

해설

특별피난계단의 계단실 및 부속실 제연설비의 비상전원

• 29층 이하 : 20분 이상

• 30층 이상 49층 이하 : 40분 이상

• 50층 이하 : 60분 이상

연결송수관설비(NFTC 502)

221

연결송수관설비의 송수구에 대한 설치기준으로 틀린 것은?

① 하나의 건축물에 설치된 각 수직배관이 중간에 개폐밸브가 설치되지 않은 배관으로 상호 연결되어 있는 경우에는 건축물마다 1개씩 설치할 수 있다.

② 연결배관에 개폐밸브를 설치한 때에는 그 개폐상태를 쉽게 확인 및 조작할 수 있는 옥외 또는 기계실 등의 장소에 설치한다.

③ 건식의 경우에 송수구, 자동배수밸브, 체크밸브, 자동배수밸브의 순으로 자동배수밸브 및 체크밸브를 설치한다.

④ 송수구는 가까운 곳의 보기 쉬운 곳에 "연결송수관설비송수구"라고 표시한 표지와 송수구역 일람표를 설치한다.

해설

연결송수관설비의 송수구 설치기준

• 송수구는 연결송수관의 수직배관마다 1개 이상을 설치할 것. 다만, 하나의 건축물에 설치된 각 수직배관이 중간에 개폐밸브가 설치되지 않은 배관으로 상호 연결되어 있는 경우에는 건축물마다 1개씩 설치할 수 있다.

• 송수구로부터 연결송수관설비의 주배관에 이르는 연결배관에 개폐밸브를 설치한 때에는 그 개폐상태를 쉽게 확인 및 조작할 수 있는 옥외 또는 기계실 등의 장소에 설치할 것

• 송수구의 부근에는 자동배수밸브 및 체크밸브를 다음의 기준에 따라 설치할 것. 이 경우 자동배수밸브는 배관 안의 물이 잘빠질 수 있는 위치에 설치하되, 배수로 인하여 다른 물건이나 장소에 피해를 주지 않아야 한다.

  – 습식의 경우에는 송수구·자동배수밸브·체크밸브의 순으로 설치할 것

  – 건식의 경우에는 송수구·자동배수밸브·체크밸브·자동배수밸브의 순으로 설치할 것

• 송수구에는 가까운 곳의 보기 쉬운 곳에 "연결송수관설비송수구"라고 표시한 표지를 설치할 것

222

다음 중 연결송수관설비의 송수구에 관한 설명으로 옳은 것은?

① 지면으로부터 높이가 0.8[m] 이상 1.5[m] 이하의 위치에 설치할 것
② 연결송수관의 수직배관마다 2개 이상을 설치할 것
③ 구경 65[mm]의 쌍구형으로 할 것
④ 습식의 경우에는 송수구·자동배수밸브·체크밸브·자동배수밸브의 순으로 설치할 것

해설

연결송수관설비의 송수구
• 송수구는 소화설비에 소화용수를 보급하기 위하여 건물 외벽 또는 구조물의 외벽에 설치하는 관
• 구경은 65[mm]의 쌍구형으로 할 것
• 송수구는 연결송수관의 수직배관마다 1개 이상을 설치할 것
• 송수구의 부근에 자동배수밸브 및 체크밸브를 설치순서
  – 습식 : 송수구 → 자동배수밸브 → 체크밸브
  – 건식 : 송수구 → 자동배수밸브 → 체크밸브 → 자동배수밸브
• 송수구의 설치위치 : 지면으로부터 0.5[m] 이상 1[m] 이하

223

건식 연결송수관설비에서 설치순서로 옳은 것은?

① 송수구 – 자동배수밸브 – 체크밸브
② 송수구 – 체크밸브 – 자동배수밸브
③ 송수구 – 자동배수밸브 – 체크밸브 – 자동배수밸브
④ 송수구 – 체크밸브 – 자동배수밸브 – 체크밸브

해설

송수구 부근의 설치순서
• 습식의 경우 : 송수구 – 자동배수밸브 – 체크밸브
• 건식의 경우 : 송수구 – 자동배수밸브 – 체크밸브 – 자동배수밸브

224

다음 중 연결송수관설비의 배관을 습식으로 해야 할 소방대상물의 최소 기준으로 옳은 것은?

① 지하 3층 이상
② 지상 10층 이상
③ 연면적 15,000[m²] 이상
④ 지면으로부터 높이가 31[m] 이상

해설

습식 설비방식 : 송수구로부터 층마다 설치된 방수구까지의 배관 내에 물이 항상 들어있는 방식으로서 높이 31[m] 이상인 건축물 또는 지상 11층 이상의 특정소방대상물에 설치하며 습식방식은 옥내소화전설비의 입상관과 같이 연결하여 사용한다.

225

연결송수관설비의 설치기준 중 적합하지 않은 것은?

① 방수기구함은 5개 층마다 설치할 것
② 방수구는 전용방수구로서 구경 65[mm]의 것으로 설치할 것
③ 송수구는 구경 65[mm]의 쌍구형으로 설치할 것
④ 주배관의 구경은 100[mm] 이상의 것으로 설치할 것

해설

연결송수관설비의 설치기준
• 방수기구함은 피난층과 가장 가까운 층을 기준으로 3개 층마다 설치하되, 그 층의 방수구마다 보행거리 5[m] 이내에 설치할 것
• 방수구는 연결송수관설비의 전용방수 또는 옥내소화전 방수구로서 구경 65[mm]의 것으로 설치할 것
• 송수구는 구경 65[mm]의 쌍구형으로 설치할 것
• 주배관의 구경은 100[mm] 이상의 것으로 설치할 것

226

연결송수관설비의 배관 및 방수구에 관한 설치기준 중 옳지 않은 것은?

① 주배관의 구경은 100[mm] 이상의 것으로 한다.
② 지상 11층 이상인 특정소방대상물은 습식설비로 한다.
③ 연결송수관설비의 송수구를 옥내소화전설비와 겸용으로 설치하는 경우에는 옥내소화전설비의 송수구 설치기준에 따르되, 각각의 소화설비 기능에 지장이 없도록 해야 한다.
④ 전용방수구의 구경은 65[mm]의 것으로 설치한다.

해설

연결송수관설비의 배관 및 방수구
• 주배관의 구경은 100[mm] 이상의 것으로 할 것
• 지면으로부터의 높이가 31[m] 이상인 특정소방대상물 또는 지상 11층 이상인 특정소방대상물에 있어서는 습식설비로 할 것
• 연결송수관설비의 송수구를 옥내소화전설비와 겸용으로 설치하는 경우에는 연결송수관설비의 송수구 설치기준에 따르되, 각각의 소화설비 기능에 지장이 없도록 해야 한다.
• 방수구는 연결송수관설비의 전용방수구 또는 옥내소화전 방수구로서 구경 65[mm]의 것으로 설치할 것

227

연결송수관설비의 배관 설치내용으로 적합한 것은?

① 주배관으로 설치한 구경 80[mm]의 배관
② 옥내소화전설비의 배관과 구경 125[mm]인 주배관을 겸용
③ 스프링클러설비의 배관과 구경 90[mm]인 주배관을 겸용
④ 물분무소화설비의 배관과 구경 80[mm]인 주배관을 겸용

해설

옥내소화전설비와 연결송수관설비를 겸용할 경우에 배관은 구경 100[mm] 이상으로 해야 한다.

228

송수구가 부설된 옥내소화전을 설치한 특정소방대상물로서 연결송수관설비의 방수구를 설치하지 않을 수 있는 층의 기준 중 다음 [보기]의 (   ) 안에 알맞은 것은?(단, 집회장·관람장·백화점·도매시장·소매시장·판매시설·공장·창고시설 또는 지하가를 제외한다)

┌─보기─
• 지하층을 제외한 층수가 (㉠)층 이하이고 연면적이 (㉡)[m²] 미만인 특정소방대상물의 지상층의 용도로 사용되는 층
• 지하층의 층수가 (㉢) 이하인 특정소방대상물의 지하층

① ㉠ 3, ㉡ 5,000, ㉢ 3
② ㉠ 4, ㉡ 6,000, ㉢ 2
③ ㉠ 5, ㉡ 3,000, ㉢ 3
④ ㉠ 6, ㉡ 4,000, ㉢ 2

해설

연결송수관설비의 방수구 설치제외 대상
• 아파트의 1층 및 2층
• 소방차의 접근이 가능하고 소방대원이 소방차로부터 각 부분에 쉽게 도달할 수 있는 피난층
• 송수구가 부설된 옥내소화전을 설치한 특정소방대상물(집회장·관람장·백화점·도매시장·소매시장·판매시설·공장·창고시설 또는 지하가를 제외한다)로서 다음의 어느 하나에 해당하는 층
  – 지하층을 제외한 층수가 4층 이하이고 연면적이 6,000[m²] 미만인 특정소방대상물의 지상층
  – 지하층의 층수가 2 이하인 특정소방대상물의 지하층

229

11층 이상의 소방대상물에 설치하는 연결송수관설비의 방수구를 단구형으로 설치할 수 있는 것은?

① 스프링클러설비가 유효하게 설치되어 있고 방수구가 2개소 이상 설치된 층
② 오피스텔의 용도로 사용되는 층
③ 스프링클러설비가 설치되어 있지 않는 층
④ 아파트의 용도 이외로 사용되는 층

해설

11층 이상의 부분에 설치하는 방수구는 쌍구형으로 해야 하는데 이때 단구형으로 설치할 수 있는 경우
• 아파트의 용도로 사용되는 층
• 스프링클러설비가 유효하게 설치되어 있고 방수구가 2개소 이상 설치된 층

230

연결송수관설비의 방수구 설치에서 지하가 또는 지하층의 바닥면적의 합계가 3,000[m²] 이상일 때, 이 층의 각 부분으로부터 방수구까지의 수평거리[m] 기준은?

① 25[m]   ② 50[m]
③ 65[m]   ④ 100[m

해설

방수구 추가 설치대상
• 지하가(터널은 제외한다) 또는 지하층의 바닥면적의 합계가 3,000[m²] 이상인 것 : 수평거리 25[m]
• 위에 해당하지 않는 것 : 수평거리 50[m]

231

지표면에서 최상층 방수구의 높이가 70[m] 이상의 특정소방대상물에 습식 연결송수관설비 펌프를 설치할 때 최상층에 설치된 노즐 선단의 최소 압력[MPa]으로 적합한 것은?

① 0.15[MPa] 이상   ② 0.25[MPa] 이상
③ 0.35[MPa] 이상   ④ 0.45[MPa] 이상

해설

최상층에 설치된 노즐 선단의 압력 : 0.35[MPa] 이상

232

방수구가 각 층에 2개씩 설치된 특정소방대상물에 연결송수관 가압송수장치를 설치하려 한다. 가압송수장치의 설치대상과 최상층 말단의 노즐에서 요구되는 최소 방사압력, 토출량으로 적합한 것은?

① 설치대상 : 높이 60[m] 이상인 특정소방대상물
   방사압력 : 0.25[MPa] 이상
   토출량 : 2,200[L/min] 이상
② 설치대상 : 높이 70[m] 이상인 특정소방대상물
   방사압력 : 0.25[MPa] 이상
   토출량 : 2,200[L/min] 이상
③ 설치대상 : 높이 60[m] 이상인 특정소방대상물
   방사압력 : 0.35[MPa] 이상
   토출량 : 2,400[L/min] 이상
④ 설치대상 : 높이 70[m] 이상인 특정소방대상물
   방사압력 : 0.35[MPa] 이상
   토출량 : 2,400[L/min] 이상

해설

연결송수관설비의 가압송수장치
• 지표면에서 최상층 방수구의 높이가 70[m] 이상의 특정소방대상물에는 가압송수장치를 설치해야 한다.
• 펌프의 토출량은 2,400[L/min](계단식 아파트 : 1,200[L/min]) 이상이 되는 것으로 할 것. 다만, 해당 층에 설치된 방수구가 3개 초과(5개 이상은 5개)하는 경우에는 1개마다 800[L](계단식 아파트 : 400[L])를 가산한 양이 될 것
• 펌프의 양정은 최상층에 설치된 노즐 선단의 압력이 0.35[MPa] 이상일 것

233

연결송수관설비의 가압송수장치의 설치기준으로 틀린 것은?(단, 지표면에서 최상층 방수구의 높이가 70[m] 이상의 특정소방대상물이다)

① 펌프의 양정은 최상층에 설치된 노즐 선단의 압력이 0.35[MPa] 이상의 압력이 되도록 할 것
② 계단식 아파트의 경우 펌프의 토출량은 1,200[L/min] 이상이 되는 것으로 할 것
③ 계단식 아파트의 경우 해당 층에 설치된 방수구가 3개를 초과하는 것은 1개마다 400[L/min]을 가산한 양이 펌프의 토출량이 되는 것으로 할 것
④ 내연기관을 사용하는 경우(층수가 30층 이상 49층 이하) 내연기관의 연료량은 20분 이상 운전할 수 있는 용량일 것

해설

가압송수장치의 설치기준
• 펌프의 양정은 최상층에 설치된 노즐 선단의 압력이 0.35[MPa] 이상의 압력이 되도록 할 것
• 펌프의 토출량은 2,400[L/min](계단식 아파트의 경우에는 1,200[L/min]) 이상이 되는 것으로 할 것. 다만, 해당 층에 설치된 방수구가 3개를 초과(방수구가 5개 이상인 경우에는 5개)하는 것에 있어서는 1개마다 800[L/min](계단식 아파트의 경우에는 400[L/min])를 가산한 양이 되는 것으로 할 것
• 내연기관의 연료량은 펌프를 20분(층수가 30층 이상 49층 이하는 40분, 50층이 이상은 60분) 이상 운전할 수 있는 용량일 것

234

연결송수관설비의 가압송수장치를 기동하는 방법 및 기동스위치에 대한 설치기준으로 틀린 것은?

① 가압송수장치는 방수구가 개방될 때 자동으로 기동되거나 수동스위치의 조작에 따라 기동되도록 할 것
② 수동스위치는 2개 이상을 설치하되, 그중 1개는 송수구로부터 5[m] 이내의 보기 쉬운 장소에 바닥으로부터 높이 0.8[m] 이상 1.5[m] 이하로 설치할 것
③ 수동스위치는 2개 이상을 설치하되, 그중 1개는 송수구의 부근에 1.5[mm] 이상의 강판함에 수납하여 설치할 것
④ 가압송수장치의 기동을 표시하는 표시등을 설치할 것

해설

연결송수관설비의 가압송수장치 등
• 가압송수장치는 방수구가 개방될 때 자동으로 기동되거나 또는 수동스위치의 조작에 따라 기동되도록 할 것. 이 경우 수동스위치는 2개 이상을 설치하되, 그중 1개는 다음의 기준에 따라 송수구의 부근에 설치해야 한다.
  – 송수구로부터 5[m] 이내의 보기 쉬운 장소에 바닥으로부터 높이 0.8[m] 이상 1.5[m] 이하로 설치할 것
  – 1.5[mm] 이상의 강판함에 수납하여 설치하고 "연결송수관설비 수동스위치"라고 표시한 표지를 부착할 것. 이 경우 문짝은 불연재료로 설치할 수 있다.
  – 전기사업법의 규정에 따른 기술기준에 따라 접지하고 빗물 등이 들어가지 않는 구조로 할 것
• 가압송수장치가 기동이 된 경우에는 자동으로 정지되지 않도록 할 것. 다만, 충압펌프의 경우에는 그렇지 않다.
※ 화재안전기술기준에는 기동표시등의 기준이 없다.

235

연결살수설비의 송수구 설치기준에 대한 내용으로 맞는 것은?

① 폐쇄형 헤드를 사용하는 설비의 경우에는 송수구 · 자동배수밸브 · 체크밸브의 순으로 설치할 것
② 폐쇄형 헤드를 사용하는 송수구의 호스접결구는 각 송수구역마다 설치할 것
③ 개방형 헤드를 사용하는 연결살수설비에 있어서 하나의 송수구역에 설치하는 살수헤드의 수는 20개 이하가 되도록 할 것
④ 송수구는 높이가 0.5[m] 이하의 위치에 설치할 것

해설

연결살수설비의 송수구 등
• 소방차가 쉽게 접근할 수 있고 노출된 장소에 설치할 것
• 송수구는 구경 65[mm]의 쌍구형으로 할 것(다만, 하나의 송수구역에 부착하는 살수 헤드의 수가 10개 이하인 것은 단구형)
• 개방형 헤드를 사용하는 송수구의 호스접결구는 각 송수구역마다 설치할 것(다만, 송수구역을 선택할 수 있는 선택밸브가 설치되어 있고 각 송수구역의 주요구조부가 내화구조일 때에는 예외)
• 송수구로부터 주배관에 이르는 연결 배관에는 개폐밸브를 설치하지 않을 것
• 송수구는 지면으로부터 높이가 0.5[m] 이상 1[m] 이하의 위치에 설치할 것
• 송수구 부근의 설치기준
  – 폐쇄형 헤드 사용 : 송수구 → 자동배수밸브 → 체크밸브
  – 개방형 헤드 사용 : 송수구 → 자동배수밸브
• 개방형 헤드를 사용하는 연결살수설비에 있어서 하나의 송수구역에 설치하는 살수 헤드의 수는 10개 이하가 되도록 할 것

236

가연성 가스의 저장 · 취급시설에 설치하는 연결살수설비의 송수구는 그 방호대상물로부터 몇 [m] 이상의 거리를 두어야 하는가?

① 10[m] 이상
② 15[m] 이상
③ 20[m] 이상
④ 25[m] 이상

해설

가연성 가스의 저장 · 취급시설에 설치하는 연결살수설비의 송수구는 그 방호대상물로부터 20[m] 이상의 거리를 두거나 방호대상물에 면하는 부분이 높이 1.5[m] 이상 폭 2.5[m] 이상의 철근콘크리트벽으로 가려진 장소에 설치해야 한다.

237

개방형 헤드를 사용하는 연결살수설비에서 하나의 송수구역에 설치하는 살수헤드의 수는 몇 개인가?

① 10개 이하
② 15개 이하
③ 20개 이하
④ 30개 이하

해설

개방형 헤드를 사용하는 연결살수설비에서 하나의 송수구역에 설치하는 살수헤드의 수는 10개 이하로 할 것

238

건축물에 설치하는 연결살수설비 헤드의 설치기준 중 다음 [보기]의 ( ) 안에 알맞은 것은?

┌ 보기 ┐

천장 또는 반자의 각 부분으로부터 하나의 살수헤드까지의 수평거리가 연결살수설비 전용헤드의 경우는 (㉠)[m] 이하, 스프링클러헤드의 경우는 (㉡)[m] 이하로 할 것. 다만, 살수헤드의 부착면과 바닥과의 높이가 (㉢)[m] 이하인 부분은 살수헤드의 살수분포에 따른 거리로 할 수 있다.

① ㉠ 3.7, ㉡ 2.3, ㉢ 2.1

② ㉠ 3.7, ㉡ 2.1, ㉢ 2.3

③ ㉠ 2.3, ㉡ 3.7, ㉢ 2.3

④ ㉠ 2.3, ㉡ 3.7, ㉢ 2.1

해설

연결살수설비 헤드의 설치기준 : 천장 또는 반자의 각 부분으로부터 하나의 살수헤드까지의 수평거리

• 연결살수설비 전용헤드 : 3.7[m] 이하

• 스프링클러헤드 : 2.3[m] 이하

• 살수헤드의 부착면과 바닥과의 높이가 2.1[m] 이하인 부분은 살수헤드의 살수분포에 따른 거리로 할 수 있다.

239

연결살수설비를 전용헤드로 건축물의 실내에 설치할 경우 헤드 간의 거리는 약 몇 [m]인가?(단, 헤드의 설치는 정방향 간격이다)

① 2.3[m]

② 3.5[m]

③ 3.7[m]

④ 5.2[m]

해설

헤드 간의 거리(S) : 천장 또는 반자의 각 부분으로부터 하나의 살수헤드까지의 수평거리가 연결살수설비 전용헤드의 경우는 3.7[m] 이하, 스프링클러헤드의 경우는 2.3[m] 이하로 할 것

∴ $S = 2r\cos\theta = 2 \times 3.7 \times \cos 45° = 5.23 [\text{m}]$

240

연결살수설비 전용헤드를 사용하는 배관의 구경이 50[mm]일 때 하나의 배관에 부착하는 살수헤드는 몇 개인가?

① 1개

② 2개

③ 3개

④ 4개

해설

배관 구경에 따른 부착 헤드 수

하나의 배관에 부착하는 살수헤드의 개수	1개	2개	3개	4개 또는 5개	6개 이상 10개 이하
배관의 구경[mm]	32	40	50	65	80

241

연결살수설비의 배관 중 하나의 배관에 부착하는 살수헤드의 수가 8개인 경우 배관의 구경은 몇 [mm] 이상의 것을 사용해야 하는가?

① 65[mm] 이상

② 80[mm] 이상

③ 100[mm] 이상

④ 125[mm] 이상

해설

80[mm] 배관의 헤드 수 : 6개 이상 10개 이하

242

연결살수설비의 배관에 관한 설치기준 중 옳은 것은?

① 개방형 헤드를 사용하는 연결살수설비의 수평주행배관은 헤드를 향하여 상향으로 5/100 이상의 기울기로 설치한다.

② 가지배관 또는 교차배관을 설치하는 경우에는 가지배관의 배열은 토너먼트 방식이어야 한다.

③ 교차배관에는 가지배관과 가지배관 사이마다 1개 이상의 행거를 설치하되, 가지배관 사이의 거리가 4.5[m]를 초과하는 경우에는 4.5[m] 이내마다 1개 이상 설치한다.

④ 가지배관은 교차배관 또는 주배관에서 분기되는 지점을 기점으로 한쪽 가지배관에 설치되는 헤드의 개수는 6개 이하로 해야 한다.

해설

연결살수설비의 배관 기준

• 개방형 헤드를 사용하는 연결살수설비의 수평주행배관은 헤드를 향하여 상향으로 1/100 이상의 기울기로 설치하고 주배관 중 낮은 부분에는 자동배수밸브를 설치해야 한다.

• 가지배관 또는 교차배관을 설치하는 경우에는 가지배관의 배열은 토너먼트 방식이 아니어야 하며, 가지배관은 교차배관 또는 주배관에서 분기되는 지점을 기점으로 한쪽 가지배관에 설치되는 헤드의 개수는 8개 이하로 해야 한다.

• 배관에 설치되는 행거기준
  - 가지배관에는 헤드의 설치지점 사이마다 1개 이상의 행거를 설치하되, 헤드 간의 거리가 3.5[m]를 초과하는 경우에는 3.5[m] 이내마다 1개 이상 설치할 것. 이 경우 상향식헤드와 행거 사이에는 8[cm] 이상의 간격을 두어야 한다.
  - 교차배관에는 가지배관과 가지배관 사이마다 1개 이상의 행거를 설치하되, 가지배관 사이의 거리가 4.5[m]를 초과하는 경우에는 4.5[m] 이내마다 1개 이상 설치할 것
  - 수평주행배관에는 4.5[m] 이내마다 1개 이상 설치할 것

243

연결살수설비의 배관 설치기준으로 적합하지 않은 것은?

① 연결살수설비 전용헤드를 사용하는 경우 배관의 구경 80[mm]일 때 하나의 배관에 부착되는 살수헤드의 개수는 6개 이상 10개 이하이다.

② 폐쇄형 헤드를 사용하는 경우의 시험배관은 송수구에서 가장 먼 가지배관의 끝으로부터 연결하여 설치해야 한다.

③ 개방형 헤드를 사용하는 경우 수평주행배관은 헤드를 향하여 1/100 이상의 기울기로 설치한다.

④ 가지배관 또는 교차배관을 설치하는 경우에는 가지배관은 교차배관 또는 주배관에서 분기되는 지점을 기점으로 한쪽 가지배관에 설치하는 헤드의 개수는 10개 이하로 한다.

해설

한쪽 가지배관에 설치되는 헤드의 개수 : 8개 이하

244

폐쇄형 헤드를 사용하는 연결살수설비의 주배관을 옥내소화전설비의 주배관에 접속할 때 접속 부분에 설치해야 하는 것은?(단, 옥내소화전설비가 설치된 경우이다)

① 체크밸브   ② 게이트밸브
③ 글로브밸브   ④ 버터플라이밸브

해설

폐쇄형 헤드를 사용하는 연결살수설비의 주배관은 다음의 어느 하나에 해당하는 배관 또는 수조에 접속해야 한다. 이 경우 접속 부분에는 체크밸브를 설치하되 점검하기 쉽게 해야 한다.

• 옥내소화전설비의 주배관(옥내소화전설비가 설치된 경우에 한한다)
• 수도배관(연결살수설비가 설치된 건축물 안에 설치된 수도배관 중 구경이 가장 큰 배관을 말한다)
• 옥상에 설치된 수조(다른 설비의 수조를 포함한다)

245

도로터널의 화재안전기준상 옥내소화전설비 설치기준 중 [보기]의 (   ) 안에 알맞은 것은?

┤보기├

가압송수장치는 옥내소화전 2개(4차로 이상의 터널인 경우 3개)를 동시에 사용할 경우 각 옥내소화전의 노즐 선단에서의 방수압력은 (㉠)[MPa] 이상이고 방수량은 (㉡)[L/min] 이상이 되는 성능의 것으로 할 것

① ㉠ 0.1, ㉡ 130
② ㉠ 0.17, ㉡ 130
③ ㉠ 0.25, ㉡ 350
④ ㉠ 0.35, ㉡ 190

해설

도로터널의 화재안전기준상 옥내소화전설비 설치기준
• 방수압력 : 0.35[MPa] 이상
• 방수량 : 190[L/min] 이상

고층건축물(NFTC 604)

246

고층건축물의 화재안전기준에서 피난안전구역에 설치하는 소방시설의 기준으로 틀린 것은?

① 피난안전구역과 비제연구역 간의 차압은 50[Pa](옥내에 스프링클러설비가 설치된 경우에는 12.5[Pa]) 이상으로 해야 한다.

② 피난유도선 피난유도 표시부의 너비는 최소 25[mm] 이상으로 설치할 것

③ 인명구조기구는 방열복, 인공소생기를 각 2개 이상 비치할 것

④ 인명구조기구는 피난안전구역이 50층 이상에 설치되어 있을 경우에는 동일한 성능의 예비용기를 5개 이상 비치할 것

해설

피난안전구역에 설치하는 소방시설 설치기준

구분	설치기준
제연설비	피난안전구역과 비제연구역 간의 차압은 50[Pa](옥내에 스프링클러설비가 설치된 경우에는 12.5[Pa]) 이상으로 해야 한다. 다만 피난안전구역의 한쪽 면 이상이 외기에 개방된 구조의 경우에는 설치하지 않을 수 있다.
피난유도선	• 피난안전구역이 설치된 층의 계단실 출입구에서 피난안전구역 주 출입구 또는 비상구까지 설치할 것 • 계단실에 설치하는 경우 계단 및 계단참에 설치할 것 • 피난유도 표시부의 너비는 최소 25[mm] 이상으로 설치할 것 • 광원점등방식(전류에 의하여 빛을 내는 방식)으로 설치하되, 60분 이상 유효하게 작동할 것
비상조명등	피난안전구역의 비상조명등은 상시 조명이 소등된 상태에서 그 비상조명등이 점등되는 경우 각 부분의 바닥에서 조도는 10[lx] 이상이 될 수 있도록 설치할 것

휴대용 비상조명등	• 피난안전구역에는 휴대용 비상조명등을 다음의 기준에 따라 설치해야 한다.
	  – 초고층 건축물에 설치된 피난안전구역 : 피난안전구역 위층의 재실자수(건축물의 피난·방화구조 등의 기준에 관한 규칙 별표 1의2에 따라 산정된 재실자 수를 말한다)의 1/10 이상
	  – 지하연계 복합건축물에 설치된 피난안전구역 : 피난안전구역이 설치된 층의 수용인원(영 별표 7에 따라 산정된 수용인원을 말한다)의 1/10 이상
	• 건전지 및 충전식 건전지의 용량은 40분 이상 유효하게 사용할 수 있는 것으로 한다. 다만, 피난안전구역이 50층 이상에 설치되어 있을 경우의 용량은 60분 이상으로 할 것

인명구조기구	• 방열복, 인공소생기를 각 2개 이상 비치할 것 • 45분 이상 사용할 수 있는 성능의 공기호흡기(보조마스크를 포함한다)를 2개 이상 비치해야 한다. 다만, 피난안전구역이 50층 이상에 설치되어 있을 경우에는 동일한 성능의 예비용기를 10개 이상 비치할 것 • 화재 시 쉽게 반출할 수 있는 곳에 비치할 것 • 인명구조기구가 설치된 장소의 보기 쉬운 곳에 "인명구조기구"라는 표지판 등을 설치할 것

지하구(NFTC 605)

247

지하구의 화재안전기준에서 연소방지설비에 대한 설명으로 틀린 것은?

① 송수구로부터 1[m] 이내에 살수구역 안내표지를 설치할 것

② 송수구는 구경 65[mm]의 쌍구형으로 설치할 것

③ 지하구 안에 설치된 내화배선, 케이블 등에는 연소방지용 도료를 도포할 것

④ 연소방지설비의 헤드는 천장 또는 벽면에 설치할 것

해설

연소방지설비의 설치기준
- 연소방지설비의 헤드
  - 천장 또는 벽면에 설치할 것
  - 헤드 간의 수평거리는 연소방지설비 전용헤드의 경우에는 2[m] 이하, 개방형 스프링클러헤드의 경우에는 1.5[m] 이하로 할 것
- 송수구의 설치기준
  - 송수구는 구경 65[mm] 쌍구형으로 할 것
  - 송수구로부터 1[m] 이내에 살수구역 안내표지를 설치할 것
- 연소방지재 : 지하구 내에 설치하는 케이블·전선 등에는 다음의 기준에 따라 연소방지재를 설치해야 한다. 다만, 케이블·전선 등을 다음의 난연성능 이상을 충족하는 것으로 설치한 경우에는 연소방지재를 설치하지 않을 수 있다. 연소방지재는 한국산업표준(KS C IEC 60332-3-24)에서 정한 난연성능 이상의 제품을 사용하되 다음의 기준을 충족할 것
  - 시험에 사용되는 연소방지재는 시료(케이블 등)의 아래쪽(점화원으로부터 가까운 쪽)으로부터 30[cm] 지점부터 부착 또는 설치할 것
  - 시험에 사용되는 시료(케이블 등)의 단면적은 325[mm²]로 할 것
  - 시험성적서의 유효기간은 발급 후 3년으로 할 것

건설현장(NFTC 606)

248

건설현장의 화재안전기준에 대한 설명으로 틀린 것은?

① 각 층 계단실마다 계단실 출입구 부근에 능력단위 3단위 이상인 소화기 1개 이상을 설치할 것

② 작업하는 경우 작업종료 시까지 작업지점으로부터 25[m] 이내에 간이소화장치를 배치할 것

③ 시각경보장치는 바닥으로부터 2[m] 이상 2.5[m] 이하의 높이에 설치할 것

④ 용접·용단 작업 시 11[m] 이내에 가연물이 있는 경우 해당 가연물을 방화포로 보호할 것

해설

건설현장(임시소방시설)의 화재안전기준

종류	설치기준
소화기	• 각 층 계단실마다 계단실 출입구 부근에 능력단위 3단위 이상인 소화기 2개 이상을 설치 • 영 제18조 제1항에 해당하는 작업하는 경우 작업종료 시까지 작업지점으로부터 5[m] 이내의 쉽게 보이는 장소에 능력단위 3단위 이상인 소화기 2개 이상과 대형소화기 1개 이상을 추가 배치
간이소화장치	영 제18조 제1항에 해당하는 작업하는 경우 작업종료 시까지 작업지점으로부터 25[m] 이내에 배치
비상경보장치	• 피난층 또는 지상으로 통하는 각 층 직통계단의 출입구마다 설치 • 발신기의 위치표시등은 함의 상부에 설치하고 그 불빛은 부착면으로부터 15° 이상의 범위 안에서 부착지점으로부터 10[m] 이내에서 식별할 수 있는 적색등으로 할 것 • 시각경보장치는 발신기함 상부에 위치하도록 설치하되 바닥으로부터 2[m] 이상 2.5[m] 이하의 높이에 설치
간이피난유도선	• 지하층이나 무창층에는 간이피난유도선을 녹색계열의 광원점등방식으로 해당 층의 직통계단마다 계단의 출입구로부터 건물 내부로 10[m] 이상의 길이로 설치 • 바닥으로부터 1[m] 이하의 높이에 설치 • 층 내부에 구획된 실이 있는 경우에는 구획된 각 실로부터 가장 가까운 직통계단의 출입구까지 연속하여 설치할 것
방화포	용접·용단 작업 시 11[m] 이내에 가연물이 있는 경우 해당 가연물을 방화포로 보호할 것

공동주택(NFTC 608)

249
공동주택의 화재안전기준에서 설치기준으로 틀린 것은?

① 소화기는 바닥면적 100[m²]마다 1단위 이상의 능력 단위를 기준으로 설치할 것
② 옥내소화전설비는 호스릴(Hose Reel) 방식으로 설치할 것
③ 아파트 등의 각 동이 주차장으로 서로 연결된 구조인 경우 해당 주차장 부분의 스프링클러설비의 기준개수는 10개로 할 것
④ 거실에는 조기반응형 스프링클러헤드를 설치할 것

해설
아파트 등의 각 동이 주차장으로 서로 연결된 구조인 경우 해당 주차장 부분의 스프링클러설비의 기준개수는 30개로 할 것

창고시설(NFTC 609)

250
창고시설의 화재안전기준에서 설치기준으로 틀린 것은?

① 옥내소화전설비의 수원의 저수량은 가장 많은 층의 설치개수(2개 이상 설치된 경우에는 2개)에 5.2[m³] (호스릴 옥내소화전설비를 포함한다)를 곱한 양 이상이 되도록 해야 한다.
② 창고시설에 설치하는 스프링클러설비는 라지드롭형 스프링클러헤드를 습식으로만 설치해야 한다.
③ 창고시설의 스프링클러설비의 토출량은 160[L/min] 이상으로 해야 한다.
④ 교차배관에서 분기되는 지점을 기점으로 한쪽 가지배관에 설치되는 헤드의 개수(반자 아래와 반자 속의 헤드를 하나의 가지배관상에 병설하는 경우에는 반자 아래에 설치하는 헤드의 개수)는 4개 이하로 해야 한다.

해설
창고시설의 설치기준
• 옥내소화전설비의 수원 = 2개 × 130[L/min] × 40[min]
                          = 2개 × 5.2[m³]
• 스프링클러설비의 설치방식
  – 창고시설에 설치하는 스프링클러설비는 라지드롭형 스프링클러헤드를 습식으로 설치할 것
  – 건식 스프링클러설비로 설치할 수 있는 경우
    ⓐ 냉동창고 또는 영하의 온도로 저장하는 냉장창고
    ⓑ 창고시설 내에 상시 근무자가 없어 난방을 하지 않는 창고시설
• 스프링클러설비의 토출량 : 160[L/min] 이상
• 교차배관에서 분기되는 지점을 기점으로 한쪽 가지배관에 설치되는 헤드의 개수 : 4개 이하
※ 스프링클러설비와 연결살수설비는 한쪽 가지배관에 설치되는 헤드의 개수 : 8개 이하

기출이 답이다 소방설비기사 기계편 필기

초 판 발 행	2025년 03월 05일(인쇄 2025년 01월 09일)
발 행 인	박영일
책 임 편 집	이해욱
편 저	이덕수
편 집 진 행	윤진영 · 남미희
표지디자인	권은경 · 길전홍선
편집디자인	정경일
발 행 처	(주)시대고시기획
출 판 등 록	제10-1521호
주 소	서울시 마포구 큰우물로 75[도화동 538 성지 B/D] 9F
전 화	1600-3600
팩 스	02-701-8823
홈 페 이 지	www.sdedu.co.kr
I S B N	979-11-383-8232-8(13500)
정 가	29,000원

윙크

시대에듀

Win-Q 단기 합격을 위한 완전 학습서 시리즈

기술자격증 도전에
승리하다!

자격증 취득에 승리할 수 있도록
Win-Q시리즈가 완벽하게 준비하였습니다.

빨간키

핵심요약집으로
시험 전 최종점검

핵심이론

시험에 나오는 핵심만
쉽게 설명

빈출문제

꼭 알아야 할 내용을
다시 한번 풀이

기출문제

시험에 자주 나오는
문제유형 확인

NAVER 카페 │ 대자격시대 – 기술자격 학습카페 │ cafe.naver.com/sidaestudy / 응시료 지원이벤트

기술직 공무원 건축계획
별판 | 30,000원

기술직 공무원 전기이론
별판 | 23,000원

기술직 공무원 전기기기
별판 | 23,000원

기술직 공무원 생물
별판 | 20,000원

기술직 공무원 임업경영
별판 | 20,000원

기술직 공무원 조림
별판 | 20,000원

시대에듀 소방·위험물 도서리스트

소방 기술사

| 김성곤의 소방기술사 | 4×6배판 / 85,000원 |

소방시설 관리사

소방시설관리사 1차	4×6배판 / 55,000원
소방시설관리사 2차 점검실무행정	4×6배판 / 35,000원
소방시설관리사 2차 설계 및 시공	4×6배판 / 35,000원

소방설비 기사

Win-Q 소방설비기사 기계편 필기	별판 / 34,000원
Win-Q 소방설비기사 기계편 실기	별판 / 35,000원
Win-Q 소방설비기사 전기편 필기	별판 / 34,000원
Win-Q 소방설비기사 전기편 실기	별판 / 38,000원

소방 관계법령

| 화재안전기술기준 포켓북 | 별판 / 21,000원 |

위험물 기능장

| 위험물기능장 필기 | 4×6배판 / 41,000원 |
| 위험물기능장 실기 | 4×6배판 / 39,000원 |

위험물 산업기사

| Win-Q 위험물산업기사 필기 | 별판 / 27,000원 |
| Win-Q 위험물산업기사 실기 | 별판 / 28,000원 |

위험물 기능사

Win-Q 위험물기능사 필기	별판 / 25,000원
Win-Q 위험물기능사 실기	별판 / 25,000원
위험물기능사 필기+실기	4×6배판 / 35,000원

※ 도서의 가격은 변동될 수 있습니다.